böhlau

NORM UND STRUKTUR

STUDIEN ZUM SOZIALEN WANDEL
IN MITTELALTER UND FRÜHER NEUZEIT

IN VERBINDUNG MIT

GERD ALTHOFF, HEINZ DUCHHARDT,
PETER LANDAU (†), GERD SCHWERHOFF

HERAUSGEGEBEN VON
GERT MELVILLE

Band 50

DER DENKENDE LANDWIRT

Agrarwissen und Aufklärung in Deutschland
1750–1820

von

VERENA LEHMBROCK

BÖHLAU VERLAG WIEN KÖLN WEIMAR

Bibliografische Information der Deutschen Nationalbibliothek:
Die Deutsche Nationalbibliothek verzeichnet diese Publikation in der Deutschen Nationalbibliografie; detaillierte bibliografische Daten sind im Internet über http://dnb.d-nb.de abrufbar.

Umschlagabbildung:
Operation des Drillsäens, aus: THAER, A. D., Beschreibung der nutzbarsten neuen Ackergeräthe. Heft 2, Hannover 1804, S. 5, Bearbeitung Robert-Chr. Friebe

Korrektorat: Ulrike Weingärtner, Gründau und
Ute Wielandt, Markersdorf
Einbandgestaltung: Michael Haderer, Wien
Satz: Michael Rauscher, Wien
Druck und Bindung: Hubert & Co., Göttingen
Gedruckt auf chlor- und säurefreiem Papier
Printed in the EU

Vandenhoeck & Ruprecht Verlage | www.vandenhoeck-ruprecht-verlage.com

ISBN 978-3-412-51795-3

Inhalt

Vorwort und Dank 9

1. Einleitung 13
1.1 Erkenntnisinteresse 20
1.2 Überlegungen zur Methode und Quellenkritik 26
1.3 Forschungskontexte 35

2. Verbesserung der Ökonomie: Wirtschaft und Wissen um 1800 . . 47
2.1 Der Agrarmediendiskurs 1750–1820 51
2.2 Protagonisten und *publico oeconomico* 58
2.3 Das Wissen der Ungelehrten: Stigma der bäuerlichen Ökonomie 63

3. Perspektiven und Figuren 71
3.1 Ein seltener Fall: wenn ein Bauer spricht 72
Michael Irlbecks Kritik der landwirtschaftlichen Aufklärung . . 75
Symmetrieforderungen eines Halbbauern und deren historiografische Bedeutung 81
Agrargeschichte und Aufklärungsgeschichte 84
3.2 Der ‚einfache Bauer' als Symbol des Nichtwissens: Volksaufklärung 90
Verbesserung der Menschen: Bauernbilder 96
Verbesserung der Wissenspraktiken: Gelehrtenbilder 100
Eine gebildete Schicht entwirft das Andere der Ökonomischen Aufklärung 105
Bäuerliche versus gelehrte Erfahrung: Grenzziehungen 106
3.3 Landwirtschaft an der Universität: Professoren der Ökonomie . 110
Das erste Wissensangebot vom Standpunkt einer ökonomischen Professur 118
Ökonomie als administrative oder als individualwirtschaftliche Praxis 121
Ökonomische Theorie 122
Der Landwirt als Zielgruppe bei Friedrich Benedict Weber (1804) 124
Gelehrte Wissenschaft versus bäuerliche Empirie 127

	Fazit: Diskursive Strategien des Akademikers	133
	Bibliografen der Ökonomischen Aufklärung: Wissenspraxis der Kameralgelehrten	135
3.4	Agrarwissen aus Sicht der Praktiker: Gutsbesitzer und Pächter	140
	Depotenzierung der ökonomischen Theorie	143
	Sicherheit und Risiko, Kosten und Nutzen: die gewerbliche Seite der Landwirtschaft	148
	Argument der Praktiker und Emblem der Ökonomischen Aufklärung: Erfahrung	152
	Verdopplung der Erträge: Das Profitversprechen als Modus der Mitsprache und als kommerzielle Strategie	155
	Experimentatoren der Ökonomischen Aufklärung: Wissenspraxis der Praktiker	165
3.5	Thaer und sein ‚rationeller Landwirt' als Frucht der Ökonomischen Aufklärung	170
	Abgrenzung vom gewöhnlichen Praktiker: Thaers epistemische Demut	173
	Abgrenzung vom Theoretiker durch ‚rationelle' Praxis	176
	Praktische Landwirtschaft, theoretisch begründet: das Hybride in Thaers Ansatz	180
	Handwerkliches Wissen, dessen Wahrnehmung und Aufwertung	187
4.	**Epistemologie der Ökonomischen Aufklärung**	191
4.1	Feld und Text, System und Experiment: Was darf als wissenschaftlich gelten?	191
	‚Wissenschaft' und ‚wissenschaftlich' im ökonomischen Sprachgebrauch vor 1800	194
	Zwei ökonomische Zeitschriften und das Wissenschaftsverständnis ihrer Autoren: epistemische Genres im deutsch-englischen Vergleich	202
	Zwischen altem Gelehrtenstand und gebildeten Ständen: ökonomische Aufklärer aus sozial- und gesellschaftsgeschichtlicher Sicht	212
4.2	Von der Bezeichnung einer bäuerlichen zu einer wissenschaftlichen Wissensform: Empirie	217
	Empirisches Wissen: ein Oxymoron während der Ökonomischen Aufklärung	217

Kein Empiriker, sondern Praktiker sein: zur soziokulturellen Bedeutung einer terminologischen Unterscheidung 224
Empirie, Praxis und Landwirtschaftswissenschaft: eine kollektive Integrationsleistung 227
4.3 Kritik und Polemik in der Wissenschaftsreflexion der Ökonomischen Aufklärung 229
Vom historiografischen Wert historischer Kritik und Polemik . 229
Stubenökonomen und Sudelwirte: polemische Figuren zwischen Theorie und Praxis 232
Grauzonen und Übergänge: Grenzen der polemischen Erkenntnis 235
Realität der Polemik in einer Geschichte der Agrarwissensformen 242

5. Resümee: Ökonomische Aufklärung als epistemische und soziale Arena 244

6. The Farming Thinker: Agricultural Knowledge and Enlightenment in Germany 1750–1820 (English Summary) . . . 253
Introduction 253
Chapter Two: Improving Agriculture: Economy and Knowledge around 1800 256
Chapter Three: Perspectives and Figures 257
Conclusion: A Social and Epistemic Arena 268

7. Literaturverzeichnis 270

8. Abbildungsnachweise 307

9. Namensregister 308

Vorwort und Dank

Im Juni 2012 stehe ich in Holzdorf bei Weimar vor einem Weizenfeld. Die Halme und Ähren stehen in akkurat gezogenen Linien. Ich habe mich in die Agrardiskussionen des 18. Jahrhunderts eingelesen und frage mich, wie das Land vor 250 Jahren ausgesehen hätte. Vermutlich war es in schmale und lange Parzellen unterteilt. Die Ackerkrume wurde abwechselnd hoch und tief zusammen gepflügt, so dass bei Dürre oder Nässe wenigstens die Hälfte der Saat aufgehen würde. Per Hand gesäte Pflanzen standen weniger militärisch in Reih' und Glied, wohl eher halbkreisförmig. Die Felder waren durchsetzt mit Unkräutern und die Heimstatt von Hamstern, Insekten usw. Und die Arbeit: Zeitgenössische Landwirtschaftskalender erklären, dass das Einfahren des Getreides eines Vollbauerngutes etwa einen Monat gedauert hat, wobei der Heumonat Juni, die höchste Arbeitsspitze im Jahr, für die Heuernte selten ausreichte. Während das Korn heute bereits ausgedroschen vom Feld gebracht wird, hat das Dreschen früher, kaum vorstellbar, vier Männer etwa drei Monate lang beschäftigt. Das ‚Tagwerk' eines Ochsengespanns schaffen normale Traktorenpflüge heute in wenigen Minuten.[1] Der Mangel des 18. Jahrhunderts kommt mir in den Sinn, als ich am sommerlichen Feldrand in Holzdorf üppige Wiesen und Sträucher stehen sehe. Der Boden des angrenzenden Waldes ist vom Laub des Vorjahres bedeckt. Rainer Beck hat anschaulich beschrieben, wie kein Laubblatt verschwendet wurde, wenn es um Streu und Futter für die Tiere ging. Wo die Waldnutzung eingeschränkt war, bedeuteten harte, bis in den Mai sich ziehende Winter hungerndes Vieh, auch bei wohlhabenden Grundbesitzern. Spülwasser, Straßenstaub, Asche; jeder erdenkliche Nährstofflieferant wurde den Tieren zum Futter oder den Feldern zur Düngung beigegeben, so dass man sich fragen muss, was es in dieser Zeit überhaupt an Abfall gegeben hat.[2] Kreisläufe. Dem Boden zurückgeben, was der Feldbau ihm entzog – die Kunst der Bodenfruchtbarkeit. Vor der Einführung des Stickstoffdüngers im 19. Jahrhundert herrschte in der Dreifelder- und Brachwirtschaft wie auch bei neueren Formen der Wechselwirtschaft als natürliche Grenze der Dung. Sollten auch weniger fruchtbarem Boden Ernten entrungen werden, so mussten Felder, Wiesen und Vieh genau aufeinander abgestimmt werden. Die Erinnerungen der Ältesten, so berichten historische Texte beiläufig, wurden wie Datenbanken abgefragt, insbesondere bei überraschenden Wettervorkommnissen. Durch gute Mitteljahre

---

1 S. z. B. J. Riem, Des Oberbienen-Inspektors und Amtsrathes Johann Riem's […] monatliche praktischökonomische Encyklopädie […], Leipzig 1785.

2 R. Beck, Unterfinning. Ländliche Welt vor Anbruch der Moderne, München 1993.

nicht immer auszugleichen waren die Unglücksjahre, verursacht durch Hagel, Viehseuchen, Ungeziefer oder Überschwemmungen, die Lebensmittelkrisen und in schweren Fällen auch Hungersnöte nach sich zogen. Als faszinierend fremd erscheint schließlich die völlig selbstverständliche Ungleichheit der Menschen. Für etwa zwei Drittel der Bevölkerung stand bereits bei der Geburt fest, dass sie in der Landwirtschaft leben, arbeiten und sterben würden. Die hergebrachte Ordnung wies Menschen dem Nährstand, Lehrstand oder Wehrstand zu; sie war jedoch im 18. Jahrhundert längst in Bewegung geraten. Das entstehende Bürgertum mit Händlern, Kaufleuten und Staatsbeamten und die Gruppen ‚ohne Stand', das heißt Mägde, Tagelöhner oder umherziehende Hausierer untertunnelten die inneren Grenzen und Ränder der Ständegesellschaft. Sozialgeschichtlich befanden sich die bürgerlichen und adeligen Agrarschriftsteller des 18. Jahrhunderts demnach in einer Umbruchphase, als sie sich auf die oben skizzierte Landwirtschaft bezogen und über deren ‚Hebung' debattierten. Sie bezogen sich auf vorindustrielle Praktiken, Akteure und Formen des Agrarischen und suchten für diese eine Landwirtschaftswissenschaft zu begründen, was auch immer ‚wissenschaftlich' in ihrer Zeit bedeutete.

Dieses Buch basiert auf einer überarbeiteten und aktualisierten Version meiner 2016 an der TU Berlin abgeschlossenen Dissertation „Landwirtschaft in den Stand einer Wissenschaft erheben. Zur Wissenschaftsreflexion ökonomischer Aufklärer 1750–1820". Den Großteil der Recherchen habe ich als Doktorandin am Institut für Geschichte der Naturwissenschaften „Ernst-Haeckel-Haus" der Universität Jena unter der Betreuung von Olaf Breidbach (†) durchgeführt. Stefan Brakensiek hat das Projekt von Beginn an betreut . Ich danke ihm für das Plädoyer für eine Diskursgeschichte der Landwirtschaft, für seine anhaltende Unterstützung und Begleitung und für die Begutachtung der Dissertation. Nachdem Olaf Breidbach 2014 frühzeitig verstarb, konnte das Promotionsverfahren dank Marcus Popplow an die geisteswissenschaftliche Fakultät der TU Berlin verlegt werden. Die Präzision, mit der er die Wirtschaftsdebatten der Aufklärung einer wissensgeschichtlichen Erforschung zugänglich gemacht hat, bildete ein wichtiges Plateau für meine historisch-epistemologischen Analysen. Weiterhin danke ich Marcus Popplow für hilfreiche Anregungen und Kritik und die Begutachtung der Dissertation. Friedrich Steinle hat mir die Promotion und später eine Mitarbeit am Lehrstuhl für Wissenschaftsgeschichte der TU Berlin ermöglicht und ein weiteres Gutachten übernommen. Für seine Unterstützung, Anregungen und Kritik sei ebenfalls gedankt. Die auf verschiedenen historischen und historiografischen Schnittstellen angesiedelte Arbeit hätte keinen passenderen Publikationsort als die Reihe „Norm und Struktur. Studien zum sozialen Wandel in Mittelalter und Früher Neuzeit" finden können. Deshalb danke ich den Herausgebern Gerd

Schwerhoff und Gert Melville für die Aufnahme in die Reihe sowie Harald Liehr und Julia Roßberg für die Betreuung beim Böhlau-Verlag.

Besonderen Dank haben auch mehrere KollegInnen und MentorInnen verdient: Laurens Schlicht hat mich vom Anfang bis zum Schluss inspiriert und ermutigt. Eine hervorragende Orientierung in der neueren Wissenschaftsgeschichte gab mir Monika Mommertz, deren geschichtstheoretische Sensibilität mich seit dem Studium an der HU Berlin beeindruckt hat. Axel Flügel hat mich in der Schreibphase intensiv begleitet und so gut wie alle Kapitel auf Basis einer ausgeprägten sozialhistorischen Expertise kommentiert. Hilfreiche Anmerkungen und Kritik zu einzelnen Kapiteln gaben mir Beat Bächi, Lina Gaffner, Kerrin Klinger, Katharina Kreuder-Sonnen, Carola Oßmer, Matthias Rekow, Laurens Schlicht und Mareike Vennen. Margit Pantke danke ich für ihr zuverlässiges und stilsicheres Lektorat. Wichtige Impulse oder praktische Hinweise kamen außerdem von Christian Forstner, Peter Haslinger, Andrew McKenzie-McHarg, Peter Moser, Denise Phillips, Thomas Potthast, Martin Schaffner, Steffen Siegel, Heiko Weber, Paul Ziche und sicherlich von weiteren Inspiratoren, die sich meiner bewussten Erinnerung entziehen. Finanziell wurde die Arbeit durch ein Stipendium im Rahmen der Doktorandenschule Laboratorium Aufklärung der Universität Jena sowie ein Stipendium der Fritz-Thyssen-Stiftung am Forschungszentrum Gotha der Universität Erfurt gefördert. Ich danke den beteiligten KollegiatInnen und ProfessorInnen für den regen Austausch und den MitarbeiterInnen für die Schaffung hervorragender Arbeitsbedingungen. Dies gilt auch für die öffentlichen Infrastrukturen, die ich nutzen konnte, darunter im Forschungszentrum der *Herzogin Anna Amalia Bibliothek* in Weimar und im *Landesarchiv Thüringen – Staatsarchiv Meiningen.* Frühere Versionen von einzelnen Abschnitten des Buches sind erschienen als Peasant Eyes: A Critique of the Agricultural Enlightenment, in: Leen van Molle and Yves Segers (Hgg.): *Knowledge Networks in Rural Europe since 1700,* Suffolk: Boydell & Brewer (im Druck); Zur Geschichte einer Metakategorie: Das ‚Empirische' in der deutschen Ökonomischen Aufklärung und frühen Agrarwissenschaft um 1800, in: *Berichte zur Wissenschaftsgeschichte* 39 (2016), S. 79–98; Lob des Handwerks: Wissenstheorie heute und bei Albrecht Daniel Thaer (1752–1828), in: *Zeitschrift für Agrargeschichte und Agrarsoziologie* 62 (2014), S. 30–41 und Agrarwissen und Volksaufklärung im langen 18. Jahrhundert. Was sehen historische Gewährsleute und was sehen ihre Historiker/innen?, in: Mulsow, Martin and Frank Rexroth (Hgg.), *Was als wissenschaftlich gelten darf. Praktiken der Grenzziehung in Gelehrtenmilieus der Vormoderne.* Frankfurt/Main: Campus 2014 (Historische Studien 70), 485–514.

Der gesamte Entstehungsprozess dieser Studie war von der ersten Recherche bis zur Drucklegung vom Glück und Trubel kleiner Kinder begleitet, die zwischen

2010 und 2017 dazu gestoßen sind. Ich danke meinen Eltern, Peter und Brigitta Lehmbrock, für ihre großartige Unterstützung in den ersten Jahren und ihre Großelterneinsätze über große Distanz. Gedankt sei auch meinen Schwiegereltern, Wolfgang Friebe und Ute Holstein, für ihre Großelterndienste und die gute Gesellschaft im Ferienhaus in Drößnitz. Weiterhin danke ich unserem ‚Leihopa' Eberhard, unserer Nachbarin Susanne, unseren wechselnden Babysittern Ashuri, Christiane, Mia, Rebecca und Ronja, dem Weimarer Kindergarten an der Windmühle und unserer Tagesmutter Edina. Abgesehen von dieser Phalanx hilfreicher Hände konnte die Arbeit trotzdem nur gelingen, weil die Familienarbeit geteilt wurde. In Liebe widme ich dieses Buch meinem Mann, Robert-Christian Friebe.

Weimar, Januar 2020
Verena Lehmbrock

1. Einleitung

Der Untersuchungszeitraum dieser Arbeit umfasst rund sieben Jahrzehnte und endet dort, wo die Wissenschaftsgeschichte der Landwirtschaft gewöhnlich einsetzt, nämlich mit Albrecht Daniel Thaers *Grundsätzen der rationellen Landwirthschaft* (1809–1812). Dieser Text gilt seit dem 19. Jahrhundert und bis heute als Gründungsdokument der modernen Agrarwissenschaften in Deutschland und als Emblem des Übergangs von einer vormodernen in eine moderne Landwirtschaft.[3] Thaers Figur des rationellen Landwirts wurde zur ständeübergreifenden Chiffre für den zukunftsorientierten Agrarproduzenten im Rahmen einer profitorientierten, großmaßstäblich und ‚wissenschaftlich' betriebenen Landwirtschaft. Die Landwirtschaft zur „angenehmen, nützlichen und würdigen Beschäftigung des denkenden Mannes" zu machen, soll Thaer rückblickend als Aufgabe seines Lebens angesehen haben.[4] Meine Studie zeigt, inwiefern Thaers Konzept einer – im heutigen Sinn – angewandten Wissenschaft nicht zuletzt als das Ergebnis eines teils erbitterten Kampfes verschiedener Gruppen um die Anerkennung ihrer divergierenden Wissensansprüche zu sehen ist, wobei sich der Status technischen Wissens im Lauf des Untersuchungszeitraums erheblich verbesserte. Anstatt Thaer, wie bislang üblich, als einen wissenschaftsgeschichtlichen Nullpunkt zu begreifen, mit dem die Geschichte der modernen Agrarwissenschaften einsetzt, kontextualisiert diese Arbeit seine Position konsequent vor dem Hintergrund der vorangegangenen Debatten, die mit Marcus Popplow Ökonomische Aufklärung genannt werden. Bekanntermaßen befand sich die Gesamtgesellschaft um 1800 in der Transformation von einer ständischen und weitgehend agrarisch geprägten Feudalgesellschaft hin zur bürgerlichen und sich industrialisierenden Gesellschaft.[5]

---

3 S. z. B. C. Fraas, Geschichte der Landbau- und Forstwissenschaft. Seit dem sechzehnten Jahrhundert bis zur Gegenwart (Geschichte der Wissenschaften in Deutschland. Neuere Zeit 3), München 1865, S. 233 f., Goltz, Theodor Freiherr von der, Geschichte der deutschen Landwirtschaft. Bd. 2: das 19. Jahrhundert, 2 Bde., Stuttgart/Berlin 1903, S. 19 f. und V. Klemm/G. Meyer, Albrecht Daniel Thaer. Pionier der Landwirtschaftswissenschaften in Deutschland, Halle (Saale) 1968, insb. S. 95. Weitere Angaben finden sich in Kapitel 3.5.

4 In den Worten seines Sohnes, abgedruckt in J. K. Nestler (Hg.), Amts-Bericht des Vorstandes über die vierte (…) Versammlung der deutschen Land- und Forstwirthe, Olmütz 1841, S. 79. Für den Hinweis danke ich Heike Gräfe von der Fördergesellschaft Albrecht Daniel Thaer.

5 Zur vergleichsweise spät einsetzenden Industrialisierung etwa 1835–1850 im deutschsprachigen Raum s. z. B. S. Ogilvie (Hg.), Germany. A new social and economic history. Vol. 2: 1630–1800, 3 Bde., London, New York/Sydney/Auckland 1996. Hanna Schissler setzt den gesamten Zeitraum der Sattelzeit als Übergangsphase fest: „Der über Jahrhunderte gleichbleibende Rhythmus der vorindustriellen Agrarwirtschaft wurde in dieser Zeitspanne vom völlig

In der so genannten Sattelzeit begann auch wissenschafts- und technikgeschichtlich eine neue Ära mit ihrer in moderne Disziplinen ausdifferenzierten Wissenschaftslandschaft, die in ihren Grundzügen bis heute Bestand hat und mitunter als Ergebnis einer zweiten – institutionellen – wissenschaftlichen Revolution bezeichnet wird.[6] Auf eine Zeit kurz *vor* diesen gesellschaftlichen Umbrüchen bzw. auf die Brüchigkeit jener Zeit selbst richtet sich der Blick dieser Arbeit, die damit auf einer kaum erforschten Schnittstelle zwischen Wissenschafts- und Agrargeschichte angesiedelt ist. Am Beispiel der Agrarwissenschaft werde ich zeigen, inwiefern Konzeptionen von Wissenschaft und Wissenschaftlichkeit einerseits und sozialer Wandel andererseits in einem engen Wechselverhältnis standen. Insofern sich sozialer Wandel im Agrarschrifttum zeigt und nachvollziehen lässt, wird auch der mit Thaer verbundene Einschnitt in der Geschichte des Agrarwissens neu interpretierbar – als ein Produkt der gesellschaftlichen und konzeptuellen Transformationen während der Spätaufklärung.[7]

Auf den ersten Blick fügt sich die Landwirtschaft recht nahtlos in die Geschichte anderer Bereiche des technischen Wissens ein. Im Berg- und Festungsbau wie auch in der Alchemie oder Porzellanherstellung wurden Wissensbestände seit dem späten Mittelalter in Texten und technischen Zeichnungen kodifiziert.[8] Vergleichbar mit anderen *artes mechanicae,* entstanden gegen Ende der Frühen Neuzeit Institutionen wie ökonomische Gesellschaften und technische Schulen

anders gearteten Rhythmus der Industriewirtschaft abgelöst", s. H. Schissler, Preussische Agrargesellschaft im Wandel. Wirtschaftliche, gesellschaftliche und politische Transformationsprozesse von 1763 bis 1847 (Kritische Studien zur Geschichtswissenschaft 33), Göttingen 1978, S. 33. S. auch L. Gall, Von der ständischen zur bürgerlichen Gesellschaft (Enzyklopädie deutscher Geschichte 25), München 2012.

6 S. A. Cunningham/P. Williams, De-centring the ‚big picture': The *Origins of Modern Science* and the modern origins of science, in: The British Journal for the History of Science 26 (1993), S. 407–432. S. auch R. Hahn, The anatomy of a scientific institution. The Paris Academy of Sciences, 1666–1803, Berkeley u.a. 1971, S. 275 f. Zur „Sattelzeit" s. R. Koselleck, Einleitung, in: Geschichtliche Grundbegriffe. Historisches Lexikon zur politisch-sozialen Sprache in Deutschland, Stuttgart 1994, S. XV–XVIII, zur Ausdifferenzierung moderner Wissenschaftsdisziplinen s. R. Stichweh, Zur Entstehung des modernen Systems wissenschaftlicher Disziplinen. Physik in Deutschland 1740–1890, Frankfurt am Main 1984.

7 In jüngeren Darstellungen der Aufklärungsepoche wird die Vielfalt derselben hervorgehoben, s. B. Stollberg-Rilinger, Die Aufklärung. Europa im 18. Jahrhundert (Reclams Universal-Bibliothek Reclam-Sachbuch 18882), Stuttgart 2011, A. Meyer, Die Epoche der Aufklärung (Akademie Studienbücher – Geschichte), München 2017, S. 18–20.

8 Den Kodifizierungsprozess praktischen Wissens in der Frühen Neuzeit mit Blick auf die strukturellen Veränderungen, denen das Wissen dabei unterliegt, beschreibt M. Valleriani, The Epistemology of Practical Knowledge, in: M. Valleriani (Hg.), The Structures of Practical Knowledge, Cham 2017, S. 1–19.

nebst Lehrbüchern, in denen landwirtschaftliches Wissen gesammelt, aufbereitet und vermittelt wurde.[9] Dennoch sind im Fall der Landwirtschaft Besonderheiten zu verzeichnen, die bislang noch für kein anderes Feld technischen Wissens festgestellt wurden und die im Zusammenhang mit ihrer Stellung in der frühneuzeitlichen Sozialordnung betrachtet werden müssen. Über eine Analyse des Agrarschrifttums lässt sich dieser Zusammenhang zwischen dem Epistemologischen und dem Sozialen differenziert herausarbeiten.

Die als Ökonomische Aufklärung bezeichnete Reformbewegung wurde bereits von Zeitgenossen im 18. Jahrhundert wie auch von der älteren Agrargeschichte über die Sozialgeschichte bis hin zur Volksaufklärungsforschung als Phänomen identifiziert und einer gebildeten Mittelschicht zugeschrieben. Sie breitete sich ab etwa 1750 europaweit aus, institutionell erkennbar an den zahlreichen Gründungen gemeinnütziger Sozietäten, in denen ökonomische Patrioten Wirtschaft und Wohlstand ihres jeweiligen Territoriums zu befördern suchten.[10] Das Schlagwort einer Hebung der Ökonomie bezog sich auf das je dominierende Wirtschaftsfeld, in der Regel die Landwirtschaft. Während Ertrags- und Produktivitätssteigerungen das programmatische Ziel ökonomischer Aufklärer waren, wurde als Mittel dazu neues, wissenschaftliches oder nützliches Wissen propagiert.[11] Das Sammeln und Verbreiten von Vorschlägen für eine optimierte Nutzung natürlicher Ressourcen (Tiere, Feld- und Gartenfrüchte, Holz usw.) bildete sich als maßgebliche Reformstrategie der Protagonisten heraus.[12] Den konkreten Ansatzpunkt

---

9 M. POPPLOW, Formalization and interaction. Toward a comprehensive history of technology-related knowledge in early modern Europe, in: Isis 106 (2015), S. 848–856.

10 K. STAPELBROEK/J. MARJANEN (Hgg.), The Rise of Economic Societies in the Eighteenth Century. Patriotic Reform in Europe and North America, Basingstoke/Hampshire 2012. Weitere Angaben in Kapitel 1.4.

11 A. HOLENSTEIN/M. STUBER/G. GERBER-VISSER, Einleitung, in: DIES. (Hgg.), Nützliche Wissenschaft und Ökonomie im Ancien Régime. Akteure, Themen, Kommunikationsformen (Cardanus: Jahrbuch für Wissenschaftsgeschichte 7), Heidelberg 2007, S. 7–15. *Useful knowledge* wurde als „buzzword of the eighteenth century" beschrieben, das weder auf gelehrtes noch technisches Wissen allein referiert habe: J. MOKYR, A culture of growth. The origins of the modern economy (The Graz Schumpeter lectures), Princeton, New Jersey 2017, S. 339 f. und DERS., The Great Synergy: The European Enlightenment as a Factor in Modern Economic Growth, in: W. DOLFSMA/L. SOETE (Hgg.), Understanding the Dynamics of a Knowledge Economy (Studies in Evolutionary Political Economy), Cheltenham/UK u.a. 2006, S. 7–41, S. 10. S. auch I. INKSTER, Potentially Global: A Story of Useful and Reliable Knowledge and Material Progress in Europe, ca. 1474–1912, in: International History Review 18 (2006), S. 237–286. Eine Kritik des *useful knowledge,* insofern es als Forschungsbegriff einer Wissensgeschichte fungieren soll, liefert M. POPPLOW, Formalization (wie Anm. 9).

12 Grundlegend zur Ökonomischen Aufklärung als Phänomen und Forschungsfeld M. POPPLOW, Die Ökonomische Aufklärung als Innovationskultur des 18. Jahrhunderts zur optimierten

dieser Arbeit bildete indes der Umstand, dass das Ziel der Wirtschaftsförderung sich für ökonomische Aufklärer zugleich mit dem normativen Ziel einer wissenschaftlichen Ökonomie bzw. Landwirtschaftswissenschaft verband, die sich von der herkömmlichen landwirtschaftlichen Praxis deutlich unterscheiden sollte. Buchstäblich jeder Autor der Ökonomischen Aufklärung schrieb sich einen wissenschaftlichen Ansatz zu und grenzte sich von weniger gebildeten und vorgeblich unaufgeklärten Praxisformen ab. Tatsächlich tragen Quelltexte der Zeit einen so starken sozialen Beiklang, dass ich die Agrardebatten metaphorisch als eine epistemische und soziale Arena bezeichne, in der Wissensansprüche zur Landwirtschaft ausgehandelt wurden. Die Metapher hilft zum einen, den Blick auf die Konflikthaftigkeit zeitgenössischer Positionen sowie zum anderen auf die Frage zu lenken, inwiefern sich soziale und epistemische Aspekte in der Begründung des neuen Wissensfeldes miteinander verzahnten. Die Transformation des Agrarischen in eine Wissenschaft erscheint mit Blick auf das Agrarschrifttum zunächst wie ein quasi-natürlicher Prozess, ein Automatismus, der allein dadurch in Gang kam, weil sich Gebildete dem Agrarischen widmeten. Dies bezeichne ich als Wissenschaftsreflexion ökonomischer Aufklärer. Nicht selten finden sich darüber hinaus Kommentare wie jener, dass nur wer Landwirtschaft ‚wissenschaftlich' betreibt, sie überhaupt weiterbringen könne. Ein entsprechendes *boundary-work*[13] setzten landwirtschaftliche Autoren ab 1750 verstärkt auf ihre Agenden. Die Selbstverständlichkeit, mit der die Landwirtschaft heute im Rahmen der Disziplin der Agrarwissenschaften auch als akademischer Gegenstand eingehegt ist, kann dazu verleiten, über die Konstruktions- und Grenzziehungsleistungen damaliger Akteure hinwegzusehen. Sie sahen sich jedoch noch *vor* der Aufgabe, ein neues agrarwissenschaftliches Wissensfeld erst zu definieren und geltend zu machen. Die dabei anfallenden rhetorischen Abgrenzungen sind in den Quellen rund 100 Jahre vor Institutionalisierung der modernen Agrarwissenschaften, allgegenwärtig – ich fasse sie mit dem Begriff der Wissenschaftsrhetorik und -polemik. Darunter werden potentiell alle Aussagen und Gesten der Grenzziehung fallen, das heißt Auf- und Abwertungen, Definitionen, Lobpreisungen, Rechtfertigungen usw. Die Analyse polemischer und rhetorischer Textpassagen eröffnet, wie zu

---

Nutzung natürlicher Ressourcen, in: M. Popplow (Hg.), Landschaften agrarisch-ökonomischen Wissens. Strategien innovativer Ressourcennutzung in Zeitschriften und Sozietäten des 18. Jahrhunderts (Cottbuser Studien zur Geschichte von Technik, Arbeit und Umwelt; 30), Münster u.a. 2010, S. 2–48 und die Angaben in Kapitel 1.4.

13 T. F. Gieryn, Boundary-Work and the Demarcation of Science from Non-Science: Strains and Interests in Professional Ideologies of Scientists, in: American Sociological Review 48 (1983), S. 781–795, S. 791.

sehen sein wird, einen möglichen Zugang zur sozialen und kulturellen Einbettung der frühen Agrarwissenschaftsgeschichte.

Ökonomische Aufklärer gehören typischerweise nicht zu den Heroen der Wissenschaftsgeschichte – warum nicht? Weil sie traditionell kaum als Akteure in den Blick gerieten. Dies gilt selbst noch für die neuere Wissenschaftsgeschichte, die das auf Physik und Astronomie fokussierende Masternarrativ der Wissenschaftlichen Revolution seit den 1980er Jahren um Mikroperspektiven auf die Geschichte der Naturforschung erweiterte und damit nicht zuletzt neue soziale Gruppen in den Gegenstandsbereich der Wissenschaftsgeschichte gerückt hat.[14] Ökonomische Aufklärer stellten als Staatsbeamte, Kameralgelehrte, Gutsbesitzer oder Pfarrer in ihrer Zeit zahlenmäßig die größte Gruppe, die sich für eine wissenschaftliche Landwirtschaft interessierte und einsetzte. Allein diese Tatsache kann für eine historisierende Betrachtung geradezu als Aufforderung wirken, auch diese Geschichte als Teil der Wissenschaftsgeschichte herauszuarbeiten. Die Mehrzahl der Akteure im 17. und 18. Jahrhundert, nicht-gelehrte wie gelehrte, unterhielt Natur- und Wissenschaftsvorstellungen, die heute als abwegig bzw. nicht als Vorläufer eines modernen Wissenschaftsverständnisses verstanden werden. Dass historische Forschung allerdings häufig auf ausgewählte Reformvorstellungen fokussiert, rechtfertigte Steven Shapin mit dem Grund, dass insbesondere diejenigen Personen als interessant erscheinen, die wir als Vordenker unserer Zeit schätzen.

> Die Wissenschaftshistoriker verdammen heute gerne eine ‚gegenwartsorientierte' Geschichtswissenschaft, weil sie die Vergangenheit nicht zu ihrem eigenen Recht kommen lasse und daher unser Bild der Vergangenheit verzerre. Das ist gewiß richtig, sollte uns jedoch keineswegs von dem Wunsch abhalten, wissen zu wollen, wie wir von dort nach hier gelangt sind, wer unsere Vorfahren waren und welche Abstammungslinien uns mit der Vergangenheit verbinden.[15]

---

14 Die Trends der letzten Jahrzehnte überblickend L. K. Nyhart, Historiography of the History of Science, in: B. V. Lightman (Hg.), A companion to the history of science (Blackwell companions to world history), Chichester/Malden, MA/Oxford 2016, S. 7–22. Zum neueren gegenstand der Naturgeschichte s. K. Johnson, The Natural Historian, in: B. V. Lightman (Hg.), A companion to the history of science (Blackwell companions to world history), Chichester/Malden, MA/Oxford 2016, S. 84–97, S. 84–86. Vgl. dagegen den traditionellen Schwerpunkt in G. Böhme/W. van den Daele/W. Krohn, Experimentelle Philosophie. Ursprünge autonomer Wissenschaftsentwicklung (Suhrkamp Taschenbücher Wissenschaft 205), Frankfurt am Main 1977. Die anglophone *history of science* bezieht sich vor allem auf die Geschichte der Naturwissenschaften.

15 S. Shapin, Die wissenschaftliche Revolution (Fischer Taschenbuch Forum Wissenschaft, Figuren des Wissens 14073), Frankfurt am Main 1998, S. 12–17, Zitat auf S. 15. Das Buch beginnt mit der angesichts des Titels scheinbar paradoxen Aussage, dass es die so genannte wissenschaftliche Revolution nie gegeben habe.

Demgegenüber bildet die Anlage der vorliegenden Arbeit tatsächlich einen deutlichen Kontrast, da sie die Wissenschaftsreflexion einer größeren sozialen Gruppe mit teils bekannten, teils völlig unbekannt gebliebenen Mitgliedern, das heißt den epistemologischen Standpunkt der gebildeten Aufklärungsgesellschaft *en gros* rekonstruiert.[16] Dieses Vorgehen verspricht im Gegensatz zu Formen heroischer Geschichtsschreibungen ein allgemeineres Bild von jenen Wissenschaftsvorstellungen zu zeichnen, die die öffentliche Kommunikation der untersuchten Epoche im deutschsprachigen Raum prägten. Gewiss mag der Fokus auf ökonomische Aufklärer an manchen Stellen irritieren bzw. irritierende Ergebnisse hervorbringen. Nicht selten fragte ich mich beim Quellenstudium, wie es sein könne, dass Akteure gegen Ende des 18. Jahrhunderts derart traditionelle, geradezu scholastische Vorstellungen zum Ausdruck bringen konnten. Kaum zu bestreiten ist jedoch, schon gar nicht im Geleis einer Wissensgeschichte,[17] dass der Standpunkt jener breiteren Schicht von Gebildeten es verdient, ins Licht der Aufmerksamkeit gerückt zu werden, gerade weil sie mit dem Gegenstand der Landwirtschaft so eng und hauptsächlich in Verbindung standen. Ein Ziel der Arbeit besteht also darin, den historischen Beitrag ökonomischer Aufklärer ergänzend etwa zu jenem der frühen Theoretiker der Agrikulturchemie, auf die sich die wenigen existierenden Geschichten der Agrarwissenschaften bisher bezogen haben,[18] herauszuarbeiten.

16 Das marxistisch inspirierte Konzept einer *standpoint epistemology* geht zurück auf die feministische Wissenschaftskritik, s. N. C. M. Hartsock, Money, sex, and power. Toward a feminist historical materialism (Longman series in feminist theory), New York 1983, S. G. Harding, Whose science? Whose knowledge? Thinking from women's lives, Milton Keynes 1991 und zum Konzept der *situated knowledges* D. Haraway, Simians, cyborgs, and women. The reinvention of nature, London 1998.

17 J. Vogel, Von der Wissenschafts- zur Wissensgeschichte. Für eine Historisierung der „Wissensgesellschaft«, in: Geschichte und Gesellschaft – Politik im Katholizismus 30 (2004), S. 639–660, W. Kaschuba (Hg.), Wissensgeschichte als Gesellschaftsgeschichte (Geschichte und Gesellschaft 34), Göttingen 2009, D. Speich Chassé/D. Gugerli, Wissensgeschichte. Eine Standortbestimmung, in: Traverse (2012), S. 85–100, M. Füssel (Hg.), Wissensgeschichte (Basistexte Frühe Neuzeit Bd. 5), Stuttgart 2019, P. Sarasin, Was ist Wissensgeschichte?, in: Internationales Archiv für Sozialgeschichte der deutschen Literatur 36 (2011), S. 159–172.

18 E. J. Russell, A history of agricultural science in Great Britain, 1620–1954, London 1966, V. Klemm, Agrarwissenschaften in Deutschland. Geschichte – Tradition; von den Anfängen bis 1945, St. Katharinen 1992. Als bedeutende Vertreter der (chemischen) Theorieentwicklung gelten Joseph Priestley, Antoine Lavoisier, Thaer und Justus Liebig. Dazu P. M. Jones, Making chemistry the 'science' of agriculture, c. 1760–1840, in: History of Science 54 (2016), S. 169–194. Vgl. aber aktuell die stärkere Betonung der Botanik: M. Ambrosoli, The Wild and the Sown. Botany and Agriculture in Western Europe, 1350–1850 (Past and present publications), Cambridge/New York 1997, M. Stuber/L. Lienhard, Nützliche Pflanzen. Systematische Verzeichnisse von Wild- und Kulturpflanzen im Umfeld der Oekonomischen

Während sich in allen Epochen bekannte Geistesgrößen, darunter im 18. Jahrhundert Christian Wolff (1679–1754), landwirtschaftlichen Fragen gewidmet und der Ökonomischen Aufklärung als Massenbewegung zweifellos wichtige Impulse gegeben hatten,[19] erscheinen ihre Namen insgesamt eher schattenhaft und wie aus großer Distanz im allenfalls halbgelehrten Agrarschrifttum. Freilich gab es Ausnahmen: Eine Doppelrolle füllte Albrecht von Haller (1708–1777) als europaweit anerkannter Naturgelehrter aus, der sich zugleich als ökonomischer Patriot verstand. Vermittels seines Amtes als Präsident der *Oekonomischen Gesellschaft Berns* kann er als ein maßgeblicher Akteur der Ökonomischen Aufklärung gelten. Bezeichnenderweise publizierte Haller seine Abhandlungen einerseits auf Latein in internationalen Gelehrtenzeitschriften und andererseits gekürzt und ohne wissenschaftlichen Anmerkungsapparat auf Französisch oder Deutsch im Journal der *Oekonomischen Gesellschaft Bern,* mit anderen Worten: Er publizierte formverschieden für zwei verschiedene Publika, für eine Welt der Gelehrsamkeit im engeren Sinn auf der einen und für die gebildeten und gelehrten LeserInnen der Ökonomischen Aufklärung auf der anderen Seite.[20] Entsprechend diagnostizierte Denise Phillips im Rahmen ihrer Studie zum deutschen Naturwissenschaftsbegriff zwei verschiedene Öffentlichkeiten, eine „anonymous, commodity-driven public" und eine „knowledgeable public", deren parallele Existenz und Entwicklung noch

---

Gesellschaft Bern 1762–1782, in: A. Holenstein/M. Stuber/G. Gerber-Visser (Hgg.), Nützliche Wissenschaft und Ökonomie im Ancien Régime. Akteure, Themen, Kommunikationsformen (Cardanus: Jahrbuch für Wissenschaftsgeschichte 7), Heidelberg 2007, S. 65–106, D. Phillips, Plants and Places: Agricultural Knowledge and Plant Geography in Germany, 1750–1810, in: D. Phillips/S. Kingsland (Hgg.), New Perspectives on the History of Life Sciences and Agriculture (Archimedes 40), Cham 2015, S. 9–26.

19 C. v. Wolff, Entdeckung der wahren Ursache von der wunderbahren Vermehrung des Getreydes, dadurch zugleich der Wachsthum der Bäume und Pflanzen überhaupt erläutert wird, als die erste Probe der Untersuchungen von dem Wachthume der Pflanzen, Halle 1750.

20 Zu Wolff und Haller s. H. Böning, The Scholar and the Commonweal: Christian Wolff, Albrecht von Haller and the Economic Enlightenment, in: A. Holenstein/H. Steinke/M. Stuber (Hgg.), Scholars in Action. The Practice of Knowledge and the Figure of the Savant in the 18th Century (Scientific and Learned Cultures and their Institutions 9), 2 Bde., Leiden/Boston/Mass. 2013, S. 773–798. Zu Haller auch M. Stuber, „Vous ignorez que je suis cultivateur". Albrecht von Hallers Korrespondenz zu Themen der Ökonomischen Gesellschaft Berns, in: M. Stuber/S. Hächler/L. Lienhard (Hgg.), Hallers Netz. Ein europäischer Gelehrtenbriefwechsel zur Zeit der Aufklärung (Studia Halleriana 9), Basel 2005, S. 505–541, S. 522 sowie ders., Wissenschaftler und Verwaltungsmann zugleich – Albrecht von Haller und die Viehseuchenpolizei, in: M. Stuber u.a. (Hgg.), Kartoffeln, Klee und kluge Köpfe. Die Oekonomische und Gemeinnützige Gesellschaft des Kantons Bern OGG (1759–2009), Bern 2009, S. 115–118, S. 116.

stärkere Beachtung verdient.[21] Ökonomische Aufklärer – gebildet, aber selten so gelehrt wie Haller – sprachen sich zum Teil ausdrücklich gegen renommierte Naturgelehrte aus, welche „eine Hand voll Erde, in ihrem Trinkglase aufweichen, eine Bohne, oder Zwiebel in ihren Blumentopf stecken, eine Blattlaus mit dem Microscope betrachten, und aufs höchste mit einigen Gartenbeeten spielen",[22] jedoch kaum jemals im größeren Maßstab auf Feldern Versuche angestellt hätten. Ein anderer Autor schrieb:

> Es ist mehr als zu bekannt, daß die mehresten Verfasser der Wirtschaffts-Bücher, ihre in kleinen gemachte Versuche allgemein machen wollen. Wirtschaffts-Erfahrne sehen aber deutlich genug, daß daher bey der überhäufften Menge der öconomischen Schriften, doch ein Mangel an wahren und practischen sey.[23]

Zugleich teilen fast ausnahmslos alle Autoren, egal ob sie sich selbst und die anderen eher einem praktischen oder theoretischen Pol zuordneten, eine Erfahrung, die sie doch in gewissem Sinn homogenisiert hat: Sie hatten zumindest für eine kurze Zeit eine Universität besucht. Mit Blick auf das breite Spektrum der ökonomischen Schriftsteller im Untersuchungszeitraum wird diese Arbeit zeigen, dass auch die in der Regel universitätsgebildeten Gutsbesitzer, Beamte, Geistliche und andere Protagonisten der Ökonomischen Aufklärung jenen diskursiven Nährboden mit vorbereiteten, aus dem heraus sich die Thaer'sche Fassung einer modernen Agrarwissenschaft im ersten Drittel des 19. Jahrhunderts herausbildete.

1.1 Erkenntnisinteresse

Das Interesse dieser Arbeit entzündete sich an der durchgängig im Agrarschrifttum feststellbaren ständischen Vorstellungswelt ökonomischer Aufklärer. Einem Allgemeinplatz zufolge war ein Ziel ihrer Aktivitäten, die Landwirtschaft in den Stand einer Wissenschaft zu erheben. Bekanntermaßen galten noch gegen Ende der Frühen Neuzeit einige der handwerklichen Tätigkeiten wie das Abdecken, aber auch das Getreidemahlen als unfrei, unehrlich oder unedel.[24] In diesem

---

21 D. Phillips, Acolytes of Nature. Defining Natural Science in Germany, 1770–1850, Chicago 2012, S. 57 f.

22 Nachricht von M. Tillets Abhandlung den Brand im Weizen betreffend, in: Leipziger Sammlungen 14 (1760), S. 495–508, S. 504 f.

23 Die kurze Nachricht und der Plan eines neuen Buches von der Landwirtschafft, in: Leipziger Sammlungen 7 (1751), S. 135–149, S. 136.

24 Zum frühneuzeitlichen Ehrkonzept s. z. B. S. Backmann/U. Ecker-Offenhäusser (Hgg.),

Zusammenhang wurde die Unterscheidung zwischen Kopf- und Handarbeit als eine zentrale, ja sogar als die „nachhaltigste Differenz" der europäischen Sozialgeschichte bezeichnet.[25] Das ubiquitäre Praxisfeld der Landwirtschaft ist auch im 18. Jahrhundert noch in der mittelalterlichen Tradition als unfreie bzw. mechanische Kunst – als ein Handwerk – aufgefasst worden. Im Zedler wurde dazu vermerkt: „Ars illiberalis, die mehr mit den Händen als mit dem Kopf verrichtet wird z. E. ein Bild mahlen, Lasten tragen etc. Ars liberalis, eine freye Kunst, die mit dem Verstand, nicht mit der Hände Arbeit, verrichtet wird."[26] Trotz dieser mächtigen, auch sozial wirksamen Unterscheidungen wird in der neueren und neuesten Forschung verstärkt darauf hingewiesen, dass es in verschiedenen Praxisfeldern seit der Renaissance zu Kooperationen und Austausch gerade zwischen Gelehrten und Handwerkern gekommen ist.[27] Vor allem Pamela O. Long hat für eine Annahme von *trading zones* auch in der Vormoderne plädiert, in denen seit dem späten 15. Jahrhundert Meister etwa des Bergbaus oder der Architektur mit universitätsgebildeten Gelehrten zusammenkamen.[28] Gar als ein maßgebliches Moment der epistemischen Produktivität der neuen Wissenschaften in der Frühen Neuzeit bezeichnet Monika Mommertz das „Lernen" von der Praxis. Die Herausbildung der modernen Naturwissenschaften wurde ihr zufolge von einer Grenzüberschreitung geprägt, heraus aus der traditionellen Universitätsstruktur und hinein in praktische Wissensfelder.[29] Für das 18. Jahrhundert wurden

---

Ehrkonzepte in der frühen Neuzeit. Identitäten und Abgrenzungen (Colloquia Augustana 8), Berlin 1998 und K. SCHREINER/G. SCHWERHOFF (Hgg.), Verletzte Ehre. Ehrkonflikte in Gesellschaften des Mittelalters und der frühen Neuzeit (Norm und Struktur 5), Köln/Weimar/Wien 1995. Ein älterer Überblick über unehrliche Berufe findet sich in W. DANCKERT, Unehrliche Leute. Die verfemten Berufe, Bern 1963. S. auch R. von FRIEDEBURG, Lebenswelt und Kultur der unterständischen Schichten in der Frühen Neuzeit (Enzyklopädie deutscher Geschichte Bd. 62), München 2010, S. 23 f., 69–72.

25 H. BOSSE, Gelehrte und Gebildete. Die Kinder des 1. Standes, in: Das achtzehnte Jahrhundert: Zeitschrift der Deutschen Gesellschaft für die Erforschung des Achtzehnten Jahrhunderts 32 (2008), S. 13–37, S. 21.

26 Art. Ars, in: Zedler Universallexikon 2 (1732), S. 1645. S. auch Art. Kunst, in: Oeconomische Encyklopädie 55 (1791), S. 92–125.

27 S. z. B. L. ROBERTS/S. SCHAFFER/P. DEAR (Hgg.), The Mindful Hand. Inquiry and Invention from Late Renaissance to Early Industrialisation (History of science and scholarship in the Netherlands 9), Amsterdam 2007 und P. H. SMITH, The Body of the Artisan. Art and Experience in the Scientific Revolution, Chicago ILL 2004.

28 P. O. LONG, Artisan, Practitioners and the Rise of the New Sciences, 1400–1600, Corvallis OR 2011, DIES., Trading Zones in Early Modern Europe, in: Isis 106 (2015), S. 840–847.

29 M. MOMMERTZ, Das Wissen „auslocken". Eine Skizze zur Geschichte der epistemischen Produktivität von Grenzüberschreitung, Transfer und Grenzziehung zwischen Universität und

zudem in jüngster Zeit die fürstlichen Verwaltungen sowie die entstehenden technischen Schulen als Orte erkannt, in deren Umfeld sich Einzelpersönlichkeiten zu „hybriden Experten" zwischen technischer Expertise und traditioneller Gelehrsamkeit entwickeln konnten,[30] womit eine weitere Stufe und Qualität des handwerklich-gelehrten Austauschs im 18. Jahrhundert anzunehmen wäre. Es stellt sich für die vorliegende Arbeit die Frage, inwiefern dieser Prozess auch im Bereich der Landwirtschaft festzustellen ist. Denn die existierenden Fallstudien zur Frühen Neuzeit haben bislang in der Regel Praxis- und Wissensfelder zum Thema gemacht, die bereits zeitgenössisch aus dem Kreis der mechanischen Künste hervorgehoben wurden als solche, die nicht allein Erfahrung und „Uebung der Glieder" erforderten, sondern darüber hinaus Geistesgegenwart und den „Gebrauch des Verstandes".[31] Wie aber verhielt es sich im wahrsten Sinne *down-to-earth* mit der Agrikultur, die zeitgenössisch als mechanisch im stärksten Sinn, nachgerade als geistlos vorgestellt wurde? Dieses Praxisfeld ist im Vergleich zu anderen mechanischen Künste im damaligen Sinn noch kaum auf die genannte Frage hin untersucht worden. Zweifelsohne lässt sich annehmen, dass es zwischen Landwirtschaft und Gelehrsamkeit stets Formen des Austauschs gab; auch die Existenz der Ökonomischen Aufklärung macht dies offenkundig. Außerdem führt eine durchgehende Tradition landwirtschaftlicher Schriftstellerei bis in die Antike

---

Gesellschaft, in: Y. Nakamura (Hg.), Theorie versus Praxis? Perspektiven auf ein Missverständnis, Zürich 2006, S. 19–51, insb. S. 46.

30 U. Klein, Hybrid Experts, in: M. Valleriani (Hg.), The Structures of Practical Knowledge, Cham 2017, S. 287–306, E. H. Ash, Expertise. Practical knowledge and the early modern state, Chicago 2010. Zur zweiten Hälfte des 18. Jahrhunderts s. U. Klein, Artisanal-Scientific Experts in Eighteenth-Century France and Germany. Introduction, in: Annals of science: the history of science and technology 69 (2012), S. 303–306 und die weiteren Beiträge des Themenhefts: C. Lehman, Pierre-Joseph Macquer an eighteenth-century artisanal-scientific expert, S. 307–333, P. Konečný, The hybrid expert in the ‚Bergstaat'. Anton von Ruprecht as a professor of chemistry and mining and as a mining official, 1779–1814, S. 335–347, M. Beretta, The rise and fall of the glassmaker Paul Bosc d'Antic (1753–1784), S. 375–393, B. Belhoste, A Parisian craftsman among the savants. The joiner André-Jacob Roubo (1739–1791) and his works, S. 395–411 und M. Popplow, Knowledge management to exploit agrarian resources as part of late-eighteenth-century cultures of innovation. Friedrich Casimir Medicus and Franz von Paula Schrank, S. 413–433. Klein formuliert in ihrem Beitrag das Konzept der „truly ‚hybrid' experts living both in the world of State-directed manufacture and academic natural inquiry", s. U. Klein, Savant officials in the Prussian mining administration, S. 349–374, S. 349.

31 S. Art Kunst (wie Anm. 26), Sp. 95. Auch in neuesten Beiträgen wird das ubiquitäre Praxisfeld der Landwirtschaft noch häufig übersehen. S. z. B. in M. Valleriani (Hg.), The Structures of Practical Knowledge, Cham 2017. Die 15 Beiträge thematisieren u.a. Architektur, Bergbau, Brauereiwesen, Glasherstellung, Kartografie und Ballistik.

zurück.[32] Auf der semantischen Ebene muss allerdings festgestellt werden, dass das Phänomen der geburts- und berufsständischen Ehre sowie die Gefahr ihres Verlusts unaufhörlich angesprochen wurden und einem entspannten Verhältnis zwischen gelehrter und landwirtschaftlicher Praxis zumindest nicht förderlich waren. Auch wenn der Impetus der oben skizzierten neueren Studien zum Verhältnis von frühneuzeitlicher Gelehrsamkeit und Technik zuweilen nahelegt, dass die Unterscheidung von Kopf und Hand als überholter geisteswissenschaftlicher Topos abgelegt werden könne, so sprechen die Quellen doch eine andere Sprache. Eigene Wirtschaftstätigkeit sei jungen Adeligen „infra dignitatem" angerechnet worden, schnell hätten sie außerdem den Titel „Projektmacher" erhalten, berichtete beispielsweise Johann Gottlob von Schönfeld über die 1740er Jahre. In den 1770er Jahren, hielt er dagegen, sei es höchste Zeit, dass die Landwirtschaft wie im alten Rom wieder „von Edlen hauptsächlich als eine Wissenschaft zu treiben und zu dirigiren" sei.[33] Der Verweis auf den Stellenwert der Landwirtschaft in der Antike in Prologen oder eigenen Kapiteln ist in den Agrardiskussionen so ubiquitär und formelhaft, dass ein Beispiel für alle stehen kann:

> Die Geschichte, diese Lehrerin der Menschen, zeigt, daß schon bey den Römern der Feld- und Gartenbau eine Beschäftigung großer, gelehrter und berühmter Männer war. Fürsten waren Hirten, Helden pflanzten Bäume und pflügten den Acker; sie giengen nach rühmlich erfochtenen Schlachten und Siegen zum Pfluge; und vom Pfluge ins Feld und zu Staatsgeschäften.[34]

Der heutigen Unvertrautheit mit einer ständischen Gesellschaftsordnung und dem frühneuzeitlichen Ehrkonzept zum Trotz gilt es diese Dimension vormodernen Weltverständnisses doch zu berücksichtigen und die ‚Hebung der Ökonomie' auch als sozialgeschichtliche Frage bzw. – in den Augen der Zeitgenossen – als

32 Art. Agrarschriftsteller, in: Der Neue Pauly, Brill Online Reference Works 2006 (zuletzt aufgerufen am 07.10.2014) und H. Rex, Die lateinische Agrarliteratur von den Anfängen bis zur frühen Neuzeit, http://elpub.bib.uni-wuppertal.de/servlets/DerivateServlet/Derivate-281/d040104.pdf (zuletzt aufgerufen am 07.10.2014).

33 J. G. von Schönfeld, Die Landwirthschaft und deren Verbesserung nach eigenen Erfahrungen beschrieben, Leipzig 1791, S. XLIV und XLVI. John Shovlin vertritt die These, dass es im Verlauf des 18. Jahrhunderts zunehmend als ehrenwert galt, mit der Landwirtschaft Geld zu verdienen, J. Shovlin, The Political Economy of Virtue. Luxury, Patriotism, and the Origins of the French Revolution, Ithaca NY 2007, S. 51, 75–79 und 161–168, zit. n. M. Popplow, Ökonomische Aufklärung (wie Anm. 12), S. 6.

34 Nützliche und praktische Vorschläge die Landeskultur in Baiern zu befördern. Nebst Beantwortung der im baierischen Landboten aufgeworfenen ökonomischen Fragen, München 1791, S. 1.

eine Frage der Ehre aufzufassen, die von ihnen beantwortet werden musste. Hat die paradigmatische Bedeutung des Ständischen gar bis in die konzeptuellen Grundlagen der sich institutionalisierenden Agrarwissenschaft hineingewirkt? Der Wissenschaftssoziologe Rudolf Stichweh erkannte, dass das Ständische bzw. die Ehre als dessen wichtigstes Gut in seine Analyseperspektive der funktionalen Ausdifferenzierung von Wissenschaft hineinspiele und berücksichtigt werden müsse; er führte dies jedoch nicht weiter aus.[35] Sicher ist, dass ein schlichtes Ignorieren der oft ständisch konnotierten Differenz zwischen manueller und geistiger Tätigkeit mit Blick auf ihre standespolitische Bedeutung in der Vormoderne und darüber hinaus nicht als ratsam erscheint. Infrage steht damit nicht, dass Brücken zwischen Agrarpraxis und Gelehrsamkeit bestanden. Vielmehr wird in dieser Arbeit untersucht, wie diese Brücken im Rahmen der Ökonomischen Aufklärung überhaupt geschlagen werden konnten und diskursiv legitimiert wurden. Welche soziokulturellen Hindernisse waren zu überwinden, um landwirtschaftliche Praktiken mit dem Ansehen und der Würde auszustatten, die Vertreter einer gebildeten Mittelschicht für sich auch offiziell als standesgemäß betrachten konnten?

Dies führt direkt in die Wissenschaftsreflexion ökonomischer Aufklärer hinein. Denn sie sahen in der Tat einen spezifischen Königsweg, über den sich das landwirtschaftliche Gewerbe insgesamt sozial aufwerten ließ: durch seine Transformation in eine Wissenschaft. Was genau stellten sich ökonomische Aufklärer jedoch darunter vor? Welche Typen von Wissen benannten sie, welche galten ihnen als wissenschaftlich, und wie änderte sich dies im Lauf der Zeit? Welche Vorstellungen standen ihrem Unterfangen im Weg, und welche Umwertungen und Bedeutungsverschiebungen waren notwendig, um Landwirtschaft in ihrem Sinn zu einem wissenschaftlichen Gegenstand zu machen? Und schließlich: Änderte sich dabei umgekehrt auch ihre Vorstellung dessen, was eine Wissenschaft war? Mittels dieser Fragen wird aus Texten der Ökonomischen Aufklärung gewissermaßen die Epistemologie einer breiten gesellschaftlichen Mittelschicht herausgearbeitet. In der Tat durchziehen wissenschaftsphilosophische Überlegungen das gesamte Agrarschrifttum: Zu einer Anleitung über das Entwässern sumpfiger Wiesen konnte sich ohne Weiteres eine erkenntnistheoretische Reflexion zum Beispiel über das systematische Denken gesellen. Auch volksaufklärerische Texte schickten der ökonomischen Belehrung regelmäßig längere Passagen voraus, die die geistige Haltung reflektierten, welche LeserInnen gegenüber Landwirtschaft

35 R. Stichweh, Der frühmoderne Staat und die europäische Universität. Zur Interaktion von Politik und Erziehungssystem im Prozeß ihrer Ausdifferenzierung (16.–18. Jahrhundert), Frankfurt am Main 1991, S. 28 f.

als einem Erkenntnisgegenstand einnehmen sollten.[36] Diese epistemologische Dimension der eigentlich praktisch orientierten Agrarschriften wurde in der Forschung bislang kaum beachtet, zumal die betreffenden Passagen zwar durchaus nachweisbar sind, in den Titeln aber kaum erwähnt wurden. Wer würde einen erkenntnistheoretischen Exkurs in einem Text zur Schweinemast oder zur Winterroggensaat erwarten? Wie zu sehen sein wird, löste sich bei solch allgemeinen Fragen zu Formen der Wissenschaftlichkeit der grundlegende Konsens ökonomischer Aufklärer, der in ihrer Berufung auf den gemeinen Nutzen, auf Fortschritt und auf Wissenschaftlichkeit bestand, deren Gleichklang nicht zuletzt auch die Verwendung der historiografischen Kategorie einer Ökonomischen Aufklärung rechtfertigt,[37] mitunter in polemische Auseinandersetzungen auf. Diese Konflikthaftigkeit wird in der vorliegenden Arbeit mit dem Bild der Arena versinnbildlicht: Der Verbesserungsdiskurs der Ökonomischen Aufklärung war eine epistemische und soziale Arena, in der Wissensansprüche zur Landwirtschaft ausgehandelt wurden. Der zu erringende Sieg bestand, um im Bild zu bleiben, in der Macht der Definition über Form und Inhalt der so genannten wissenschaftlichen Ökonomie. Wir kennen das Ergebnis, aber über den Weg dorthin ist wenig bekannt. In den Kapiteln dieses Buchs folgen LeserInnen dem verschlungenen Weg der Verhandlung von Wissensansprüchen im Rahmen des sozial- und begriffsgeschichtlichen Dickichts der Ökonomischen Aufklärung bis hin zu Thaers Definition seiner Landwirtschaftslehre. Thaer wird nicht ohne Grund und bis heute für bestimmte Syntheseleistungen gewürdigt, die in der bekannten Formel zum Ausdruck gebracht wird, dass er Theorie und Praxis der Landwirtschaft miteinander verbunden habe.[38] Diese noch näher zu bestimmende Synthese hatte jedoch einen diskursiven Vorlauf, der in der Ökonomischen Aufklärung zu finden ist

36 Dieselben Passagen galten jedoch in der Volksaufklärungsforschung lange Zeit als Ausdruck des programmatischen Ziels, eine „Mentalitätsänderung" der ländlichen Bevölkerung herbeizuführen, s. H. Böning/R. Siegert, Volksaufklärung. Biobibliographisches Handbuch zur Popularisierung aufklärerischen Denkens im deutschen Sprachraum von den Anfängen bis 1850, Bd. 1, Stuttgart-Bad Cannstatt 1990, S. X, XXVIII, XLVII; und dies., Volksaufklärung. Biobibliographisches Handbuch zur Popularisierung aufklärerischen Denkens im deutschen Sprachraum von den Anfängen bis 1850, Bd. 2, Stuttgart-Bad Cannstatt 2001, S. XXVII.

37 Eine Kritik der Ökonomischen Aufklärung als anachronistische Kategorie versuchte A. Wakefield, Butterfield's nightmare: the history of science as Disney history, in: History and Technology 30 (2014), S. 232–251.

38 V. Klemm/A. Hack, Albrecht Daniel Thaer: Zwischen Theorie und Praxis – Lehrinstitut, Akademie, Universität, in: K. Panne (Hg.), Albrecht Daniel Thaer – Der Mann gehört der Welt, Celle 2002, S. 161–182, M. Frielinghaus/C. Dalchow (Hgg.), Albrecht Daniel Thaer. Ein Leben für die Landwirtschaft, Frankfurt am Main 2006, S. 157.

und ein stetes Abarbeiten an jener oben genannten Differenz zwischen Kopf und Hand beinhaltete.

1.2 Überlegungen zur Methode und Quellenkritik

Methodisch harmoniert diese Arbeit in weiten Teilen mit dem übergreifenden Ansatz einer historischen Semantik, die, in den Worten Kathrin Kollmeiers, „die kulturellen, gesellschaftlichen und politischen Bedingungen und Voraussetzungen dessen, wie zu einer bestimmten Zeit Sinn zugewiesen und artikuliert wurde", interpretiert.[39] Dieser Bestimmung lassen sich auch einige der wissenschaftshistorischen Arbeiten, die unter der Bezeichnung einer historischen Epistemologie das geschichtliche Werden auch der allgemeinsten Kategorien des wissenschaftlichen Denkens problematisieren, zuordnen.[40] Als wichtigste Inspirationsquelle für diese Perspektive können Foucaults Arbeiten gelten, in denen er die Genese historischer wissenschaftlicher Konzepte in ihrer Zeit nachzuvollziehen begann – statt vergangenes Wissen vom Standpunkt aktueller Wissenschaft zu bewerten. Diese Historisierung ist heute selbst zum epistemischen Standard geworden, wie Michael Hagner treffend feststellt.[41] Historische Semantik überschneidet sich mit der Diskursgeschichte und schließt ohne Frage an die ältere Begriffsgeschichte an.

---

39 K. Kollmeier, Begriffsgeschichte und Historische Semantik, Version: 2.0, 29.10.2012. Docupedia-Zeitgeschichte, http://docupedia.de/zg/Begriffsgeschichte_und_Historische_Semantik_Version_2.0_Kathrin_Kollmeier?oldid=85045 (zuletzt aufgerufen am 30.09.2019). Mehrere Disziplinen überblickend E. Müller/F. Schmieder, Begriffsgeschichte und historische Semantik. Ein kritisches Kompendium (Suhrkamp Taschenbuch Wissenschaft 2117), Berlin 2016.

40 S. L. Daston, Historical Epistemology, in: J. Chandler/A. I. Davidson/H. D. Harootunian (Hgg.), Questions of Evidence. Proof, Practice, and Persuasion Across the Disciplines, Chicago 1994, S. 282–289. Vgl. die auf ‚epistemische Dinge' und ‚Experimentalsysteme' fokussierende Version von H.-J. Rheinberger, Historische Epistemologie zur Einführung (Zur Einführung 336), Hamburg 2013. Überblickend s. O. W. Nasim, Was ist historische Epistemologie?, in: Nach Feierabend (2013), S. 123–144. Aus der Fülle interessanter Einzelstudien zu einzelnen epistemischen Begriffen s. L. Daston, Wunder, Beweise und Tatsachen. Zur Geschichte der Rationalität (Fischer Forum Wissenschaft Figuren des Wissens 14763), Frankfurt am Main 2014, L. Daston/P. Galison, Objectivity, New York/Cambridge/Mass. 2007 und G. Pomata/N. G. Siraisi (Hgg.), Historia. Empiricism and Erudition in Early Modern Europe (Transformations: Studies in the History of Science and Technology), Cambridge, Mass. 2005.

41 M. Hagner, Ansichten der Wissenschaftsgeschichte, in: M. Hagner (Hg.), Ansichten der Wissenschaftsgeschichte, Frankfurt am Main 2001, S. 7–39, S. 30. Zur Bedeutung Foucaults für die historische Epistemologie s. O. W. Nasim, Historische Epistemologie (wie Anm. 40).

Ein besonderes Augenmerk liegt auf der „Umstrittenheit" und „Konflikthaftigkeit" der Begriffsbedeutungen, kurzum: auf dem semantischen Aushandlungsprozess.[42] Im deutschsprachigen Raum liegen zwei längere Traditionen begriffsgeschichtlicher Forschung vor, die einerseits durch das *Historische Wörterbuch der Philosophie* (1971–2007) und andererseits durch die *Geschichtlichen Grundbegriffe* (1972–1997) repräsentiert werden. Während begriffsgeschichtliche Ansätze in der internationalen Wissenschaftsgeschichte derzeit eine Konjunktur erleben,[43] wurde in jüngeren Arbeiten insbesondere die Bedeutung wissenschaftlicher Begriffe oder Metaphern im naturwissenschaftlichen Erkenntnisprozess untersucht.[44] Hinzu kam 2014 das internationale Netzwerk *Conceptual Approaches to Science, Technology and Innovation* (CASTI), das sich der Untersuchung „wissenschaftspolitischer Sprache" widmet und damit an den Sprachgebrauch der *Geschichtlichen Grundbegriffe* anschließt, das als *Historisches Lexikon der politisch-sozialen Sprache* definiert wurde.[45] Leitbegriffe wie ‚Grundlagenforschung' oder ‚angewandte Wissenschaft' stehen als Kernbestandteile derjenigen Sprache unter Beobachtung, „mit der historische wie aktuelle Gesellschaften über die verschiedenen Aspekte von Forschung sowie über die Rollen von wissenschaftlichem Wissen und Technikentwicklung im Allgemeinen kommunizieren".[46] Eric Schatzberg hat beispielsweise den Bedeutungswandel des Begriffs der Kunst vom 18. bis zum 20. Jahrhundert analysiert,

---

42 K. Kollmeier, Begriffsgeschichte (wie Anm. 39). S. auch M. Richter, Conceptualizing the Contestable: „Begriffsgeschichte" and Political Concepts, in: G. Scholz (Hg.), Die Interdisziplinarität der Begriffsgeschichte (Archiv für Begriffsgeschichte. Sonderheft), Hamburg 2000, S. 135–143.

43 S. überblickend D. Schauz, Wissenschaftsgeschichte und das Revival der Begriffsgeschichte, in: NTM: Zeitschrift für Geschichte der Wissenschaften, Technik und Medizin 23 (2015), S. 53–63 und als Beispiel D. Phillips, Acolytes (wie Anm. 21).

44 S. z. B. U. Feest/F. Steinle (Hgg.), Scientific Concepts and Investigative Practice (Berlin studies in knowledge research 3), Berlin 2012, M. Eggers/M. Rothe (Hgg.), Wissenschaftsgeschichte als Begriffsgeschichte. Terminologische Umbrüche im Entstehungsprozess der modernen Wissenschaften, Bielefeld 2009, E. Müller/F. Schmieder (Hgg.), Begriffsgeschichte der Naturwissenschaften. Zur historischen und kulturellen Dimension naturwissenschaftlicher Konzepte, Berlin 2008, C. Borck (Hg.), Hans Blumenberg beobachtet. Wissenschaft, Technik und Philosophie (Alber Philosophie), Freiburg u.a. 2013 und L. Danneberg/C. Spoerhase/D. Werle (Hgg.), Begriffe, Metaphern und Imaginationen in Philosophie und Wissenschaftsgeschichte (Wolfenbütteler Forschungen 120), Wiesbaden 2009. Als Einzelstudie s. E. Johach, Krebszelle und Zellenstaat. Zur medizinischen und politischen Metaphorik in Rudolf Virchows Zellularpathologie (Berliner Kulturwissenschaft 5), Freiburg i. Br. 2008.

45 D. Schauz, Wissenschaftspolitische Sprache als Gegenstand von Forschung und disziplinärer Selbstreflexion. Das Programm des Forschungsnetzwerkes CASTI, in: Forum Interdisziplinäre Begriffsgeschichte 3 (2014), S. 49–61.

46 Ebd., S. 50.

welcher, kurz gesagt, in den Enzyklopädien der Aufklärungszeit noch eine fundamentale Kategorie „for understanding material culture and its relationship to natural knowledge“ darstellte, jedoch im 19. Jahrhundert durch einen „discourse of pure and applied science“ abgelöst wurde. In dessen Folge, so die These, gerieten „key aspects of the industrial world“, namentlich „artisanal knowledge“ aus dem Blickfeld – „producing a conceptual confusion that continues to plague debates about the science/technology relationship today“.[47] Bei aller Konzentration auf Praktiken und Materialitäten im Zuge der jüngeren *turns* der historischen Forschung tragen begriffshistorische Ansätze dazu bei, dass der Sprachgebrauch historischer AkteurInnen, der zum Verständnis historischer Realitäten beträchtlich beiträgt, in diesem Zuge nicht ausgeblendet wird.[48]

In den analytischen Teilen dieser Arbeit wird die Wissenschaftsreflexion ökonomischer Aufklärer in Anlehnung an die genannten Ansätze in erster Linie diskurs- und begriffsgeschichtlich bzw. historisch-semantisch ergründet. Ergänzend dazu steht allerdings auch die jeweilige Wissenspraxis der verschiedenen Akteursgruppen zur Diskussion, deren Explikation oft ein wichtiges Korrektiv gegenüber dem Gesagten darstellt und nicht zuletzt polemische Übertreibungen zu identifizieren hilft.[49] Die Entwicklung einzelner herausstechender Begriffe und Figuren wird detailliert erschlossen und auf ihre sozialgeschichtliche Funktion hin befragt, darunter zum Beispiel die spezielle Wortverwendung von ‚empirisch‘ oder auch Figuren wie die des einfachen Bauern. Die dabei erzielten Befunde

47 E. Schatzberg, From Art to Applied Science, in: Isis 103 (2012), S. 555–563, S. 555. S. auch Schatzberg, E., Technology. Critical history of a concept, Chicago/London 2018.

48 S. in diesem Zusammenhang auch Schauz’ Diskussion der Latour’schen These, dass sich an Sprache ausgerichtete Forschung lediglich auf irrelevante „Reinigungsdiskurse“ beziehe, D. Schauz, Sprache (wie Anm. 45), S. 52.

49 Der Perspektivwechsel auf die ‚Herstellung‘ naturwissenschaftlichen Wissens wurde bekanntermaßen von der ethnografischen Wissenschaftsforschung inspiriert, s. K. Knorr-Cetina, Die Fabrikation von Erkenntnis. Zur Anthropologie der Naturwissenschaft (Suhrkamp Taschenbuch Wissenschaft 959), Frankfurt am Main 2002 und B. Latour, Science in Action. How to Follow Scientists and Engineers through Society, Cambridge/Mass 1987. Zum Einfluss der älteren Wissenssoziologie s. P. Burke, A Social History of Knowledge. From Gutenberg to Diderot, Cambridge/UK u.a. 2000, S. 1–17. Das bis heute wohl einflussreichste Buch (über 20 Auflagen) ist P. L. Berger/T. Luckmann, Die gesellschaftliche Konstruktion der Wirklichkeit. Eine Theorie der Wissenssoziologie (Fischer 6623), Frankfurt am Main 2009. S. überblickend auch V. Lipphardt/K. K. Patel, Neuverzauberung im Gestus der Wissenschaftlichkeit. Wissenspraktiken im 20. Jahrhundert am Beispiel menschlicher Diversität, in: Geschichte und Gesellschaft: Zeitschrift für historische Sozialwissenschaft 34 (2008), S. 425–454. Zu ausgewählten wissenschaftlichen Praktiken s. z. B. P. Becker/W. Clark (Hgg.), Little Tools of Knowledge. Historical Essays on Academic and Bureaucratic Practices (Social history, popular culture, and politics in Germany), Ann Arbor, Mich. 2001.

verweisen, wie zu sehen sein wird, auf weitere Kontexte, welche durch das Herbeiziehen entsprechender Sekundärliteratur, insbesondere aus der Agrargeschichte und der Bürgertumsforschung, weiter erhellt werden. Auf einer allgemeineren Ebene frage ich schließlich nicht nur nach der sozialen Determiniertheit der aufklärerischen Semantik, sondern auch nach dem sozialen Wandel, der sich im Sprachgebrauch ökonomischer Aufklärer niederschlug und zum Teil auch durch ihre sprachlichen Innovationen mit herbeigeführt wurde. Wissenschaftswandel und sozialer Wandel werden dabei zueinander ins Verhältnis gesetzt und als miteinander verzahnt erkannt.

Quellengrundlage der Arbeit sind in der Hauptsache deutschsprachige Monografien und Zeitschriftenartikel. Die zwei größten Ökonomischen Zeitschriften des deutschsprachigen Raums, die *Leipziger Sammlungen* (1742–1767), die *Oeconomischen Nachrichten* (1750–1763) sowie die *Neuen Oeconomischen Nachrichten* (1763–1773), konnten dank ihrer thematischen Register umfassend auf wissenschaftsreflexive Inhalte hin durchgesehen werden. Darüber hinaus bot der *Göttinger Index deutschsprachiger Zeitschriften 1750–1815* bzw. die darauf aufbauende Bielefelder Datenbank *Zeitschriften der Aufklärung,* in der die 160 meistgelesenen Rezensionsorgane und Literaturzeitschriften des 18. Jahrhunderts digitalisiert sind, eine wertvolle Quelle.[50] Die entsprechende Suche nach relevanten Inhalten ergab eine Fülle von Treffern, nicht nur in landwirtschaftlichen Fachschriften wie den Thaer'schen *Annalen des Ackerbaus* (1805–1810), sondern auch in allgemeinen Zeitschriften wie dem *Journal von und für Deutschland* (1784–1792) oder den *Berlinischen Sammlungen* (1768–1779). Zu finden waren neben Abhandlungen, Reisebeschreibungen und Subskriptionseinladungen vor allem Rezensionen agrarökonomischer Literatur, deren Informationsgehalt sich für die Fragestellung nach der Aushandlung von Wissensansprüchen als sehr ergiebig erwiesen. Agrarökonomische Zeitschriften und Monografien, das zeigt die Datenbankabfrage auch, wurden damals selbstverständlich von den großen Rezensionsorganen wahrgenommen und besprochen. Neben den zumeist anonymen Zeitschriftenautoren kommen in dieser Arbeit auch namentlich bekannte Einzelautoren mit ihren Monografien zu Wort. Hier gilt, dass sowohl Vertreter der ökonomischen Höhenkammliteratur, zum Beispiel die Kameralprofessoren Johann Beckmann

50 DFG-gefördertes Projekt „Retrospektive Digitalisierung wissenschaftlicher Rezensionsorgane und Literaturzeitschriften des 18. und 19. Jahrhunderts aus dem deutschen Sprachraum". Die Auswahl der 189 Zeitschriften beruht im Wesentlichen auf ihrer Verzeichnung im „Index deutschsprachiger Zeitschriften 1750–1815" der Akademie der Wissenschaften zu Göttingen, s. online unter https://gelehrte-journale.de/startseite/ oder http://ds.ub.uni-bielefeld.de/viewer/collections/zeitschriftenderaufklaerung/ (zuletzt aufgerufen am 10.02.2020).

(1739–1811) oder Johann Heinrich Gottlob von Justi (1717–1771) sowie der in seiner Bedeutung alle überragende Thaer vertreten sind. Darüber hinaus wurden aber auch unbekannte Autoren herangezogen, von denen zum Teil nicht mehr als der Name, der Wohnort und die ungefähren Lebensdaten überliefert sind, darunter der Halbbauer Michael Irlbeck (1786–1869) aus Bayern oder der Gutsbesitzer Christoph Heinrich Matthesius (um 1770) aus Mitteldeutschland.[51]

Alle untersuchten Texte waren an eine Öffentlichkeit – das ökonomische Publikum – gerichtet.[52] Eine Begrenzung auf publizierte Texte als Quellen erscheint für die Fragestellung der Arbeit deshalb als zureichend, da sich die Verständigung über die Wissenschaftlichkeit der Landwirtschaft sowie ihre Geltendmachung innerhalb der Totalität der sozialen Kommunikation insbesondere in diesem Ausschnitt realisierte und niederschlug.[53] Die Definition der wissenschaftlichen Ökonomie wurde in einer allgemeinen Diskussion und in einem überterritorialen Kontext – vor den Augen des ökonomischen Publikums – verhandelt und generiert. In diesem Sinn verstehe ich den Kommentar Lorraine Dastons,

> that the breadth of the context suitable for analysis is very much dependent on the breadth of the question posed and that universalization of intellectual-cum-cultural phenomena deserves

---

51 Als erste Orientierung diente der vorliegenden Arbeit neben C. Fraas, Geschichte (wie Anm. 3) und S. v. Frauendorfer, Ideengeschichte der Agrarwirtschaft und Agrarpolitik im deutschen Sprachgebiet. Von den Anfängen bis zum ersten Weltkrieg, München/Basel/Wien 1963 vor allem eine kommentierte Bibliografie aus dem späten 19. Jahrhundert: M. Güntz, Handbuch der landwirtschaftlichen Litteratur. Unveränderter Neudruck der Ausgabe Leipzig 1897–1902, Vaduz, Liechtenstein 1977. Hierin findet sich z. B. der weitgehend in Vergessenheit geratene Autor Christoph Heinrich Matthesius. Einen Überblick auch über weniger bekannte Autoren, die im 19. Jahrhundert möglicherweise aussortiert wurden, vermitteln die zeitgenössischen Bibliografien, z. B. J. Beckmann, Physikalisch ökonomische Bibliothek, worinn von den neuesten Büchern, welche die Naturgeschichte, Naturlehre und die Land- und Stadtwirtschaft betreffen, zuverlässige und volständige Nachrichten ertheilet werden, Göttingen 1770–1802.

52 Mit Gieryn wurde hierfür der Begriff der *public science* gebräuchlich, s. T. F. Gieryn, Boundary (wie Anm. 13), Sp. 782. S. auch L. Stewart, The Rise of Public Science. Rhetoric, Technology, and Natural Philosophy in Newtonian Britain, 1660–1750, Cambridge 1992, O. Hochadel, Öffentliche Wissenschaft. Elektrizität in der deutschen Aufklärung, Göttingen 2003 und A. W. Daum, Wissenschaftspopularisierung im 19. Jahrhundert. Bürgerliche Kultur, naturwissenschaftliche Bildung und die deutsche Öffentlichkeit, 1848–1914, München 1998.

53 Die vielfältigen Funktionen von Briefen, die im 18. Jahrhundert halböffentlich waren und in gedruckte Schriften übergehen konnten, versprechen auch hinsichtlich der Wissensproduktion der Ökonomischen Aufklärung noch weitere Forschungsfelder, s. mit entsprechenden Hinweisen M. Stuber, Vous ignorez (wie Anm. 20), S. 532.

> at least as much historical attention as the narrowly local contexts in which such phenomena originally emerge.[54]

Allein die schiere Fülle agrarökonomischer Schriften im Untersuchungszeitraum führte allerdings zu Beginn des Projekts zur pragmatischen Eingrenzung auf deutschsprachige Quellen. Wenigstens punktuell wird in Kapitel 4.1 eine englischsprachige Zeitschrift vergleichend hinzugezogen. Die dabei erzielten Ergebnisse lassen weitere vergleichende Forschungen als wünschenswert erscheinen, weil sich am exemplarisch untersuchten Fall Unterschiede andeuten, deren weitere Erforschung zu einem vertieften Verständnis der Regionalität intellektueller Kulturen beitragen könnte.

Soziokulturelle Aspekte, die sich in die Diskussionen einer gebildeten Mittelschicht eingeschrieben haben, sind freilich nicht die einzigen relevanten Faktoren in der Erforschung der Ökonomischen Aufklärung und der Geschichte der Landwirtschaft wie ihrer Wissenschaft. An dieser Stelle erscheint es deshalb angeraten, deutlich zu machen, was diese Arbeit nicht ist: Sie ist weder eine Theoriegeschichte der Agrikulturchemie noch eine Praxisgeschichte der Landwirtschaft. Gerade durch ihre Assoziation mit dem Projekt einer Wissensgeschichte kann zudem berechtigterweise die Erwartung entstehen, dass diese Arbeit alle historischen WissensträgerInnen, namentlich auch die illiteraten Schichten, berücksichtigt. Dies wurde während des Forschungsprozesses stets angestrebt und in Teilen auch realisiert, insbesondere durch die weitgehend exzeptionelle Schrift des Halbbauern Michael Irlbeck, kann aber auf Basis der zugrunde gelegten Quellen ansonsten nur durch Bestimmungen *ex negativo* geschehen, da jene Quellen in erster Linie die Perspektive ökonomischer Aufklärer repräsentieren, nicht die der Masse der kleinen AgrarproduzentInnen. Perspektiven der ländlichen Bevölkerungen rekonstruiert mit sozial- und wirtschaftsgeschichtlichen Zugriffen die Agrargeschichte, deren Ergebnisse aus folgenden Gründen für die Bewertung der Ökonomischen Aufklärung unausweichlich sind: Im damals ubiquitären Praxisfeld der Landwirtschaft waren groben Schätzungen zufolge erstens bis zu drei Viertel der Bevölkerung tätig und zweitens bezogen sich ökonomische Aufklärer genau auf dieses Feld. Während die Fragestellungen dieser Arbeit hauptsächlich auf die Ebene der Wahrnehmungen, Deutungen und der Selbstverständigung ökonomischer Aufklärer zielen,[55] mit anderen Worten, auf

---

54 L. Daston, Historical Epistemology (wie Anm. 40), S. 286 f.

55 Interpretationen „zweiter Ordnung" thematisiert R. Konersmann, Zur Sache der historischen Semantik, in: R. Konersmann (Hg.), Der Schleier des Timanthes. Perspektiven der historischen Semantik, Frankfurt am Main 2004, S. 9–55, S. 47.

die Vorstellungen, die sich diese Akteure von der damaligen Realität machten und nach denen sie ihr Handeln ausrichteten,[56] macht es für die historische Interpretation einen Unterschied zu wissen, in welcher sozioökonomischen Realität deren Selbstverständigung – als Diskurs – eingebettet war. Für die Gesamtbewertung der Ökonomischen Aufklärung sollte beispielsweise relevant sein, dass die dominante, groß erscheinende Gruppe der schreibenden Landwirte (adelige und bürgerliche Gutsbesitzer, darunter einige Frauen) im Verhältnis zur Gruppe der kleinen AgrarproduzentInnen eben nicht groß, sondern klein gewesen ist. Die Tatsache, dass kleine AgrarproduzentInnen in der Ökonomischen Aufklärung kaum je direkt zur Geltung kamen, muss jeden Anspruch auf das ganze Agrarwissen jener Zeit vereiteln. Die kritische Reflexion dieser Tatsache wie auch die Wahrnehmung und das gelegentliche Herbeiziehen agrargeschichtlicher Sekundärliteratur stellen den ernst gemeinten Versuch dar, sich die Fehlstellen des gebildeten Diskurses stets zu vergegenwärtigen und die Existenz historischer Bewertungen, Wissensbestände und -praktiken jenseits der öffentlichen Diskussion mit zu bedenken. In den Kapiteln 3.1 und 3.2 gehen Befunde der Agrargeschichte direkt in die Argumentation ein. Diese stehen zum Teil in einem eklatanten Widerspruch zu Ergebnissen der Aufklärungsforschung, ein Faktum, das in diesen Kapiteln auf seine Gründe und seine Konsequenzen hin untersucht wird. Obwohl sich die beiden Ansätze der Diskursgeschichte einerseits und der Sozial- und Wirtschaftsgeschichte andererseits im Prinzip nicht gegenseitig ausschließen, sondern nur ergänzen können, zeigt dieses Kapitel auch, dass sich die verschiedenen Forschungszweige, einmal miteinander in Beziehung gesetzt, gegenseitig bereichern, anregen und zuweilen auch zur Korrektur zwingen können.

Ein Versuch, auch den landwirtschaftlichen Wissensansprüchen kleiner AgrarproduzentInnen direkter auf die Spur zu kommen, als es die Auswertung der landwirtschaftlichen Publizistik erlaubt, stellte meine Auswertung administrativer Akten der um 1800 im Herzogtum Sachsen-Meiningen eingesetzten „Ökonomiekommission“ dar, da es sich bei dieser um eine der wenigen staatlichen Initiativen handelt, welche breite Bevölkerungskreise in die Verbesserung der Landwirtschaft einbeziehen sollte.[57] Der Plan des Herzogs Georg I. von Sachsen-Meiningen,

56 So beschreibt Otto Gerhard Oexle im Anschluss an George Duby den „sozialen Prozess“, in dem „Menschen ihr Verhalten nicht entsprechend den realen Gegebenheiten und Verhältnissen ausrichten, sondern nach dem Bild, das sie sich von diesen machen und das niemals eine getreue Widerspiegelung jener Verhältnisse darstellt“, O. G. Oexle, Die Wirklichkeit und das Wissen. Mittelalterforschung – historische Kulturwissenschaft – Geschichte und Theorie der historischen Erkenntnis, Göttingen 2011, S. 345.

57 Überliefert sind neben den offiziellen Verordnungen Sessions- und Visitationsprotokolle,

dessen Herrschaftsstil als Reformabsolutismus *par excellence* bezeichnet wurde, sah die Einrichtung von Unterkommissionen bis auf die Ebene der Dörfer und einen Wissensaustausch zwischen allen Ebenen vor:[58] Um „die Gebrechen und Mängel der Landwirthschaft eines jeden einzelnen Orts auszufinden und nach den Umständen des Lokals zweckmäßige Vorschläge zur Abschaffung derselben" zu machen, sollten sich die Mitglieder der dörflichen Kommissionen wöchentlich bis monatlich beim Pfarrer treffen.[59] Meine daraus erwachsende Erwartung, dass aus diesem Grund auch lokales Wissen der ortsansässigen AgrarproduzentInnen in den Meininger Verwaltungsakten zur Geltung gekommen sein müsste, erfüllte sich nur sehr bedingt. Dass gar ein reger „persönlicher Verkehr der Bauern mit der Oberökonomiekommission im Meininger Schloss" stattgefunden habe, wie Rudolf Heß aus einem einzelnen an den Herzog gerichteten Bericht geschlossen hat, ist eine zu optimistische Interpretation.[60] Weder finden sich in den Akten mit ganz wenigen Ausnahmen explizite Einreichungen noch kamen dörfliche Akteure in den Visitationen effektiv zur Sprache. Die Problematik sämtlicher Gespräche, wie sie die Visitationsprotokolle wiedergeben, war bereits in der Form der Gesprächssituationen angelegt, in denen Schultheißen, Hofbauern und Dorfrichter nach „Circular-Citation" vor den hohen Kommissaren im Rathaus der nächstgelegenen Stadt zu erscheinen hatten, um „Instruktionen erteilt" und „auf das nachdrücklichste" an ihre Pflichten erinnert zu werden. Die Verordnungen des Herzogs wurden „eingeschärft" und die Untertanen auf das „ernstlichste ermahnt",

Zirkulare, Briefe, Tabellen u.a., s. Thüringisches Staatsarchiv Meiningen, Staatsministerium, Abteilung Inneres (in der Folge: ThStaAMgn), 17.912–17.940. Umfassend ausgewertet wurde die Überlieferung durch U. HESS, Forschungen zur Verfassungs- und Verwaltungsgeschichte des Herzogtums Sachsen-Coburg-Meiningen 1680–1829, Bd. II: die einzelnen Verwaltungsaufgaben, überarb. Online-Ausgabe, Meiningen Staatsarchiv 2010 [1954], https://www.db-thueringen.de/receive/dbt_mods_00016452 (zuletzt aufgerufen am 10.02.2020). Zur Ökonomiekommission s. ebd., S. 107–125. Zur Wirtschaftspolitik Herzog Georg I. mit weiteren Angaben zur Forschungsliteratur s. T. SCHWÄMMLEIN, Wirtschaftspolitische Handlungsfelder im aufgeklärten Absolutismus – der Kleinstaat Sachsen-Meiningen unter Herzog Georg I., in: Herzog Georg I. von Sachsen-Meiningen. Ein Präzedenzfall für den aufgeklärten Absolutismus? (Südthüringer Forschungen 33), Meiningen 2004, S. 68–95. Zu Verwaltungsverfahren s. S. BRAKENSIEK, Legitimation durch Verfahren? Visitationen, Supplikationen und Enquêten im frühmodernen Fürstenstaat, in: B. STOLLBERG-RILINGER/A. KRISCHER (Hgg.), Herstellung und Darstellung von Entscheidungen. Verfahren, Verwalten und Verhandeln in der Vormoderne (Zeitschrift für Historische Forschung, Beiheft 44), Berlin 2010, S. 363–377.

58 Plan des regierenden Herrn Herzogs von Sachsen-Meiningen zu einer Verbesserung der Oekonomie in seinem Lande und über die Art, sie zu bewerkstelligen, in: Journal von und für Franken 6 (1793), S. 677–684.

59 Ebd., S. 680.

60 U. HESS, Sachsen-Coburg-Meiningen (wie Anm. 57), S. 119.

diese zu befolgen.[61] Dorfvorsteher wurden gerade nicht – wie geplant – offen nach eigener Expertise und Vorschlägen, sondern stets nur nach deren Gehorsam gefragt. Dies mag unter anderem auch dadurch zustande gekommen sein, dass der herzogliche Plan bereits eine Fülle von Fragen und Vorschlägen vorgegeben hatte, deren Erfüllung nun Punkt für Punkt und Schultheiß für Schultheiß abgefragt wurde. Der Plan gab zum Beispiel vor:

> Hier [am Treffpunkt] werden sofort von dem Prediger gewisse den Umständen des Lokals angemessene Fragen vorgelegt, z. B. a) Wo Sümpfe sind, ob man sie durch Abzugsgraben in Wiesen umschaffen könne? b) Ob Maulwürfe, Hamster und andere schädliche Thiere gefangen werden? c) Ob man auf den Wiesen jährlich die Maulwurfshaufen demolire? d) Ob uns wie der Wiesenwachs verbessert werden könne? – ob man die Wiesen wässere? – dünge? – Ob man sie dem Schaaftriebe im Herbste, besonders im Frühjahre entziehen könne?[62]

Die Antworten gingen selten über ein Ja oder Nein hinaus, Nachfragen gab es keine. Allenfalls sind kurze Ermahnungen oder Empfehlungen an die Verhörten im Protokoll erwähnt, woraufhin sie aus der Befragung entlassen wurden. Man ist aus heutiger Sicht versucht zu glauben, dass der innovative Vorstoß Herzog Georgs I. geradezu fulminant scheiterte – am Mangel landwirtschaftlicher Expertise der Bürokraten, an den eingespielten Formen der Visitationspraxis sowie an der Zurückhaltung der Dorfvorsteher. Während der vom Herzog vorgegebene Fokus auf das Wissen und dessen Zirkulation in den Hintergrund trat, erfüllte die Oberkommission offenbar von Anfang an eine andere Funktion, nämlich die einer Vermittlerin, über die alle Beteiligten versuchten, ihre Interessen geltend zu machen. Vorrangig ging es um die Mediation dieser Interessen, wobei die Grenzziehung zwischen einem wissenschaftlichen und einem nicht-wissenschaftlichen Wissen hierbei keine Rolle spielte. Die Akten erscheinen als eine Art Sammelbehälter für Klagen und Forderungen von Schultheißen, einzelnen Hofbauern, Stadträten, Amtsmännern, Landadeligen, Kammer- und Forstbeamten, wobei Entscheidungen über deren widerstreitende Anliegen typischerweise in der Schwebe gehalten wurden. Ein durchaus interessanter Befund ist, dass die seltenen, aber vereinzelt dokumentierten Wissensangebote dörflicher Akteure – etwa eine Aussage zur heilenden Wirkung der Ziegenmilch, die für Kranke, Alte und Kinder unverzichtbar sei – anders als im öffentlichen Agrarschrifttum nicht infrage gestellt

---

61 ThStaAMgn, 17916, Bl. 22v, 22v, 15v, 23r, 25r.

62 Plan (wie Anm. 58), S. 680. Zur Visitationspraxis s. die brillante Analyse von M. Schaffner, The Figure of the Questions Versus the Prose of the Answers: Lord Devon's Inquiry in Skibbereen, 10 September 1844, in: P. Becker/W. Clark (Hgg.), Little tools (wie Anm. 49).

wurden, sondern widerstandslos in die interne Beamtendiskussion übergingen. Ob und inwiefern das Halten von Ziegen erlaubt oder verboten werden sollte, war für die Mitglieder der Oberkommission eine im Sinne des paternalistischen Stils ihrer Regierung pragmatisch zu entscheidende Frage, die keiner Beurteilung durch eine als wissenschaftlich ausgewiesene Autorität bedurfte. Obwohl die Kommunikation an der Schnittstelle zwischen Verwaltung und Dorf durchweg asymmetrisch und der Form nach als Verhör verlief, verhinderte dies also nicht, dass auch die Wissensangebote illiterater Personen, wenn sie geäußert wurden, frei durch die Akten flottierten. Eine Abwertung bäuerlichen Wissens, die, wie in der Arbeit zu sehen sein wird, im öffentlichen Diskutieren über Landwirtschaft gang und gäbe war, fand im lokalen Diskurs der Herrschaftsvermittlung, wo Akteure miteinander sprachen und auf gegenseitige Kooperation angewiesen waren, nicht statt. Die überterritorialen Diskussionen über Landwirtschaft als Wissenschaft, mithin die gesamte Wissenschaftsrhetorik und -polemik um 1800 einschließlich der Infamisierung bäuerlicher Wissensträger, erscheinen demgegenüber – vor dem Hintergrund der Verwaltungsakte – dezidiert als Phänomene eines akademisch orientierten, öffentlichen Aushandlungsprozesses. Nach einem kurzen Überblick über die relevanten Forschungskontexte soll dieser Prozess in den folgenden Kapiteln eingehend und auf verschiedenen Ebenen untersucht werden.

1.3 Forschungskontexte

Nimmt man landwirtschaftliche Praktiken als eine Form technischen Wissens zum Ausgangspunkt, um dessen Integration in ein zeitgenössisches Verständnis von Wissenschaft es in den epistemologischen Auseinandersetzungen ökonomischer Aufklärer letztendlich ging, so befindet man sich historiografisch auf der Schnittstelle zwischen Technik-, Wissenschafts- und Wirtschafts- bzw. Agrargeschichte. Noch im Jahr 2015 bezeichnete Karel Davids den Austausch dieser genannten historischen Teildisziplinen als allzu rar.[63] Im Rahmen der neueren Wissenschaftsgeschichte lassen sich allerdings durchaus Arbeiten identifizieren, die konkret nach dem Verhältnis von frühneuzeitlicher Gelehrsamkeit und technischer Expertise fragen. Besonders hervorzuheben sind die Arbeiten von Pamela H. Smith, die in der Tradition Zilsels auf die Parallelen (kunst-)handwerklicher und wissenschaftlicher Praktiken, etwa auf die genaue Naturbeobachtung,

63 K. Davids, Introduction. Focus: Bridging Concepts: Connecting and Globalizing History of Science, History of Technology, and Economic History, in: Isis 106 (2015), S. 835–839.

hingewiesen hat.[64] In jüngerer Zeit sei besonders auf die schon erwähnten Arbeiten von und um Long, Klein und Davids hingewiesen sowie auf den einschlägigen Sammelband *The mindful hand,* herausgegeben von Lissa Roberts, Simon Schaffer und Peter Dear. In ihrer Einleitung stellt Roberts fest, dass „articulations between knowledge, know-how and technique were intimate and complex", weshalb ein Unterscheiden „between high-status sciences and lowly labour obscures much more than it reveals and is extremely anachronistic."[65] Diese letzte auf die historiografische Ebene zielende Aussage bringt auf den Punkt, wohin viele auf der Schnittstelle zwischen Wissenschafts- und Technikgeschichte angesiedelten Forschungen gelangt sind, nämlich die Opposition von Theorie und Praxis bzw. von Wissenschaft und Technik infrage zu stellen.[66] In der Tat erscheint die im Zuge des *practical turn* zunehmende symmetrische Behandlung technischen und gelehrten Wissens in der Geschichtsschreibung als ebenso zeitgemäß wie begrüßenswert, nicht zuletzt auch mit Blick auf überholte und zugleich persistente Vorstellungen einer Nachrangigkeit von Technik. Vor allem auf der Ebene der Praktiken ist überzeugend argumentiert worden, dass frühneuzeitliche technische Verfahren wie das Testen in der Metallverarbeitung in vielerlei Hinsicht Parallelen mit Praktiken aufweisen, „that became enshrined as part of the scientific method".[67] Entschärft man den Gegensatz von *mind and hand* durch die Art der historiografischen Betrachtung jedoch zu stark oder gar vollends und erhebt den Anspruch, sich der konzeptuellen Trennung als eines überkommenen geisteswissenschaftlichen Topos entledigen zu können, so ist aus dem Blickwinkel der vorliegenden Arbeit anzumahnen, dass dabei zentrale Achsen des Selbst- und Weltverständnisses historischer Akteure und damit auch die sozialhistorischen Kontexte, die dieses Weltverständnis prägten, drohen aus dem Blick zu geraten.

64 P. H. SMITH, Body (wie Anm. 27), DIES., The business of alchemy. Science and culture in the Holy Roman Empire, Princeton 1997, DIES., Craft as Knowing: Craft as Natural Philosophy, in: P. H. SMITH/A. R. W. MEYERS/H. J. COOK (Hgg.), Ways of making and knowing. The material culture of empirical knowledge (Bard Graduate Center cultural histories of the material world), Ann Arbor 2014, S. 17–47. Zilsel suchte in seinen Studien den Beitrag der Künstler-Ingenieure zur Experimentalisierung der Wissenschaften im 16. und 17. Jahrhundert herauszuarbeiten, E. ZILSEL, Die sozialen Ursprünge der neuzeitlichen Wissenschaft (Suhrkamp-Taschenbuch Wissenschaft 152), Frankfurt am Main 1976.

65 L. ROBERTS/S. SCHAFFER/P. DEAR, Mindful Hand (wie Anm. 27), Zitat auf S. XVII.

66 Als Beispiele s. J. V. PICKSTONE, Working knowledges before and after circa 1800. Practices and disciplines in the history of science, technology, and medicine, in: Isis 98 (2007), S. 489–516, mit Blick auf frühneuzeitliche Laboratorien auch U. KLEIN, Technoscience avant la lettre, in: Perspectives on Science 13 (2005), S. 227–266 sowie DIES., Artisanal-Scientific Experts (wie Anm. 30) und die weiteren Beiträge des Themenheftes.

67 P. H. SMITH, Craft (wie Anm. 64), S. 18.

Zentrale Begriffe und ihr Wandel können Hinweise darüber liefern, wie und warum sich jene Achsen der Wahrnehmung verschoben haben. Gerade aus technikhistorischen Arbeiten ist bekannt, wie wenig technische Fertigkeiten und Fähigkeiten im Rahmen ständischer Gesellschaftsstrukturen überhaupt als ein Gegenstand der Gelehrsamkeit begriffen wurden und empirisch dort dingfest gemacht werden könnten. Gründe dafür, warum sich Wissenschafts- und Praxisbereiche – speziell im 18. Jahrhundert – trotzdem füreinander öffneten, sollten zumindest zum Teil auf der symbolischen Ebene der Bedeutung, in den Wahrnehmungen und Deutungen der damaligen Akteure zu finden sein. Günter Bayerl führt sie beispielsweise auf den Gedanken des gemeinen Nutzens zurück.[68] Einen ähnlichen Zusammenhang sieht Monika Mommertz, derzufolge sich im 18. Jahrhundert ein neues Selbstbild des Gelehrten als „rundum nützliches Gesellschaftsmitglied" herausbildete, welches das außerhalb der Gelehrsamkeit vorhandene technische Wissen „auszulocken" verstand.[69] Dass Diderot und d'Alembert in der Vorrede ihrer *Encyclopédie* die Nachordnung der *artes mechanicae* gegenüber den *artes liberales* infrage stellten, war seinerzeit noch eine Provokation.[70] So stellt sich die Frage, ob HistorikerInnen nicht ebenfalls Gefahr laufen, einem Anachronismus zu erliegen, wenn sie die Tatsache, dass technisches Wissen noch in der ersten Hälfte des 18. Jahrhunderts schlicht keinen angestammten Platz in der *respublica*

---

68 G. Bayerl, Prolegomenon der „Großen Industrie". Der technisch-ökonomische Blick auf die Natur im 18. Jahrhundert, in: W. Abelshauser (Hg.), Umweltgeschichte. Umweltverträgliches Wirtschaften in historischer Perspektive (Geschichte und Gesellschaft Sonderheft 15), Göttingen 1994, S. 29–56, S. 41.

69 M. Mommertz, Wissen auslocken (wie Anm. 29), S. 37, 45 und dies., „Lernen" jenseits von Schule, Stift und Universität? Informelle Wissensvermittlung und Wissenstransfer im Schnittfeld frühneuzeitlicher Wissenschafts- und Bildungsgeschichte, in: H. Schilling/S. Ehrenpreis/S. Moesch (Hgg.), Frühneuzeitliche Bildungsgeschichte der Reformierten in konfessionsvergleichender Perspektive. Schulwesen, Lesekultur und Wissenschaft (Zeitschrift für historische Forschung. Beiheft 38), Berlin 2007, S. 269–309.

70 M. Popplow, Neu, nützlich und erfindungsreich. Die Idealisierung von Technik in der frühen Neuzeit (Cottbuser Studien zur Geschichte von Technik, Arbeit und Umwelt Bd. 5), Münster 1998, ders., Technische Literatur, in: Enzyklopädie der Neuzeit. Bd. 13, Stuttgart 2011, S. 292–297 und ders., Diskurse über Technik in der Frühen Neuzeit, in: H. Jaumann/G. Stiening (Hgg.), Neue Diskurse der Gelehrtenkultur in der Frühen Neuzeit. Ein Handbuch, Berlin/Boston 2016, S. 740–764. Technik in ihrer Eigenständigkeit betonen z. B. P. Dubourg Glatigny/H. Verin, Réduire en art. La technologie de la Renaissance aux Lumières, Paris 2014, L. Hilaire-Pérez, Technology as a public culture in the eighteenth century: The artisans' legacy, in: History of Science 45 (2007), S. 135–153 und die Beiträge in U. Troitzsch (Hg.), „Nützliche Künste". Kultur- und Sozialgeschichte der Technik im 18. Jahrhundert (Cottbuser Studien zur Geschichte von Technik, Arbeit und Umwelt 13), Münster 1999.

literaria hatte, wenig berücksichtigen oder gar übergehen. Als eine Möglichkeit, dem anachronistischen Fallstrick zu entgehen, wird in dieser Studie stets hinterfragt, was Akteure selbst jeweils als praktisch oder als theoretisch begriffen haben, was für sie damit verknüpft war und vor allem: wie sie sich an einer Veränderung dieser Auffassungen beteiligt haben. Dieses Vorgehen erscheint auch deswegen als sinnvoll, da der Stellenwert, welcher der Landwirtschaft im 18. Jahrhundert zugewiesen wurde und die Statusänderungen, die teils neu für sie errungen wurden, offenbar viel mit epistemologischen Begrifflichkeiten und ihrem Wandel zu tun hatten. Eben diese konzeptuellen Entwicklungen unterscheiden die Landwirtschaft von bereits besser erforschten und prestigeträchtigeren Praxisfeldern wie etwa der Goldschmiedekunst oder der Architektur.

Im Folgenden gebe ich einen Überblick über die speziell zur Analyse des landwirtschaftlichen Diskurses relevanten Vorarbeiten: Die bedeutendste Vorarbeit für die in der vorliegenden Arbeit thematisierten Fragen liegt ohne Zweifel in der intensiven Erforschung der Aktivitäten der *Oekonomischen Gesellschaft Bern* im Rahmen des zwischen 2003 und 2014 durchgeführten Schweizer Forschungsprojekts *Nützliche Wissenschaft, Naturaneignung und Politik – Die oekonomische Gesellschaft Bern im europäischen Kontext* (1750–1850). Im Unterschied zu älteren institutionen- und ideengeschichtlichen Zugriffen fasste dieses Projekt die Ökonomische Aufklärung, hier „ökonomisch-patriotische Bewegung" genannt, dezidiert als eine Bewegung ins Auge, die qua Wissenschaft auf eine optimierte Nutzung natürlicher Ressourcen für den Staat zielte. In diesem Rahmen unterscheidet Stuber die „ökonomisch-patriotische Wissenschaft", welche unter anderem die Bereiche Agronomie, Forstwissenschaft, Meteorologie, Statistik umfasste und deren Ziel die agrarische Produktionssteigerung war, von der gelehrten Botanik.[71] Zwischen quantitativer Auswertung und vertiefenden Fallstudien wechselnd, sind die reichhaltigen Quellenbestände der Berner Sozietät, darunter Briefe, topografische Beschreibungen, Publikationen, Versammlungsprotokoll und Pflanzenverzeichnisse in einer beeindruckenden Vielzahl von Perspektiven in vier Teilprojekten aufgearbeitet worden.[72] Hervorzuheben sind die vor allem von Martin

71 M. Stuber, Vous ignorez (wie Anm. 20), S. 505 f., 510.

72 S. u.a. A. Holenstein/M. Stuber/G. Gerber-Visser (Hgg.), Nützliche Wissenschaft und Ökonomie im Ancien Régime. Akteure, Themen, Kommunikationsformen (Cardanus: Jahrbuch für Wissenschaftsgeschichte 7), Heidelberg 2007, M. Stuber, „dass gemeinnützige wahrheiten gemein gemacht werden". Zur Publikationstätigkeit der Oekonomischen Gesellschaft Bern 1759–1798, in: M. Popplow (Hg.), Landschaften agrarisch-ökonomischen Wissens. Strategien innovativer Ressourcennutzung in Zeitschriften und Sozietäten des 18. Jahrhunderts (Cottbuser Studien zur Geschichte von Technik, Arbeit und Umwelt; 30), Münster u.a. 2010, S. 121–153, D. Salzmann, Dynamik und Krise des ökonomischen

Stuber verfolgten Fragestellungen zur Struktur des weitgespannten Kommunikationsnetzes der Gesellschaft und zu den Praktiken der Wissensgenerierung. Die hier erzielten Resultate weisen in sozial-, kommunikations- und wissensgeschichtlicher Perspektive weit über den Fall der bernischen Gesellschaft hinaus auf allgemeine Charakteristika der Ökonomischen Aufklärung, die in der vorliegenden Arbeit immer wieder thematisiert werden.[73] Ebenfalls hervorzuheben sind die von Gerendina Gerber-Visser analysierten topografischen Landesbeschreibungen der Gesellschaft sowie die Studie von Regula Wyss zur Rolle der Pfarrer als Vermittler ökonomischen Wissens im Umfeld derselben.[74] Die Ökonomische Aufklärung ist, wie Popplow im Anschluss an diese neuen Arbeiten sowie im Anschluss an ältere Forschungskontexte überblickend dargelegt hat, ein interdisziplinärer Gegenstand, dessen Themen in verschiedenste Zweige der Geschichtsforschung einschlagen und dort je punktuell schon behandelt wurden.[75] 2016 erschien die Überblicksdarstellung *Agricultural Enlightenment* von Peter M. Jones, der in wirtschafts- und politikgeschichtlicher Perspektive fragt, inwiefern aufklärerische Reflexion und landwirtschaftliche Entwicklung miteinander zusammenhingen. Die Studie präsentiert eine beeindruckende Fülle von Informationen, es fehlt jedoch leider, vermutlich aus sprachlichen Gründen, jede Auseinandersetzung

---

Patriotismus. Das Tätigkeitsprofil der Oekonomischen Gesellschaft Bern 1759–1797 (Berner Forschungen zur Regionalgeschichte 9), Nordhausen 2009, R. Wyss/M. Stuber, Paternalism and Agricultural Reform: The Economic Society of Bern in the Eighteenth Century, in: K. Stapelbroek/J. Marjanen (Hgg.), Rise (wie Anm. 1), dies., Useful Natural History? Pest Control in the focus of the Economic Society of Bern, in: A. Holenstein/H. Steinke/M. Stuber (Hgg.), Scholars in Action. The Practice of Knowledge and the Figure of the Savant in the 18th Century (Scientific and Learned Cultures and their Institutions 9), 2 Bde., Leiden/Boston/Mass. 2013, S. 891–920 und R. Wyss, Reformprogramm und Politik. Möglichkeiten und Grenzen der Umsetzung von Reformideen der Oekonomischen Gesellschaft Bern in der zweiten Hälfte des 18. Jahrhunderts (Frühneuzeit-Forschungen 21), Epfendorf/Neckar 2015.

73 S. z. B. M. Stuber, Kulturpflanzentransfer im Netz der Oekonomischen Gesellschaft Bern, in: R. Dauser u.a. (Hgg.), Wissen im Netz. Botanik und Pflanzentransfer in europäischen Korrespondenznetzen des 18. Jahrhunderts (Colloquia Augustana 24), Berlin 2008, S. 229–269 und M. Stuber/L. Lienhard, Nützliche (wie Anm. 18).

74 G. Gerber-Visser, Die Ressourcen des Landes. Der ökonomisch-patriotische Blick in den topographischen Beschreibungen der Oekonomischen Gesellschaft Bern (1759–1855) (Archiv des Historischen Vereins des Kantons Bern 89), Baden 2012, R. Wyss, Pfarrer als Vermittler ökonomischen Wissens? Die Rolle der Pfarrer in der Oekonomischen Gesellschaft Bern im 18. Jahrhundert (Berner Forschungen zur Regionalgeschichte 8), Nordhausen 2007. Zuletzt auch S. B. Leoni/M. Stuber, Wer das Gras wachsen hört. Wissensgeschichte(n) der pflanzlichen Ressourcen vom Mittelalter bis ins 20. Jahrhundert (Jahrbuch für Geschichte des ländlichen Raumes), Innsbruck 2017.

75 M. Popplow, Ökonomische Aufklärung (wie Anm. 12), S. 34–38.

mit der deutschsprachigen Forschungsdiskussion zur Ökonomischen Aufklärung.[76] Auch in meine Arbeit speziell zur Epistemologie der Ökonomischen Aufklärung sind über die oben genannten Zweige hinaus auch Erkenntnisse aus so diversen Feldern wie der Philosophiegeschichte, der Agrargeschichte, der Sozialgeschichte der gebildeten Stände sowie der Volksaufklärungsforschung eingeflossen. Chronologisch an den Anfang springend, können zudem als erste Grundlage jeder Arbeit zur Ökonomischen Aufklärung die ökonomischen Literaturgeschichten des 19. und 20. Jahrhunderts gelten, in deren Umfeld Gattungsbezeichnungen entstanden sind, die zum Teil bis heute verwendet werden, um die schier unüberblickbare Fülle ökonomischer Schriften des langen 18. Jahrhunderts meist in vier Korpora zu unterteilen und zu klassifizieren; erstens: als so genannte Hausväterliteratur, die in kostenintensiven Großformaten die adelige Gutswirtschaft beschrieb und adressierte, zweitens: als Schriften der so genannten Experimentalökonomen, Agronomen, praktischen Landwirte oder Experimentatoren, das heißt spezialisierte und zumindest dem Anspruch nach erfahrungsbasierte Literatur von Landwirten für Landwirte, drittens: als Schriften der so genannten Kameralisten oder kameralistisch-landwirtschaftlichen Autoren, die umfassende Systeme der Landwirtschaft entwarfen, welche auch in der universitären Lehre verwendet wurden, und viertens: als Schriften der so genannten Rationellen oder ersten Agrarwissenschaftler.[77] Relevant ist dann die in den späten 1970er Jahren verstärkt einsetzende sozialgeschichtliche Erforschung einer dem Alltagsleben zugewandten Aufklärung, als deren institutioneller Kristallisationspunkt die patriotischen und gemeinnützigen bzw. ökonomischen Sozietäten identifiziert und untersucht wurden. Der Begriff der praktischen Aufklärung, der auch in Texten des späten 18. Jahrhunderts zu finden ist, wurde vereinzelt als geschichtswissenschaftlicher Ordnungsbegriff eingesetzt, ohne zur allgemein verbindlichen

---

76 P. M. JONES, Agricultural enlightenment. Knowledge, technology, and nature, 1750–1840, Oxford 2016. S. auch bereits H. E. LOWOOD, Patriotism, profit, and the promotion of science in the German Enlightenment. The economic and scientific societies, 1760–1815 (Modern European history Germany and Austria), New York/London 1991 und zur internationales Forschungsliteratur die Bibliografien der Beiträge in K. STAPELBROEK/J. MARJANEN, Rise (wie Anm. 10).

77 Die genannten Bezeichnungen finden sich in C. FRAAS, Geschichte (wie Anm. 3), DERS., Geschichte der Landwirthschaft. Oder: geschichtliche Übersicht der Fortschritte landwirthschaftlicher Erkenntnisse in den letzten 100 Jahren, Prag 1852, M. GÜNTZ, Landwirtschaftliche Literatur (wie Anm. 51), S. v. FRAUENDORFER, Ideengeschichte (wie Anm. 51) und V. KLEMM, Agrarwissenschaften (wie Anm. 18). S. auch C. E. LANGETHAL, Geschichte der teutschen Landwirthschaft. Viertes Buch: Vom 30jährigen Kriege bis auf Thaer, Jena 1856. S. auch S. BRAKENSIEK, Art. Landwirtschaftskunde, in: Enzyklopädie der Neuzeit. Bd. 7, Stuttgart/Weimar 2005, S. 605–612

Kategorie aufzusteigen.[78] Richard van Dülmen nahm die Sozietäten neben anderen Formen aufklärerischer Assoziation, zum Beispiel der Freimaurerei, in einer Perspektive auf die beginnende bürgerliche Abgrenzung und Emanzipation von der höfischen Kultur in den Blick. Auch der auf patriotische und gemeinnützige Sozietäten fokussierende Sammelband von Rudolf Vierhaus, der einleitend auf die Bedeutung von Gemeinwohlorientierung und Patriotismus in der zweiten Hälfte des 18. Jahrhunderts eingeht, enthält diesen Schwerpunkt: Als eine „Spielart aufklärerischer Assoziation" unter anderen Formen charakterisieren Norbert Schindler und Wolfgang Bonß darin die süddeutschen Sozietäten als Strukturen, in denen frühbürgerliche Selbstbilder und Handlungsweisen in der noch absolutistisch-ständisch verfassten Gesellschaft eingeübt wurden.[79] Ein Befund dieser auf die Praktiken einer entstehenden bürgerlichen Kultur fokussierenden Forschung, nämlich dass die deutsche Aufklärung nicht nur als gelehrt-philosophische, sondern auch als breitenwirksame Bewegung und praktische Aufklärung zu charakterisieren sei, wurde anschließend von der Volksaufklärungsforschung, insbesondere seit den 1990er Jahren und auf Basis der großangelegten Quellendokumentation von Holger Böning und Reinhart Siegert, untermauert. Dass sich Aufklärer in der Wahl der Themen auf den Alltag und dabei sehr häufig auf die

78 S. beispielsweise in W. Bonss/N. Schindler, Praktische Aufklärung – Ökonomische Sozietäten in Süddeutschland und Österreich im 18. Jahrhundert, in: R. Vierhaus (Hg.), Deutsche patriotische und gemeinnützige Gesellschaften (Wolfenbütteler Forschungen 8), München 1980, S. 255–353. Werner Greiling nutzt den Ausdruck in der Gegenüberstellung „gelehrte" versus „praktische Aufklärung" für den Inhalt von Intelligenzblättern, s. W. Greiling, Presse und Öffentlichkeit in Thüringen. Mediale Verdichtung und kommunikative Vernetzung im 18. und 19. Jahrhundert (Veröffentlichungen der Historischen Kommission für Thüringen. Kleine Reihe 6), Köln 2003. Zuletzt tauchte der Begriff in der epochencharakterisierenden Kapitelüberschrift „Wissenschaft, praktische Aufklärung, Popularisierung (1730–1780)" auf in R. v. Dülmen/S. Rauschenbach/M. v. Engelberg (Hgg.), Macht des Wissens. Die Entstehung der modernen Wissensgesellschaft, Köln/Weimar/Wien 2004.

79 R. v. Dülmen, Die Gesellschaft der Aufklärer. Zur bürgerlichen Emanzipation und aufklärerischen Kultur in Deutschland, Frankfurt am Main 1986, R. Vierhaus (Hg.), Deutsche patriotische und gemeinnützige Gesellschaften (Wolfenbütteler Forschungen 8), München 1980. Darin W. Bonss/N. Schindler, Praktische Aufklärung (wie Anm. 78), S. 260. S. auch R. Schlögl, Die patriotisch-gemeinnützigen Gesellschaften. Organisation, Sozialstruktur, Tätigkeitsfelder, in: H. Reinalter (Hg.), Aufklärungsgesellschaften (Schriftenreihe der Internationalen Forschungsstelle Demokratische Bewegungen in Mitteleuropa 1770–1850 10), Frankfurt am Main u.a. 1993, S. 61–81, H. Zaunstöck/M. Meumann (Hgg.), Sozietäten, Netzwerke, Kommunikation. Neue Forschungen zur Vergesellschaftung im Jahrhundert der Aufklärung (Hallesche Beiträge zur europäischen Aufklärung 21), Tübingen 2003 und grundlegend zu Geselligkeitsformen der Aufklärungszeit U. Im Hof, Das gesellige Jahrhundert. Gesellschaft und Gesellschaften im Zeitalter der Aufklärung, München 1982.

Landwirtschaft bezogen, führen die inzwischen erfassten rund 27.000 volksaufklärerischen Schriften deutlich vor Augen.[80] Im ersten Band ihres *Biobibliografischen Handbuchs* prägten Böning und Siegert den Begriff der „gemeinnützig-ökonomischen Aufklärung", der mit Blick auf die spätere „Volksaufklärung" als deren Vorlaufphase gekennzeichnet wird. In dieser Vorlaufphase klärten sich demnach im späten 17. und frühen 18. Jahrhundert zunächst gebildete Eliten gegenseitig über praktische Gegenstände auf, um ab 1740 mit dem so genannten einfachen Mann auch Personen ohne höhere Bildung anzusprechen.[81] Die öffentliche Diskussion meist landwirtschaftlicher Verbesserungsvorschläge im Rahmen jener gemeinnützig-ökonomischen Aufklärung wurde allerdings nicht um 1750 vom volksaufklärerischen Diskurs abgelöst und endete nicht mit ihm – dieser Eindruck kann durch die Klassifizierung als Vorlaufphase entstehen – sondern entwickelte sich parallel weiter. Viele der in der vorliegenden Arbeit untersuchten Texte, zum Beispiel die Zeitschriftenartikel aus der zweiten Jahrhunderthälfte, fallen unter diese Kategorie. Noch vor der Bürgertums- und Aufklärungsforschung hatte sich andererseits die Agrargeschichte mit dem öffentlichen Diskutieren über Landwirtschaft, von Wilhelm Abel „agrarische Bewegung" genannt, befasst.[82] In der Regel aus einem sozial- und wirtschaftsgeschichtlichen Blickwinkel sowie aus der Perspektive der ländlichen Bevölkerungen wendet sich auch die jüngere

80 Mit ihrer inzwischen dreibändigen Bibliografie begründeten Böning und Siegert einen anhaltend regen Forschungszweig, s. zwischenbilanzierend W. GREILING, Gemeinnützigkeit als Argument. Zur Publikationsstrategie der Volksaufklärung, in: H. BÖNING/W. GREILING/R. SIEGERT (Hgg.), Die Entdeckung von Volk, Erziehung und Ökonomie im europäischen Netzwerk der Aufklärung (Philanthropismus und populäre Aufklärung 1), Bremen 2011, S. 239–258 und abschließend H. BÖNING, Das Forschungsprojekt Biobibliographisches Handbuch Volksaufklärung. Seine Geschichte samt einigen Bemerkungen zur Bedeutung von Periodika im Aufklärungsprozess, in: H. BÖNING (Hg.), Volksaufklärung ohne Ende? Vom Fortwirken der Aufklärung im 19. Jahrhundert (Philanthropismus und populäre Aufklärung 14), Bremen 2018, S. 13–42.

81 H. BÖNING/R. SIEGERT, Volksaufklärung I (wie Anm. 36), S. XXIV ff. und H. BÖNING, Gemeinnützig-ökonomische Aufklärung und Volksaufklärung. Bemerkungen zum Selbstverständnis und zur Wirkung der praktisch-populären Aufklärung im deutschsprachigen Raum, in: S. JÜTTNER/J. SCHLOBACH (Hgg.), Europäische Aufklärung(en). Einheit und nationale Vielfalt (Studien zum achtzehnten Jahrhundert 14), Hamburg 1992, S. 218–248. S. auch C. KOHFELDT, Die gemeinnützig-ökonomische Aufklärung als Wegbereiterin der Volksaufklärung, in: H. BÖNING/H. SCHMITT/R. SIEGERT (Hgg.), Volksaufklärung. Eine praktische Reformbewegung des 18. und 19. Jahrhunderts (Presse und Geschichte – neue Beiträge 27), Bremen 2007, S. 127–141.

82 S. W. ABEL, Geschichte der deutschen Landwirtschaft vom frühen Mittelalter bis zum 19. Jahrhundert (Deutsche Agrargeschichte 2), Stuttgart 1978, S. 288–292 und DERS., Agrarkrisen und Agrarkonjunktur in Mitteleuropa vom 13. bis zum 19. Jahrhundert, Berlin 1935, S. 111.

Agrargeschichte unter den Begriffen der Agrarmodernisierung, Agrarreform oder Agrarinnovation den verfassungsrechtlich und sozial relevanten Effekten der Agrardiskussionen des 18. Jahrhunderts zu. Im Zentrum des Interesses steht die Umsetzung bedeutender technischer wie struktureller Reformen im Rahmen der so genannten Agrarreformen, wozu die Abschaffung der Frondienste und Grundlasten wie auch die Privatisierung der Allmenden und Marken gehören.[83] Die Zeit zwischen 1750 und 1790 gilt als jene, in der Reformen zunächst formuliert, sodann erste Maßnahmen erprobt und bis 1820 zum Teil umgesetzt wurden. Erst nach 1820 kam es allerdings zu einer flächendeckenden Umsetzung der Reformen und damit zur weitgehenden Auflösung der feudalrechtlichen Agrarstruktur, ein Prozess, der um 1850 zu einem ersten Abschluss kam.[84] Wissenschaftshistorisch wurden die Agrarwissenschaften, zumal deren Vorgeschichte, im 20. Jahrhundert kaum bearbeitet. Eine der wenigen Ausnahmen stellt die 1992 erschienene Studie von Volker Klemm dar, der zufolge die modernen Agrarwissenschaften mit Thaer und der Agrikulturchemie begannen.[85] Bei der ohnehin sehr dünnen

83 Für einen Überblick s. S. Brakensiek/G. Mahlerwein, Art. Agrarreformen, in: Enzyklopädie der Neuzeit. Bd. 1, Stuttgart, Weimar 2005, 122–131 und E. Landsteiner, Landwirtschaft und wirtschaftliche Entwicklung 1500–1800. Eine Agrarrevolution in der Frühen Neuzeit?, in: M. Cerman/I. Steffelbauer/S. Tost (Hgg.), Agrarrevolutionen. Verhältnisse in der Landwirtschaft vom Neolithikum zur Globalisierung (Querschnitte 24), Innsbruck/Wien/Bozen 2008, S. 173–205. Als neuere Fallstudie s. N. Grüne, Individualisation, Privatisation, Mobilisation: the Impact of Common Property Reforms on Land Markets and Agricultural Growth in Germany. A Comparative View of Westphalia and Baden (1750–1900), in: G. Béaur u.a. (Hgg.), Property Rights, Land Markets and Economic Growth in the European Countryside (13th–20th Centuries) (Rural history in Europe 1), Turnhout 2013, S. 157–178. Brakensiek plädierte für eine „Diskursgeschichte der Agrarreformen" in S. Brakensiek, Gemeinheitsteilungen in Europa. Neue Forschungsergebnisse und Deutungsangebote der europäischen Geschichtsschreibung, in: S. Brakensiek (Hg.), Gemeinheitsteilungen in Europa. Die Privatisierung der kollektiven Nutzung des Bodens im 18. und 19. Jahrhunderts (Jahrbuch für Wirtschaftsgeschichte) 2000, S. 9–15, S. 15. Zur Unterscheidung von Strukturreformen und Innovationsreformen s. z. B. R. Graber, Reformdiskurs und soziale Realität. Die Naturforschende Gesellschaft in Zürich als Medium der Volksaufklärung, in: Schweizerische Zeitschrift für Geschichte 47 (1997), S. 129–150, S. 135.

84 S. Brakensiek/G. Mahlerwein, Art. Agrarreformen (wie Anm. 83), Sp. 126.

85 V. Klemm, Agrarwissenschaften (wie Anm. 18). S. außerdem S. Reichrath, Entstehung, Entwicklung und Stand der Agrarwissenschaften in Deutschland und Frankreich (Europäische Hochschulschriften 494), Frankfurt am Main, New York 1991 und W. Böhm, Die Anfänge des Feldversuchswesens in Deutschland, in: Zeitschrift für Agrargeschichte und Agrarsoziologie 38 (1990), S. 155–175. Vgl. aber die Berücksichtigung landwirtschaftlichen Wissens in M. Fissell/R. Cooter, Exploring Natural Knowledge: Science and the Popular, in: R. Porter (Hg.), The Cambridge History of Science. Vol. 4: Eighteenth-Century Science, Cambridge, New York 2008, S. 129–158, S. 139–146. Im Rahmen der Chemiegeschichte regte Christoph

Forschungslage erschien speziell der landwirtschaftlich-ökonomische Diskurs für die Wissenschaftsgeschichte – in der treffenden Formulierung Popplows – bislang als zu praxisorientiert, für die Agrargeschichte dagegen als zu abgehoben.[86] Auf der Ebene der Historiografie scheinen Agrargeschichte einerseits und (Agrar-) Wissenschaftsgeschichte andererseits in ihren jeweils toten Winkeln zu liegen, wie ein Blick in die einschlägigen Einführungsbände schnell zeigt. Die agrarische Bewegung bzw. gemeinnützig-ökonomische Aufklärung zeichnete sich in der Tat durch das Paradox aus, durch die Wahl ihrer Themen und dem Anspruch nach auf das alltägliche wirtschaftliche Handeln zu zielen, zugleich aber mit ihrem eigenen Handeln vielfach auf der Ebene der reflektierenden Literatur zu verbleiben. Dies gilt vor allem auch für die so genannte Volksaufklärung. Im Metadiskurs der Volksaufklärer wurde für das Vorzeigen eines guten Beispiels als sinnvollere Methode der Bauernbelehrung argumentiert, dennoch blieben die Instruktionsversuche mit literarischen Mitteln vorherrschend.[87] Dieses Beharren auf der Bücherproduktion wirft die Anschlussfrage nach dem kommerziellen Nutzen des Publizierens auf, welche allerdings zumindest in der älteren Volksaufklärungsforschung kaum gestellt wurde. Das in agrarhistorischen Arbeiten wiederholt getroffene Urteil, landwirtschaftliche Schriften hätten kaum oder gar keinen Einfluss auf die agrarökonomische Entwicklung gehabt, ist als Pauschalurteil und ohne weitere Spezifizierung dennoch zurückzuweisen.[88] Die Annahme einer hermetischen Trennung beider Sphären – zwischen Reflexion und Produktion – erscheint allein durch die Tatsache, dass fürstliche Beamte sowohl Akteure der staatlichen Agrarreformen wie auch maßgebliche Vertreter der Ökonomischen Aufklärung waren, als wenig plausibel. Welche historische Relevanz hatte also die immer wieder unter verschiedenen Namen thematisierte Bewegung? Popplow prägte den Begriff der Ökonomischen Aufklärung, die er bewusst breit als „Innovationskultur des 18. Jahrhunderts zur optimierten Nutzung natürlicher Ressourcen" definierte, deren Relevanz sich aus der Sicht einer mehrere Epochen übergreifenden Wissensgeschichte der Ressourcennutzung erschließe.[89] Mit dem nunmehr für

---

Meinel bereits 1985 an, dem Einfluss der Sozietätenbewegung auf die Fachwissenschaften mehr Beachtung zu schenken, s. C. Meinel, Reine und angewandte Chemie. Die Entstehung einer neuen Wissenschaftskonzeption in der Chemie der Aufklärung, in: Berichte zur Wissenschaftsgeschichte 8 (1985), S. 25–45, S. 45 (Fußnote).

86 M. Popplow, Ökonomische Aufklärung (wie Anm. 12), S. 36.

87 S. H. Böning/R. Siegert, Volksaufklärung I (wie Anm. 36), S. XXXVII f. und dies., Volksaufklärung II (wie Anm. 36), S. XXXIII.

88 Als Beispiel dieser Einschätzung s. M. Kopsidis, Agrarentwicklung. Historische Agrarrevolutionen und Entwicklungsökonomie (Wirtschaftsgeschichte 6), Stuttgart 2006, S. 9.

89 M. Popplow, Ökonomische Aufklärung (wie Anm. 12), S. 3–13.

die Wissens- und Umweltgeschichte geöffneten Forschungsfeld führt Popplow verschiedene Stränge zusammen und greift deren Befunde auf, darunter jene der Untersuchungen zur gemeinnützig-ökonomischen Aufklärung, der sozialgeschichtlichen Sozietätenforschung sowie Günter Bayerls technikgeschichtliches Konzept des technisch-ökonomischen Blicks auf die Natur im Übergang von der Subsistenz- zur Marktwirtschaft.[90] Als maßgebliche Innovationsstrategie der Ökonomischen Aufklärung kennzeichnet Popplow die systematische Aufbereitung und Verbreitung praxiserprobten bzw. praxisnahen Expertenwissens.[91] Gegen diese Bestimmungen ist an einer Stelle polemisiert worden mit dem Argument, dass Begriffe wie Ökonomische Aufklärung und Experte Anachronismen seien.[92] Tatsächlich ist der Expertenbegriff im 18. Jahrhundert nur in raren Ausnahmefällen nachweisbar und seine Verwendung demnach anachronistisch. Wem und wann der Status als Experte sinngemäß zuerkannt oder aberkannt wurde und wer sich selbst sinngemäß als Experte präsentierte, dies sind allerdings Fragen, die sich anhand der Agrarschriften gut stellen und mit Blick auf gesellschaftliche Aushandlungsprozesse auch gewinnbringend beantworten lassen.[93] Der Begriff der Ökonomischen Aufklärung wiederum, breit definiert als Innovationskultur oder wie in der vorliegenden Arbeit als Verbesserungsdiskurs, erlaubt es, einen teils heterogenen und dennoch auf einem gemeinsamen ideologischen Nenner (von Fortschritt, Gemeinnutz, Verbesserung) beruhenden Kommunikationszusammenhang in den Blick zu nehmen. Dieser wurde von historischen Akteuren des 18. Jahrhunderts selbst als solcher thematisiert und mit Bezeichnungen wie ‚landwirtschaftliche Aufklärung' versehen. Tatsächlich als anachronistisch ist in vielen Texten zum 18. Jahrhundert die Verwendung des Begriffs der Ökonomie zu bezeichnen, wenn dieser in einer Bedeutung verwendet wird, die sich frühestens im 19. Jahrhundert herausgebildet hat. Ich komme gleich darauf zurück.

---

90 G. Bayerl, Prolegomenon (wie Anm. 68), ders., Die Natur als Warenhaus. Der technisch-ökonomische Blick auf die Natur in der Frühen Neuzeit, in: S. Hahn/R. Reith (Hgg.), Umwelt-Geschichte. Arbeitsfelder – Forschungsansätze – Perspektiven (Querschnitte 8), Wien/München 2001, S. 33–52 und M. Popplow/T. Meyer, „To employ each of Nature›s products the most favorable way possible". Nature as an Economic Good in 18th Century German Economic Discourse, in: Historical Social Research 29 (2004), S. 4–40.

91 M. Popplow, Ökonomische Aufklärung (wie Anm. 12), S. 3, 13.

92 A. Wakefield, Butterfield (wie Anm. 37).

93 Ohne Zweifel gab es hier Verschiebungen. Der alte Bauer, der in der Literatur vor 1750 noch ein Experte war, wurde in Zeiten der selbsternannten Experten der Ökonomischen Aufklärung kaum noch als Wissensträger anerkannt. Zum Expertenbegriff s. neuerdings auch die differenzierte Betrachtung von E. A. Ash, What is an Early Modern Expert? And why does it matter?, in: M. Füssel/F. Rexroth/I. Schürmann (Hgg.), Praktiken und Räume des Wissens. Expertenkulturen in Geschichte und Gegenwart, Göttingen 2018, S. 69–88.

Ohne Frage kann ein generischer Begriff wie Ökonomische Aufklärung über soziale Differenzen hinwegtäuschen und heterogene Akteursgruppen als allzu homogen erscheinen lassen. Dies war jedoch schon in den historischen Agrardiskussionen der Fall, wie an mehreren Stellen der vorliegenden Arbeit gezeigt werden wird. Autoren in der zweiten Jahrhunderthälfte konnten sich etwa mit der neuen Kategorie des Landwirts ausweisen, die dezidiert nicht zwischen adeliger oder bürgerlicher Herkunft differenzierte. Entdifferenzierungen dieser Art müssen also nicht durch die Verwendung eines generischen historiografischen Begriffs bedingt sein und somit als anachronistische Rückprojektionen verstanden werden. Vielmehr waren es in diesem Fall die historischen Autoren selbst, die bestimmte soziale Tatsachen geflissentlich aussparten, wenn sie sich in der öffentlichen Kommunikation mit der ständeübergreifenden Identität des Landwirts ausstatteten. Dies ist als ein Charakteristikum des Diskurses genau zu analysieren, mit Blick auf die Verschiebungen im Bereich des historisch Sagbaren kritisch auszuwerten und mit der sozialgeschichtlichen Entwicklung in Beziehung zu setzen. Auf diese Weise wird in den folgenden Kapiteln mit den historisch zum Ausdruck gebrachten Vorstellungen von Wissenschaftlichkeit verfahren. Was war in den Augen ökonomischer Aufklärer überhaupt praktisches Wissen? Wie sich zeigen wird, unterlagen die Vorstellungen von Wissen und Wissenschaftlichkeit einem mitunter bemerkenswerten Wandel, der im Kontext der sozialen und gesellschaftlichen Veränderungen jener Zeit erforscht werden sollte. Wenn ich im Verlauf der Arbeit die Beweglichkeit epistemologischer Begriffsbedeutungen und Zuschreibungen ernst nehme, dann um einen Schritt in diese Richtung zu gehen. Zunächst führt jedoch noch das folgende 2. Kapitel in den landwirtschaftlich-ökonomischen Diskurs ein, es zeigt, wer seine Protagonisten waren und welches Publikum ihn trug. Mit dem Stigma der bäuerlichen Ökonomie spreche ich dann bereits ein grundlegendes Motiv an, welches auch entscheidend in die Epistemologie ökonomischer Aufklärer hineinwirkte.

2. Verbesserung der Ökonomie: Wirtschaft und Wissen um 1800

Während LeserInnen unter dem Begriff der Ökonomie heute in der Regel eine sich in weiten Teilen selbst regulierende nationale und internationale Marktwirtschaft für Güter, Arbeit, Immobilien, Finanzprodukte und anderes verstehen, hieß ‚Ökonomie' im Untersuchungszeitraum dieser Arbeit, das heißt in den agrarisch geprägten, vorindustriellen Regionen des Alten Reiches um 1800, in den meisten Fällen: Landwirtschaft. Gilt dies für den landwirtschaftlichen Diskurs, so ist zugleich anzumerken, dass der Begriff der Ökonomie im 18. Jahrhundert großen semantischen Veränderungen unterlag und regional in unterschiedlicher Weise verwendet werden konnte.[94] In der englischsprachigen Forschung wird der deutliche Unterschied zum 19. Jahrhundert mitunter durch die Wahl der Schreibweise *oeconomy* markiert.[95] Anhand zeitgenössischer Lexika gut nachvollziehbar ist eine der *oeconomy* und Ökonomie noch anhaltende Verhaftung in antiken Bedeutungstraditionen der *oikonomia* als Teil der praktischen Philosophie (neben der Ethik und Politik), die insbesondere die umfassende kluge Lenkung eines privaten Haushaltes bedeutete. In diesem Sinn bezeichnete ‚Ökonomie' die Kunst hauszuhalten, das heißt die Fertigkeit eines Hausvaters, der Hausmutter oder des Landesherrn, Vermögen zu erwirtschaften, zu erhalten und zu vermehren.[96] Das neue Feld der staatlichen Ökonomie dagegen, welches besonders stark mit Akteuren der schottischen Aufklärung in Verbindung gebracht wird, fokussierte auf Wirtschaftsvorgänge im staatlich-politischen Raum. Bereits stichprobenhaft

94 S. ausführlich zur Begriffsgeschichte J. Burkhardt, Art. Wirtschaft, in: Geschichtliche Grundbegriffe. Historisches Lexikon zur politisch-sozialen Sprache in Deutschland, Stuttgart 1992, S. 511–594. Ferner auch ders., Der Begriff des Ökonomischen in wissenschaftsgeschichtlicher Perspektive, in: N. Waszek (Hg.), Die Institutionalisierung der Nationalökonomie an deutschen Universitäten, St. Katharinen 1988, S. 55–76, C. Dejung/M. Dommann/D. S. Chassé (Hgg.), Auf der Suche nach der Ökonomie. Historische Annäherungen (EBL-Schweitzer), Tübingen 2014.

95 S. z. B. L. Roberts, Practicing oeconomy during the second half of the long eighteenth century. An introduction, in: History and Technology 30 (2014), S. 133–148.

96 S. Art. Privat-Oeconomie, die gemeine Haushaltungs-Kunst, die Privat-Wirthschaffts-Kunst, in: Zedler Universallexikon 29 (1741), Sp. 580–583, Art. Staats-Oeconomie, in: Zedler Universallexikon 39 (1744), 672, Art. Ökonomie, in: Oeconomische Encyklopädie 105 (1807), Sp. 13 f. oder Art. Die Ökonomie, in: Grammatisch-kritisches Wörterbuch der hochdeutschen Mundart (1793–1801), Wien 1811, S. 603 f. Die letzten beiden Artikel bei Krünitz und Adelung sind nahezu identisch.

lässt sich je nach Wirtschaftsverfassung regional ein unterschiedlicher Sprachgebrauch feststellen. In den Handelsmonarchien England und Frankreich oder auch in den Vereinigten Niederlanden befasste sich eine ökonomische Sozietät eher mit der Förderung von Fabriken und Manufakturen statt der Landwirtschaft.[97] Dagegen konnte das deutschsprachige *Handbuch der oekonomischen Literatur* (1803–1842), eine über 30-bändige Bibliografie, sich ausschließlich auf die Sammlung landwirtschaftlicher Schriften konzentrieren.[98] Die Verbesserung der Ökonomie, das Schlagwort der Ökonomischen Aufklärung, bezog sich in den agrarisch geprägten Ländern des Alten Reichs auf die Mergeldüngung, die Veredelung von Schafen, die Anlage künstlicher Wiesen, die Herstellung von Brot aus Kartoffelmehl und auf vieles andere mehr.[99] Die „ökonomische Polizey" kontrollierte dementsprechend, ob fürstliche Vorschriften in der Landwirtschaft eingehalten wurden.[100] Sonntagsschulen auf dem Land und die entstehenden Realschulen unterrichteten das Fach Ökonomie als Landwirtschaftskunde.[101] Fast zwei Drittel der 416 Untersuchungsfragen, die sich die *Oekonomische Gesellschaft Bern* zur Aufgabe machte, bezogen sich auf die Agrarwirtschaft,[102] ebenso wie der

---

97 S. dazu Art. Oeconomische Takken, in: Oeconomische Encyklopädie 105 (1807), 78 und die entsprechenden Beiträge in K. STAPELBROEK/J. MARJANEN, Rise (wie Anm. 10). S. auch die auf den Handel fokussierenden Beiträge des Themenhefts H. JÜRGENS/C. ZELLE/H.-J. LÜSEBRINK (Hgg.), Ökonomisches Wissen in enzyklopädischen Sammelwerken des 18. Jahrhunderts – Strukturen und Übersetzungen (Das achtzehnte Jahrhundert – Zeitschrift der Deutschen Gesellschaft für die Erforschung des achtzehnten Jahrhunderts 41), Göttingen 2017.

98 F. B. WEBER, Handbuch der ökonomischen Literatur. Oder systematische Anleitung zur Kenntniß der deutschen ökonomischen Schriften, die sowohl die gesammte Land- und Hauswirthschaft, als die mit derselben verbundenen Hülfs- und Nebenwissenschaften angehen; nebst Angabe ihres Ladenpreises, und Bemerkungen ihres Werths, Berlin 1803–1842.

99 Einen illustrierten Querschnitt durch die Themenvielfalt der diskutierten Verbesserungsmöglichkeiten bieten am Beispiel der *Oekonomischen Gesellschaft Berns* die Beiträge in M. STUBER u.a. (Hgg.), Kartoffeln, Klee und kluge Köpfe. Die Oekonomische und Gemeinnützige Gesellschaft des Kantons Bern OGG (1759–2009), Bern 2009, darunter z. B. M. STUBER, Gescheibelt, getrocknet, gemahlen – Samuel Engels Kartoffelbrot als Rezept gegen den Hunger, in: M. STUBER u.a. (Hgg.), Kartoffeln (wie Anm. 99).

100 Art. Ökonomische Polizey, in: Oeconomische Encyklopädie 105 (1807), 77.

101 Weitere Themen waren etwa in der Berliner Realschule Mechanik, Geometrie, Architektur, Geografie, Naturalien und Physik, Manufakturen, Commercien und Handlung, s. Fortgesetzte Nachrichten von dem Fortgang und Aufnehmen der Berlinischen Kunst- und Werck- oder Real-Schule, mit Anmerkungen, in: Leipziger Sammlungen 7 (1751), S. 675–725.

102 Entwurf der vornehmsten Gegenstände der Untersuchungen, zur Aufnahme des Feldbaues, des Nahrungsstandes und der Handlung, in: Abhandlungen und Beobachtungen durch die Oekonomische Gesellschaft zu Bern gesammelt 1. Stück (1762), S. 1–54, A. HOLENSTEIN

oben erwähnte „Plan zu einer Verbesserung der Ökonomie" des Herzogs Georg I. von Sachsen-Meiningen[103] und die Kategorie *Oeconomia,* die in fürstlichen Bibliotheken eine generische Bezeichnung für Publikationen zur Land-, Garten- und Forstwirtschaft war. Der Katalog der herzoglichen Bibliothek Gotha unterscheidet als „Teilgebiete der Wirtschaftslehre" beispielsweise: Ackerbau, Wiesenbau, Weinbau, Gartenbau, Baum- und Waldpflege sowie Vieh- und Kleinviehzucht.[104] Einer so verstandenen Ökonomie als Landwirtschaft stand im zeitgenössischen Sprachgebrauch – dann oft eigens betont – die „Stadtökonomie" bzw. „Stadtwirthschaft" (welche das Handwerk, den Handel, Fabriken, Manufakturen und die mannigfachen Gewerbe vom Mühlenbaumeister bis zum Seiltänzer umfassen konnte) sowie – wie bereits erwähnt – die „Staatsökonomie" gegenüber.[105] Wenn nicht ausdrücklich anders angegeben, wird der Terminus ‚ökonomisch' in dieser Arbeit, der damaligen Bedeutung im landwirtschaftlichen Diskurs entsprechend, ‚landwirtschaftlich' meinen.

Dogmengeschichtlich, das heißt vom Standpunkt der Wirtschaftstheorie, ist die Sattelzeit im Alten Reich als eine Übergangsphase zwischen dem eher protektionistischen und paternalistischen Kameralismus und der eher wirtschaftsliberalistischen klassischen Nationalökonomie beschrieben worden.[106] Wirtschaftsliberale Theoreme waren auch in der Aufklärungszeit bereits im Umlauf: Das Prinzip des Eigennutzes, in der Ständegesellschaft der „verbreitetste Negativbegriff sozialen Verhaltens"[107], wurde beispielsweise nicht nur *in praxi* von AgrarproduzentInnen,

---

(Hg.), Berns goldene Zeit. Das 18. Jahrhundert neu entdeckt (Berner Zeiten 4), Bern 2008, S. 31.

103 Plan (wie Anm. 58).

104 Die Systematik der herzoglichen Sammlung ist online einsehbar unter URL: http://www2.uni-erfurt.de/bibliothek/cms/systematik/sysmath.html (zuletzt aufgerufen am 08.04.2019).

105 S. Art. Stadtwirthschaft, in: Oeconomische Encyklopädie 168 (1838), Sp. 116–453. In diesem Sinn bezog sich Johann Beckmanns *Ökonomische Bibliothek* (1770–1802) im Unterschied zur Weberschen Bibliografie nicht nur auf die Land-, sondern auch auf die Stadtwirtschaft, s. J. Beckmann, Physikalisch (wie Anm. 51).

106 S. z. B. R. Walter, Einführung in die Wirtschafts- und Sozialgeschichte (UTB Geschichte 3085), Köln/Weimar/Wien 2008, S. 251–259, T. Pierenkemper, Geschichte des modernen ökonomischen Denkens. Große Ökonomen und ihre Ideen (UTB 3747), Stuttgart 2012, S. 34–62 und die ersten vier Beiträge in O. Issing/P. Dobias (Hgg.), Geschichte der Nationalökonomie (WiSt-Taschenbücher), München 2002. Vgl. zum Stellenwert der Physiokratie S. A. Reinert/S. L. Kaplan (Hgg.), The economic turn. Recasting political economy in Enlightenment Europe (Anthem Other Canon economics), London 2019.

107 W. Schulze, Vom Gemeinnutz zum Eigennutz. Über den Normenwandel in der ständischen Gesellschaft der frühen Neuzeit (Schriften des Historischen Kollegs Vorträge 13), München 1987, S. 14.

sondern inzwischen auch in den Systemen der Kameralisten der zweiten Jahrhunderthälfte allmählich als Movens der Privatwirtschaft anerkannt. In kaum einem Text der Zeit findet sich allerdings die für das modern-liberale Wirtschaftsdenken so zentrale Vokabel des Marktes. Die Idee, dass die Bereicherung des Einzelnen, vermittelt über Markt und Wettbewerb, auch dem Gemeinwesen nützen kann, war längst kein allgemein anerkannter Grundsatz.[108] Von Schönfeld konnte es um 1770 zum Vorwurf geraten, dass er nur den „Privatmann" im Sinn gehabt hätte, als er über Schafzucht schrieb, statt die Schäferei „kameralisch" wegen der Wollprodukte, die außer Land gingen, als wichtige Geldquelle des gesamten Staates anzupreisen.[109] Wirtschaftliche Vorgänge regelten sich im damaligen Denken nicht von selbst, sondern lagen in der Verantwortung der jeweiligen Obrigkeit. Sie wurden entsprechend als Teil der Staatspolitik aufgefasst. Die ökonomische Prämisse einer autonomen und sich selbst regulierenden Gesamtwirtschaft entfaltete sich erst allmählich mit der klassischen Nationalökonomie im 19. Jahrhundert.[110] Im 17. Jahrhundert hatte die Ökonomie in gelehrten Klassifikationen noch gar keinen Platz, wie Johannes Burkhardt mit dem Katalog der Herzog-August-Bibliothek Wolfenbüttel nachgewiesen hat: Wirtschaftliche Schriften wurden sowohl unter „Arithmetica und Mathematica (weil man es mit Zahlen und Geld zu tun hat), unter Politica und Juridica (wenn der Staat hineinkommt), unter Geographica (weil Kaufleute viel reisen) – oder gleich ehrlich unter Quodlibeta" einsortiert. „Es gab in älteren Zeiten nicht nur noch keine Nationalökonomie, sondern überhaupt noch keinen eigenständigen Wirtschaftsbereich."[111] Dem im 19. Jahrhundert entstehenden Fach der Nationalökonomie am nächsten stand im 18. Jahrhundert

108 S. dazu mit Bezug zur damaligen Luxusdebatte z. B. R. REITH/T. MEYER (Hgg.), „Luxus und Konsum". Eine historische Annäherung (Cottbuser Studien zur Geschichte von Technik, Arbeit und Umwelt 21), Münster 2003 und zeitgenössisch J. BECKMANN, Unwürksame Mittel gegen den Luxus. Geschichte der geschnäbelten Schuhe, der poulaines, becs de cane. Allgemeines Schicksal der Moden, in: J. BECKMANN (Hg.), Vorrath kleiner Anmerkungen über mancherley gelehrte Gegenstände, Göttingen 1795, S. 35–52.

109 J. G. von SCHÖNFELD, Landwirthschaft (wie Anm. 33), S. XVIII.

110 Eine pointierte Explikation zum Wandel des Ökonomieverständnisses von unabhängigen und nach Selbstversorgung strebenden Haushalten hin zum Verständnis einer internationalen Marktwirtschaft liefert M. W. GRAY, From the Household Economy to ‚Rational Agriculture': The Establishment of Liberal Ideals in German Agricultural Thought, in: K. H. JARAUSCH/L. E. JONES/T. S. HAMEROW (Hgg.), In search of a liberal Germany. Studies in the history of German liberalism from 1789 to the present, New York 1990, S. 25–54. Neuere Forschungen zeigen, dass kameralistische Wirtschaftsvorstellungen auch international ausstrahlten, s. die Beiträge in M. SEPPEL/K. TRIBE (Hgg.), Cameralism in practice. State administration and economy in early modern Europe (People, markets, goods 10), Woodbridge 2017.

111 J. BURKHARDT, Begriff (wie Anm. 94), S. 55 f.

die so genannte Handlungs- oder Kommerzienwissenschaft, die erst allmählich und insbesondere aus einer kameralistisch-staatlichen Perspektive als Teil der Ökonomie angesehen wurde.[112] Die Tatsache, dass sich um 1800 neben Gutsbesitzern auch fürstliche Wirtschaftsbeamte als Praktiker der Ökonomie bezeichneten, verweist auf die enge Verwandtschaft der Bereiche Politik, Verwaltung und (Land-) Wirtschaft bzw. darauf, dass diese Bereiche noch nicht – wie heute – konzeptuell voneinander geschieden waren. Dieser enge Zusammenhang wird auch anhand der Art und Weise offenkundig, wie das Themenfeld der Landwirtschaft in der ökonomischen Literatur mit dem Themenfeld der Staats- und Verwaltungslehre verknüpft wurde, worauf ich weiter unten näher eingehe.

2.1 Der Agrarmediendiskurs 1750–1820

Der Untersuchungszeitraum beginnt 1750, abgesehen von wenigen Ausnahmen wie Simon Peter Gassers *Einleitung in die Ökonomie* von 1729, die die Entwicklung – kontrastierend – erhellen. Um 1750, in einer Zeit der wachsenden Bevölkerungen und des agrarischen Aufschwungs,[113] begann eine Flut landwirtschaftlicher Einzelschriften nach Veröffentlichung zu drängen und die großen ökonomischen Zeitschriften entstanden. Ihnen ist ein säkularer Schub deutlich anzumerken, „attachement to the world – the here and the now – to a life lived without constant reference to God, became increasinigly commonplace and the source of an explosion of innovative thinking about society, government, and the economy […]“[114] Als entscheidendes Kriterium für die vorliegende Arbeit ist hervorzuheben, dass die mich interessierende Wissenschaftsreflexion in diesem Zeitraum verstärkt einsetzte. Die Betonung eines neuen, höherwertigen, ja wissenschaftlichen Wissens ist charakteristisch für die Schriften der Ökonomischen Aufklärung und unterscheidet sie von den Publikationen vor 1750, darunter auch von der literaturgeschichtlich früheren Gattung der Hausväterliteratur. Als sinnbildlich für diesen Bruch steht nicht zuletzt die bezeichnende Tatsache, dass in den Hausvätern bzw. den so genannten Ökonomiken des 17. und frühen 18. Jahrhunderts, die Figur eines klugen, alten Bauern existierte, in der Ökonomischen

112 Ebd., S. 63.

113 Zur Entwicklung der agrarischen Produktion zwischen 1750 und 1820 s. S. Brakensiek/R. Prass (Hgg.), Grundzüge der Agrargeschichte. Bd. 2: Vom Dreißigjährigen Krieg bis zum Beginn der Moderne (1650–1880) (Grundzüge der Agrargeschichte 2), Köln 2014, Kapitel 3 und W. Abel, Agrarkrisen (wie Anm. 82).

114 M. C. Jacob, The secular enlightenment, Princeton, NJ 2019, S. 1f.

Aufklärung hingegen die Figur des einfachen Bauern zu einem Symbol des Nichtwissens wurde – ein vermeintlich kleiner, für die vorliegende Fragestellung jedoch entscheidender Unterschied.[115] Die ältere Literatur, darunter auch mit Gasser das erste Lehrbuch eines Universitätsökonomen, welches in Kapitel 3.3 vorgestellt wird, zeichnete sich durch ein entspanntes Verhältnis zur Kategorie des Wissens aus. Gleichwie in den Hausvätern von der Wirtschaftsdirektion und dem Feldbau, über die Küche bis hin zu Krankenkuren und zur Gesindeordnung zu lesen war, vermittelte auch dieses Buch alte und neue Kenntnisse, die für die Führung eines größeren Landhaushaltes als notwendig und nützlich erschienen, ungeachtet aus welcher Quelle diese Wissensinhalte stammten. Texte der Ökonomischen Aufklärung erscheinen demgegenüber eher als angespannt. Das normative Ziel einer Landwirtschaft, die als wissenschaftlich gelten sollte, zwang Autoren zur Grenzziehung. Neues Wissen erfuhr gegenüber älteren Wissensinhalten eine Aufwertung, wenn auch in der zweiten Jahrhunderthälfte noch hier und da auf die Alten verwiesen wurde, um die Evidenz der eigenen Argumentation zu erhöhen. Die Bibel bzw. Gott – ein weiterer Unterschied zu früheren Jahrzehnten – spielte in der Ökonomischen Aufklärung kaum mehr eine Rolle für die Legitimation ökonomischen Wissens. Der Untersuchungszeitraum endet, wie eingangs bemerkt, mit dem als ersten Agrarwissenschaftler in die Geschichte eingegangenen Thaer (1752–1828) bzw. dem Jahrzehnt nach Veröffentlichung seiner *Grundsätze der rationellen Landwirthschaft* (1809–1812), auch hier mit einer Ausnahme, nämlich mit dem auf die landwirtschaftliche Aufklärung zurückschauenden Bauern Irlbeck (Kapitel 3.1). Ausschlaggebend für diese Wahl ist die Tatsache, dass die Aushandlung der wissenschaftlichen Ökonomie in dieser Zeit und mit Thaers Wissensangebot unwiderruflich zu Ende ging.[116] Seine Definition der Landwirtschaftslehre als Erfahrungswissenschaft wurde nach 1800 immer verbindlicher, gut ablesbar an den dann erscheinenden Schriften. In der Folge wurden die noch relativ offene Diskussion zur Fachdiskussion und die wissenschaftliche Ökonomie

115 Eher unter die Kategorie der Ökonomischen Aufklärung fällt – trotz des einschlägigen Namens – Otto von Münchhausens *Hausvater* (1764–1773), der eine auf Verbesserung zielende periodische Schrift war. Den Hinweis auf die Figur des klugen Bauern in der Hausväterliteratur verdanke ich Ulrike Kruse.

116 Klemm beschreibt die wissenshistorische Zäsur mit Thaer wie folgt: „Sie [die Schüler Thaers] vertieften und popularisierten die Erkenntnisse ihres Lehrers, gingen teilweise bereits beträchtlich über die von ihm erreichten Wissensgrenzen hinaus und halfen so, den Übergang in die um 1830 beginnende neue historische Etappe der Landbauwissenschaften in Deutschland, den ‚Siegeszug der naturwissenschaftlich fundierten Landbauwissenschaften' vorzubereiten und durchzusetzen", V. Klemm, Albrecht Daniel Thaers Bedeutung heute, in: K. Panne (Hg.), Albrecht Daniel Thaer – Der Mann gehört der Welt, Celle 2002, S. 217–228, S. 222.

der Gutsbesitzer, Beamten und Geistlichen des 18. zur modernen Agrarwissenschaft des 19. Jahrhunderts institutionalisiert, nun vertreten von professionellen Agrarwissenschaftlern. Etwa zur gleichen Zeit begann durch die nun flächendeckend einsetzenden Agrarreformen jener Prozess, in dem sich die feudale Agrarbesitzstruktur endgültig auflöste.[117]

Mit Blick auf die Inhalte fällt auf, dass in der Tat nur wenige ökonomische Zeitschriften wie die *Oeconomischen Nachrichten* (1750–1763) von Peter Graf von Hohenthal oder die Thaer'schen *Annalen des Ackerbaus* (1805–1810) auf landwirtschaftliche Themen begrenzt waren.[118] Typischerweise trat Landwirtschaft kombiniert mit anderen Themen auf. Die geläufigste Verknüpfung war einerseits die mit der Wirtschaftsverwaltung,[119] andererseits mit der Naturkunde.[120] Auch die zahlreichen Blätter, die von ihren Kritikern als bloße Kompilationen aus den großen in- und ausländischen Zeitschriften geringschätzt wurden, stellten Landwirtschaft in ähnlichen Themenblöcken vor, zum Beispiel kombiniert mit dem Finanz- und Polizeiwesen sowie der Naturkunde.[121] Entsprechend ihrer thematischen und zielgruppenspezifischen Festlegung konnte die Auswahl der Inhalte variieren. In den *Oberdeutsche[n] Beyträge[n] zu Naturlehre und*

117 S. überblickend S. Brakensiek/R. Prass, Grundzüge (wie Anm. 113), Kapitel 4. Zur weiteren Entwicklung sowohl landwirtschaftlicher Bildungsinstitutionen und Versuchsstationen als auch landwirtschaftlicher Vereine und Genossenschaften nach 1830 s. überblickend H. Gaede, Auf dem Felde der Aehre. Landwirtschaftliches Kulturerbe in Deutschland, Magdeburg 2004, S. 14–33. Zur Versuchsstation in Leipzig Möckern s. E. Schulze, 250 Jahre Leipziger Ökonomische Societät – der Beitrag der Leipziger ökonomischen Societät und ihrer Mitglieder und Ehrenmitglieder zur Entwicklung von Pflanzenernährung und Düngung 1764 bis 1866 (Berichte aus der Agrarwissenschaft), Aachen 2013.

118 P. G. v. Hohenthal (Hg.), Oeconomische Nachrichten, 15 Bde., Leipzig 1750–1763, ders. (Hg.), Neue Oeconomische Nachrichten, 5 Bde., Leipzig 1763–1773 und A. D. Thaer (Hg.), Annalen des Ackerbaues, Berlin/Wien 1805–1810.

119 Z.B. in G. H. Zincke (Hg.), Leipziger Sammlungen von allerhand zum land- und stadt-wirthschafftlichen Policey-, Finanz- und Cammer-Wesen dienlichen Nachrichten, Anmerckungen, Begebenheiten, Versuchen, Vorschlägen, neuen und alten Anstalten, Erfindungen, Vortheilen, Fehlern, Künsten, Wissenschaften und Schriften. Wie auch von denen in diesen so nützlichen Wissenschaften und Uebungen wohlverdienten Leuten, 16 Bde., Leipzig 1742–1767.

120 Z.B. in N. G. Leske/C. F. Hindenburg/C. B. Funk (Hgg.), Leipziger Magazin zur Naturkunde, Mathematik und Oekonomie. Herausgegeben von einer Gesellschaft von Gelehrten, Leipzig 1781–1785.

121 S. z. B. Fragmente, Nachrichten und Abhandlungen zur Beförderung der Finanz-Polizey-Oekonomie und Natur-Kunde, Berlin 1788–1791 oder G. H. Piepenbring (Hg.), Oeconomische Nützlichkeiten, Vortheile und Wahrheiten für die Naturkunde, Landwirthschaft und Haushaltungen, Göttingen 1790–1792.

Oekonomie (1787)[122] waren beispielsweise die Naturgeschichte in ihren drei Teilen, die gesamte Physik und darin einschlagende Teile der Mathematik sowie die Meteorologie, schließlich auch „Mortalitätslisten" und politische Ökonomie als Themenfelder vorgesehen.[123] Die Herausgeber verstanden sich als eine „Privatgesellschaft naturforschender Freunde" und suchten in ihrer Subskriptionseinladung neben LeserInnen auch nach gelehrten Mitautoren. Wie viele Projekte war auch dieses auf die Anwerbung von Originalbeiträgen angewiesen, nicht zuletzt weil eines der wichtigsten zeitgenössischen Kriterien die Neuheit der präsentierten Inhalte war. Die als neu und nützlich bezeichneten Verbesserungsvorschläge, von ökonomischen Aufklärern in Umlauf gebracht, deckten von Rezepten zur Haltbarmachung von Hühnereiern bis hin zur Umstellung des Feldbausystems ein breites Spektrum möglicher Innovationen ab, von kleinen Neuerungen, die jeder Haushalt einführen konnte, bis hin zu großmaßstäblichen Neuordnungen, die die allgemeine Agrarverfassung berührten. Johann Christian Schubart (1734–1787), später durch Kaiser Joseph II. zum Edlen vom Kleefelde geadelt, war der prominenteste Verfechter der Fruchtwechselwirtschaft mit Stallfütterung, die eine Modifikation der traditionellen Dreifelderwirtschaft voraussetzte und vor allem mit den Triftrechten der Grundeigentümer auf den verpachteten Fluren kollidierte.[124] Viele der zirkulierenden Inhalte betrafen allerdings sozial weniger konfliktträchtige Ideen zur verbesserten Nutzung natürlicher Ressourcen, zum Beispiel die Herstellung von Kerzen aus dem Wachs der Blattknospen schwarzer Pappeln oder eines Heilmittels aus Salzsäure gegen die so genannte Rindviehpest.[125] Daneben waren insbesondere botanische Erklärungen von allgemeinem Interesse, zum Beispiel zur Frage, ob der so genannte Honigtau aus der Luft, aus dem Blatt oder von Läusen stamme. Verrissen wurde das *Handbuch für Liebhaber der Natur und Oekonomie* (1788/89) eines Bibliothekars, welches neben Inhalten aus dem Feldbau, der Gärtnerei und der Naturgeschichte „viele herrliche Recepte aus der Menschen- und Vieharzneykunde" versprochen hatte. Es enthalte nichts als abgeschriebene Texte aus „Magazinen, Journalen und periodischen Schriften allerlei Art", und manche Artikel habe der Autor auch noch doppelt abgedruckt.[126]

---

122 K. M. E. Moll (Hg.), Oberdeutsche Beyträge zur Naturlehre und Oekonomie, Salzburg 1787.

123 Ders., Oberdeutsche Beyträge zur Naturlehre und Oekonomie, Subskriptionseinladung, in: Journal von und für Deutschland, Bd. 3 (1786), S. 275–278, S. 276.

124 Zur Umstellung des Feldbaus im Sinne des „klassischen Intensivierungszyklus" s. R. Prass, Reformprogramm und bäuerliche Interessen (Veröffentlichungen des Max-Planck-Instituts für Geschichte 132), Göttingen 1997, S. 36.

125 Zu weiteren Inhalten und deren Klassifizierung s. auch M. Popplow, Ökonomische Aufklärung (wie Anm. 12), S. 6–8 und 16 f.

126 P. Dengg, Handbuch für Liebhaber der Natur und Oekonomie, 2 Bde., Grätz 1788/89, Zitat

Nichts als „zusammengestoppeltes Zeug" sah der Kritiker eines anderen Werkes mit dem Namen *Sammlung neuer und nützlicher Abhandlungen und Versuche aus der Oekonomie, Mechanik und Naturlehre.* Die Artikel seien bis zu 100 Jahre alt. Durchweg habe der Autor abgeschrieben, ohne Quellen zu nennen.[127] Anhand solcher Kritiken wird deutlich, inwiefern das Schreiben über Landwirtschaft und ihre verwandten Themen unter den medialen Bedingungen des späteren 18. Jahrhunderts längst zu einem Geschäft geworden war. Das Buch- und Zeitschriftenwesen war – modern ausgedrückt – ein Markt, für den ringsum kopiert, übersetzt und kompiliert wurde, und wie zu sehen sein wird, war die durch das Buch- und Zeitschriftenwesens konstituierte weitere literarische Öffentlichkeit für die Geltendmachung von Wissensansprüchen gebildeter Akteure von höchster Bedeutung.[128] Die Praxis des Abschreibens galt zwar als „literarische Krankheit"[129], die Marktdynamik verhinderte dieses Verdikt allerdings nicht. Teils trafen sich Angebot und Nachfrage, wie der jahrzehntelange Erfolg etwa der *Leipziger Sammlungen* oder der *Oeconomischen Nachrichten* zeigt, teils versuchten Akteure neue Leserschichten als Mitglieder des ökonomischen Publikums, wie es hieß, zu gewinnen, wofür die vielen gescheiterten Projekte als ein Indiz gelten mögen. In der „Fluth der Abschreiber"[130] stachen die originären Wissensangebote heraus, das heißt konkrete Erfahrungen und Verbesserungsvorschläge einzelner Autoren. Schubarts flammendes Plädoyer für den Kleebau in der Brache oder die von Peter

in: Handbuch für Liebhaber der Natur und Oekonomie, Rezension, in: Allgemeine deutsche Bibliothek 93 (1790), S. 298–299, Zitate S. 298 f.

127 Der Rezensent bemühte sich, einige der mutmaßlichen Originaltexte zu identifizieren, s. Sammlung neuer und nützlicher Abhandlungen und Versuche aus der Oekonomie, Mechanik und Naturlehre, Rezension, in: Allgemeine deutsche Bibliothek 27 (1775), S. 189–191, Zitat S. 190. Das rezensierte Buch ist Sammlung neuer und nützlicher Abhandlungen und Versuche aus der Ökonomie, Mechanik und Naturlehre, Nürnberg 1775.

128 Überblickend zur deutschen Presseforschung s. H. Böning u.a. (Hgg.), Deutsche Presseforschung. Geschichte, Projekte und Perspektiven eines Forschungsinstituts der Universität Bremen nebst einigen Beiträgen zur Bedeutung der historischen Presseforschung (Presse und Geschichte 13), Bremen 2004 und ders. (Hg.), Deutsche Presseforschung. Geschichte und Forschungsprojekte des ältesten historischen Instituts der Universität Bremen, mit einleitenden Beiträgen zur Bedeutung der historischen Presseforschung (Presse und Geschichte 76), Bremen 2013.

129 „Die literarische Krankheit, die in dem letzten Decennium des achtzehnten Jahrhunderts, wie ein heftiges Fieber, gleichsam zur Wuth übergeht, an der ein großer Theil deutscher Halbgelehrten, laboriret […]", s. Berlinisches Oekonomisch-Technologisch-Naturhistorisches Frauenzimmerlexikon, Rezension, in: Neue allgemeine deutsche Bibliothek 67 (1801), S. 261–263, S. 262.

130 Ebd.

Kretzschmer (1693–1764) als „Ackerbaurätsel" propagierte neue Pflugmethode gehörten zu den Vorschlägen, die über Jahre hinweg kontrovers diskutiert wurden.[131] Das Für und Wider der noch existierenden Frondienste in Ostelbien wurde diskutiert, ebenso wie die Pockenimpfung für Schafe. Jährlich kamen hunderte neue Bücher heraus. Ab dem letzten Drittel des Jahrhunderts konnte niemand mehr alle Neuerscheinungen lesen.[132] Die ökonomischen Publikationswellen sah Beckmann im Jahr 1802 als nicht mehr zu bewältigen an: „Jetzt ist die Zahl der ökonomischen Schriften so ungeheuer groß geworden, daß niemand, er sey wer er wolle, sie alle erhalten, noch weniger sie alle selbst lesen und beurtheilen kann, um aus allen die allerbesten auszuwählen."[133]

Bereits Zeitgenossen sprachen vor diesem Hintergrund von einer „landwirthschaftlichen Aufklärung",[134] die in weiten Teilen ein mediales Ereignis war und hauptsächlich als ein solches von HistorikerInnen untersucht wird. Zeitschriften und Monografien sind zwar nicht ihre einzigen Repräsentationsformen – man denke zum Beispiel an alternative Aktivitäten der ökonomischen Sozietäten (Essaywettbewerbe, Saatgutgeschenke etc.), an die Preisfragen der Wissenschaftsakademien, die fürstlichen Wirtschaftsverwaltungen oder an Privatkorrespondenzen zwischen ökonomischen Aufklärern, um nur drei weitere zu nennen.[135] Die schiere

131 J. C. SCHUBART, Hutung, Trift und Brache; die grösten Gebrechen und die Pest der Landwirthschaft. Ein wichtiges Wort, durch besondre Tatsachen veranlasset und abgenötiget: in einem Schreiben an Professor Leske, in: J. C. SCHUBART (Hg.), Hofrats J. C. Schubart ökonomisch-kameralistische Schriften. Nebst einem Unterricht zur Abschaffung der Brache und Einfürung der Stallfütterung von Professor Leske, Erster Teil, Leipzig 1784, S. 1–48, P. KRETZSCHMER, Neu erfundenes Ackerbau-Rätzel: das ist, einfältiger, deutlicher, und recht handgreiflicher Grund- und Abriß eines bisher der Welt noch unbekannt gebliebenen [...] Geheimnisses und grossen Vortheils [...], Leipzig 1748.

132 Einen Überblick geben die großen Bibliografien, z. B. F. B. WEBER, Handbuch (wie Anm. 98) und J. BECKMANN, Physikalisch (wie Anm. 51). Die von Böning und Siegert zusammengestellte Biobibliografie zur Volksaufklärung umfasst für den Untersuchungszeitraum dieser Arbeit mehr als 20.000 Titel.

133 J. BECKMANN, Grundsätze der teutschen Landwirthschaft, Göttingen 1802 [1769], S. XIII (Fußnote).

134 S. etwa J. F. MAYER, Das Ganze der Landwirthschaft. Zweyter Theil, Prag 1789, Vorrede (ohne Seitenzählung). Rückblickend auch M. IRLBECK, Bd. 2: Das Wichtigste der dermaligen Landwirthschaft um sie zur höchsten Vollkommenheit zu bringen; besonders in der jetzigen unglücklichen Zeit. Ein unentbehrliches Hülfsbuch für Staatsmänner, Landwirthe, Gärtner und Gewerbsleute [...], Augsburg 1834, S. 75.

135 Zu den Preisfragen der Wissenschaftsakademien s. H.-H. MÜLLER, Akademie und Wirtschaft im 18. Jahrhundert. Agrarökonomische Preisaufgaben und Preisschriften der Preußischen Akademie der Wissenschaften. Versuch, Tendenzen und Überblick (Studien zur Geschichte der Akademie der Wissenschaften der DDR 3), Berlin 1975 und C. HERGES, Aufklärung durch

Menge der überlieferten Publikationen ist allerdings überwältigend – Tausende Bücher und Zeitschriften stehen heute europaweit in den Bibliotheksmagazinen und zeugen von der „Agromanie“[136] des 18. Jahrhunderts, vor allem in seiner zweiten Hälfte. Der Kommunikationszusammenhang dieser überterritorialen Öffentlichkeit wird in der vorliegenden Arbeit als Diskurs bzw. Verbesserungsdiskurs der Ökonomischen Aufklärung bezeichnet. Der starken diskurstheoretischen These, dass sich hinter der symbolischen Ordnung der Diskurse nichts Eigentliches mehr verberge, folge ich damit nicht. Vielmehr soll mit der bewussten Beschränkung des Diskursbegriffs auf einen öffentlichen Kommunikationszusammenhang ausdrücklich betont werden, dass die Ökonomische Aufklärung spezifische Perspektiven repräsentiert, nämlich jener Akteure, die quellenproduzierend beteiligt waren.[137] Landwirtschaft erschien in diesem Ausschnitt der sozialen Kommunikation als ein neuartiges Gebilde, dessen Existenz einer intellektuellen Zuwendung zu verdanken war: Die „Aufklärung unseres Verstandes“, so der sächsische Beamte und Gutsbesitzer Lüder Hermann Hans von Engel (1744–?), habe auf die Verbesserung der Agrarpraxis große Wirkung gehabt, da mit dem „Streben nach Vollkommenheit“

Preisausschreiben? Die ökonomischen Preisfragen der Königlichen Societät der Wissenschaften zu Göttingen 1752–1852 (Göttinger Forschungen zur Landesgeschichte 11), Bielefeld 2007. Zu den fürstlichen Verwaltungen s. E. H. Ash, Expertise (wie Anm. 30). Als Beispiel einer Privatkorrespondenz s. H. Inhetveen/H. Kaak (Hgg.), Ich ergreife mit vielen Vergnügen die Feder. Die landwirtschaftlichen Briefe der Henriette Charlotte von Itzenplitz an Albrecht Daniel Thaer um 1800, Kunersdorf 2013. Da Itzenplitz nur anonym publizierte, tritt sie über den edierten Briefwechsel erstmals als Akteurin der Geschichte in Erscheinung.

136 So bezeichnete ein französischer Autor die Publikationsflut der 1750er Jahre, s. L. B. Desplaces, Préservatif contre l’Agromanie; ou l’Agriculture réduite à ses vrais Principes, Paris 1762.

137 Die starke diskurstheoretische These stützt sich auf die Annahme eines ausschließlich durch Zeichen vermittelten Verhältnisses von Mensch und Welt sowie auf ein sehr weites Verständnis von Diskurs und Aussage, wonach alle Zeichen, auch nicht-sprachliche, als diskursiv verstanden werden, s. dazu bereits M. Foucault, Archäologie des Wissens (Suhrkamp-Taschenbuch Wissenschaft 356), Frankfurt am Main 1997, S. 41, 119 f., 128 und A. Landwehr, Historische Diskursanalyse (Historische Einführungen 4), Frankfurt am Main, New York 2008, S. 47, 52, 78, 87, 91, 96. Forschungspraktisch begreift allerdings gerade Landwehr Diskurse nicht als wirklichkeitsumfassend, sondern spricht von ihnen als situierten Entitäten, die mit anderen Entitäten (Praktiken, Kontexten) im Rahmen der Diskursanalyse in Beziehung gesetzt werden, s. ebd., S. 159, 106–108. Selten werden nicht-sprachliche Quellen in diskursanalytischen Arbeiten berücksichtigt, s. S. Jäger, Diskurs und Wissen. Theoretische und methodische Aspekte einer Kritischen Diskurs- und Dispositivanalyse, in: R. Keller u.a. (Hgg.), Handbuch Sozialwissenschaftliche Diskursanalyse (Elektronische Ressource) Bd. 1: Theorien und Methoden, Wiesbaden 2011, S. 91–124 und selbstkritisch A. Landwehr, Diskursanalyse (wie Anm. 137), S. 161, 164f. Vgl. aber A. D. Bührmann/W. Schneider, Vom Diskurs zum Dispositiv. Eine Einführung in die Dispositivanalyse (Sozialtheorie Intro), Bielefeld 2008.

der „Geist des Jahrhunderts" auch in der Landwirtschaft Fuß fasste und – insbesondere ab 1750 – eine nie dagewesene „Forschungs- und Wißbegierde" in ihr verbreitet habe.[138] Gelehrte Aktivität einerseits und wirtschaftlicher Erfolg andererseits galten seit der Ökonomischen Aufklärung als zwei untrennbare Komponenten eines wechselseitigen Verhältnisses. Diese enge Verknüpfung war im 18. Jahrhundert neu. Dass zeitgleich die holländische intensivlandwirtschaftliche Praxis – damals berühmt für ihre Produktivität – ohne gelehrtes Pendant geblieben war, ja ohne öffentliches Räsonnement funktionieren konnte, änderte nichts an dieser allgemein verbreiteten Einschätzung, die in Thaers Figur des rationellen Landwirts gipfelte: Der wirtschaftlich erfolgreichste Landwirt war seiner Konzeption zufolge zugleich und notwendig ein Wissenschaftler,[139] eine landwirtschaftliche Produktion ohne Wissenschaft erschien als nicht mehr denkbar.

2.2 Protagonisten und *publico oeconomico*

Das Diskutieren über Landwirtschaft war – in der Weise, wie es überliefert ist – eine Beschäftigung gebildeter Eliten. Neben adeligen und bürgerlichen Gutsbesitzern, Gutspächtern und -verwaltern sind an vorderster Stelle die Beamten der territorialen Verwaltungen als Protagonisten zu nennen: die Wirtschaftsinspektoren, Amts- und Rentmänner, Stallmeister, Kammer- und Regierungsräte, Hofmeister, Landesökonomiedeputations-Kommissaren, Domänenräte und andere, oftmals selbst Besitzer von Landgütern.[140] Außerdem waren zahlreiche Geistliche wie die ländlichen Pfarrherren als Leiter der Zweiggesellschaften der *Oekonomischen Gesellschaft Bern* in die Diskussionen involviert, in Städten wie Leipzig oder Hamburg auch Kaufleute.[141] Die Ökonomische Aufklärung war

---

138 L. H. H. von Engel, Versuch zur Beantwortung der Frage: welche Vortheile hat die Landwirthschaft von der Aufklärung im achtzehnten Jahrhundert und welcher Nutzen ist und kann noch davon erwartet werden, Leipzig 1798, S. 2, 3 und 6. Engel war kurfürstlich sächsischer Rittmeister und Gutsbesitzer in Sayda im Erzgebirge, s. C. Leisewitz, Art. Engel, Lüder Hermann Hans von, in: Allgemeine Deutsche Biographie (6) 1877, S. 118–119

139 Zur holländischen Agrarpraxis A. D. Thaer, Einleitung zur Kenntniß der englischen Landwirthschaft und ihrer neueren practischen und theoretischen Fortschritte in Rücksicht auf Vervollkommnung deutscher Landwirthschaft. Für denkende Landwirthe und Cameralisten, Hannover 1804, S. 24.

140 Kurzbiografien der bekanntesten landwirtschaftlichen Schriftsteller liefert M. Güntz, Landwirtschaftliche Literatur (wie Anm. 51).

141 R. Wyss, Pfarrer (wie Anm. 74), M. Stuber, Die Oekonomische Gesellschaft Bern, in: A. Holenstein (Hg.), Berns goldene Zeit (wie Anm. 102), S. 38 f. Die Mitgliederlisten der

keine rein bürgerliche Privatinitiative, da auch adelige Gutsbesitzer eine beachtliche Rolle spielten.[142] Dem recht vagen Ziel einer Verbesserung der Ökonomie konnten sich alle Akteure zuordnen. Gemeinsam waren ihnen Schlagworte wie Verbesserung, Fortschritt, gemeiner Nutzen und nicht zuletzt Wissenschaft, die die programmatischen Ziele der Reformbewegung aufzeigen, welche zeitgenössisch zugleich eine ethische Implikation hatten: Ertrags- und Produktivitätssteigerungen zu befördern galt als eine gemeinnützige, dem Staat wie den Bürgern zuträgliche und damit patriotische Beschäftigung. Noch Fraas urteilte Mitte des 19. Jahrhunderts, dass die Sozietäten und Akademien aus „lauterem Patriotismus" entstanden seien.[143] Mit Begriffen wie *improvement ethic* oder *economic patriots* hat die englischsprachige Forschung diesen moralischen Aspekt der Ökonomischen Aufklärung weiter hervorgehoben.[144] Ein politisch-revolutionärer Impetus war ökonomischen Aufklärern in der Regel nicht eigen. Sieht man vom ‚Kleeapostel' Schubart ab, der heftig gegen die Privilegien des grundbesitzenden Adels anschrieb, zeigten sich die meisten Autoren loyal gegenüber der absolutistisch-ständischen Gesellschaftsordnung und suchten Reformen im bestehenden System auszuloten. Hochadelige Patronage, adelige Protagonisten und überproportional viele Vertreter der fürstlichen Beamtenschaft in den Reihen der Protagonisten mögen dazu beigetragen haben, dass die Ökonomische Aufklärung in politischer und sozialer Hinsicht nicht revolutionär war, sondern vielmehr, in den Worten Popplows, als ein frühes Beispiel für den Versuch gelten kann „gesellschaftliche Problemstellungen durch technische Innovationen zu lösen, ohne konfliktträchtige soziale Konstellationen antasten zu müssen [...]".[145] Institutionelle oder soziale Verhält-

gemeinnützig-patriotischen Gesellschaften lassen auf den je nach wirtschaftlicher Verfassung der Region leicht variierenden sozialen Hintergrund schließen.

142 Als größte „Bürgerbewegung des 18. Jahrhunderts" bezeichnet Böning die Bewegung der so genannten Volksaufklärung, s. H. Böning, Pressewesen und Aufklärung – Intelligenzblätter und Volksaufklärer, Goethezeitportal 26.07.2004, http://www.goethezeitportal.de/db/wiss/epoche/boening_pressewesen.pdf, S. 16 (zuletzt aufgerufen am 30.09.2019).

143 C. Fraas, Geschichte (wie Anm. 3), S. 158. Zum Themenfeld Patriotismus und Gemeinnutz s. z. B. R. Vierhaus, „Patriotismus« – Begriff und Realität einer moralisch-politischen Haltung, in: R. Vierhaus (Hg.), Patriotische Gesellschaften (wie Anm. 79) und im Kontext der Volksaufklärung W. Greiling, Gemeinnützigkeit (wie Anm. 80). Insoweit die Trägerschicht der katholischen Aufklärung vergleichbar mit der protestantischen war (Beamte, Geistliche, Gelehrte, freie Akademiker, Unternehmer), spielt die Unterscheidung in katholische und protestantische Territorien in der vorliegenden Arbeit keine Rolle.

144 S. z. B. in B. R. Cohen, Notes from the Ground. Science, Soil, and Society in the American Countryside (Yale agrarian studies series), New Haven/Conn 2009, S. 5 und 18 u.a. „Improvement was a moral duty" konstatierte auch H. E. Lowood, Patriotism (wie Anm. 76), S. 145 f.

145 M. Popplow, Ökonomische Aufklärung (wie Anm. 12), S. 19.

nisse als Hindernis agrarischer Fortschritte wurden zum Teil zwar angesprochen, in der Regel versuchten Protagonisten diese Dimension allerdings zu umgehen, zumal die Geschichte der Zensur hier berücksichtigt werden muss.[146] Der Herausgeber einer der größten ökonomischen Zeitschriften, Georg Heinrich Zincke (1692–1769), versprach in der ersten Ausgabe, dass alles veröffentlicht werde, was nicht gegen Staat, Religion oder die „gemeinen Pflichten der Ehrbarkeit und des Wohlstandes" ging.[147] Die politische Zurückhaltung gilt gemeinhin als ein Charakteristikum der deutschen Aufklärung und ist damit kein besonderes Merkmal speziell der ökonomischen Aufklärer. Moderate Aufklärung und absolutistischer Staat waren in deutschen Ländern kein Gegensatz, vielmehr verhalf der absolutistische Staat mit seinen „tendenziell antifeudalen Interessen zentralistisch-bürokratischer Herrschaftskonsolidierung und -vereinheitlichung" der Aufklärung zur Durchsetzung.[148] Im Anschluss an Jonathan Israels Arbeiten wurden in der jüngsten Forschung Elemente einer stärker emanzipatorischen, mit Traditionen brechenden Radikalaufklärung gegenüber Formen der den sozialen Status quo erhaltenden moderaten Aufklärung oder auch Gegenaufklärung für den deutschen Kulturraum verstärkt unterschieden, gesucht und – vor allem in peripheren Milieus – auch nachgewiesen.[149] Mit dem Begriffspaar von radikaler und moderater Aufklärung wird in der vorliegenden Arbeit nicht gearbeitet. Als durchaus lohnenswert für zukünftige Forschungen erscheint mir jedoch die Frage, inwiefern sich anhand nicht-publizierter Quellen, zum Beispiel über Korrespondenzen, auch eine radikalere Untergrundströmung der Ökonomischen Aufklärung und Volksaufklärung feststellen ließe. Freilich müsste dabei definiert werden, was genau im

146 Vgl. zu diesem Punkt die für Haller und die *Oekonomische Gesellschaft Bern* herausgearbeitete Charakterisierung einer „ökonomisch-patriotischen Wissenschaft" in staatlich-paternalistischer Absicht, M. Stuber, Vous ignorez (wie Anm. 20), S. 528–530, 532.

147 G. H. Zincke, Vollständige Nachricht von dem Vorhaben, Absichten und Einrichtungen dieser Sammlung (1742), in: Leipziger Sammlungen 1 (1746), S. 3–51, S. 26. Im Gegensatz zu Druckschriften ist davon auszugehen, dass Briefe wesentlich mehr Themen zuließen, auch solche, die politisch unerwünscht waren.

148 W. Bonss/N. Schindler, Praktische Aufklärung (wie Anm. 78), S. 257. S. auch J. Whaley, The Protestant Enlightenment in Germany, in: R. Porter/M. Teich (Hgg.), The Enlightenment in National Context, Cambridge, New York 1981, S. 106–117, insb. S. 110–112. Zum Verhältnis Fürstenstaat und Bildung bereits F. Paulsen, Geschichte des gelehrten Unterrichts auf den deutschen Schulen und Universitäten vom Ausgang des Mittelalters bis zur Gegenwart, 2 Bde., Leipzig 1896.

149 J. I. Israel/M. Mulsow (Hgg.), Radikalaufklärung (Suhrkamp-Taschenbuch Wissenschaft 2053), Berlin 2014, M. Mulsow u.a. (Hgg.), Radikale Spätaufklärung in Deutschland (Aufklärung 24), Hamburg 2012, M. Mulsow, Radikale Frühaufklärung in Deutschland 1680–1720, Göttingen 2018.

Kontext der Agrardiskussionen und an ihren jeweiligen Orten als radikal, was als moderat gelten sollte. Können etwa staatlich geförderte Gemeinheitsteilungen, weil sie in die Weideprivilegien der Großgrundbesitzer eingriffen und feudale Agrarverhältnisse transformierten, als radikale Interventionen gelten? Festzuhalten ist, dass Staatsoberhäupter und Regierungen die Initiativen ökonomischer Aufklärer in der Regel begrüßten und förderten, weil diese die Lösung gesellschaftlicher Subsistenzprobleme versprachen und in einer Zeit der noch regelmäßigen Versorgungskrisen, eines enormen Bevölkerungswachstums sowie des ständigen Finanzbedarfs der RegentInnen im Interesse des Fürstenstaates lagen.[150]

Diskursiv schieden sich Agrarautoren typischerweise in zwei Lager: in so genannte Praktiker und Theoretiker der Landwirtschaft, in jene also, die sinnlichen Kontakt mit dem Boden hatten bzw. selbst landwirtschaftlich produzierten, und jene, die die Landwirtschaft betrachteten und über sie nachdachten, ohne selbst agrarwirtschaftlich tätig zu werden. Diese Kategorien, die auch heute noch in der skizzierten Bedeutung geläufig und verständlich sind, waren in sozioökonomischer wie epistemischer Hinsicht freilich nie eindeutig realisiert. Der Publizist und spätere Universitätsprofessor Friedrich Pohl (1768–1850), einerseits ein Theoretiker *par excellence,* war beispielsweise auf einem kleinen Landgut aufgewachsen, hatte als Gutsverwalter gearbeitet und war in späteren Jahren höchstwahrscheinlich selbst Gutsbesitzer, das heißt gleichzeitig ein ausgewiesener Praktiker.[151] Ähnliches ließe sich für Hohenthal sagen (bei dem Pohl zwischenzeitlich Gutsverwalter war), welcher zugleich sächsischer Beamter, Agrarautor und Publizist, Mitbegründer der Leipziger ökonomischen Gesellschaft wie auch Besitzer von 13 Gütern war.[152] Für die Wissenschaftsreflexion hingegen war die Theorie-Praxis-Dichotomie konstitutiv: kaum ein Autor, der sich nicht auf sie bezog. Von zehn landwirtschaftlichen Autoren habe nicht einer „je Praxis gehabt", äußerte Engel 1798 in einer zeittypischen Wendung.

---

150 Zur allgemeinen Entwicklung im deutschsprachigen Raum s. z. B. G. SCHMIDT, Wandel durch Vernunft. Deutsche Geschichte im 18. Jahrhundert, München 2009 und H. MÖLLER, Vernunft und Kritik. Deutsche Aufklärung im 17. und 18. Jahrhundert (Edition Suhrkamp Neue historische Bibliothek 1269 = N.F., Bd. 269), Frankfurt am Main 1997, zur Agrargeschichte S. BRAKENSIEK/R. PRASS, Grundzüge (wie Anm. 113).

151 W. LÖBE, Art. Pohl, Friedrich, in: Allgemeine Deutsche Biographie (26) 1888, S. 367–368 und Art. M. Johann Friedrich Pohl, in: Neuer Nekrolog der Deutschen (28), Weimar 1852, S. 126–130. Pohl erhielt 1816 eine ordentliche Professur für Ökonomie und Technologie an der Universität Leipzig. Eine Auflistung seiner Vorlesungen zwischen 1815 und 1850 findet sich unter: http://histvv.uni-leipzig.de/dozenten/pohl_f.html (zuletzt aufgerufen am 08.04.2019).

152 F. EULEN, Art. Hohenthal, Peter Graf von, in: Neue Deutsche Biographie (9) 1972, S. 494 f.

> Daß wir Schriftsteller in Menge in diesem Jahrhundert aufzuweisen haben, die in dem Fache blos theoretisch geschrieben und gearbeitet haben, beweisen die ökonomischen Bibliotheken, und unter zehn, die in diesem Fache der Welt Unterricht durch Bücher haben geben wollen, ist oft nicht einer, der je Praxis gehabt hat, wodurch denn eine unendliche Menge Hirngespinste sich unter denen Ökonomen eingeschlichen haben, deren Vertilgung jeder rechtschaffene Landwirth sich mit Ernst sollte angelegen seyn lassen.[153]

Als Theoretiker galten Publizisten und Gelehrte, insbesondere die Professoren für Ökonomie und Kameralwissenschaften an den Universitäten, das heißt im damaligen Verständnis die öffentlichen Lehrer der Ökonomie, deren Wort 100 Mal mehr gewogen habe als das eines erfahrenen Praktikers.[154] Als Praktiker sahen sich – im Rahmen expliziter Selbstzuschreibungen – vor allem gebildete Gutsbesitzer und große Pächter wie auch die fürstlichen Beamten, die mit wirtschaftlichen Aufgaben, etwa in der landwirtschaftlichen Polizei, betraut waren. Die Theorie-Praxis-Dichotomie kann aufgrund ihrer Omnipräsenz nicht ignoriert werden, Aufgabe dieser Arbeit muss deshalb sein sie beständig zu hinterfragen.

Waren Gutsbesitzer, Beamte, Geistliche und Gelehrte die maßgeblichen Autoren der Ökonomischen Aufklärung, so sollten darüber hinaus weitere Gruppen, nicht zuletzt auch Frauen, ihre LeserInnen sein. Carl Andreas Wilds *Praktischer Rathgeber* richtete sich beispielsweise an „Fabrikanten, Apotheker, Künstler, Ökonomen, Gewerbetreibende und strebsame Hausfrauen".[155] Zunächst galt für die Ökonomische Aufklärung, analog zum Befund Bönings und Siegerts zur Vorlaufphase der so genannten Volksaufklärung, dass ihre Autoren, seltener auch AutorInnen, zugleich auch ihre LeserInnen waren. Das Umschlagen in eine populärere Schreibweise ist in der Volksaufklärungsforschung auch auf die philanthropische Motivation ihrer Autoren zurückgeführt worden.[156] Aus dem Blickwinkel der Ökonomischen Aufklärung genügt dagegen das Vorhandensein eines literarischen Marktes, um den Versuch, das ökonomische Publikum auszuweiten und neue Käuferschichten zu erschließen, hinreichend zu erklären. Warum ein Blatt wie die *Zeitschrift für die Naturkunde, Oekonomie, Handlung und Gewerbe,*

---

153 L. H. H. von Engel, Aufklärung (wie Anm. 138), S. 35 f.

154 C. H. Matthesius, Ueber die Theorie der Landwirthschaft, und einige neuere Grundsätze derselben. Ein Beytrag zur gesicherten Verbesserung der Landwirthschaft, Jena 1792, S. 46 f. Mehr dazu in Kapitel 3.4.

155 C. A. Wild's Praktischer Rathgeber. Ein Magazin wohlgeprüfter haus- und landwirthschaftlicher wie technisch-chemischer Erfahrungen für Fabrikanten, Apotheker, Künstler, Oekonomen, Gewerbtreibende und strebsame Hausfrauen, Frankfurt am Main 1858. Die vierte Auflage erschien 1827, das Datum der früheren Auflagen konnte nicht ermittelt werden.

156 H. Böning/R. Siegert, Volksaufklärung I (wie Anm. 36), S. XXIV.

oder Analekten zum Besten der Stadt- und Landwirthschaft, der Wissenschaften und Industrie (1793) nach nur dreimaligem Erscheinen wieder eingestellt wurde, lag laut Mutmaßung eines Rezensenten zum einen in der mangelnden Neuheit der Artikel, aber auch darin begründet, dass mit ihr eine zu große und diverse, Stände übergreifende Leserschaft anzusprechen versucht wurde.[157] Das so genannte ökonomische Publikum wurde breiter gedacht als das gelehrte Publikum. Heinrich Sanders *Ökonomische Naturgeschichte für den deutschen Landmann und die Jugend* (1784) gab es ebenso wie das *Oekonomisch-Technologisch-Naturhistorisches Frauenzimmerlexikon* (1801).[158] Die *Kurzgefasste oekonomische Naturgeschichte Deutschlands* (1787) von Friedrich Ludwig Walther richtete sich an nicht weniger als acht Gruppen: Freunde der Natur, Ärzte, Kameralisten, Land- und Forstwirte, Künstler, Fabrikanten und Handwerker.[159] Das ökonomische Publikum war insofern eine in Teilen bereits vorhandene und eine in Teilen noch zu erzeugende Größe. Als zu überzeugende und Bücher kaufende Instanz mag es auf die literarische Produktion zurückgewirkt haben. In jedem Fall sprengte das – zuweilen verfehlte – Publikum die bereits im Autorenstamm vorliegende Heterogenität und reichte über damalige Standesgrenzen hinaus.

2.3 Das Wissen der Ungelehrten: Stigma der bäuerlichen Ökonomie

Wie es die Titel der Zeitschriften oben bereits andeuteten, war in der Ökonomischen Aufklärung im Prinzip jedem eine Mitsprache möglich, abgesehen von der einen – allerdings entscheidenden – Zugangsschranke der schriftsprachlichen Kompetenz. Von einem geschlechtsspezifischen sowie vom Standpunkt bäuerlicher

157 „Auch scheint die Verbindung der Wissenschaften, denen sich diese Analekten widmeten [...] noch nicht nah und anerkannt genug, um den einen Stand für Dinge zu interessieren, die in das Gebiet des andern Stands einschlagen", s. Zeitschrift für die Naturkunde, Oekonomie, Handlung u. Gewerbe oder Analekten zum Besten der Stadt- und Landwirthschaft, der Wissenschaften und Industrie, Rezension, in: Neue allgemeine deutsche Bibliothek 13 (1794), S. 399–402, S. 399.

158 H. Sander/J. C. Fabricius, Oeconomische Naturgeschichte für den deutschen Landmann und die Jugend in den mittleren Schulen, 4 Bde., Leipzig 1784, J. G. Seidenburg, Berlinisches Oekonomisch-Technologisch-Naturhistorisches Frauenzimmer-Lexicon. Worin alles gelehrt wird was ein Frauenzimmer in der Oeconomie, Hauswirthschaft, theoretischen Kochkunst, Zuckerbäckerey und Kellerey, wie auch in allen andern weiblichen Arbeiten und sonst im gemeinen Leben gründlich zu wissen nöthig hat, Berlin 1801.

159 F. L. Walther, Kurzgefasste oekonomische Naturgeschichte Deutschlandes für Freunde der Natur, Aerzte, Cammeralisten, Land- und Forstwirthe, Künstler, Kaufleute, Fabrikanten, Handwerker und diejenigen, die es werden wollen, Anspach 1787.

und unterbäuerlicher Schichten aus betrachtet, bildete der landwirtschaftliche Verbesserungsdiskurs eine exklusive Diskussion, von der die überwiegende Mehrzahl der historischen AkteurInnen, das heißt Frauen der Mittelschicht, Bäuerinnen und Bauern, Dienstboten, Gärtner, Häusler, TagelöhnerInnen usw., weitgehend ausgeschlossen blieb. Den etwa 1000 kursächsischen Rittergutsbesitzern, von denen einige als ‚praktische Landwirthe' in den *Oeconomischen Nachrichten* oder als Autoren eigener Schriften hervortraten, stand im 18. Jahrhundert beispielsweise eine kursächsische Gesamtbevölkerung von etwa 1,34 Millionen gegenüber.[160] Diejenigen AkteurInnen, deren Welt im 18. Jahrhundert vom Wissen um den Feldbau und die Viehzucht bestimmt war, waren folglich an der Aushandlung der wissenschaftlichen Ökonomie nicht oder nur höchst indirekt beteiligt. Dass VertreterInnen der bäuerlichen und unterbäuerlichen Gesellschaft öffentlich kaum zur Geltung kamen, bedeutet freilich nicht, dass sie nicht auch über Landwirtschaft diskutiert hätten; ihr Sprechen hatte lediglich in der diskursiven Formation der Ökonomischen Aufklärung keine Wirkung. Die wenigen dazu überlieferten Aussagen aus bäuerlicher Perspektive, zum Beispiel die von Michael Irlbeck in dieser Arbeit, prangerten genau dies an, nämlich dass bäuerliche Expertise seitens gelehrter bzw. gebildeter Akteure nicht berücksichtigt wurde (s. Kapitel 3.1). Über die Quellenauswahl dieser Arbeit wird die unter den damals gegebenen historischen Machtverhältnissen produzierte Unsichtbarkeit bäuerlicher WissensträgerInnen und Frauen der Mittel- und Oberschicht reproduziert.[161] Bis auf eine wurde keine

160 Die Information verdanke ich Axel Flügel mit Bezug auf die Angaben in F. G. Leonhardi, Erdbeschreibung der churfürstlich- und herzoglich- sächsischen Lande, Leipzig 1802, abzüglich der Zahlen für die Ober- und Niederlausitz. Mokyr hat für England geschätzt, dass dem aufklärerischen Publikum, der *polite society* etwa 10 bis 15 Prozent der Bevölkerung angehörte, J. Mokyr, The Enlightened Economy. An Economic History of Britain, 1700–1850 (The new economic history of Britain), New Haven/Conn 2009, S. 39.

161 Grundlegend zum Problem eines wirkungslos bleibenden Sprechens s. G. C. Spivak, Can the subaltern speak? Postkolonialität und subalterne Artikulation (Es kommt darauf an 6), Wien 2008. Anhand von Reichsgerichtsprozessakten macht bäuerliche Handlungsmacht dingfest C. Ernst, Den Wald entwickeln. Ein Politik- und Konfliktfeld in Hunsrück und Eifel im 18. Jahrhundert (Ancien régime, Aufklärung und Revolution 32), München 2000. S. auch die Widerstandsklassiker P. Blickle u.a. (Hgg.), Aufruhr und Empörung? Studien zum bäuerlichen Widerstand im Alten Reich, München 1980, W. Trossbach, Bäuerlicher Widerstand in deutschen Kleinterritorien zwischen Bauernkrieg und Französischer Revolution. Einige Bemerkungen zu Formen und Gegenständen, in: Zeitschrift für Agrargeschichte und Agrarsoziologie 35 (1987), S. 1–17, W. Schulze (Hg.), Aufstände, Revolten, Prozesse. Beiträge zu bäuerlichen Widerstandsbewegungen im frühneuzeitlichen Europa (Geschichte und Gesellschaft 27), Stuttgart 1983 und A. Würgler, Unruhen und Öffentlichkeit. Städtische und ländliche Protestbewegungen im 18. Jahrhundert (Frühneuzeit-Forschungen 1), Tübingen 1995. Ferner auch A. Holenstein, Die Huldigung der Untertanen, Stuttgart 1991.

Quelle dieser Arbeit – zumindest nicht offiziell – von einer Frau verfasst, obwohl die Existenz von Agrarpionierinnen eindrücklich von der agrarhistorischen Forschung nachgewiesen wurde.[162] Die Gutsbesitzerin Henriette Charlotte von Itzenplitz, die erst über die Edition ihres Briefwechsels mit Thaer als Agrarpionierin um 1800 sichtbar wurde, vermied es, anders als anonym zu publizieren. Aus den Briefen geht hervor, dass sie Passagen aus Thaers Manuskript seiner *Einleitung zur Kenntniß der englischen Landwirthschaft* (1798–1804), in denen er sie und ihre Wirtschaften als Vorbild hatte nennen wollen, energisch herausgestrichen hat. Itzenplitz und ihr Mann hielten es für nicht standesgemäß, in einer bürgerlichen Öffentlichkeit zu publizieren.[163] Daraus ergab sich für die vorliegende Arbeit nicht zuletzt eine schwierige und etwas uneinheitlich wirkende Sprachregelung. Den Begriff Autor verwende ich entsprechend der weitgehend belegten männlichen Autorschaft in der männlichen Form. Auch in der indirekten Rede, das heißt wenn ich die Perspektive zeitgenössischer Autoren oder der Forschung wiedergebe, schien es mir angemessener, die dort verwendete männliche Form zu wiederholen, wohingegen meine historiografische Perspektive stets dadurch

162 S. z. B. B. Braun-Bucher, Cathérine-Eilsabeth Vicat-Curtat, Ökonomin, in: M. Stuber u.a. (Hgg.), Kartoffeln (wie Anm. 99), H. Inhetveen/M. Schmitt (Hgg.), Pionierinnen des Landbaus (Angelas Schriftenreihe 1), Uetersen 2000 und U. Schlude, Naturwissen und Schriftlichkeit. Warum eine Fürstin des 16. Jahrhunderts nicht auf den Mont Ventoux steigt und die Natur exakter begreift als die ‚philologischen' Landwirte, in: S. Ruppel/A. Steinbrecher/P. Münch (Hgg.), „Die Natur ist überall bey uns". Mensch und Natur in der Frühen Neuzeit, Zürich 2009, S. 95–108. Im Anschuss an diese Studien ist davon auszugehen, dass Frauen der höheren Stände in Einzelfällen durchaus auch am Diskurs der Ökonomischen Aufklärung teilhatten.

163 H. Inhetveen/H. Kaak, Itzenplitz (wie Anm. 135), S. 28, 54 f., 93, 96. Zur Unschicklichkeit weiblicher Autorschaft im 18. Jahrhundert s. z. B. B. Nübel, Krähende Hühner und gelehrte Weiber. Aspekte des Frauenbildes bei Johann Gottfried Herder, in: W. Malsch/W. Koepke (Hgg.), Herder Jahrbuch 1994, Stuttgart/Weimar 1994, S. 29–51. Die Potentiale und Grenzen einer *domestic Enlightenment* anhand fünf schreibender Frauen in Großbritannien lotet aus J. Wharton, Material enlightenment. Women writers and the science of mind, 1770–1830 (Studies in the eighteenth century 1), Woodbridge/Rochester, NY 2018. Formen weiblicher Gelehrsamkeit präsentieren M. Hohkamp/G. Jancke (Hgg.), Nonne, Königin und Kurtisane. Wissen, Bildung und Gelehrsamkeit von Frauen in der Frühen Neuzeit, Königstein/Taunus 2004. Wie *gender* als Analysekategorie gerade auch für männlich dominierte Räume der Frühen Neuzeit fruchtbar gemacht werden kann zeigt M. Mommertz, Geschlecht als „Markierung", „Ressource" und „Tracer". Neue Nützlichkeiten einer Kategorie am Beispiel der Wissenschaftsgeschichte der Frühen Neuzeit, in: C. Roll/F. Pohle/M. Myrczek (Hgg.), Grenzen und Grenzüberschreitungen. Bilanz und Perspektiven der Frühneuzeitforschung, Köln u.a. 2010, S. 573–592. S. auch die Beiträge in C. Hauck u.a. (Hgg.), Tracing the heroic through gender (Helden – Heroisierungen – Heroismen 8), Baden-Baden 2018.

markiert wird, dass korrekterweise etwa von AgrarproduzentInnen oder AdressatInnen die Rede ist. Es ist im Großen und Ganzen die Perspektive vorwiegend männlicher Akteure der jeweils regionalen Eliten, das heißt einer gebildeten und gelehrten Mittelschicht adeliger und bürgerlicher Provenienz, welche hauptsächlich – hier wiederum flächendeckend – durch das Agrarschrifttum repräsentiert wird. Popplow hat geschätzt, dass „sämtliche Entscheidungsträger in den territorialen Administrationen ebenso wie wohlhabende Landbesitzer und Geistliche" vom agrarischen Verbesserungsdiskurs erreicht wurden.[164]

Frappierend zu sehen ist, mit wie wenigen Begriffen Akteure der Ökonomischen Aufklärung auskamen, um VertreterInnen der ländlichen Gesellschaft zu bezeichnen. Böning weist auf den interessanten Umstand hin, dass in frühen volksaufklärerischen Schriften noch nicht zwischen Gutsbesitzern und kleineren Agrarproduzenten unterschieden wurde, dann aber eine Differenzierung zwischen „Landwirthen ‚von Stand' und dem ‚gemeinen Bauern' oder dem ‚Landmann'" erkennbar ist.[165] Überwiegend finden sich hernach generische Ausdrücke wie einfacher Bauer, einfacher Landmann sowie die positiv konnotierte Bezeichnung des Landwirts ohne nähere Bezeichnung zum Beispiel der jeweiligen Rechts- oder Besitzstände oder der Betriebsgrößen.[166] Vom Standpunkt agrargeschichtlicher Forschung ist demgegenüber anzumerken, dass damit die Vielfalt der Erscheinungsformen von AgrarproduzentInnen im 18. Jahrhundert nicht im Entferntesten abgebildet wurde: Allein für Schleswig-Holstein hat Klaus-Joachim Lorenzen-Schmidt vom „Hufner" über den „Kätner" und den „Pächter" bis hin zum „Wurtsassen" insgesamt 18 historische Bezeichnungen für große und kleine AgrarproduzentInnen zwischen dem 15. und 19. Jahrhundert zusammengetragen.[167] Dabei handelte es sich teils um gemeindliche, teils um obrigkeitliche Termini, die häufig sowohl als Selbst- wie als Fremdbezeichnungen in Gebrauch waren. Der

164 M. Popplow, Ökonomische Aufklärung (wie Anm. 12), S. 29.

165 H. Böning, Das „Volk ist ein Kind mit beschränkten Begriffen" – Gedanken zum Menschenbild der Aufklärer, in: A. Lubinski/T. Rudert/M. Schattkowsky (Hgg.), Historie und Eigen-Sinn, Weimar 1997, S. 23–30.

166 S. dazu vor allem F. Konersmann, Auf der Suche nach „Bauern«, „Bauernschaft« und „Bauernstand". Hypothesen zur historischen Semantik bäuerlicher Agrarproduzenten 15.–19. Jahrhundert, in: D. Münkel/F. Uekötter (Hgg.), Das Bild des Bauern. Selbst- und Fremdwahrnehmungen vom Mittelalter bis ins 21. Jahrhundert, Göttingen 2012, S. 61–84 und N. Grüne, Vom ‚Taglöhner' zum ‚Landwirth'. Semantische Karrieren im sozialen Wandel südwestdeutscher Dorfgesellschaften des 18. und 19. Jahrhunderts, in: D. Münkel/F. Uekötter (Hgg.), Das Bild des Bauern. Selbst- und Fremdwahrnehmungen vom Mittelalter bis ins 21. Jahrhundert, Göttingen 2012, S. 85–107 sowie Kapitel 3.2 dieser Arbeit.

167 K.-J. Lorenzen-Schmidt, Bauern-Terminologie – ein Aufruf, in: AKA newsletter // Arbeitskreis für Agrargeschichte 27 (2010), S. 3–6, S. 5 f.

„Kätner“ war beispielsweise ein nachgesiedelter Kleinbauer ohne Rechte an den gemeinsamen Gütern der Ortschaft. Als „Hufner“ wurden dagegen in amtlichen Dokumenten Vollbauern bezeichnet, die mit Rechten an der gemeinen Weide und anderen Gemeingütern ausgestattet waren, deren Höfe allerdings aufgrund der Realteilungspraxis in Holstein bereits bis auf 1/64 der ursprünglichen Größe geschrumpft sein konnten.[168] Agrarverfassungen mit ihren je spezifischen Rechts- und Besitzstrukturen konnten im 18. Jahrhundert von Region zu Region und teils selbst von Ort zu Ort deutlich voneinander abweichen. Sie sind in ihrer Totalität längst nicht durch die Agrargeschichte aufgearbeitet, und das Gleiche gilt für die jeweilige Terminologie. Der generische Begriff des Agrarproduzenten wiederum ist ein *terminus technicus* der neueren Agrargeschichte, der alle AkteurInnen der ländlichen Gesellschaft umgreifen soll und frei von wertenden Konnotationen ist, die dem Bauernbegriff im Lauf der Zeit zugeschrieben wurden.[169]

Für LeserInnen außerhalb der Agrargeschichte mag es überraschend erscheinen, dass die abwertende Semantik des ‚einfachen Bauern', wie sie einem in Texten der Ökonomischen Aufklärung begegnet, in einem eklatanten Widerspruch zur damaligen ländlich-dörflichen Realität stand. Bekleideten Bauern im Agrarschrifttum den sozial niedrigsten Rang, so stellten insbesondere Vollbauern (je nach lokaler Bezeichnung ‚Anspänner', ‚Hufner' etc. genannt) in den dörflichen Gemeinden gegenüber den Landbesitzlosen die gesellschaftliche Oberschicht und konnten je nach Region und Rechtsstatus durchaus wohlhabend sein. Nur in Einzelfällen wurde bäuerlicher Wohlstand von ökonomischen Aufklärern diskutiert und dabei typischerweise als nicht standesgemäß und anormal aufgefasst. Über die Zeit zwischen 1790 und 1806 berichtete beispielsweise ein Autor im Jahr 1811:

> Alles verwandelte sich unter ihren Händen [den Händen der Landmänner] gleichsam in Gold, und der Besitzer eines mäßigen Bauernguthes, wenn es nur einigermaßen fruchtbares Land hatte, und nicht starke Frohndienste darauf hafteten, konnte wie ein Ritterguthseigenthümer aller eignen Arbeit sich enthalten, sobald er nur über seine Leute die gehörige Aufsicht führte. [...] Zu großes Glück machte ihn hoffärtig und eingebildet, er verachtete und verspottete nicht selten Vornehmere, die an Kenntnissen, Einsichten und Tugenden ihn bey weitem übertrafen, bloß weil er mehr Geld als sie hatte. [...] Oft fehlte es in den Städten sogar an den nöthigsten

168 Ebd., S. 5. Vgl. dagegen z. B. das System der Erbpacht in Preußen, dargestellt in G. Borchers, Grundbesitz in Bauernhand. Die Erbpacht in Westpreußen im Rahmen der preußischen Domänengeschichte des 18. Jahrhunderts, dargestellt am Domänenamt Schöneck (Quellen und Darstellungen zur Geschichte Westpreußens 37), Münster/Westfalen 2014.

169 S. D. Münkel, Bilder von Bauern – eine Einleitung, in: D. Münkel/F. Uekötter (Hgg.), Das Bild des Bauern. Selbst- und Fremdwahrnehmungen vom Mittelalter bis ins 21. Jahrhundert, Göttingen 2012, S. 9–20.

> Lebensmitteln, weil die Landleute kein Geld brauchten, und sicher darauf rechnen konnten, daß durch ihr Zurückhalten es immer noch theurer werden müßte. Am härtesten litten hierdurch Männer in Aemtern, die mit einem Gehalte von 4 bis 500 Rthr. oder gar nur von 2 bis 300 Rthr. das bestreiten sollten, wozu jetzt 1000 Rthr. Jährlich kaum hinreichten. [...] Mußten sie dabey nicht von erlaubten Unwillen ergriffen werden, wenn sie den Landmann, der gerade am ersten gröbere Kost vertragen kann, im Genusse aller Leckerbissen schwelgen sahen, während es ihnen an einem Gerichte Fleisch gebrach? [...] Eine Wohlhabenheit, die von 1790 an bis 1806 der deutsche Landmann in den meisten Gegenden besaß, ist also etwas Uebertriebenes, und kein Vernünftiger darf sich die Rückkehr dieser Zeit wünschen.[170]

Deutlich zu erkennen ist, dass die ökonomische Überlegenheit bäuerlicher Akteure gegenüber fürstlichen Beamten nicht mit einer ständisch begründeten Vorstellung gesellschaftlicher Hierarchie zu vereinbaren war und dass bäuerlicher Wohlstand, zumindest in den Augen des Autors, eine grenzüberschreitende Anmaßung darstellte. Festgehalten werden sollte demnach, dass der geringe Status des so genannten einfachen Bauern im Agrarschrifttum nicht mit dem Status tatsächlicher Bauernfamilien in der ländlich-dörflichen Gesellschaft korrelierte, wo sie die wirtschaftliche, rechtliche und soziale Oberschicht bildeten. Wichtig festzuhalten ist dementsprechend auch, dass die diskursive Abwertung bäuerlicher Akteure an eine Perspektive der Aufklärungsgesellschaft *auf* die ländliche Gesellschaft gekoppelt ist. Für die vorliegende Arbeit liefert die Existenz der Fehlstellen, das heißt die Nichtbezeichnung der Vielfalt, ein Indiz für eine relative Distanz zwischen beiden Gesellschaften, das heißt ökonomischer Aufklärer zur Welt der kleineren AgrarproduzentInnen.[171] Wenig differenzierende Bezeichnungen sind selbst in der Gruppe der Volksaufklärer nachzuweisen, die sich zwar explizit an die Landbevölkerung richteten, dieselbe aber in den meisten Fällen nur pauschalisierend darstellten. Mit Blick auf die Aushandlung von Wissensansprüchen gebildet-gelehrter Art, um die es in dieser Arbeit vorrangig geht, war eine Wiedergabe der Vielfalt ländlicher AkteurInnen schließlich auch nicht notwendig oder konnte sogar hinderlich sein. Im Gegenteil diente die pauschale Kategorie des einfachen Bauern bei vielen Autoren, wie ich in den Kapiteln 3.2 und 3.3 zeigen werde, als

---

170 Welchen Grad von Wohlhabenheit darf vernünftigerweise der Landmann sich wünschen?, in: Der fleißige und fröhliche Wirthschaftsmann 1 (1811), S. 622–630, S. 624–626.

171 Zu diesem Urteil kommt auch G. Gerber-Visser, Ressourcen (wie Anm. 74), S. 237 f. Neben pauschalisierenden Urteilen findet Gerber-Visser in den topografischen Beschreibungen allerdings auch einige differenziertere Darstellungen und erklärt diese mit einer größeren Nähe der Autoren zur Landbevölkerung, etwa durch einen langfristigen Aufenthalt auf dem Land, ebd., S. 241, 309, 313.

nützliche epistemische Negativfigur, vor deren Hintergrund das aufklärerische landwirtschaftliche Wissen positiv gezeichnet werden konnte.

Zu den spezifischen Herausforderungen eines jeden ökonomischen Aufklärers gehörte jedenfalls das in der ständischen Gesellschaftsstruktur verankerte soziale Stigma der Landwirtschaft. Zwar war Agrarlandbesitz ein Herrschaftsmerkmal, das Tätigkeitsfeld der Landwirtschaft hingegen galt zu Beginn des Jahrhunderts für höhere Stände als unschicklich. Wie schon erwähnt, prägte ein nach Ständen und Rängen einteilendes Vokabular den ökonomischen Diskurs bis hin zur Vorstellung Landwirtschaft müsse aus den Händen des so genannten Bauernstandes gerissen und in den Stand einer Wissenschaft erhoben werden. Das „erste und hauptsächlichste Gebrechen unserer unvollkommenen Oekonomie" sah von Schönfeld darin begründet, dass sie „dem blos empirischen Landmanne überlassen wird".[172] Johann Gottlieb von Eckhart problematisierte in seiner *Experimental-Oeconomie* (1754), dass alle Erfindungen in der Landwirtschaft „meistentheils saure und schwere Arbeit" erforderten und deshalb nicht „von Gelehrten oder StaatsPersonen, sondern größtentheils von starken LandLeuten und mittelmäßigen StandesPersonen bewürket werden" müssten.[173] Beckmann wiederum lobte 1802 rückblickend, dass die Ökonomie im vorigen Jahrhundert zu „einer Wissenschaft erhoben" worden sei.[174] Hebung der Landwirthschaft bedeutete folglich mit der materiellen Optimierung gleichzeitig und insbesondere immer auch die soziale Aufwertung des Gewerbes.[175] Die geringe gesellschaftliche Anerkennung bedinge, so eine gängige Einschätzung, dass sich zu wenige Gelehrte und Gebildete mit ihr befassten. Erst wenn der Gegenstand aus dem festen Griff der rangniedrigen Bauern gelöst sei und sich gebildete Köpfe mit ihr beschäftigen, könne die Landwirtschaft fortschreiten.[176] Dieser sowohl in der Agrarpublizistik

---

172 J. G. von SCHÖNFELD, Landwirthschaft (wie Anm. 33), S. VI.

173 Allein deshalb müsse er sich einer „deutlichen und eingreiffenden Schreibart" bedienen, um auch diese Personen zu unterrichten, J. G. v. ECKHART, Johann Gottlieb von Eckharts Geheimbden Hof- und Cammerraths Vollständige Experimental Oeconomie über das vegetabilische, animalische und mineralische Reich [...], Jena 1754, S. 2.

174 „und daß ihre Achtung allgemeiner geworden ist [...]", J. BECKMANN, Landwirthschaft (wie Anm. 133), S. 15 f.

175 Auch hier die besagte Anschlussstelle zu Ehrkonzepten der Frühen Neuzeit, deren Erforschung sich im Fall der Ökonomischen Aufklärung auf die Zeit nach 1750 ausdehnen müsste, wie z. B. in S. KESPER-BIERMANN/U. LUDWIG/A. ORTMANN (Hgg.), Ehre und Recht. Ehrkonzepte, Ehrverletzungen und Ehrverteidigungen vom späten Mittelalter bis zur Moderne (Editionen + Dokumentationen 5), Magdeburg 2011 und M. DINGES, Die Ehre als Thema der Stadtgeschichte. Eine Semantik im Übergang vom Ancien Régime zur Moderne, in: Zeitschrift für historische Forschung 16 (1989), S. 409–440.

176 Die typische Redewendung von „Köpfen" und wie diese sich auf die Landwirtschaft beziehen

als auch in der Volksaufklärungsliteratur, in kameralistischen Abhandlungen sowie in den Schriften gebildeter Landwirte immer wiederkehrende Topos, der sich häufig mit historischen Betrachtungen der Landwirtschaft seit der Antike verband, zeigt inwiefern die Beschäftigung mit landwirtschaftlichen Themen die soziale Integrität als Standesperson potentiell gefährden konnte. Im Verlauf des Jahrhunderts diagnostizierten jedoch die meisten Autoren dann einen allmählichen sozialen Wiederaufschwung der Landwirtschaft. Der adelige Gutsbesitzer Engel erklärte sogar, dass in Zeiten der Agrarkonjunktur nach 1750 „jeder" mit der Aussicht auf hohen Gewinn habe Landwirt werden wollen.[177] Mit eigener Landwirtschaft Geld zu verdienen, stellte allem Anschein nach eher eine Grenze des Sagbaren dar, denn eine Grenze des Machbaren. Einen entscheidenden Schritt bedeutete trotzdem der Schritt von der Verpachtung des Landbesitzes hin zur eigenen Wirtschaftsdirektion. Die *Briefe an einen angehenden Landwirth, den Ackerbau betreffend* (1786) war ein Buch, das sich an Grundbesitzer richtete, die ihre Güter, welche bislang verpachtet waren, nun selbst bewirtschaften wollten.[178] Im Großen und Ganzen gilt, dass die Vorstellung einer wissenschaftlichen Ökonomie im 18. Jahrhundert eine Gratwanderung beinhaltete: Einerseits musste sie inhaltlich und praktisch näher an die Agrarpraxis heranrücken, andererseits durfte sie nicht mit den – zahlenmäßig weit überwiegenden – kleinen AgrarproduzentInnen, den so genannten einfachen Bauern, in Verbindung gebracht werden.[179] Diese grundsätzliche Problematik betraf, wie zu sehen sein wird, auch die Wissenschaftsreflexion ökonomischer Aufklärer.

---

z. B. in K. C. G. STURM, Über die Bildung zum Landwirth. Ein Programm von D. K. Ch. G. Sturm. Nebst einer Nachricht über das ökonomische Institut zu Tieffurth, Jena 1817, S. 5, A. D. THAER, Grundsätze der rationellen Landwirthschaft. Bd. 1, Berlin 1809, S. 6 sowie in der Wendung „Brausköpfe" bei L. H. H. VON ENGEL, Aufklärung (wie Anm. 138), S. 27.

177 Ebd., S. 14.

178 Briefe an einen angehenden Landwirt, den Ackerbau betreffend, Celle 1786.

179 S. zum Thema Angst vor „Verbauerung" unter Landgeistlichen mit Quellen- und Literaturangaben H. ALZHEIMER, Handbuch zur narrativen Volksaufklärung. Moralische Geschichten 1780–1848, Berlin 2004, S. 86 f.

3. Perspektiven und Figuren

> Es giebt *nur* ein perspektivisches Sehen, nur ein perspektivisches ‚Erkennen'; und *je mehr* Affekte wir über eine Sache zu Worte kommen lassen, *je mehr* Augen wir uns für dieselbe Sache einzusetzen wissen, um so vollständiger wird unser ‚Begriff' dieser Sache, unsre ‚Objektivität' sein.
>
> Friedrich Nietzsche[180]

Die hier vorgenommene Lesart der Wissenschaftsreflexion in der Ökonomischen Aufklärung unterliegt einer ähnlichen Grundhaltung, die Nietzsche mit seinem erkenntnistheoretischen Perspektivismus[181] zum Ausdruck gebracht hat. Der Kontrast zwischen verschiedenen zeitgenössischen Standpunkten soll im Folgenden – vergleichbar mit der Methode des Quellenkontrasts – sowohl zu einer ausgewogenen Urteilsbildung beitragen als auch zur Generierung neuer Fragen. Gerade in der Bewertung eines verhältnismäßig offenen Wissensfeldes, welches noch nicht durch eine bestimmte gesellschaftliche Gruppe, eine Theorie, eine Institution oder anderweitig beherrscht wurde, käme die Beschränkung auf nur eine Perspektive einer retrospektiv vorgenommenen Hegemonialisierung dieses Feldes gleich. Vielmehr gilt es, Erkenntnisse darüber zu gewinnen, wie sich Protagonisten mit ihren Positionen gegenseitig inspirierten, sich aneinander aufrieben oder schärften. Der epistemologische Standpunkt ökonomischer Aufklärer entpuppt sich bei näherem Hinsehen als eine Mehrzahl von Standpunkten, die sich mitunter antagonistisch gegenüberstanden. Ausgehend von Widersprüchen entfaltete sich schließlich, wie zu sehen sein wird, die wissensgeschichtliche Dynamik der Ökonomischen Aufklärung.

In den folgenden fünf Teilkapiteln werden fünf unterschiedliche Standpunkte bzw. Perspektiven, die im landwirtschaftlichen Diskurs erkennbar und unterscheidbar sind, herausgearbeitet. Diese Perspektiven – mitunter präsentiert als die Perspektive von Einzelpersonen – können mit bestimmten sozialen Gruppen oder anderen Ordnungskategorien der Sozialgeschichte zusammenfallen, sind aber nicht mit solchen zu verwechseln. Ein Charakteristikum der Ökonomischen Aufklärung war nicht zuletzt die relative Heterogenität in der Zusammensetzung ihrer Vertreter. Einzelne Akteure wiederum, wie der oben genannte Leipziger Herausgeber

---

180 Nietzsche, F., Sämtliche Werke. Kritische Studienausgabe, ed. G. Colli, München 1993, S. 365.

181 Für eine kritische Diskussion s. C. Zittel, Art. Perspektivismus, in: H. Ottmann (Hg.), Nietzsche-Handbuch. Leben, Werk, Wirkung, Stuttgart 2000, S. 299–301, S. 299 f.

Friedrich Pohl, konnten zugleich Gutsbesitzer, Professor, Kameralbeamter und Volksaufklärer sein. Eine allzu starre Zuordnung von Akteuren zu bestimmten sozialen Gruppen, Ständen oder gar Berufsgruppen erscheint deshalb kaum möglich, gleichwohl eine bestimmte Unterscheidung – namentlich die zwischen altem Gelehrtenstand und einer neuen gebildeten Mittelschicht – zum Ende der Arbeit hin eine Rolle spielen und stärker expliziert wird.[182] Konkrete Wissensansprüche werden in den folgenden Kapiteln exemplarisch behandelt. So wird der Halbbauer Irlbeck nicht nur für sich als Einzelperson, sondern für eine bäuerliche Perspektive stehen; Thaer nicht nur für sich, sondern für die Perspektive eines Gelehrten, der gleichzeitig eine Gutswirtschaft betrieb. Die Auswahl von Positionen und Perspektiven, die ich vorgenommen habe, ist keineswegs erschöpfend, es hätten andere und weitere hervorgehoben werden können – insbesondere die der Publizisten, der Staatsdiener oder die des Landadels. Alle drei sind allerdings indirekt auch in den folgenden Abschnitten vertreten, denn „alles vermischte sich mit jedem", wie Bayerl es ausdrückte, in der Ökonomischen Aufklärung. Bei genauem Hinsehen war auch die zeitgenössisch konsequenteste wissenstheoretische Unterscheidung zwischen praktisch und theoretisch, wie gesagt, häufig nicht realistisch – denn ein als theoretischer Stubengelehrter rezipierter Autor konnte im Privatleben durchaus auch praktischer Gutsbesitzer sein. Allen realen Mischformen zum Trotz wurde die holzschnittartige Zuordnung zu einem der beiden Pole von Zeitgenossen aber immer wieder mit auffälliger Beharrlichkeit getroffen, und es bleibt dem vierten Kapitel dieser Arbeit (Epistemologie der Ökonomischen Aufklärung) vorbehalten, diese Differenz im Detail zu hinterfragen und ein Stück weit zu dekonstruieren. Autoren galten den Zeitgenossen jedenfalls als Theoretiker *oder* Praktiker, Texte als theoretisch *oder* praktisch, und die Entscheidung darüber folgte stets der einfachen Frage: Hatte der Autor eigene Erfahrung in der Landwirtschaft – Bodenkontakt – oder nicht? Eine Aufgabe der quellennahen folgenden Kapitel wird sein, mit jener mächtigen Unterscheidung reflektiert umzugehen, sie zu hinterfragen und in ihrer spezifischen historischen Ausprägung nachzuvollziehen.

3.1 Ein seltener Fall: wenn ein Bauer spricht

Michael Irlbeck aus Liebenstein bei Kötzing (Bayern) legte dem bayrischen landwirtschaftlichen Verein in den 1830er Jahren ein Manuskript mit der Bitte um ein Gutachten vor. Das Ersuchen wurde durch den Kötzinger Landrichter unterstützt;

182 Zum Problem einer historiografischen Vereinheitlichung vormoderner Vielfalt, am Beispiel des Gelehrtenstandes, s. H. Bosse, Gelehrte und Gebildete (wie Anm. 25).

das Zeugnis des Vereins sollte den Druck des Irlbeck'schen Erstlingswerks ermöglichen, welches eine dreibändige Abhandlung über Landwirtschaft war. Jenes Buch, zugleich für Staatsmänner und für Landwirte gedacht, sei das erste und bis dato „einzige in seiner Art", kündigte Irlbeck an, wofür er einerseits die Qualität seines Wissens, andererseits aber auch seinen sozialen Status geltend machte.[183] Er, als einfacher Bauernsohn geboren, war weder Gutsherr noch gelehrter Ökonom und hatte nicht studiert. Bevor er den halben Hof seiner Eltern übernahm, hatte er als Knecht gearbeitet und seine Fähigkeit, auf eine gelehrte Art und Weise zu schreiben, wurde von den Gutachtern des Vereins als außergewöhnlicher Einzelfall zur Kenntnis genommen. Irlbeck, als Halbbauer ein Angehöriger der dörflichen Oberschicht und zwischenzeitlich Dorfvorsteher, bewirtschaftete vermutlich wenigstens zehn Hektar Land, besaß Zugvieh und bezahlte die Arbeit von Tagelöhnern. Eine Zeitlang testete er eine Sieben- sowie eine Vierfeldrotation, zuletzt entschied er sich jedoch für die Vorteile seiner Dreifelderwirtschaft. Sein hoch gelegenes Gelände soll kühl und steinig gewesen sein, die lehm- und sandhaltigen sowie humusarmen Böden waren wenig fruchtbar und gaben nur in guten Jahren das Vierfache der Aussaat wieder. Damit befand er sich im unteren Bereich, denn das Spektrum der Bodenproduktivität reichte im 18. Jahrhundert von drei geernteten Körnern je ausgesätem Saatkorn in Südeuropa bis zu zwölf Erntekörnern in Ländern rund um die Nordsee.[184] Aufgrund zahlreicher Meliorationen und intensiver Arbeit gelangte er dennoch zu einem beeindruckenden wirtschaftlichen Erfolg: 23 Sommer hatte er allein mit der Urbarmachung von Ödland verbracht, Bäume und Sträucher ausgerissen, 12.000 Fuhren Steine ausgegraben, Hügel eingeebnet, Obstbaumreihen an Feldränder gepflanzt, Sümpfe ausgetrocknet und an trockenen Berghängen künstlich bewässerte Wiesen geschaffen. Kein Fleck, so scheint es, blieb in den Jahren seines Wirkens unberührt, und

183 M. Irlbeck, Bd. 1: Das Wichtigste der dermaligen Landwirthschaft um sie zur höchsten Vollkommenheit zu bringen; besonders in der jetzigen unglücklichen Zeit. Ein unentbehrliches Hülfsbuch für Staatsmänner, Landwirthe, Gärtner und Gewerbsleute [...], Augsburg 1834, Titelblatt. Über Irlbeck ist wenig bekannt. Sein Werk wird erwähnt in H. O. Lichtenberg, Unterhaltsame Bauernaufklärung. Ein Kapitel Volksbildungsgeschichte (Volksleben 26), Magstadt 1970. Lichtenberg beurteilt Irlbecks Texts als „Zeitanalyse und Zeitkritik eines Stockkonservativen", ebd., S. 32 f. Er bezieht sich vermutlich auf Irlbecks Bemerkungen zur sexuellen Libertinage der Landbesitzlosen statt auf seine agrarökonomischen Ausführungen. Im Rahmen der *Projektdatenbank Volksaufklärung* von Reinhard Siegert und Holger Böning wurden über Regionalmuseen Irlbecks Lebensdaten ermittelt: geboren 1786 in Liebenstein bei Kötzing, gestorben 1869 in Deggendorf.

184 S. die Aufstellung in S. Brakensiek/R. Prass, Grundzüge (wie Anm. 113), S. 95.

der landwirtschaftliche Verein Bayerns hatte ihn bereits zu einem früheren Zeitpunkt für diese Leistungen ausgezeichnet.[185]

Was geschah also mit Irlbecks Anliegen? Während sein Buch fachlich gelobt wurde, galten dessen polemische Passagen als hochgradig unverschämt, denn während Irlbeck Sachverstand und Erfahrung in Sachen Landwirtschaft für sich geltend machte, erkannte er ‚gelehrten' Autoren diese Expertise nicht zu, womit er offenbar nicht nur Gelehrte im engeren Sinn, sondern alle universitär Gebildeten adressierte.[186] Als ein Glücksfall kann deshalb gelten, dass dieses außerordentliche Buch trotz zwiespältiger Gutachterposition im 250 Kilometer entfernten Augsburg gedruckt wurde. Dies mag, folgt man der Studie von Stefanie Harrecker, auf die intellektuelle Kultur des landwirtschaftlichen Vereins in seiner frühliberalen Phase (1810–1835) zurückzuführen sein, dessen Landwirtschaftliches Wochenblatt, in dem auch Irlbeck Beiträge publizierte, kontroverse Debatten zuließ und zunächst kaum zensiert wurde. Seine Distanz zur einfachen Bevölkerung konnte (oder wollte) der Verein, dessen Mitglieder aus der Beamtenschaft des Königshauses sowie aus adeligen und akademischen Kreisen stammten, zwar nie überwinden (kleinere AgrarproduzentInnen organisierten ihre Interessen erst ab 1869 in dafür eigens geschaffenen patriotischen Bauernvereinen).[187] Nichtsdestotrotz ermöglichten dieser landwirtschaftliche Verein und die durch ihn geschaffenen öffentlichen Institutionen das Erscheinen des nun zu untersuchenden Buches in Augsburg und Irlbecks in der Geschichte. Wie weit verbreitet das Buch war, lässt sich nur annähernd einschätzen. Im Karlsruher Metakatalog ist es neben Augsburg und München auch in Rostock nachgewiesen.

---

185 M. Irlbeck, Landwirthschaft I (wie Anm. 183), S. X, in der Beschreibung der Gutachter S. XV. In ders., Landwirthschaft II (wie Anm. 134) u.a. S. 2 ff., 49 ff., 90 f. Ich danke Reinhart Siegert für den Hinweis auf Irlbeck. Zum landwirtschaftlichen Verein Bayerns s. S. Harrecker, Der Landwirtschaftliche Verein in Bayern 1810–1870/71 (Schriftenreihe zur bayerischen Landesgeschichte 148), München/München 2006.

186 Dies entspricht einem allgemeinen Verständnis seit dem letzten Drittel des 18. Jahrhundert, s. H. Bosse, Gelehrte und Gebildete (wie Anm. 25).

187 S. Harrecker, Verein (wie Anm. 185), S. 353 f. Kaum verändert erscheint der Verein in dieser Hinsicht gegenüber den ökonomischen Sozietäten des 18. Jahrhunderts. Zu personellen Kontinuitäten s. auch M. Popplow, Von Bienen, Ochsenklauen und Beamten. Die Ökonomische Aufklärung in der Kurpfalz, in: M. Popplow (Hg.), Landschaften agrarisch-ökonomischen Wissens. Strategien innovativer Ressourcennutzung in Zeitschriften und Sozietäten des 18. Jahrhunderts (Cottbuser Studien zur Geschichte von Technik, Arbeit und Umwelt; 30), Münster u.a. 2010, S. 175–235, S. 232. Die Transformation von Sozietäten hin zu Vereinen zwischen 1800 und 1830 ist bislang kaum erforscht, s. aber für Bern P. Lehmann, Von der Reformsozietät zum Landwirtschaftsverein. Die Oekonomische Gesellschaft Bern in Zeiten des Übergangs 1798–1831 (Berner Forschungen zur Regionalgeschichte 13), Nordhausen 2011.

1836 erschien eine zweite Auflage, in der Irlbeck einleitend erwähnt, dass die erste Auflage, deren Umfang wir freilich nicht kennen, schnell vergriffen gewesen sei. Das Buch enthält in beiden Auflagen über den Basistext hinaus das Irlbeck'sche Begleitschreiben zum Manuskript, das „Prüfungs-Zeugnis" mit der Kritik des Vereins, die Irlbeck'sche Reaktion auf diese Kritik sowie ein Gutachten des Kötzinger Landrichters als wertvolle Paratexte.[188] Sein gesundes Selbstvertrauen ließ sich Irlbeck durch den Vorwurf der Anmaßung nicht nehmen. In seinem „Dankesschreiben" an den Verein betonte er noch einmal: „Noch kennt die Welt meines Wissens keinen Bauer, der ein Lehrbuch seines Handwerks lieferte. Sollte dasselbe auch gelungen seyn, so habe ich ohne Ruhmredigkeit in jeder Hinsicht etwas Außerordentliches geliefert [...]".[189]

Michael Irlbecks Kritik der landwirtschaftlichen Aufklärung

Irlbeck übte in seinem Text rückblickend Kritik an der „landwirthschaftlichen Aufklärung" des 18. Jahrhunderts. Zehn Kriege gegen Frankreich hätten keine vergleichbare Armut und solches Elend gebracht wie jener von Agrarschriftstellern verbreitete „blendende Zeitgeist".[190] Seine Vorwürfe zielten insbesondere auf die Propagierung neuer Feldsysteme: Während mit Fruchtwechselsystemen experimentiert wurde, die leistungsfähiger als das bewährte Dreifeldersystem zu sein versprachen, war es in der Ökonomischen Aufklärung zu einer wahren Publikationswelle der neuen Praktiken gekommen. Insbesondere die Empfehlung des roten Klees im so genannten englischen oder Schubart'schen System, welche auch von staatlichen Akteuren übernommen worden war, hatte, so Irlbeck, tausende junge Leute animiert:

188 Ich gehe hier davon aus, dass die Quelle und Irlbecks Identität authentisch sind. Zwei weitere Monografien des Autors Irlbeck sind überliefert: M. IRLBECK, Vollständiger Unterricht über Flachsbau und Leinwandfabrikation nach den neuesten Verbesserungen und vieljährigen praktischen Erfahrungen mit besonderer Rücksicht auf Bayern, Augsburg 1836 und DERS., Der Zeitgeist der Landwirthschaft. Nach den Bedürfnissen unserer Zeit, Augsburg 1838. Zum Vorwurf der „Anmaßung", „Ruhmredigkeit", „Verachtung anderer" usw. im gutachterlichen Schreiben s. DERS., Landwirthschaft I (wie Anm. 183), S. XIX f.

189 Ebd., S. XXXVII. In seinen folgenden zwei Abhandlungen betonte Irlbeck seinen bäuerlichen Status nicht mehr, sondern nannte sich selbstbewusst „Oekonom" bzw. „praktischer Oekonom" sowie Verfasser seiner vorherigen Bücher, s. die Titelblätter.

190 M. IRLBECK, Landwirthschaft II (wie Anm. 134), S. 75.

> Wir wollen Klee bauen! Prächtiges Vieh halten! Dadurch wird Dünger in Menge! Getreide in Fülle! Geld genug!! – Noch mehr Klee! Noch mehr Vieh! Noch mehr Getreide! Noch mehr Geld!! – Ach Gott! – Ist das wahr!! – – Ein Traum!![191]

Auch Irlbeck gehörte zu diesen jungen Leuten. Nach seiner Übernahme des elterlichen halben Hofes hatte er gleich in die Hälfte seiner Brache Klee gesät und auf der anderen Hälfte Kraut, Flachs, Erdäpfel und Futterkräuter angebaut. Die Hälfte des Viehs verkaufte er, die andere wollte er im Stall halten. Der Klee wuchs jedoch unerwartet nur zwei Zoll und gab damit gerade den Samen wieder, den er ihn bereits gekostet hatte. Die Nachbarn verspotteten ihn. Vier Ochsen fraßen das ganze Grünfutter, ohne fett zu werden. Die Tiere, die er nur kärglich ernähren konnte, brüllten mit „heller Stimme nach Freiheit" und vor Hunger.[192] Ihm blieb nur noch wenig Stroh, wenig schlechter Dünger, sein Kleefeld war mit Unkraut übersät, und trotzdem säte er noch einmal Klee aus. Im zweiten Winter konnte er das Vieh kaum noch ernähren und wusste, dass er vor dem dritten Winter weitere Tiere verkaufen musste, weil er sich für sie schämte oder sie ihm Leid taten.[193] Inzwischen hatte er alles Gelände, das sich irgendwie zum Feldbau eignete, umgebrochen, die Brache aufgehoben und sämtliches Vieh im Stall zurückgehalten. Ein letztes Mal versuchte er es mit einer stärkeren Düngung der Brachfrüchte, wodurch die Kornfelder ungedüngt bleiben mussten. Als Konsequenz fand er sich am Abgrund des Ruins wieder, und es blieb ihm nichts anderes übrig, als die Stallfütterung aufzugeben. Er gönnte den „armseligen" Tieren wieder die Freiheit, ließ es weidend auf Stoppelfelder, die „armseligen" Kleefelder, in Berge und Waldungen ziehen.[194] Nach dieser Entwicklung brauchte der reformfreudige Jungbauer nach eigener Aussage zehn Jahre, um wieder auf den Viehstock seines Vaters zu kommen. Warum, fragte sich Irlbeck, steht dennoch „in allen Schriften", dass Klee angebaut werden soll, wenn dieser auf seinen Böden, wenn überhaupt, nur mittels intensivster Düngung gediehen sei? „Wo hat man denn

191 Ders., Landwirthschaft I (wie Anm. 183), S. 74 f. Zur Diffusion des roten Klees durch staatliche und sozietäre Initiativen s. z. B. O. Ulbricht, Englische Landwirtschaft in Kurhannover in der zweiten Hälfte des 18. Jahrhunderts. Ansätze zur historischen Diffusionsforschung (Schriften zur Wirtschafts- und Sozialgeschichte 32), Berlin 1980, S. 282–307. Zu Johann Christian Schubart „Edler vom Kleefelde" (1734–1787), der nicht nur Förderer des Kleebaus, sondern zugleich ein revolutionär-politischer Autor der Zeit war B. Märtin, Art. Schubart von dem Kleefelde, Johann Christian, in: Neue Deutsche Biographie (23) 2007, S. 603–604.

192 M. Irlbeck, Landwirthschaft II (wie Anm. 134), S. 77.

193 Ebd., S. 78.

194 Ebd., S. 79.

da gefehlt?! – Hört! Ich spreche aus Erfahrung!"[195] Irlbeck, selbst ein Agrarpionier[196] mit ausgesprochenem Interesse an Verbesserungen und Fortschritt, stellte hiermit weniger infrage, *dass* verbessert werden sollte, vielmehr ging es ihm um ein qualitatives *Wie*: Das sozial hoch angesehene – aufklärerische – Wissen der landwirtschaftlichen Autoren, welchem er vertraut hatte, hatte in seiner Erfahrung versagt. Die Wissensangebote enttäuschten seine Erwartungen und sein Vorschussvertrauen, da sie das Thema der Bodengüte ausgespart und auch die notwendigen Kosten kaum berührt hatten.[197] Die Widersprüche gegen Schubart waren im Übrigen – anders als seine positive Rezeption in der späteren Geschichtsschreibung vermuten lässt – schon vor 1800 sehr zahlreich.[198] Irlbeck trat demnach mit seiner Kritik in bereits ausgetretene Pfade. Aus seiner Erfahrung filtrierte er sodann einen Verbesserungsvorschlag, der ebenfalls direkt aus dem späteren 18. Jahrhunderts stammen könnte: Jede landwirtschaftliche Schrift solle vor ihrem Erscheinen im Rahmen von „Kulturprüfungen" der Landesregierungen geprüft werden.[199] An dieser wie an anderen Stellen zeigt sich, dass und inwiefern Irlbeck Ansätze der Ökonomischen Aufklärung aufgenommen hat und mit einer zeitlichen Verzögerung von mindestens 30 Jahren weiter fortschrieb. Er betonte in seinem Text wiederholt, dass seine Erfahrungen repräsentativ für die ihn umgebende bäuerliche Gesellschaft gewesen seien, „Tausenden" sei es ergangen wie ihm, und zahlreiche der Mitstreiter seien inzwischen ruiniert und von der Bildfläche verschwunden. Nach einer 20-jährigen Periode fehlgeschlagener Experimente, die Bauern in allen umliegenden Dörfern unternommen hätten, würde heute über den guten Willen der Aufklärer oder über ihre „gelehrte Unwissenheit" nur noch gelacht.[200] Irlbeck, selbst ein Freund von technischer Innovation und Ertragssteigerung, nutzte das Vokabular einer profitorientierten Ökonomie und damit die seinerzeit progressiven Argumentationsmuster, ohne jedoch – anders als in

195 Ebd., S. 80.

196 H. Kaak, Art. Agrarpioniere, in: Enzyklopädie der Neuzeit. Bd. 1, Stuttgart, Weimar 2005, Sp. 117–119.

197 M. Irlbeck, Landwirthschaft I (wie Anm. 183), S. XLI.

198 S. als Beispiel L. H. H. von Engel, Aufklärung (wie Anm. 138), S. 126 f. und Matthesius' Gegenschrift, die in Kapitel 3.4 ausführlich behandelt wird, C. H. Matthesius, Theorie der Landwirthschaft (wie Anm. 154).

199 M. Irlbeck, Landwirthschaft II (wie Anm. 134), S. 84.

200 Ebd., S. 76 und in ders., Landwirthschaft I (wie Anm. 183), S. VI. Engels Einschätzung nach scheiterte die Hälfte der Nachahmer, ein Viertel kam ohne Schaden davon, und nur ein Viertel aller Nachahmer machte Gewinn, s. L. H. H. von Engel, Aufklärung (wie Anm. 138), S. 127. Auch urteilte bereits Engel pauschal wie Irlbeck, dass die Landwirtschaft sehr viel weiter hätte kommen können, „wenn nicht jene theoretischen Vorschläge den Kopf junger, tüchtiger Wirthe so in Rausche gesetzt hätten", s. ebd., S. 41.

dem von ihm karikierten Agrarschrifttum – Formen der herkömmlichen Brach- und Weidewirtschaft als rückständig zu markieren. Im Gegenteil: In Gegenden mit schlechten Böden und Düngermangel „wissen" Dorfbauern aus Erfahrung „nur allzu gut", so Irlbeck, dass Viehweiden unumgänglich seien, da jede andere Methode – etwa aufwendiges Düngen – doppelt so viel koste als der durch Brache und Weide gewonnene Nutzen. Die Brachweide sei, auch das wisse jeder, „reiner Profit". Wird die Brache bebaut, dann muss das Produkt den „verhältnismäßigen Schaden des Winterbaus, die Brachfeld-Verschlechterung und die eigenen Aufwands-Kosten schon im Voraus vergüten."[201] Dieser Passus zeigt exemplarisch, wie geschickt Irlbeck neues Vokabular auch zur Verteidigung von Altbewährtem nutzte. Verbesserung, das Schlagwort der Ökonomischen Aufklärung, ist in allen seinen drei Bänden ein Leitmotiv. Wissen als Substantiv und wissen als Verb sind auffällig häufig verwendete Wörter, die Irlbeck regelmäßig im Zusammenhang mit einfachen AgrarproduzentInnen vorbrachte, weshalb wir ohne Gefahr anachronistischer Zuschreibung an diesen expliziten Selbst- und Fremdzuschreibungen von (Nicht-)Wissen ansetzen können. Indem Irlbeck Fortschritt und Verbesserung der eigenen Wirtschaft (und des allgemeinen Wirtschaftens) ins Zentrum seines Werkes und seiner Argumentation setzte, setzte er sich selbst als Agrarreformer und gewissermaßen nachträglich als ökonomischer Aufklärer in Szene.[202] Er verstand sein Werk explizit als Beitrag zu einer entstehenden Landwirtschaftswissenschaft, die in Bayern bislang ohne „Fundamental-Grundsätze" sei und welche der Landwirtschaft schließlich zur Vollkommenheit verhelfen würden.[203] Damit hatte er einen typisch aufklärerisch-ökonomischen Text geschaffen, wie er vor 1800 hätte erscheinen können. Bezeichnenderweise erwähnte Irlbeck die in der Zwischenzeit mit dem expliziten Anspruch praxisnaher Bildung entstandenen

---

201 M. IRLBECK, Landwirthschaft II (wie Anm. 134), S. 72.

202 Der erste Irlbeck'sche Band beschreibt die Landwirtschaft Bayerns in „staatswirthschaftlicher Absicht", die zwei weiteren Bände, „praktische Ökonomie" genannt, beziehen sich auf die Führung eines Einzelbetriebes. An vereinzelten Stellen wählt Irlbeck auch einen volksaufklärerischen Duktus, etwa in Aussagen wie: „Denkt einmal darüber nach!", s. ebd., S. 26.

203 Ebd., S. 6 f., 70. Vgl. dagegen die Schrift des ‚Bauerndichters' Isaak Maus in der Interpretation von Gunter Mahlerwein, die als eine Kritik von *außerhalb* des ökonomischen Reformdiskurses betrachtet werden kann, nämlich vom Standpunkt einer bäuerlichen Subsistenzwirtschaft aus, G. MAHLERWEIN, Die Herren im Dorf. Bäuerliche Oberschicht und ländliche Elitenbildung in Rheinhessen 1700–1850 (Historische Beiträge zur Elitenforschung 2), Mainz 2001, S. 242 f. Eine Typologie subsistenzorientierter Ökonomie lieferte D. GROH, Anthropologische Dimensionen der Geschichte (Suhrkamp-Taschenbuch Wissenschaft 992), Frankfurt am Main 1999, S. 54 f. Die kontinuierliche Präsenz von Mischformen zwischen subsistenz- und marktorientierten bäuerlichen Ökonomien seit dem 16. Jahrhundert betont dagegen W. TROSSBACH, Bauern. 1648–1806 (Enzyklopädie deutscher Geschichte 19), München 1993, S. 64 f.

landwirtschaftlichen Akademien nicht, auch nicht jene im bayrischen Weihenstephan bzw. in Schleißheim.[204] Irlbeck zog mit einem Wissensanspruch ins Feld, der – in seiner persönlichen Rückschau – an Kontroversen der Ökonomischen Aufklärung anknüpfte, welche seinerzeit bereits 30 und mehr Jahre zurücklagen. Wie sah dieser Wissensanspruch genau aus?

Irlbecks Schrift erscheint wie eine Machbarkeitsstudie der seit Jahrzehnten im Rahmen der Ökonomischen Aufklärung bzw. der Volksaufklärung kursierenden Verbesserungsvorschläge. Er inszenierte im Prinzip einen gutachterlichen Prozess, der vor dem Tribunal seiner 28-jährigen Erfahrung stattfand. Dabei nehmen sich seine Darstellungen eines volksaufklärerischen Bewusstseins wie eine Parodie aus:

> Zwingen muß man den Bauer! Mit Gewalt muß er folgen! Er muß sein Vieh im Stall behalten! Alle seine Ödgründe kultivieren! Neue schönere Dörfer bauen! Er rührt keinen Fuß, wenn er nicht muß! Durch Ausländer muß man den Inländer Kultur lehren, der sonst immer an seinem Alten – Schlendrian ewig klebt, wie er's von seinem Großvater sah! Das Land ist zu wenig bevölkert![205]

Irlbeck entwarf das Bild eines Volksaufklärers, der nur äußerlich aus Menschenliebe handelte, um in Wahrheit mit seinen landwirtschaftlichen Schriften die eigene gescheiterte Existenz zu sanieren:

> Wir sehen [...] immer solche große Gelehrte, und mitunter die berühmtesten Männer, denen Kaiser und Könige Auszeichnungen und Belohnungen spendeten, nach ihrer Verarmung und Vergantung ihrer Güter, wie Waaren-Musterreiter Länder durchziehen, auf den Dörfern herumschwärmen, um, Marktschreiern und Quacksalbern nicht unähnlich, hausirend ihre Geistesprodukte zu verkaufen, oder Bestellungen auf Subscription, lieber auf Pränumeration aufzusuchen, ja jedes Mittel ergreifen, um groß zu thun – leben zu können!! Mitleidig sieht der Bauer diese großen Pilger, die sich nur allein aus allgemeiner Menschenliebe der besseren Landwirthschaft opferten, um den Bauern reich und wohlhabend zu machen!! – Und auf diese großen Musterwirthschafter, die noch meistens alle Vorteile des Lebens: als guten Boden, Brauhäuser, Zehnten und dergleichen hatten, wird der Bauer hingewiesen!!![206]

---

204 Zahlreiche jener Akademien wurden von Schülern Thaers gegründet, weshalb die Thaer'sche Akademie in Möglin (1806) gemeinhin als das schulbildende Vorbild betrachtet wird. S. z. B. V. Klemm, Agrarwissenschaften (wie Anm. 18), für eine Auflistung s. S. Reichrath, Entstehung (wie Anm. 85), S. 63, 68.

205 M. Irlbeck, Landwirthschaft II (wie Anm. 134), S. 75.

206 Ders., Landwirthschaft I (wie Anm. 183), S. IX f.

Keine dieser Personen habe sich je durch Landwirtschaft selbst ernährt und eine Wirtschaft unter den Bedingungen einer bäuerlichen Ökonomie geführt. Daher hielt Irlbeck nicht nur ihre schriftlichen Ratschläge für abwegig, sondern auch die Idee, Bauern sollten in Schulen durch jene Männer belehrt werden, die gewöhnlich nur „unbehülfliche Zuseher" der Bauern seien.[207] Auch die zirkulierenden Inhalte seien nicht neu, über Stallfütterung beispielsweise brauche der bayrische Bauer überhaupt keine Aufklärung, da diese, je nach Futtervorrat, schon seit „unvordenklichen Zeiten" praktiziert werde.[208] Als „Sachverständige" der Ökonomie ließ Irlbeck folglich weder Gutsbesitzer noch Gelehrte, sondern allein erfahrene Bauern gelten, das heißt Grundbesitzer, die einzig von der Landwirtschaft, ohne technische Nebengewerbe, lebten.[209] Diese hätten die fortlaufende Transformation der Wirtschaftssysteme bereits weiter vorantreiben können, wäre dieser Prozess durch die Interventionen besagter Männer und durch sie beeinflusste Regierungen nicht unnötig verzögert worden. In diesem Zusammenhang beurteilte Irlbeck auch das volksaufklärerische Unternehmen für schädlich. Sein dagegen gehaltener Anspruch eines bedingungslosen bäuerlichen Expertenstatus in Fragen der Landwirtschaft kulminierte schließlich in der Forderung nach politischer Partizipation: Bauern sollten in landwirtschaftlichen Fragen gehört werden. Da sie das Schriftstellern oder eine Beratungstätigkeit aus Kostengründen nicht leisten könnten, müssten sie – wie andere Gelehrte auch – für die Weitergabe ihrer Kenntnisse und Erfahrungen bezahlt werden. Würden Bauern Ratschläge schriftlich aufsetzen, wären die „kostspieligen Kultur-Ideen" seiner Ansicht nach schnell vom Markt verschwunden. Auch auf nationaler Ebene wäre der Wirtschaft erst dann nachhaltig geholfen, wenn Bauern sowohl in lokalen Gremien – etwa im landwirtschaftlichen Verein – als auch auf Regierungsebene, namentlich mit mehreren Geheimräten und zumindest einem Minister, vertreten seien.[210]

207 Ebd., S. V, und in DERS., Landwirthschaft II (wie Anm. 134), S. 75.

208 DERS., Landwirthschaft I (wie Anm. 183), S. IX.

209 „Gewerbe treibende Bürger, Bräuer und Gutsherren" zählte er nicht dazu, obwohl diese oft große Wirtschaften besaßen, von denen sie jedoch meist wenig Ahnung hätten, s. ebd., S. XII.

210 Würden Bauern Ratschläge schriftlich aufsetzen, wären die „kostspieligen Kultur-Ideen" laut Irlbeck schnell vom Markt verschwunden, s. ebd., S. XXXVIII, 114. Grundsätzliche Überlegungen zum Thema Agrarexpertise und Schriftlichkeit finden sich in U. SCHLUDE, Naturwissen (wie Anm. 162).

Symmetrieforderungen eines Halbbauern und deren historiografische Bedeutung

Irlbecks Text bricht ein literarisches Schweigen, denn das Missverhältnis zwischen aufklärerischen und bäuerlichen Textquellen könnte in der Überlieferungssituation nicht größer sein. Aus der Zeit etwa zwischen 1750 und 1850 sind dank Siegerts und Bönings fortlaufender Biobibliografie allein über 27.000 deutschsprachige volksaufklärerische Schriften in teils hohen Auflagen bekannt. Während die Historiografie zwar einige wenige naturkundliche und poetische Publikationen sowie mehrere Autobiografien von Bauern wie Ulrich Bräker, Jacob Gujer-Kleinjogg oder Johann Georg Pahlitzsch kennt, stellen über die eigene Profession schreibende Bauern bis dato rare Einzelfälle dar.[211] Agrarwissen begegnet HistorikerInnen somit, wenn sie sich an Texte als Quellen halten, in der Regel nicht aus der Sicht von Bauern und Bäuerinnen, Mägden, Tagelöhnern oder Dorfhandwerkern. Irlbeck, der über Landwirtschaft geschrieben hat, hebt diese ausgeprägte Asymmetrie in der Überlieferungssituation zumindest punktuell auf. Sein Fall ist auch deshalb bemerkenswert, weil er sich der gleichen rhetorischen Mittel bediente wie die ökonomischen Aufklärer – und damit stellt er historiografisch einen regelrechten Diskursteilnehmer dar. Die Aushandlung von Wissensansprüchen vollzog sich nicht nur bei Irlbeck, sondern bei allen ökonomischen Aufklärern in polemischer Weise, indem das eigene Wissen mit verschiedenen Strategien auf- und

211 Mit 600 Kurzbiografien und Verzeichnissen von Bauernbibliotheken s. H. Böning u.a. (Hgg.), Selbstlesen – Selbstdenken – Selbstschreiben. Prozesse der Selbstbildung von „Autodidakten" unter dem Einfluss von Aufklärung und Volksaufklärung vom 17. bis zum 19. Jahrhundert (Philanthropismus und populäre Aufklärung Bd. 10), Bremen 2015. Darin insb. H. Böning, Die Entdeckung des gemeinen Mannes in der Aufklärung: philosophische, gelehrte und literarische Bauern in der deutschen Öffentlichkeit, S. 117–164 , K.-J. Lorenzen-Schmidt, Der schreibende Bauer des 18. und 19. Jahrhunderts in Schleswig-Holstein als Autodidakt, S. 165–174 und R. Siegert, „... neugierige und nachdenkende Leute giebt es unter den Bauern und Handwerkern genug." Handwerker und Bauern der Goethezeit als Leser, Büchersammler und Autoren, S. 11–40. Zu Bräker ebd. A. Bürgi, Der wohlpräparierte Autodidakt. Ulrich Bräkers Bildungsnetzwerke, S. 233–244 und zu Bauernastronomen K.-D. Herbst, Bäuerliche Autodidakten als Astronomen und Kalendermacher, S. 175–190. Zu bäuerlichen Rechnungs- und Tagebüchern s. K.-J. Lorenzen-Schmidt/B. Poulsen (Hgg.), Writing peasants. Studies on peasant literacy in early modern Northern Europe, Kerteminde 2002 und K.-J. Lorenzen-Schmidt, Verbreitung und Überlieferung bäuerlicher Schreibebücher, in: H. Böning/H. Schmitt/R. Siegert (Hgg.), Volksaufklärung. Eine praktische Reformbewegung des 18. und 19. Jahrhunderts (Presse und Geschichte – neue Beiträge 27), Bremen 2007, S. 361–366. Weitere Tagebuchquellen finden sich in J. Peters, Mit Pflug und Gänsekiel. Selbstzeugnisse schreibender Bauern; eine Anthologie (Selbstzeugnisse der Neuzeit 12), Köln 2003.

das der Gegner abgewertet wurde. Irlbeck wertete mit seinem Text seine Gegner auf eine nahezu identische Weise ab, wie es in volksaufklärerischen Schriften im Blick auf bäuerliche AkteurInnen nachweisbar ist. Inwiefern Mitglieder der ländlichen Gesellschaft mit der Figur des gemeinen Bauern objektiviert wurden, wird im nächsten Teilkapitel noch näher gezeigt. Auch Irlbeck pauschalisierte Akteure der Ökonomischen Aufklärung mittels einer rhetorischen Figur – der Figur des landwirtschaftlichen Schriftstellers. Seine Gutachter warfen ihm deshalb zu Recht vor, dass er nicht zwischen guten und schlechten Büchern differenziert habe (wenngleich sie ihm zugestanden, dass es sehr viele schlechte Bücher und Autoren gebe). Es läge in Irlbecks eigener Verantwortung, wenn er das „Halbwissen" und die „elenden Produkte dieser Schmierer" für wahr halte.[212]

Irlbecks Schlacht mit gleichen Mitteln erhält aus heutiger Sicht eine ethische Dimension, indem sein polemischer Eintritt in die Diskussion auch als das Einfordern einer grundsätzlichen Gleichberechtigung gelesen werden kann. Als wäre der Autor ins 20. Jahrhundert gereist und hätte sich dort in der Kulturanthropologie oder Wissenssoziologie geschult, stellte er konsequent Symmetrien zwischen seiner Position und der der anderen ökonomischen Aufklärer her. Dabei kehrte er politisch wie kulturell verankerte Hierarchien auf dem Feld der ökonomischen Expertise – im Reich des Wissens – sogar um.[213] Dies zeigt exemplarisch der folgende von ihm angestellte Vergleich: Wenn Staatsbeamte, falsch informiert durch ökonomische Schriften, Dorfbewohnern zum Kleeanbau raten würden, dann sei dies vergleichbar mit einer Situation, in der Bauern einem besoldeten Beamten, der über dürftiges Einkommen klagt, raten, er solle sein Jahreseinkommen so lange anlegen und nicht anrühren, bis das gesparte Kapital derart hohe Zinsen abwerfe, dass er gut davon leben könne. Dieser Vorschlag sei durchaus sehr nützlich, es läge bloß an den „halsstarrigen Beamten", wenn sie ihn nicht umsetzen würden.[214] Es ist klar, welchen Eindruck Irlbecks Leserschaft davontragen sollten: In der Landwirtschaft waren Bauern und nicht Beamte als Experten zu betrachten. Resigniert stellte er demgegenüber fest: „Der Schuster hat seine Lernjahre und der Kaminfeger desgleichen, aber in der großen Wissenschaft der Landwirthschaft will jeder elende Stümper ein Sachverständiger seyn."[215] Ist Irlbecks undifferenzierte und polemisch zugespitzte Sicht im Vergleich der Positionen kaum aufrechtzuerhalten, so stellt sie aber doch ein wertvolles Korrektiv zu den ungleich stärkeren aufklärerischen

---

212 M. Irlbeck, Landwirthschaft I (wie Anm. 183), S. XVII, XXI.

213 Zum Symmetriepostulat der Wissenssoziologie s. D. Bloor, Knowledge and Social Imagery, Chicago/Ill. 1998.

214 M. Irlbeck, Landwirthschaft I (wie Anm. 183), S. XI f.

215 Ders., Landwirthschaft II (wie Anm. 134), S. 90.

Invektiven gegenüber kleinen AgrarproduzentInnen und einer bäuerlichen Ökonomie dar. In der Volksaufklärungsforschung gilt bis heute die Rezeptionsseite als Desiderat der Forschung, zugespitzt in der Frage: Ist das Wissen bei den Bauern angekommen?[216] Mit Irlbecks Perspektive wird dagegen das Wissen der Volksaufklärer infrage gestellt. Wenn es um agrarisches Wissen gehen soll, dann fragt sich mit Irlbeck weniger, ob das Wissen bei der einfachen Landbevölkerung angekommen sei, sondern vielmehr, ob es das aufklärerische Wissen wert war, bei ihr anzukommen. Die im Metadiskurs der Aufklärer verbreitete Frage, warum die so genannten einfachen Leute auf ihren Überzeugungen beharrten, obwohl gebildete Männer ihnen ein vermeintlich besseres Wissen über Landwirtschaft anboten, wird, wenn nicht *ad absurdum* geführt, so doch deutlich relativiert.[217] Irlbecks Text suggeriert gerade, dass auch kleine Agrarpraktiker bereit waren, Vorschläge aus der ökonomischen Aufklärungsliteratur in die Praxis umzusetzen. Die Umsetzbarkeit ökonomischer Verbesserungsvorschläge war indes nicht erst bei Irlbeck, sondern bereits seit der Mitte des 18. Jahrhunderts immer wieder mit dem Vorwurf der Praxisferne kritisiert worden. Eine durch diese Kritik inspirierte Forschung müsste deshalb stärker die Qualität und die Herkunft der zirkulierenden Wissensinhalte thematisieren. Wo kam das Wissen ursprünglich her, welches in agrarökonomischen Texten zirkulierte und massenhaft reproduziert wurde? Warum und unter welchen Umständen kamen gerade auch jene Protagonisten der Ökonomischen Aufklärung ohne eigene Wirtschaftstätigkeit überhaupt auf die Idee, in einer Domäne, die nicht ihre war, Ratschläge zu erteilen?

---

216 Die Produktionsseite ist hingegen hinsichtlich der Akteure, literarischen Strategien, Wirkungsabsichten oder Publikations- und Distributionspraktiken inzwischen intensiv erforscht worden, s. zusammenfassend W. GREILING, Gemeinnützigkeit (wie Anm. 80) und H. BÖNING, Handbuch Volksaufklärung (wie Anm. 80). Zu verbleibenden Desideraten auf der Wirkungsseite s. DERS., Justus Möser. Anwalt der praktischen Vernunft: der Aufklärer, Publizist und Intelligenzblattherausgeber. Zugleich ein Lesebuch zum Intelligenzwesen, zu Aufklärung, Volksaufklärung und Volkstäuschung (Presse und Geschichte Bd. 110), Bremen 2017, S. 173–197.

217 S. als Beispiel für die Position der neueren Agrargeschichte J.-M. BOEHLER, Routine oder Innovation in der Landwirtschaft: ‚Kleinbäuerlich' geprägte Regionen westlich des Rheins im 18. Jahrhundert, in: R. PRASS (Hg.), Ländliche Gesellschaften in Deutschland und Frankreich im 18. und 19. Jahrhundert (Veröffentlichungen des Max-Planck-Instituts für Geschichte 187), Göttingen 2003, S. 101–123.

Agrargeschichte und Aufklärungsgeschichte

Können wir Irlbeck glauben, dass er nicht der einzige Bauer war, der reformfreudig wirtschaftete? Sein progressives Selbstbild steht in einem scharfen Kontrast zu gängigen Bauernbildern der Aufklärung, welche einen traditionsverhafteten, ‚abergläubischen' und widerständigen Bauern zeichnen. Eine Relativierung negativer Bauernbilder geht auf historiografischer Ebene insbesondere von der Agrargeschichte aus. Bestärkt die Volksaufklärungsforschung zumindest indirekt das Selbstbild volksaufklärerischer Akteure und damit eine gewisse Geringschätzung einer bäuerlichen Epistemologie und Ökonomie (dazu mehr im folgenden Kapitel 3.2), so tritt die Agrargeschichte indirekt als Fürsprecher der ländlichen Gesellschaft und ihrer Akteure und damit kritisch gegenüber aufklärerischen Invektiven auf. Beide Forschungsfelder stehen, mit anderen Worten, in einem positiven, affirmativen Verhältnis zu ihrem jeweiligen Gegenstand und damit in einem gewissen Widerspruch zueinander. Eine prominente agrarhistorische These, welche mit Blick auf Irlbeck relevant erscheint, formulierte besonders deutlich Michael Kopsidis: Wachstum und Fortschritt, das heißt Ertrags- und Produktivitätszuwächse der Landwirtschaft in Vormoderne und Sattelzeit, seien kaum oder gar nicht auf intellektuelle oder administrative Interventionen zurückzuführen. Mit anderen Worten: Die Bemühungen der Aufklärer hatten, sofern sie von außen kamen, keinen Effekt auf die Agrarentwicklung. Alle „Ressourcen für Agrarwachstum, von der Arbeit bis zum Wissen" kamen stattdessen bis zum Ende des 19. Jahrhunderts „immer noch aus dem landwirtschaftlichen Sektor selbst" und wurden mit den Mitteln traditioneller, vorindustrieller Technologie erreicht.[218] Diese These erscheint aus Sicht der Ökonomischen Aufklärung und der Volksaufklärung sowie ihrer Geschichtsschreibung kontraintuitiv. Das Fortschritt versprechende Wissen lag ihnen zufolge nämlich im Gegenteil gerade nicht in der ländlichen, sondern in der Aufklärungsgesellschaft. Es liegt offenbar ein Widerspruch der Interpretationen vor. Zum einen wurde die zeitgenössische Landwirtschaft von historischen Aufklärern interpretiert. Diese Interpretationen werden wiederum von AufklärungshistorikerInnen interpretiert. AgrarhistorikerInnen interpretieren demgegenüber andere Zeugnisse der historischen Landwirtschaft. Quellen einer wirtschaftsgeschichtlich orientierten Agrargeschichte

218 M. Kopsidis, Agrarentwicklung (wie Anm. 88), S. 9, am Beispiel Preußen auch H. Harnisch, Kapitalistische Agrarreform und industrielle Revolution. Agrarhistorische Untersuchungen über das ostelbische Preußen zwischen Spätfeudalismus und bürgerlich-demokratischer Revolution von 1848/49 unter besonderer Berücksichtigung der Provinz Brandenburg (Veröffentlichungen des Staatsarchivs Potsdam 19), Weimar 1984.

sind – anders als die der Aufklärungsforschung – nicht narrativer, sondern in der Regel cliometrischer Art: Schatzungsregister, Parzellkataster, Erntestatistiken. Ausgehend von empirischen Datenmengen, die aus jenen Quellsorten erhoben werden, rekonstruieren und interpretieren AgrarhistorikerInnen die historische Agrarentwicklung jeweils für den konkreten Fall: für einzelne Regionen bis hin zu einzelnen Dörfern. Relevant für das vorliegende Kapitel ist, dass durch agrarhistorische Forschungen dieser Art Irlbecks Perspektive bestärkt wird. Denn basierend auf Lokalstudien sind aufklärerisch-negative Bauernbilder, insbesondere der darin liegende Traditionalismusvorwurf, von der Agrargeschichte vielfältig kritisiert und zurückgewiesen worden.[219] Innovative landwirtschaftliche Praktiken wurden, so das sich häufende Fazit von Einzelstudien, je nach Agrarverfassung und Marktanbindung der Region, häufig gerade von bäuerlichen, kleinbäuerlichen oder auch unterbäuerlichen Schichten mit sehr kleinen Anbauflächen zuerst als Chance wahrgenommen.[220] Der Erfolg staatlicher Initiativen zur Produktivitätsförderung wird im Geleit dieser Forschungen eher als gering eingestuft. Für die Schweiz hat Christian Pfister zusammengetragen, dass der Esparsette-Anbau, die Sommerstallfütterung wie die Güllenwirtschaft zunächst von bäuerlichen Pionieren vor und um 1750 praktiziert wurden, bevor ökonomische Aufklärer sie durch ihre Publikationen popularisierten und zur breiteren Akzeptanz der Praktiken beitrugen.[221] Maßgebliche Innovationen, so verallgemeinert schließlich Kopsidis, hätten vor allem eine Intensivierung des Faktors Arbeit erfordert,

219 W. Trossbach, Beharrung und Wandel ‚als Argument›. Bauern in der Agrargesellschaft des 18. Jahrhunderts, in: W. Trossbach/C. Zimmermann/P. Blickle (Hgg.), Agrargeschichte. Positionen und Perspektiven (Quellen und Forschungen zur Agrargeschichte 44), Stuttgart 1998, S. 107–136, S. 128 f. S. auch die direkte Konfrontation aufklärerischer Vorwürfe mit agrarhistorischen Befunden in C. Zimmermann, Bäuerlicher Traditionalismus und agrarischer Fortschritt in der frühen Neuzeit, in: J. Peters (Hg.), Gutsherrschaft als soziales Modell. Vergleichende Betrachtungen zur Funktionsweise frühneuzeitlicher Agrargesellschaften (Beihefte der Historischen Zeitschrift 18), München 1995, S. 219–238.

220 Einen solchen Fall beschreibt N. Grüne, Dorfgesellschaft – Konflikterfahrung – Partizipationskultur. Sozialer Wandel und politische Kommunikation in Landgemeinden der badischen Rheinpfalz (1720–1850) (Quellen und Forschungen zur Agrargeschichte 53), Stuttgart 2011. S. auch die Beiträge in J. Bracht/S. Brakensiek, Themenschwerpunkt. Agrarproduktion und Marktentscheidungen, in: Zeitschrift für Agrargeschichte und Agrarsoziologie 67 (2019).

221 C. Pfister, Die Landwirtschaft und ihre Modernisierung, in: A. Holenstein (Hg.), Berns goldene Zeit (wie Anm. 102), S. 92, ders., Das Klima der Schweiz 1525–1860 und seine Bedeutung in der Geschichte von Bevölkerung und Landwirtschaft (Academica Helvetica 6), Bern 1985, S. 110. S. auch M. Stuber, Zum Bäume ausreissen – Peter Sommer und sein ‚Hebezeug', in: M. Stuber u.a. (Hgg.), Kartoffeln (wie Anm. 99) und D. Salzmann, Jakob Flückiger und Peter Scheurer – Emmentaler Musterbauern, in: M. Stuber u.a. (Hgg.), Kartoffeln (wie Anm. 99).

welche am ehesten von bäuerlichen Familienbetrieben erbracht werden konnte. Es sei deshalb zweifelhaft,

> ob sich überhaupt Hinweise finden lassen, dass außerökonomische Zielsetzungen bäuerlichen Wirtschaftens mit ökonomischer Rationalität in Konflikt gerieten, Wirtschaftswachstum behinderten und somit als ökonomischer Faktor wirksam waren. Bisher konnte für Europa im 18. und 19. Jahrhundert noch kein Beispiel gefunden werden, dass fehlende ‚Marktgesinnung' die Wahrnehmung von Marktchancen behinderte und sich der Prozeß der Marktintegration verzögerte.[222]

Als ökonomisch rational gilt hier offenbar im klassischen Sinn des *homo oeconomicus* ein vorteilsuchendes und profitmaximierendes Verhalten. Andere HistorikerInnen würden an dieser Stelle infrage stellen, inwiefern ein modernes Ökonomieverständnis überhaupt analysierend eingesetzt werden kann, um etwa von ‚Marktgesinnung' zu sprechen.[223] Der Clou scheint allerdings zu sein, dass AgrarhistorikerInnen unabhängig von der historischen Semantik, die etwa die moderne ökonomische Vorstellung einer Marktwirtschaft nicht kannte, Praktiken feststellen, die als ökonomisch in diesem Sinn interpretiert werden können.[224] Die Agrargeschichte beansprucht, dass für jede Region, zum Teil sogar für jedes Dorf, unterschiedliche Gruppen als besonders innovationsfreudig identifiziert werden können. Gunter Mahlerwein zeigte für Rheinhessen, dass bestimmte neue Praktiken wie die Gipsdüngung zunächst von mennonitischen Familien als Pionieren ausgingen und von dörflichen Oberschichten nachgeahmt wurden. Die Aufhebung der kollektiv genutzten Flächen wurde dagegen eher von dörflichen Unterschichten vorangetrieben. Zu einem anderen Ergebnis kam dagegen Stefan Brakensiek für Nordwestdeutschland, wo nicht die dörflichen Unterschichten profitierten, sondern die Bauernschicht von der Aufhebung der Kollektivflächen den Vorteil hatte.[225] Mit einem deutlichen Fokus auf historische Praktiken, hat sich

222 M. Kopsidis, Marktintegration und Entwicklung der westfälischen Landwirtschaft 1780–1880. Marktorientierte ökonomische Entwicklung eines bäuerlich strukturierten Agrarsektors (Münsteraner Beiträge zur Cliometrie und quantitativen Wirtschaftsgeschichte 3), Münster 1996, S. 73.

223 Vgl. insb. die Argumentation in L. Roberts, Practicing (wie Anm. 95).

224 Zum Nebeneinander subsistenz- und marktorientierter Wirtschaftsformen seit dem 16. Jahrhundert s. nochmals W. Trossbach, Bauern (wie Anm. 203).

225 G. Mahlerwein, Herren (wie Anm. 203), S. 246–262, S. Brakensiek, Agrarreform und ländliche Gesellschaft. Die Privatisierung der Marken in Nordwestdeutschland, 1750–1850 (Forschungen zur Regionalgeschichte 1), Paderborn 1991, S. 432 f. S. auch die neue Studie von J. Hübner, Gemein und ungleich. Ländliches Gemeingut und ständische Gesellschaft in einem frühneuzeitlichen Markenverband: Die Essener Mark bei Osnabrück, Göttingen 2020

in der Agrargeschichte die These verbreitet, dass innovatives Wirtschaftshandeln keiner Betriebsgröße pauschal zugesprochen werden kann, sondern dass in jedem Einzelfall geklärt werden muss, in welchen Gruppen und Schichten sich risikobereite, spezialisierte und marktorientierte Akteure befanden.[226] Ein Merkmal der Agrargeschichtsforschung ist, dass historisches Wirtschaftshandeln ganz ohne die Kategorie der Mentalität erklärt wird. Sowohl progressives als auch konservatives Verhalten wird allein mit Bezug auf demografische sowie marktökonomische Faktoren als vorteilsuchendes Handeln beschrieben. Diese Perspektive ist historiografisch nicht ganz unproblematisch, wie oben bereits angedeutet wurde. Der Wirtschaftshistoriker Werner Plumpe bezweifelt zum Beispiel, dass eine allein neoklassisch argumentierende, den *homo oeconomicus* unterstellende Wirtschaftsgeschichte die Komplexität wirtschaftlicher Entwicklung überhaupt erfassen kann. Er fordert eine dreifache Betrachtungsperspektive ein, die nicht nur auf Praktiken, sondern auch auf Semantiken sowie auf Institutionen zielt.[227] Die agrargeschichtliche Perspektive steht aber auch, wie im nächsten Kapitel zu sehen sein wird, in einem scharfen Gegensatz zu verbreiteten Erklärungsmustern innerhalb der ökonomischen und vor allem der volksaufklärerischen Literatur des 18. Jahrhunderts, welche sich teilweise auch in der Geschichtsschreibung wiederfinden. Ihnen zufolge war es vornehmlich eine Verhaltensdisposition der kleinen AgrarproduzentInnen – eine vermeintlich bäuerliche Irrationalität, die den agrarischen Fortschritt verhinderte. Inwiefern Fremdbilder vielmehr auf die Autoren dieser Bilder verweisen statt auf die vermeintlich umschriebenen sozialen Gruppen, ist in der Kulturanthropologie seit Beginn des 20. Jahrhunderts eingehend diskutiert worden, ab dem späten 20. Jahrhundert auch spezifisch im Rahmen der *peasant* und der *postcolonial studies.*[228] Allerdings hält auch schon das historische Material immer wieder abweichende Einschätzungen bereit, selbst

---

(im Druck). Sie verfolgt die Geschichte eines Gemeinguts vom 16. Jahrhundert bis zu seiner Auflösung im Vormärz.

226 S. überblickend S. Brakensiek/R. Prass, Grundzüge (wie Anm. 113).

227 W. Plumpe, Ökonomisches Denken und wirtschaftliche Entwicklung. Zum Zusammenhang von Wirtschaftsgeschichte und historischer Semantik der Ökonomie, in: Jahrbuch für Wirtschaftsgeschichte (2009), S. 27–52. Einen Überblick zu theoretischen Erklärungsansätzen der Agrarentwicklung geben z. B. M. Kopsidis, Agrarentwicklung (wie Anm. 88), S. 65 f. und E. Landsteiner, Landwirtschaft (wie Anm. 83).

228 S. z. B. M. Kearney, Reconceptualizing the peasantry. Anthropology in global perspective (Critical essays in anthropology), Boulder/Colo 1996 und D. Chakrabarty, Provincializing Europe. Postcolonial thought and historical difference (Princeton studies in culture/power/history), Princeton, N.J. 2000. Zu Bauernbildern vom Mittelalter bis in die Gegenwart s. D. Münkel/F. Uekötter (Hgg.), Das Bild des Bauern. Selbst- und Fremdwahrnehmungen vom Mittelalter bis ins 21. Jahrhundert, Göttingen 2012.

solche, die wirtschaftsliberalistische Erklärungen der Agrargeschichte vorwegnehmen. So beschreibt der schon oben erwähnte Gutsherr Engel, dass das Jahr 1771, bekanntlich das erste Jahr einer ausgedehnten Ernährungskrise in Europa, die Landwirtschaft zum „Brausen" gebracht habe. Schlechte Ernten und Getreideteuerungen führten zu einer gesteigerten landwirtschaftlichen Aktivität, die ihm zufolge auch und besonders die kleineren AgrarproduzentInnen erfasst habe, da diese nun für einen Bruchteil der erzeugten Produkte ein Vielfaches an Gewinn erwarten konnten.

> Und da der Preis von allen Getreide nicht wieder herunter gieng [...] so war dieses ein Antrieb mehr, um Fleiß und Aufmerksamkeit zu bewürken, und der Werth aller Güter fieng nun an mit Gewalt zu steigen und alles wollte mit Gewalt Landwirth sein. [...] Die Bauern nahmen alles her, was irgend nur tragen konnte [...].[229]

Zusammengefasst lohnt sich eine genaue Abwägung, ob und wann die historischen Interpretationen ökonomischer Aufklärer informativ sein können. Bei Fragestellungen, die nicht direkt auf die historische Landwirtschaft und ihre Akteure, sondern wie in der vorliegenden Arbeit auf historische Selbstverständigungsprozesse gebildeter Akteure in der Aufklärungszeit zielen, liegt im Agrarschrifttum zweifellos eine geeignetere Quelle als in Erntestatistiken. Die Forderung, das Agrarschrifttum historiografisch als irrelevant fallen zu lassen, drängt sich mit Recht dagegen dann auf, wenn es als Quelle zur Erforschung der Agrarentwicklung oder der ländlichen Gesellschaft infrage steht. Die oben angedeutete agrarhistorische Skepsis mit ihren Argumenten bildet deshalb insgesamt für Forschungen zur Ökonomischen Aufklärung ein wichtiges Korrektiv, insofern es zu berücksichtigen gilt, dass der vordergründige Gegenstand ökonomisch-aufklärerischer Texte – die Landwirtschaft und ihre AkteurInnen – zum Teil stark fehlrepräsentiert war. Die Frage, inwiefern das gesamte Agrarschrifttum deshalb in erster Linie als selbstreferenzieller literarischer Körper einer gebildeten Mittelschicht zu betrachten ist, ist auch für die vorliegende Arbeit relevant. Die Tatsache, dass es kaum Überschneidungen zwischen den Forschungsfeldern Wissenschaftsgeschichte, Agrargeschichte und Volksaufklärungsforschung gibt, verstärkt zunächst den Eindruck, dass Landwirtschaft und Aufklärung im 18. Jahrhundert nichts miteinander zu tun hatten. Gilt die Aufklärung traditionell als eine intellektuelle Strömung des städtischen gebildeten und gelehrten Bürgertums, so wird Landwirtschaft dagegen auf den ersten Blick als ländliches und nichtgelehrtes Praxisfeld wahrgenommen: zwei Welten, welche als getrennt voneinander erscheinen. Bei

229 L. H. H. von Engel, Aufklärung (wie Anm. 138), S. 124 f.

näherem Hinsehen bröckelt freilich das Bild, denn bereits die zahlreichen akademisch Gebildeten auf dem Land (Beamte, Juristen, Geistliche etc.) durchbrechen die vermeintlich hermetische Trennung, zumindest in räumlicher Hinsicht. Im Fall der Ökonomischen Aufklärung waren die Überschneidungen zwischen beiden Bereichen sogar entscheidend. Maßgebliche Protagonisten waren sowohl akademisch gebildet als auch selbst Agrarproduzenten – Gutsbesitzer lebten die meiste Zeit auf dem Land statt in der Stadt, sie nutzen wie Irlbeck Preisschrift und Journal, mithin die Infrastruktur der Aufklärung, um sich öffentlich zu behaupten. Der Grad des Hermetischen ist dennoch, unbestritten, innerhalb einer Ständegesellschaft weitaus höher anzusetzen als in einer modernen Massengesellschaft, gerade auch im Hinblick auf die Verteilung formaler Bildung. Wie oben gesehen, ist den Autoren der Ökonomischen Aufklärung insgesamt eine relative Distanz zur einfachen Bevölkerung zu attestieren. Insofern behält die historiografische Trennung von ländlicher und Aufklärungsgesellschaft eine Berechtigung, allein darf sie den Blick für die zahlreichen Fälle der Grenzüberschreitung nicht verstellen. Die Trennung korrelierte nicht zuletzt mit der Wahrnehmung der Zeitgenossen: Eine wissenschaftliche Ökonomie war zunächst ein denkbar ungewohntes und auch heikles Konstrukt, wie in den folgenden Kapiteln immer wieder zu sehen sein wird. Landwirtschaft und Gelehrsamkeit, die als zwei getrennte Bereiche wahrgenommen wurden, mussten sich zugunsten einer wissenschaftlichen Landwirtschaft einander annähern. Dass es im Rahmen der Ökonomischen Aufklärung beinahe zwangsläufig zu Wechselwirkungen zwischen ländlicher und Aufklärungsgesellschaft kam, ist gerade aufgrund der personellen Überschneidungen nahe liegend. Diese Wechselwirkungen waren in der Tat ein wesentliches Merkmal der Reformbewegung, gerade in ihrem Bemühen um eine wissenschaftliche Landwirtschaft. Welcher Art sie aber waren, von wem und in welche Richtung sie ausgingen und an welchen Schnittstellen Wissen von der einen in die andere Sphäre überging, sind noch weitgehend offene Fragen. Im weiteren Verlauf dieser Arbeit wird es nicht zuletzt auch darum gehen, den Beitrag der ländlichen Gesellschaft und ihrer Wissensbestände für die Herausbildung jener wissenschaftlichen Ökonomie zu bestimmen.[230]

230 Um Wechselwirkungen zwischen ländlicher und Aufklärungsgesellschaft stärker in den Blick zu bekommen, wäre zweifellos die Verknüpfung verschiedener Zweige der Geschichtsschreibung hilfreich. Wirtschaftsgeschichtsschreibung und Begriffsgeschichtsschreibung gewinnbringend verbindet N. Grüne, Taglöhner (wie Anm. 166).

3.2 Der ‚einfache Bauer' als Symbol des Nichtwissens: Volksaufklärung

Michael Irlbeck hatte sich, wie oben gesehen, in seiner Polemik nicht gegen einzelne Personen gerichtet und konkret keinen einzigen Schriftsteller in seiner Kritik namentlich benannt. Er richtete sich, so scheint es, gegen den allgemeinen Gestus einer ganzen Bewegung. Will man Phänomene wie das eines allgemeinen Gestus erfassen, so bietet sich dazu methodisch vor allem die Diskursgeschichte an, in der die Auswertung vieler und im Idealfall serieller Quellen im Vordergrund steht: Welche Argumente, Werte oder Abgrenzungen tauchen in den untersuchten historischen Aussagegefügen immer wieder auf? Welche Verschiebungen sind über die Zeit zu verzeichnen?[231] Über die Auswertung zweier Zeitschriften der Volksaufklärung bin ich diesem Ansatz gefolgt, ohne freilich einzelne Volksaufklärer mit den dominanten Zügen dieses historischen Aussagegefüges vollständig identifizieren zu wollen. Bezogen auf individuelle Aktivitäten, Motive oder Interessen von Einzelpersönlichkeiten stellt die Herausarbeitung einer allgemeinen Perspektive oder eines Gestus' eine grobe Abstraktion dar. Die im Folgenden präsentierte Analyse kann folglich nicht alle zeitgenössischen Repräsentationen der Landbevölkerung umfassen, sondern arbeitet jenes spezifische Bauernbild heraus, welches von gelehrten und gebildeten Autoren mit Bezug auf die Kategorie des Wissens, das heißt insbesondere im Rahmen der Aushandlung ihrer eigenen Wissensansprüche zur Landwirtschaft entworfen wurde. Der ‚einfache Bauer' als Symbol des Nichtwissens hatte, wie zu sehen sein wird, eben in diesem diskursiven Kontext seinen Ort und seine Funktion. Demgegenüber muss zumindest kurz darauf hingewiesen werden, dass sich im Agrarschrifttum des 18. Jahrhunderts auch positivere Bauernbilder finden, insbesondere mit Bezug auf die Kategorie der Tugend. Gerber-Visser hat beispielsweise aus den topografischen Beschreibungen der *Oekonomischen Gesellschaft Bern* neben volksaufklärerisch-pädagogisierenden Bauernbildern, die mit Überlegenheitsgesten ihrer Autoren einhergingen, andererseits idealisierende Bilder der Landbevölkerungen herausgearbeitet, die sich vor allem auf das Berner Oberland bezogen: Der „gesunde, einfache und glückliche Bergbewohner", der „friedliche und unverdorbene Hirte" oder der „redliche Altschweizer" waren Figuren, die der Dichtung und der Reiseliteratur

231 Zur Methodik s. A. LANDWEHR, Diskursanalyse (wie Anm. 137), DERS., Diskurs und Diskursgeschichte, Version: 1.0. Docupedia-Zeitgeschichte, 11.02.2010, http://docupedia.de/zg/Diskurs_und_Diskursgeschichte?oldid=84596 (zuletzt aufgerufen am 14.02.2014) und A. D. BÜHRMANN/W. SCHNEIDER, Dispositiv (wie Anm. 137). Zur Möglichkeit einer Wissensgeschichte über Sprachanalysen ferner O. BREIDBACH, Neue Wissensordnungen. Wie aus Informationen und Nachrichten kulturelles Wissen entsteht (Edition Unseld 10), Frankfurt am Main 2008, S. 152.

entstammten und deren Funktion im Umfeld der zeitgenössischen zivilisationskritischen Diskurse zu sehen ist.[232] Auch Kleinjogg – der zum Vorzeigebauer stilisierte Schweizer Jakob Gujer (1716–1785) – wurde als unverdorbener Mensch im Rousseau'schen Sinn repräsentiert und von städtischen LeserInnen so rezipiert.[233] Indessen, nur vereinzelt schrieben gebildete Autoren der Figur des einfachen Bauern dezidiert Eigenschaften zu, die mit der Kategorie des Wissens in Verbindung gebracht wurden. Selbst Hans Caspar Hirzel (1725–1803), der das „natürliche Genie“ Kleinjoggs betonte, in dem er die „besten Eigenschaften eines Beobachtungsgeistes“ vorgefunden habe, räumte sogleich ein, dass Kleinjoggs eigentlich sehr klare Begriffe in der Kommunikation – für andere – immer noch „dunkel und unvollständig“ blieben, da sich der Bauer nicht die Mühe machte oder es nicht vermochte, seine Kenntnisse differenziert mit Worten auszudrücken.[234] Während es zweifellos einzelne Fälle gegeben hat, in denen wie bei Hirzel speziell die kognitiven Fähigkeiten bäuerlicher Akteure derart positiv eingeschätzt und anerkannt wurden, so zeigt sich doch in der seriellen Auswertung volksaufklärerischer Äußerungen ein deutlich anderes Bewertungsmuster. Als Grundannahme erscheint in der Regel, dass der richtige Verstandesgebrauch dem so genannten einfachen Bauern erst noch beigebracht werden müsse. Pointiert gesprochen, hatte der ‚einfache Bauer‘ aus aufklärerischer Sicht zwar Erfahrungen, Wissen hatte er allerdings nicht. Die Unterscheidung zwischen Erfahrung einerseits und Wissen andererseits wurde wiederholt und explizit getroffen, so beispielsweise in diesem Beitrag in den *Leipziger Sammlungen,* der die Überzeugungen „alter und gemeiner, obgleich sonst in ihrer Art guter Wirtschaffter“ thematisiert, welche „Empiricorum“, also Empiriker genannt werden – eine Bezeichnung, auf die ich im weiteren Verlauf der Arbeit noch zurückkommen werde:

---

232 G. Gerber-Visser, Ressourcen (wie Anm. 74), S. 237 f., 240. S. auch G. Gerber-Visser/M. Stuber, Brachliegende Ressourcen in Arkadien. Das Berner Oberland aus der Sicht Albrecht von Hallers und der Oekonomischen Gesellschaft Bern, in: Hallers Landschaften und Gletscher. Sonderdruck aus den Mitteilungen der Naturforschenden Gesellschaft in Bern (2009), S. 61–83.

233 H. C. Hirzel, Kleinjogg oder Tun und Denken eines naturnahen glückseligen Bauern. Aufgezeichnet durch Hans Caspar Hirzel, Zürich 1980. S. auch R. Graber, Die Zürcher Bauerngespräche: Innovation der Volksaufklärung oder Instrument der Herrschaftssicherung?, in: H. Böning/W. Greiling/R. Siegert (Hgg.), Die Entdeckung von Volk, Erziehung und Ökonomie im europäischen Netzwerk der Aufklärung (Philanthropismus und populäre Aufklärung 1), Bremen 2011, S. 43–58.

234 H. C. Hirzel, Die Wirthschaft eines philosophischen Bauers. Entworfen von H. C. Hirzel, M. D. und Stadtarzt in Zürich, Zürich 1774, S. 54 f.

> Man muß aller blossen Empiricorum ihre einzelne Erfahrungen und Versuche, an sich, in so ferne sie recht gemacht und nach allen ihren Umständen aufrichtig erzehlet werden, sehr hoch achten, iedoch aber nicht nur dieses sehr genau untersuchen, sondern sich auch sehr wohl in acht nehmen, daß man ihre auf ihre Erfahrungen von ihnen gebauete Urtheile und Regeln, von der Erfahrung an sich richtig unterscheide, und ihren vermeinten Einsichten, die zum öfftern elendesten Gründe haben, und weiter nichts als ihre alte Weise, so und nicht anders zu verfahren, unter allerhand nichtigen Vorwand verstecken, nicht ohne untersuchten zureichenden Grund seinen Beyfall gebe.[235]

Bevor ich zur Analyse übergehe, gilt es zunächst noch kurz auf die Wahl der zwei zugrunde gelegten Zeitschriften und ihren Stellenwert im volksaufklärerischen Diskurs einzugehen. Auf das Braunschweiger Periodikum *Der Wirth und die Wirthin* von 1756/57 stieß ich auf der Suche nach der ersten volksaufklärerischen periodischen Quelle. Von den insgesamt drei von Böning und Siegert erfassten frühen Periodika,[236] richtete sich allein *Der Wirth und die Wirthin* explizit an den „gemeinen Mann", die „Bauern" und das „Landvolk" – einschließlich der Frauen – mit der ausdrücklichen Absicht, diese Zielgruppe in wirtschaftlichen Dingen zu unterrichten.[237] Jenes pädagogische Gefälle zwischen Autoren, die sich als Volkslehrer begriffen, und ihren zu belehrenden AdressatInnen, welches sich nach Böning und Siegert in den ersten Jahrzehnten volksaufklärerischer Erfahrungen (ab 1750) herausbildete, ist in dieser Zeitschrift bereits voll ausgeprägt.[238] Die anderen beiden Periodika sind dagegen allenfalls in Ansätzen als volksaufklärerisch zu bezeichnen, zumal sie beide nicht eindeutig auf untere Bevölkerungsschichten zielen: Die *Physikalisch-Oekonomische Real-Zeitung oder gemeinnützige Wochenschrift* (1756–1758) richtete sich im Stil eines territorialen Nachrichtenblattes an alle Bevölkerungsschichten und informierte einerseits über landesherrliche Verordnungen, andererseits über Wissenswertes aus dem Feld der Ökonomie, zum Beispiel über die Gründung neuer ökonomischer Sozietäten. Außerdem wurden zeitgenössische Fragen wie der Nutzen der von Jethro Tull (1674–1741) eingeführten Landgeräte diskutiert. Die Zeitung bediente, mit anderen Worten, ein gelehrt-gebildetes Interesse an landwirtschaftlichen Fragen, wobei sie im Untertitel betonte, dass diese Informationen „jedermänniglich besonders

235 Gedancken über die verschiedenen Meynungen alter und gemeiner, obgleich sonst in ihrer Art guter Wirtschaffter, in: Leipziger Sammlungen 8 (1752), S. 594–612, S. 595.

236 H. Böning/R. Siegert, Volksaufklärung I (wie Anm. 36), S. XXXV f.

237 Braunschweigische Sammlungen von Oekonomischen Sachen als des einzeln herausgekommenen Wochenblatts der Wirth und die Wirthin, Braunschweig/Hildesheim 1757. S. 6, 8.

238 H. Böning/R. Siegert, Volksaufklärung I (wie Anm. 36), S. XXXVIII.

auch den Landleuten brauchbar gemacht“ werden sollten.[239] Abgesehen von diesem programmatischen Teilhabeangebot, bezieht sich die Schrift jedoch mit ihren Inhalten nicht explizit auf die Belange einfacher ländlicher Bevölkerungen oder reflektiert ein spezifisch bäuerliches Subjekt. Noch weniger gilt dies für die *Selecta-Physico-Oeconomica* (1749–1756), die sich bei der Durchsicht schnell als Publikation einer gelehrten und gebildeten Mittelschicht mit der Funktion des wechselseitigen Austauschs entpuppte, eine Funktion, die Böning und Siegert als charakteristisch für die gemeinnützig-ökonomische Aufklärung der ersten Jahrhunderthälfte ausgewiesen haben.[240] Vor dem skizzierten Hintergrund kam allein die Zeitschrift *Der Wirth und die Wirthin* als früheste serielle Quelle infrage, um erste diskursive Spuren der infrage stehenden volksaufklärerischen Perspektive zusammenzutragen. Was die Struktur der Zeitschrift betrifft, so legen quelleninterne Informationen nahe, dass die Artikel von einem kleinen Redakteursteam und dessen engerem Bekanntenkreis geschrieben wurden. Einige Artikel sind als Zuschriften gekennzeichnet, ihre Einbettung in die Gesamtdramaturgie der Inhalte wirft jedoch die Frage auf, ob diese Texte nicht gezielt akquiriert oder auch als Zuschriften inszeniert wurden. Eine Zuschrift soll beispielsweise von einer Leserin stammen, die sich gegen das im Blatt entworfene rustikale Ideal einer „schönen Wirthin“ auflehnte und „Krieg“ im Namen der Frauen ankündigte.[241] Insgesamt repräsentiert das in *Der Wirth und die Wirthin* analysierte Bauernbild in einem strengen Sinn wohl allein die Perspektive dieses speziellen Autorennetzwerkes, wobei über die Identität der Mitglieder und ihre weitere Vernetzung bislang keine Informationen vorliegen. Gleichzeitig kann allerdings kaum davon ausgegangen

239 Physikalisch-oekonomische Wochenschrift. Welche als eine Realzeitung das nüzlichste, zuverlässigste, angenehmste und neueste aus der Natur und Haushaltungs-Wissenchaft enthält, zur Beförderung des Feldbaues, Stuttgart 1756–1758. Der Titel der Zeitung variiert geringfügig in verschiedenen Ausgaben.

240 H. Böning/R. Siegert, Volksaufklärung I (wie Anm. 36), S. XXV f. Allerdings wird in einer Verlagsanzeige bereits ebenfalls Teilhabe gegenüber unteren Bevölkerungsschichten eingeräumt mit der Betonung, dass Beiträge „vom gemeinen Landmann, Gärtnern, Weingärtnern u.d.g.“ unter Umständen auch angenommen werden könnten, s. das Avertissement am Ende der Vorrede des ersten Stückes, J. A. Gesner (Hg.), Selecta Physico-Oeconomica oder angenehme und nützliche Sammlungen von allerhand zur Natur-Forschung und Haushaltungs-Kunst gehörigen Begebenheiten, Erfindungen, Versuchen, Vorschlägen, und darüber gemachten Anmerckungen. Samt einer Nachricht von alten und neuen, hierzu dienlichen Büchern und Schriften. Bd. 1, Stuttgart 1752, o.S.

241 Wirth und Wirthin (wie Anm. 237), S. 235–237. Dass in dem Blatt neben männlichen Figuren auch das Bild einer „schönen Wirthin“ entworfen wurde, ist ein interessanter, nicht allzu häufig vorkommender Fall, der es verdiente näher untersucht und mit anderen Fällen verglichen zu werden.

werden, dass jene Autoren nicht in größere Netzwerke bzw. den frühen volksaufklärerischen Diskurs eingebunden waren. Die Autoren in *Der Wirth und die Wirthin* experimentierten bereits mit literarischen Formen, die in den folgenden Jahrzehnten im volksaufklärerischen Diskurs weiterentwickelt und zur Reife gebracht wurden. Stoffe in unterhaltsameren Formen als der Abhandlung zu präsentieren, gilt etwa als eine der maßgeblichen literarischen Strategien, mit der sich Volksaufklärer den angenommenen Lesegewohnheiten ihrer AdressatInnen anzupassen suchten.[242] Bis zu einem gewissen Grad kann deshalb *Der Wirth und die Wirthin* als eine Vorreiterschrift im Rahmen der volksaufklärerischen Bewegung betrachtet werden. Als zweite Quelle stand mit der Leipziger Wochenschrift *Der Fleißige und Fröhliche Wirthschaftsmann* (fortan: *Wirthschaftsmann*)[243] eine der ausgereiftesten volksaufklärerischen Schriften zur Untersuchung, die zwischen 1811 und 1812 über 100 Mal erschien und nach eigenen Angaben, die verlagsseitig möglicherweise übertrieben wurden, bereits in der vierten Woche mehr als 20.000 Leser hatte.[244] In einer an verschiedenen Orten publizierten Anzeige vermeldete Verleger Georg Voß: „Die Expedition dieser Wochenschrift kennt schon Dörfer, die so mit 1 Exemplar auf 1/4 Jahr angefangen, jetzt schon zu 10–12 bis 15 Exemplare gebrauchen." In einer weiteren Anzeige hieß es:

> Die Auflage davon hat in dem jetzigen ersten Jahre zweimahl vergrößert werden müssen, indem die gütige Beförderung und Theilnahme fast aller Herren Prediger und Schullehrer, Gutsbesitzer, Dorfrichter und Oeconomen aller Orten und Gegenden, wo deutsch gesprochen und gelesen wird, verbunden mit der angestrengtesten Sorgfalt der Herausgeber dieses Journals, eine Aufnahme bewirkt hat, die für jetzige Zeiten außerordentlich ist.[245]

---

242 H. Böning/R. Siegert, Volksaufklärung I (wie Anm. 36), XXXVIII. S. z. B. die Darstellung von Inhalten in der Form einer Traumerzählung: Wirth und Wirthin (wie Anm. 237), S. 177–192.

243 F. Pohl (Hg.), Der Fleißige und fröhliche Wirthschaftsmann oder der allgemeine Hausfreund für gebildete Landleute und Hauswirthe. In wöchentlichen Heften mit Kupferstichen. Unter Beförderung aller Herren Prediger und Schullehrer, Gutsbesitzer und Gerichtshalter, welche für das Wohl ihrer anvertrauten Gemeinde oder Unterthanen Sorge tragen, 4 Bde., Leipzig 1811–1812.

244 Die landwirthschaftlichen Verrichtungen, wie sie im Jahre auf einander folgen, in: Der fleißige und fröhliche Wirthschaftsmann 1 (1811), S. 111–117, S. 113.

245 G. Voss, Wochen-Journal für Landleute, Anzeige, in: Regensburger Intelligenzblatt 1 (1811), S. 199, ders., Die Bestimmung der Wochenschrift Der fleißige und fröhliche Wirthschaftsmann, Anzeige, in: Zeitung für die elegante Welt 11 (1811), S. 1966.

In ihrer Projektdatenbank bewerten Böning und Siegert den *Wirthschaftsmann* als „herausragende Volksschrift", die aufgrund ihres großen Themenspektrums, einer klaren aufklärerischen Tendenz sowie ihrer literarischen Formenvielfalt „in toto reprintwürdig" sei.[246] Der *Wirthschaftsmann* generierte seine Inhalte zum Teil über Zuschriften, die auch aus weiter entfernten Orten wie beispielsweise Breslau kamen. Friedrich Pohl, als Herausgeber und Redakteur des Blattes, sichtete alle Zuschriften und fügte häufig eigene Kommentare hinzu oder schrieb auch selbst Artikel. Zeitgleich zum *Wirthschaftsmann* gab er das *Archiv der teutschen Landwirthschaft* (1810–1844) heraus, als dessen populäres „Pendant" der *Wirthschaftsmann* aufgefasst wurde.[247] Dass die Zeitschrift dennoch 1812 eingestellt wurde, scheint insgesamt weniger auf mangelnde Qualität oder Nachfrage, sondern vielmehr auf die Tatsache zurückzuführen sein, dass der Verlag Georg Voss im Herbst 1812 Bankrott ging. Nach der Verlagsstudie von Anna Ananieva wurde die Firma nach dem Bankrott durch Überschreibung auf die Ehefrau Caroline Amalie erhalten und auf Sparflamme weitergeführt, bis das Verlagsgeschäft 1818 durch den Sohn David Leopold übernommen und unter dem Namen „Leopold Voss" wieder ausgebaut werden konnte.[248] Eine Besonderheit des Blattes ist darin zu sehen, dass sich der *Wirthschaftsmann* bereits dem Titel nach an „gebildete Landwirthe und Hauswirthe", das heißt, an dörfliche Oberschichten richtete, sowie an die in der Forschung so genannten Mediatoren der Volksaufklärung (Gutsbesitzer und -verwalter, lokale Verwaltungsbeamte, Geistliche).[249] Wie zu sehen sein wird, ging damit eine besondere Sprecherposition der Autoren einher, die in vielen Fällen in der dritten Person *über* kleinere AgrarproduzentInnen schrieben, statt sich direkt an sie zu wenden. Allerdings nahmen auch die meisten Autoren

---

246 Für den mir freundlich zur Verfügung gestellten Auszug aus der biobibliografischen Projektdatenbank (per Mail am 14.06.2011) danke ich Reinhart Siegert.

247 K.-H. Ziessow, Ländliche Lesekultur im 18. und 19. Jahrhundert. Das Kirchspiel Menslage und seine Lesegesellschaften 1790–1840 (Materialien zur Volkskultur nordwestliches Niedersachsen 12; 13), 2 Bde., Cloppenburg 1988, S. 101.

248 A. Ananieva, Der Leipziger Voss Verlag: Eine Buch- und Kunsthandlung um 1800, in: A. Ananieva/D. Böck/H. Pompe (Hgg.), Auf der Schwelle zur Moderne. Szenarien von Unterhaltung in Deutschland zwischen 1780 und 1840. Vier Fallstudien. Bd. 2, Bielefeld 2015, S. 437–635, S. 454–456. Im *Wirthschaftsmann* selbst wird am Schluss der letzten Ausgabe auf die allgemein schwierigen „Zeitverhältnisse" angespielt, die auch die „friedlichen und freundschaftlichen Verhältnisse dieser so gemeinnützigen Wochenschrift" erschwert hätten. „Wir sehen uns mit einem Wort, vor der Hand, gezwungen, die so schöne Verbindung zu unterbrechen und bis auf eine unbestimmte Zeit von den lieben Lesern dieses Wochenblatts Abschied zu nehmen", F. Pohl, Fleißige (wie Anm. 243), Bd. 4, S. 1239.

249 Zu dieser Einschätzung kommen auch K.-H. Ziessow, Ländliche (wie Anm. 247) sowie Böning und Siegert im oben genannten Datenbankauszug.

in *Der Wirth und die Wirthin* diese Sprecherposition ein, woraus sich schließen lässt, dass die Zeitschrift zwar offiziell an Bauern und Handwerker gerichtet war, ihre Autoren aber gleichzeitig eine andere Leserschaft vor Augen hatten.

Verbesserung der Menschen: Bauernbilder

In beiden Zeitschriften ist durchgängig festzustellen, dass ihre Autoren die agrarischen Verhältnisse, ob am Erscheinungsort der Schrift, am Wohnort des Autors oder auf einer allgemeineren Ebene, selten thematisieren. Ein tendenzielles Ausblenden agrarpolitischer Strukturen und sozialer Probleme ist, wie einleitend bereits im Anschluss an Popplow bemerkt, für das gesamte Schrifttum der Ökonomischen Aufklärung kennzeichnend. Bäuerliche Ökonomien erscheinen in den Zeitschriftenartikeln losgelöst von grundherrlichen und gemeindlichen Besitz-, Rechts- und Ordnungsverhältnissen. Eine Einbettung in jene Strukturen wird dementsprechend selten als Hindernis für eine Verbesserung der Landwirtschaft wahrgenommen (demgegenüber stehen die politischen Streitschriften des schon erwähnten Schubart Edler vom Kleefelde, dies nur am Rand bemerkt, in einem scharfen und eher singulären Kontrast).[250] Vielmehr sind es in den Artikeln der Zeitschriften die Menschen oder genauer, es ist der Charakter kleiner AgrarproduzentInnen, an den das Schicksal der Agrarentwicklung geknüpft wird. Der „Volkscharakter" gehörte als Kategorie offenbar bis in die 1820er Jahre auch zum inhaltlichen Kanon der topografischen Landesbeschreibungen, die Gerber-Visser untersucht hat.[251] In *Der Wirth und die Wirthin* heißt es: Die „thörichte Liebe zu dem Alten, Aberglaube, Unverstand und Trägheit" der einfachen Bevölkerung seien die „gewöhnlichsten Hindernisse" der landwirtschaftlichen Entwicklung. Neben einer Vielzahl von negativen Eigenschaften, zum Beispiel Faulheit oder Disziplinlosigkeit, stehen häufig Verstand und sogar die Sinnesorgane der Adressaten unter Verdacht: Die „Wahrheiten der Wissenschaften" werden von den „rohen Sudelwirthen" nicht „geachtet und am wenigsten ausgeübt". Der „nur sinnlich" lebende, „seichte" und „schläfrige" Wirt sieht „alles mit verkehrten Augen", er legt „schlechtes Nachdenken" und „Widerspänstigkeit gegen allen guthen Rath und Unterricht" an den Tag. Generell bemühe sich der Bauer, der an seinen

---

250 J. C. Schubart, Hutung, Trift und Brache (wie Anm. 131).

251 Im Zuge der steigenden Literalität der Landbevölkerung und damit der Tatsache, dass die Beschriebenen das Geschriebene hätten rezipieren können, verschwand die Kategorie, s. G. Gerber-Visser, Ressourcen (wie Anm. 74), S. 228.

„Vexierbrillen“ festhalte, zeitlebens „dumm zu bleiben“.[252] Kleinen AgrarproduzentInnen wird eine grundsätzlich verkehrte Weltsicht zugeschrieben, welche ökonomisches Fehlverhalten nach sich ziehe:

> Vermöge dieser Vexierbrillen, fehlt es unsern Bauern auch wirklich am Lande und Zeit, Futter zu bauen und zu sammeln, und dennoch hätte er genug Zeit, genug Land, genug Futterpflanzen [..., wenn er nicht] durch die Brille des alten Herkommens und muthwilliger Unwissenheit, oder dummen Einfalt, oder gar der Nachläßigkeit, und Widerspänstigkeit gegen alle Anweisung seine ganze Wirthschaft ansähe.[253]

Der ‚Sudelwirth‘ in *Der Wirth und die Wirthin* zeichnet ein Bauernbild, dessen Negativprägung kaum noch zu übertreffen ist und dessen Fehler und Mängel vor allem kognitiver Art sind. Als epistemische Negativfigur steht er in einem krassen Gegensatz zum erklärten Anspruch der Ökonomischen Aufklärung, ein vernünftiges bzw. wissenschaftliches landwirtschaftliches Wissensfeld zu begründen. Der Sudelwirt schien dagegen vom Wissen, zumal von einem gelehrten Wissen, weit entfernt zu sein, und suggerierte, dass es möglich war zu leben, ganz ohne zu wissen – gleich einer Maschine. Dergestalt verbannt in eine Sphäre des Nichtwissens, wurde diese Bauernfigur gleichzeitig als Widersacher gezeichnet, etwa wenn es heißt, dass der Sudelwirt berühmte Gelehrte verspotte, indem er ihnen die Namen „Federwirth“ oder „Wirthe aus Büchern“ gebe.[254] „Sudelwirthe“ behaupten, so ein Autor, mit „einer weisheitsvollen Miene, die sich so wenig zu ihren übrigen rohen Gesichtszügen schickt“, das Bücherlesen sei „unnöthig, unnütze, es wären Grillen, müßiger Köpfe“.[255]

Vergleicht man diese negativ gezeichnete, geschmähte, aber auch kritikfähige Bauernfigur der 1750er Jahre, die auf ihrer eigenen Vexierbrille beharrt, mit Bauernfiguren, die 60 Jahre später im *Wirthschaftsmann* erscheinen, so ergeben sich zwar einige Gemeinsamkeiten, aber auch Unterschiede: Zunächst fällt auf, dass in der späteren Zeitschrift eine eindeutige epistemische Negativfigur fehlt, stattdessen findet sich eine aufgesplitterte Typologie landwirtschaftlicher Praktiker, in der die Bezeichnung ‚Bauer‘ vergleichsweise seltener gegenüber dem ‚Landmann‘ und ‚Landwirth‘ auftreten. Nicht zuletzt in der offiziellen Ausrichtung des Blattes auf

---

252 Wirth und Wirthin (wie Anm. 237), S. 35, 117, 123, 130, 131, 135, 137, 141. Die Stabilität dieser häufig wiederkehrenden Charakterisierungen deutet auf einen homogenen Autorenstamm hin. Bezeichnenderweise werden in einem Artikel, der als Zuschrift eines Bauern gelten soll, die härtesten Urteile gegenüber kleinen AgrarprodzentInnen geäußert, s. ebd., S. 131.

253 Ebd., S. 134 f.

254 Ebd., S. 36, 56.

255 Ebd., S. 56.

„gebildete Landleute und Hauswirthe" gründet diese zuweilen wie eine bewusste Sprachpolitik erscheinende Begriffsverwendung, die Autoren im Einzelfall zwingt zu spezifizieren, ob sie sich auf einen „gemeinen" oder den „edelsten Theil" der Landwirte beziehen.[256] Die Figur des Landmanns ohne spezifizierende Attribute ist ambivalent, sie kann Kleinstellenbesitzer, aber auch Verwalter großer Güter oder Rittergutsbesitzer meinen. In zahlreichen Umschreibungen deckt sich allerdings auch die Bezeichnung des Landmanns mit der Figur des Sudelwirtes aus dem früheren Periodikum, indem der ‚Landmann' einen einfachen Agrarproduzenten vorstellt, der beispielsweise dem so genannten „Schlendrian" verhaftet sei, seinen Vätern und Großvätern, das heißt den „Erfahrungssätzen der Vorzeit" sowie dem Kalender vertraue, die Landwirtschaft mit „trüben Augen", „verblendet" und „mechanisch" betreibe und von landwirtschaftlichen Gegenständen lediglich einen „dunklen Begriff" habe.[257] In derartigen Charakterisierungen findet sich eine ähnliche Metaphorik des Nichtwissens in Form einer getrübten oder verdunkelten Sicht wie bereits in *Der Wirth und die Wirthin.* Der Landmann ist jedoch im Vergleich zur älteren Bauernfigur, dem Sudelwirt, vergleichsweise stumm – er trotzt nicht, kritisiert nicht, er beharrt zwar auch passiv auf seinem Wissen, jedoch wird ihm keine direkte Gelehrtenkritik in den Mund gelegt. Analog zu seiner moderateren Charakterisierung, und dies markiert einen bedeutsamen Wandel innerhalb der volksaufklärerischen Reflexion bzw. allgemein im aufklärerischen Menschenbild, gilt der Landmann nicht mehr in vergleichbarer Weise als unbelehrbar und gefangen in seiner eigenen epistemischen Sphäre.[258] Neu ist in den 1810er Jahren außerdem, dass eine weitere, positiv gezeichnete landwirtschaftliche

256 S. z. B. Wohlhabenheit (wie Anm. 170), S. 622 f. und Ein Wort zu seiner Zeit, oder über die Hindernisse der Landwirthschaft besonders in Böhmen, in: Der fleißige und fröhliche Wirthschaftsmann 2 (1811), S. 1217–1220, S. 1218.

257 Wie man sich selbst eine Kalenderwitterung machen kann. Eine belehrende Erzählung, in: Der fleißige und fröhliche Wirthschaftsmann 1 (1811), S. 110–111, S. 110, Es ist nützlich die Felder tief zu ackern, in: Der fleißige und fröhliche Wirthschaftsmann 1 (1811), S. 338–348, S. 338, Könnte und sollte man die märkischen Rüben nicht auch in andern Gegenden anbauen?, in: Der fleißige und fröhliche Wirthschaftsmann 1 (1811), S. 729–735, S. 729, Ein Wort (wie Anm. 256), S. 1219, Ob etwas dadurch gewonnen werde, wenn man das Samenkorn tie[f] in die Erde bringt, in: Der fleißige und fröhliche Wirthschaftsmann 2 (1811), S. 1355–1360, S. 1357, Bemerkung über die diesjährigen Wintersaaten, in: Der fleißige und fröhliche Wirthschaftsmann 2 (1811), S. 1445–1452, S. 1450. Dieser Befund deckt sich zum Teil mit jenem in F. Konersmann, Suche (wie Anm. 166), S. 83. Demnach wurde „gemeiner Landmann" häufig synonym mit „einfacher Bauer" gebraucht.

258 Die Bildungsfähigkeit einfacher Bevölkerungen grundsätzlich für möglich zu halten gilt als eine wichtige Voraussetzung der Volksaufklärungsbewegung, s. H. Alzheimer, Narrative Volksaufklärung (wie Anm. 179), S. 47 f.

Symbolfigur in Gestalt des „denkenden Landwirths“ hinzutritt. Der denkende (manchmal auch wissenschaftliche) Landwirt repräsentiert als Idealvorstellung einen aufgeklärten, reformorientierten und lernwilligen Agrarproduzenten im Gegensatz zum gemeinen Landmann oder Bauern.[259] Dieser Befund ähnelt dem von Niels Grüne, in dessen südwestdeutschen Quellen die Termini ‚Landmann‘ und ‚Landwirth‘ positiv abgrenzend eingesetzt wurden. Während der „Bauer“ Grüne zufolge als „Chiffre für traditionalistische Abwehrreflexe“ fungierte, galt der „Landwirth“ als agrarischer Zukunftsträger.[260] Mit der Figur des Landwirts verbinden sich auch im *Wirthschaftsmann* das pädagogische Ziel und der Anspruch der Zeitschrift, aus einfachen Männern wissenschaftliche Landwirte zu bilden – durch Aufklärung und Wissenstransfer und im Idealfall mit der Unterstützung von Pfarrern, Gutsbesitzern, Landschullehrern und Amtsleuten. Diese werden auf dem Titelblatt der Zeitschrift ausdrücklich als befördernde Mediatoren genannt. Das Abgleiten in die dritte Person und Sprechen *über* kleine AgrarproduzentInnen in zahlreichen Artikeln deutet insgesamt darauf hin, dass Autoren vor allem diese potentielle Lesergruppe im Auge hatten.[261] Die Gruppe der Praktikertypen im *Wirthschaftsmann* erscheint indes im Vergleich zur Figur des Sudelwirtes in *Der Wirth und der Wirthin* weitaus dynamischer und in einer sozial durchlässigeren Struktur. Während der Sudelwirt fast hermetisch in einer fernen Sphäre eingeschlossen bleibt, ist ein sozialer Aufstieg für den Landmann entlang gewisser Bildungsstufen bis hin zum wissenschaftlichen Landwirt denkbar und vorgesehen. Dies bedeutet auch, darauf haben bereits Frank Konersmann und Grüne hingewiesen, dass ‚Landmann‘ und insbesondere der ‚Landwirth‘ nach 1810 sozial inkludierende Kategorien darstellten, die semantisch über dörfliche Sozialstrukturen und auch Standesgrenzen hinwegreichten.[262] Festzuhalten gilt, abgesehen von den Differenzen im Detail, dass in beiden Zeitschriften eine Verbesserung der Landwirtschaft in weiten Teilen gleichbedeutend mit der Vorstellung einer

259 Es ist nützlich (wie Anm. 257), S. 338, Deutschlands ökonomische Flora für Landwirthe und Freunde der Gärtnerey von H. C. Moser (Anzeige), in: Der fleißige und fröhliche Wirthschaftsmann 2 (1811), S. 960–961, S. 960 f., Bitte an die sämmtlichen Leser dieser Zeitschrift, in: Der fleißige und fröhliche Wirthschaftsmann 2 (1811), S. 1429–1435, S. 1429, Wintersaaten (wie Anm. 257), S. 1447 und 1452.

260 N. Grüne, Taglöhner (wie Anm. 166), S. 94 f.

261 Obgleich Geistliche nachweislich die größte Gruppe der Volksaufklärer ausmachten, stellen einige Fallstudien ihre Funktion als Sprachrohr der Volksaufklärung infrage, s. z. B. R. Wyss, Pfarrer (wie Anm. 74).

262 F. Konersmann, Suche (wie Anm. 166), S. 82 und N. Grüne, Taglöhner (wie Anm. 166), S. 95. Ebenfalls semantisch überwölbt wurde mit ‚Landwirt‘ die Differenz zwischen adeligen und bürgerlichen Gutsbesitzern, s. dazu auch Kapitel 3.4.

Verbesserung von Menschen war. Während die allgemeinen und lokalen Produktionsverhältnisse kaum als relevanter Faktor für die Agrarentwicklung erschienen, nahmen Bauernbilder eine zentrale Rolle ein. Gewisse mentale Eigenschaften oder Einstellungen boten einerseits als vermeintliche Ursache für den Stand der landwirtschaftlichen Entwicklung eine Erklärung. Zum anderen legitimierten sie auch das volksaufklärerische Projekt schlechthin. Denn Volksaufklärer befassten sich, indem sie den ‚gemeinen' Menschen in der Landwirtschaft thematisierten, mit dem vermeintlich drängenstem Problem: dem vorgeblichen Nichtwissen und Nichtwollen der einfachen Landbevölkerung.

Verbesserung der Wissenspraktiken: Gelehrtenbilder

Die oben eingeführte agrarhistorische Skepsis scheint auch bei den hier hervorgehobenen Aspekten der volksaufklärerischen Artikel zu greifen: Verfehlen diese Texte demnach ihren Gegenstand sowie ihre AdressatInnen und stellen in erster Linie historiografisch auswertbare Informationen über ihre Autoren bereit?[263] Formen der Selbstreferenz, das heißt Passagen, in denen sich Autoren direkt oder indirekt auf ihre eigenen Angelegenheiten beziehen, lassen sich auf verschiedenen Ebenen herausarbeiten. Sie sind zum einen in allen metadiskursiven Textteilen enthalten, in denen Autoren in der dritten Person über kleine AgrarproduzentInnen sprechen, statt sich direkt an sie zu wenden. Der – explizite – bäuerliche Adressat tritt in diesen Fällen hinter einer anderen – impliziten – Leserschaft zurück, die in gleichgesinnten Volksaufklärern, in potentiellen Mediatoren und womöglich auch in einem interessierten, nicht bäuerlichen Lesepublikum zu suchen ist, das als Käufer der Zeitschriften infrage kam.[264] Selbstreferenzielle Momente finden sich jedoch nicht nur in der Form, sondern auch auf der Ebene der Inhalte. Da eine ‚Verbesserung' der LeserInnen neben sittlichen, medizinischen und religiösen Aspekten vor allem in kognitiver Hinsicht thematisiert wurde, finden sich passend dazu in den Artikeln zahlreiche epistemische Wissensangebote, in denen bestimmte Arten und Weisen empfohlen werden, wie sich auch die einfache Bevölkerung erkenntnismäßig mit dem Gegenstand der Landwirtschaft in

263 Das Thema der Selbstdarstellung und damit einhergehende stereotypisierende Darstellungen des „Landvolkes" diskutiert Gerber-Visser eingehend für die Berner topografischen Beschreibungen, s. G. Gerber-Visser, Ressourcen (wie Anm. 74), S. 226–243.

264 *Der Wirth und die Wirthin* richtete sich nicht nur an Land-, sondern auch an so genannte Stadtwirte, das heißt an „Künstler, Fabrikanten, Handwerker und gemeine Bürger", s. Wirth und Wirthin (wie Anm. 237), S. 10.

Beziehung setzen sollte. Hierbei sind es nun nicht landwirtschaftliche Inhalte und Praktiken, etwa wie viel Zoll tief gepflügt werden soll, sondern bestimmte intellektuelle Praktiken, die zum Gegenstand des intendierten Wissenstransfers werden. Autoren versuchten, mit anderen Worten, gelehrt-gebildete Wissenspraktiken zu vermitteln. In einem Artikel über Winterroggen im *Wirthschaftsmann* heißt es, der beste Ratgeber des Landwirtes sei das „Nachdenken an Ort und Stelle“, man müsse sich an „Aufmerksamkeit“ gewöhnen, wozu das „Lesen der Bücher“ sehr viel beitrage.[265] Ein Artikel, in dem bäuerliche Vorbehalte gegenüber so genannten märkischen Rüben kritisiert werden, ruft einleitend dazu auf, von den Vätern ererbte Vorurteile aufzugeben und stattdessen „weiter nachzudenken“ sowie „Gründe zu erforschen“. Missratene Versuche müssten „unparteyisch“ geprüft und untersucht werden. „Wer nur Wahrheit sucht, und bey der Sache selbst seine fünf Sinne zusammennimmt“, wer es unternimmt, seinen „Kopf anzustrengen“, der finde sie.[266] Hinzu kommt die Empfehlung des Messens, Wiegens und Abzählens: „Unter den gemeinen Landwirthen giebt es wohl wenige“, heißt es im *Wirthschaftsmann* 1812,

> die eigentlich wissen, wie viel sie Futter dem Gewichte nach dem Vieh vorlegen. Sie glauben sich der Mühe des Abwiegens überheben zu können, indem sie meynen, daß dadurch die Futtervorräthe um kein Hälmchen größer würden, mithin es ohne Nutzen bliebe. [...] Da wir [aber] Maaß und Gewichte haben, so muß man auch diese überall nützlichen Hülfsmittel fleißig anwenden.[267]

In diesen Passagen, die zwischen einem Fünftel bis hin zur Hälfte der Artikel einnehmen können, werden – nach einer heutigen Terminologie – Wissenspraktiken beschrieben, die auf den ersten Blick als typische Ingredienzien einer praktischen Naturgelehrsamkeit erscheinen – Lesen, Nachdenken, Experimentieren und Messen.[268] Es spricht einiges dafür aus diesen Beschreibungen, die eine bestimmte

---

265 Etwas über das Säen und den ersten Wuchs des Winterroggens, in: Der fleißige und fröhliche Wirthschaftsmann 2 (1811), S. 982–996, S. 983 f.

266 Märkische Rüben (wie Anm. 257), S. 729 f.

267 Was uns ein junges Rind aufzuziehen kostet, in: Der fleißige und fröhliche Wirthschaftsmann 3 (1812), S. 97–102, S. 102.

268 Man beachte aber auch, welche gelehrten oder gebildeten Praktiken kaum oder gar nicht empfohlen wurden, etwa das naturkundliche Sammeln, das Publizieren und die Selbstorganisation in Sozietäten. Aus der reichen Forschungsliteratur zu Praktiken der Gelehrsamkeit in der Frühen Neuzeit s. H. Zedelmaier/M. Mulsow (Hgg.), Die Praktiken der Gelehrsamkeit in der Frühen Neuzeit (Frühe Neuzeit 64), Tübingen 2001, A. T. Heesen/E. C. Spary (Hgg.), Sammeln als Wissen. Das Sammeln und seine wissenschaftsgeschichtliche Bedeutung

kognitive Haltung empfehlen, ein zeitgenössisches Bild des *g*elehrten Naturforschers bzw. des gebildeten Naturliebhabers zu entnehmen, welches den Autoren als Ressource ihrer Empfehlungen dienen konnte. Die „basic habits of learned men" waren nach Phillips gegen Ende des 18. Jahrhunderts weit verbreitet.[269] Ein Autor, der der einfachen Landbevölkerung einen „flüchtige[n], unachtsame[n] Anblick der Werke der Natur" zuschreibt, nennt als bestes „Hilfsmittel" für eine bessere Naturbetrachtung ausdrücklich die Naturgeschichte. Diese mache mit den „Resultaten der aufmerksamen Naturbetrachtung bekannt" und würde dem Landmann nicht nur ökonomisch nutzen, sondern ihm auch den „Schleier von den Augen ziehen, durch den er bisher die Schönheiten seiner Umgebung, der Natur, nur wie im Dunkeln erblickte".[270] Es ist ein anderer, speziell ein gelehrter oder gebildeter Blick auf die Natur, den Volksaufklärer ihren offiziellen Adressaten empfahlen. Inwiefern Vorstellungen von der Lebensform des gelehrten Naturforschers bzw. gebildeten Naturliebhabers, die sich zum Teil wohl auch mit der Lebensform der Autoren deckten, ihre Wahrnehmung zu strukturieren vermochte, darauf deutet folgendes Beispiel noch plastischer hin: Ein Autor bemerkt, er könne nicht verstehen, dass bäuerliche Familienväter, obwohl sie den Platz dazu hätten, sich keine Denkerstube einrichteten, in der sie in Ruhe nachdenken könnten, ungestört von Kindern und Gesinde:

> [...] wie soll man denken, wenn man sich nicht wenigstens Stunden lang allein befinden kann? Ich kenne viel Tausend Landleute, die Vermögen und Gelegenheit genug haben, um ein eignes Stübchen außer der allgemeinen Wohnstube zu besitzen, die aber nicht einmal den Wunsch darnach äußern, weil ihnen selbst die Geistesbildung mangelt, welche uns lehrt, zweckmäßige Bequemlichkeiten zu finden.[271]

Die Annahme einer völligen Abwesenheit von Praktiken des Beobachtens, Nachdenkens, Experimentierens, Messens und des Lesens in der ländlichen Gesellschaft ist, zumal bäuerliche Schreib- und Rechnungsbücher überliefert sind,

---

(Wissenschaftsgeschichte), Göttingen 2001 und G. Pomata/N. G. Siraisi, Historia (wie Anm. 40).

269 D. Phillips, Acolytes (wie Anm. 21), S. 257. Auf das Verhältnis von Gelehrsamkeit und Liebhaberei im Rahmen der Naturforschung um 1800 geht Phillips in ihrem Buch ausführlich ein.

270 Etwas zur Kenntniß der Pflanzen oder kurze Erklärung einiger Theile der Gewächse, in: Der fleißige und fröhliche Wirthschaftsmann 2 (1811), S. 1513–1527, S. 1513 f. Auf eine herausragende Rolle der Naturwissenschaften im Rahmen der Volksaufklärung haben bereits hingewiesen H. Böning/R. Siegert, Volksaufklärung I (wie Anm. 36), S. XXII f. Zur Geschichte der Naturgeschichte s. überblickend K. Johnson, Natural Historian (wie Anm. 14).

271 Wohlhabenheit (wie Anm. 170)), S. 627.

grundsätzlich fraglich.[272] Dennoch kommt diese Unterstellung – die streng betrachtet als eine Irrationalitätsunterstellung betrachtet werden kann – in vielen volksaufklärerischen Artikeln zum Ausdruck. Sie wird unter anderem dadurch transportiert, dass die Vermittlung einer vermeintlich anderen kognitiven Haltung in den Texten so viel Platz einnimmt. Während mangelnde Geistesbildung dem Autor im obigen Zitat als Ursache für den Verzicht auf das Stübchen gilt, werden andere Gründe, warum die Einrichtung einer Denkerstube unter den Bedingungen einer bäuerlichen Ökonomie – selbst mit Geistesbildung – wenig sinnvoll sein könnte, nicht thematisiert. Der Autor war, so würde eine kulturanthropologisch informierte, retrospektive Kritik lauten, allein nach Maßgabe seiner eigenen Kriterien bereit, einen Befund (keine Denkerstube) zu werten (mangels Geistesbildung), da er auf authentische Informationen aus dem Umfeld der bewerteten Personen selbst verzichtete. Diese Art des Nichtwissens, das heißt der fehlende Einbezug bäuerlicher Informanten und ihrer vernünftigen Gründe, führt in volksaufklärerischen Texten häufig zu einem Kurzschluss, demzufolge AkteurInnen, die sich nicht nach Maßgabe der Vorstellungen des Autors verhalten, als unvernünftig gelten.[273]

272 Aus der Literatur zur Alphabetisierungsforschung s. A. HOFMEISTER/R. PRASS/N. WINNIGE, Elementary education, schools and the demands of everyday life: Northwest Germany ca 1800, in: Central European History 31 (1998), S. 329–384, E. HINRICHS, Alphabetisierung. Lesen und Schreiben, in: R. v. DÜLMEN/S. RAUSCHENBACH/M. v. ENGELBERG (Hgg.), Macht (wie Anm. 78), R. PRASS, Alphabetisierung in Frankreich und Deutschland. Überlegungen zu differierenden Grundlagen scheinbar gleicher Entwicklungen, in: R. VIERHAUS/H. E. BÖDEKER/M. GIERL (Hgg.), Jenseits der Diskurse. Aufklärungspraxis und Institutionenwelt in europäisch komparativer Perspektive (Veröffentlichungen des Max-Planck-Instituts für Geschichte 224), Göttingen 2007, S. 25–48 sowie H. E. BÖDEKER u.a., Alphabetisierung und Literalisierung in Deutschland in der Frühen Neuzeit, Tübingen 1999. Zu Rechnungsbüchern als Quelle s. K.-J. LORENZEN-SCHMIDT/B. POULSEN, Writing peasants (wie Anm. 211).

273 In seiner Adaption der Kulturanthropologie für die *science and technology studies* kam Bruno Latour zu dem Schluss, dass „[a]ll questions of irrationality are merely *artefacts* produced by the place from which they are raised.", s. B. LATOUR, Science in Action (wie Anm. 49), S. 185. Dies baut auf Positionen etwa von Clifford Geertz auf, der den kulturanthropologischen Standpunkt als radikal symmetrisch charakterisierte: „We are all natives now, and everybody else not immediately one of us is an exotic. What looked once to be a matter of finding out whether savages could distinguish fact from fancy now looks to be a matter of finding out how others, across the sea or down the corridor, organize their significative world", s. C. GEERTZ, Local knowledge. Further essays in interpretive anthropology, New York 1983, S. 151.

Abb. 1: Das Frontispiz der periodischen Schrift *Der Hausvater* zeigt eine ländliche Labor- und Denkerstube oder, in den Worten Popplows, die „Landwirtschaft als Gegenstand der Gelehrsamkeit im 18. Jahrhundert. Zum Inventar gehören Bücher […], Sammlungen von Pflanzen, Tieren und Mineralien und eine Vielzahl wissenschaftlicher Instrumente […]. Der Blick aus den geöffneten Fenstern impliziert die intendierte Wechselwirkung zwischen dieser Art der ‚Theorie' und der Praxis."[274]

274 O. v. MÜNCHHAUSEN, Der Hausvater. Erster Theil, Hannover 1765, o.S., M. POPPLOW (Hg.),

Eine gebildete Schicht entwirft das Andere der Ökonomischen Aufklärung

Ausgehend von den oben genannten Befunden schlage ich vor, das Projekt der Volksaufklärung als eine gelehrte bzw. gebildete Grenzziehungspraxis zu *i*nterpretieren, insofern dasselbe im Kontext der Wissenschaftsreflexion der Ökonomischen Aufklärung betrachtet wird. Denn das Anliegen der Ökonomischen Aufklärung bestand in wissensgeschichtlicher Hinsicht darin, das Praxisfeld der Landwirtschaft in einen wissenschaftlichen Gegenstand zu transformieren und damit den Stellenwert technischen Wissens zu verändern. Dass diese Transformation nicht allein eine epistemische, sondern – angesichts des sozialen Stigmas der Landwirtschaft als Gewerbe der gesellschaftlichen Unterschicht – vor allem auch eine soziale Herausforderung war, liegt auf der Hand. Es galt, die Dignität eines gelehrten Wissensfeldes auch für die Landwirtschaft geltend zu machen. Dieses übergeordnete Ziel, Landwirtschaft als Wissenschaft zu betreiben, ist auch in den volksaufklärerischen Texten allgegenwärtig. Der immer wiederkehrende Versuch, kleinen AgrarproduzentInnen eine neue kognitive Haltung gegenüber ihrer Landwirtschaft zu vermitteln, reflektiert in gewisser Weise das epistemische Anliegen der Ökonomischen Aufklärung sowie die in ihr zirkulierenden Vorstellungen darüber, wie man Landwirtschaft anders, namentlich wissenschaftlich, betreiben sollte. Dass ökonomische Aufklärer als Gestalter dieser neuen Wissensordnung ihre Vorstellungen in einem langwierigen Prozess erst synchronisieren mussten, wird rückblickend leicht übersehen. Im ganzen 18. Jahrhundert und auch noch kurz nach der Jahrhundertwende herrschte über Form und Inhalt einer wissenschaftlichen Landwirtschaft noch kaum Einigkeit im Sinne einer anerkannten akademischen Disziplin. Auch die gelehrten Fraktionen der ökonomischen Aufklärer, namentlich die Vertreter einer kameralistischen sowie später Vertreter der Thaer'schen Landwirtschaftslehre, stritten weiterhin darüber, welche Gestalt diese Wissenschaft annehmen sollte. Negativfiguren des einfachen Bauern, die sich in allen ökonomischen Textgattungen finden, erhalten vor dem Hintergrund dieses Aushandlungsprozesses eine mehrdeutige Funktion. Zum einen stellten sie für viele Autoren eine konstitutive Kontrastfolie dar, vor deren Hintergrund das neue, noch zu legitimierende und zu stabilisierende Wissensfeld positiv hervortreten konnte.[275] Zum anderen war der Ausschluss kleiner Agrarpraktiker aus jenem normativen Prozess auch aus Gründen des sozialen Status angeraten: Der

Landschaften agrarisch-ökonomischen Wissens. Strategien innovativer Ressourcennutzung in Zeitschriften und Sozietäten des 18. Jahrhunderts (Cottbuser Studien zur Geschichte von Technik, Arbeit und Umwelt; 30), Münster u.a. 2010, S. 2.

275 Ein konkretes Beispiel hierfür wird in Kapitel 3.3 vorgestellt.

neu entstehende Wissenskörper sowie ihre Protagonisten mussten vom Stigma der bäuerlichen Landwirtschaft bereinigt bzw. deutlich davon unterschieden werden. Volksaufklärerische Texte können deshalb mit Blick auf die Schaffung einer wissenschaftlichen Agrarökonomie und ihrer Subjekte, der wissenschaftlichen Ökonomen, als unterstützende Werkzeuge betrachtet werden. Die einhellige Ablehnung einer unterstellten bäuerlichen Epistemologie und die Affirmation eines Wissens, das ganz anders als jenes der einfachen Landbevölkerung sein sollte, stellt vor dem Hintergrund der Deutungskämpfe unter Aufklärern nicht zuletzt einen kleinsten gemeinsamen Nenner her, in dem sich die heterogenen Akteure der Ökonomischen Aufklärung – ständelogisch nach unten hin abgegrenzt – als Einheit verstehen konnten. Volksaufklärer im Speziellen drückten mit jener distanzierenden Geste statt einer Zugehörigkeit zur ländlichen Gesellschaft eine Zugehörigkeit zur Aufklärungsgesellschaft und zum Feld der Gelehrsamkeit aus. Im Hinblick auf eine grundsätzlichere Frage nach Bedingungen und Funktion der volksaufklärerischen Perspektive lässt sich die oben herausgearbeitete negative Sicht auf ländliches, speziell nichtgelehrtes Wissen somit in einen Zusammenhang mit der Wissenschaftsreflexion der Ökonomischen Aufklärung bringen: Die Abwertung oder Nichtanerkennung des Wissens kleiner AgrarproduzentInnen spielte vor allem eine Rolle im Rahmen der Aushandlung gelehrter und gebildeter Wissensansprüche, für die der volksaufklärerische Diskurs einen Nebenschauplatz darstellte. Als wichtiger Faktor muss dabei die sachliche wie auch soziale und lebensweltliche Distanz vieler Autoren zum Gegenstand der bäuerlichen Ökonomie berücksichtigt werden.[276]

Bäuerliche versus gelehrte Erfahrung: Grenzziehungen

Eine Grenze, die volksaufklärerische Autoren mehr implizit als explizit zogen, betrifft die Unterscheidung zwischen einer spezifisch bäuerlichen und einer spezifisch gelehrten Erfahrung. Die Frage, wie ökonomische Erfahrung im Spannungsfeld zwischen Bauernbild, Selbstbild und Wissenschaftskonstruktion

276 Gerber-Vissers Studie legt nahe, dass Autoren, die dauerhaft im Umfeld der je beschriebenen Landbevölkerung lebten, im späten 18. Jahrhundert und danach teils auch zu differenzierteren Urteilen kommen konnten und zeitgenössische Pauschalisierungen – negative wie idealisierende – zu relativieren begannen, G. Gerber-Visser, Ressourcen (wie Anm. 74), S. 241, 309, 313. Vgl. dagegen wiederum Wyss' Resultat, dass Fragen der sozialen Abgrenzung und Zugehörigkeit auch für Volksaufklärer im direkten Umfeld kleiner Agrarpraktiker virulent blieben, R. Wyss, Pfarrer (wie Anm. 74). Dazu auch H. Alzheimer, Narrative Volksaufklärung (wie Anm. 179), S. 86 f.

konzeptualisiert wurde, ist im Rahmen der Ökonomischen Aufklärung deshalb interessant, da ländlichen Akteuren, zumal kleinen AgrarproduzentInnen, kaum ihr landwirtschaftliches Erfahrungswissen abgesprochen werden konnte. Dies gilt insbesondere für die zahlreichen Autoren der Ökonomischen Aufklärung, die sich von einer landwirtschaftsexternen Position aus in die Diskussionen über Landwirtschaft einschalteten. Kaum überraschend ist insofern, inwiefern bäuerliche Erfahrung in den Artikeln der volksaufklärerischen Zeitschriften zwar nicht bestritten, jedoch mit alternativen, vermeintlich besseren Erfahrungsformen kontrastiert wurde.

In den rund 100 Artikeln im *Fleißigen und Fröhlichen Wirthschaftsmann* taucht der sehr häufige Begriff der Erfahrung teils in negativer, teils in positiver Bestimmung auf, je nachdem, wessen Erfahrung im Text angesprochen ist. Kaum verwundern wird, dass eine eher negativ konnotierte landwirtschaftliche Erfahrung überwiegend, ja fast ausschließlich, im Kontext von Beschreibungen kleinerer AgrarproduzentInnen erscheint. Erfahrung gilt hier als unsichere Quelle des Wissens, als lokal beschränkt, ‚verdunkelt‘ durch Vorurteil und Unrichtigkeit, als falsch verallgemeinert und unsystematisch. Wenn die Erfahrung auch eines kleinen Agrarproduzenten an sich nicht als schlecht charakterisiert wird, so wird es spätestens die Bewertung durchselben: „Es würde alles schneller gehen“, so heißt es in einem Artikel über die Vorteile des tiefen Pflügens,

> wenn man allemal dem trauen dürfte, was uns von unsern Vorfahren als Erfahrung überliefert worden. Ursprünglich mag es allerdings reine Erfahrung gewesen seyn, wo man jetzt bey strenger Prüfung Mängel findet. Man hat Nebenumstände mit der Hauptsache verwechselt, oder auf Ausnahmen Regeln gestellt, die man für allgemein geltend wissen wollte.[277]

Eine mangelhafte oder falsche Interpretation „reiner“ Erfahrung, das heißt Fehler auf der Verstandesebene, sind in diesem Fall für die Charakterisierung einer Erfahrung als schlecht verantwortlich. Ganz im Gegenteil dazu findet sich – im Modus gebildeter Selbstbeschreibung – ein anderer, emphatischer Erfahrungsbegriff. Dieser nimmt die Gestalt einer im Rahmen öffentlicher Kommunikation „mitgeteilten“ Erfahrung an, einer „geprüften“, „wiederholten“, „beständigen“ und „vielfältigen“ Erfahrung, einer gesammelten und dokumentierten Erfahrung.[278]

---

277 Ein alter hohler Apfelbaum wird tragbar, in: Der fleißige und fröhliche Wirthschaftsmann 1 (1811), S. 336–338, S. 338.

278 S. z. B. Vater Baumbachs gute Lehren, oder: Was muß der Landmann wissen, und was hat er zu thun, wenn sein Feldbau ihm einen gehörigen Ertrag verschaffen soll?, in: Der fleißige und fröhliche Wirthschaftsmann 2 (1811), S. 1323–1331, S. 1325 f., Bitte an Leser (wie Anm. 259),

„Denkende Landwirthe" wurden dazu aufgerufen, ihre „durch Zufall oder eignes Forschen" gemachten Erfahrungen dem Lesepublikum mitzuteilen.[279] Auch zufällige Erfahrungen galten als wertvoll, sofern sie von einem „denkenden Landwirth" dokumentiert und geteilt wurden. Als ideal galt ein Ablauf folgender Art: Ein denkender Landwirt beobachtet aufmerksam oder stellt bewusst eine Probe an, er teilt das Ergebnis der Zeitschrift mit, RezipientInnen derselben prüfen den Befund und teilen wiederum ihr Prüfungsergebnis der Zeitschrift mit. Im *Wirthschaftsmann* wurde, mit anderen Worten, eine methodisch gewonnene, geteilte und geprüfte Erfahrung, mithin ein Set von Handlungen beschrieben, die in einem heutigen Verständnis als Bestandteile einer empirischen Wissensproduktion gelten können. Jene Erfahrungsform wurde in den Artikeln immer wieder umschrieben, allerdings nicht als solche auf einen einzelnen Begriff gebracht (schon gar nicht auf den Begriff der Empirie, dazu später mehr). Mit anderen Worten, gab es für Autoren und ihr Lesepublikum – anders als heute – keinen selbstverständlichen Ausdruck für eine spezifisch gebildete oder gelehrte Erfahrung. Die als besser oder schlechter klassifizierten Erfahrungsweisen mussten mit jedem Artikel neu umschrieben werden. Die in den Artikeln positiv konnotierte Erfahrungsform stimmt in weiten Teilen – zumindest implizit – mit der in der wissenschaftshistorischen Forschung herausgearbeiteten Geschichte der *observatio* überein:[280] Dieser im 16. Jahrhundert unter Medizinern und Astronomen in Gebrauch gekommene Terminus gilt als begrifflicher Träger einer neuen Konzeptualisierung von Erfahrung, die – das ist entscheidend – erstmals zwischen einer gewöhnlichen und einer gelehrten Erfahrung unterschieden hat. Folgt man der begriffshistorischen

S. 1429, Wintersaaten (wie Anm. 257), S. 1452, Ausserordentliche Hühnereyer durch besondere Nahrung, in: Der fleißige und fröhliche Wirthschaftsmann 3 (1812), S. 94, Über die Geburt der Thiere, in: Der fleißige und fröhliche Wirthschaftsmann 3 (1812), S. 193–196, S. 194, Bewährtes Mittel zur Heilung der Schaafpocken, in: Der fleißige und fröhliche Wirthschaftsmann 3 (1812), S. 292–294. Darüber hinaus wurde noch eine hier nicht vertiefte Gruppe von Aussagen kodiert, in denen „Erfahrung" positiv als Argument innerhalb von Empfehlungen, die an Bauern gerichtet sind, verwendet wird. Dies mag als Indiz für die hohe Akzeptanz von erfahrungsbasiertem Wissen insgesamt und in der ländlichen Gesellschaft gelten oder zumindest darauf hindeuten, dass Autoren dies so einschätzten.

279 Wintersaaten (wie Anm. 257), S. 1447.

280 Im Folgenden beziehe ich mich in erster Linie auf L. Daston, Die Akademien und die Neuerfindung der Erfahrung im 17. Jahrhundert, in: B. Parthier (Hg.), Academia 350. Die Leopoldina-Feiern in Schweinfurt und Halle 2002 (Nova acta Leopoldina Neue Folge, 325 = 87), Stuttgart 2003, S. 15–33, dies., The Empire of Observation, 1600–1800, in: L. Daston/E. Lunbeck (Hgg.), Histories of scientific observation, Chicago 2011, S. 81–113 und G. Pomata, Observation Rising: Birth of an Epistemic Genre, 1500–1650, in: L. Daston/E. Lunbeck (Hgg.), Histories of scientific observation, Chicago 2011, S. 45–80.

Forschung Gianna Pomatas, so sind die *observatio* sowie ihr Träger, der *observator*, als Gegenbegriffe zu den älteren Begriffen *experimentum* und *experimentator* entstanden, welche im Mittelalter vor allem mit dem medizinischen Genre der Sammlung von Rezepten und Kuren verbunden war. Die *observatio* erscheint dabei nicht an letzter Stelle als Mittel der sozialen Distinktion:

> [...] the term *experimentator* was associated with *empiricus* – definately not a flattering association, especially in medicine, where the collections of *experimenta* often included remedies drawn from the experience of illiterate peasants and old women. In whatever context the word *observator* and *observatio* come up, in contrast, they invariably carry a strong connotation of high-status learning and assertive professional pride – not at all the stuff of just anybody's experience [...].[281]

War mit dem früheren aristotelisch-scholastischen Term *experientia* noch eine Erfahrung egal welchen anonymen Beobachters gemeint, so wurde die *observatio* das Etikett einer spezifisch gelehrten Erfahrung und darüber hinaus zum bevorzugten Genre der Publikationen der Wissenschaftsakademien im 17. Jahrhundert. Im Zuge dessen war bereits früh eine Grenze gezogen – in den Worten Lorraine Dastons:

> By the late seventeenth century, special procedures, carried out by specially qualified people under special circumstances, distinguish the scientific observation from the all-pupose remark. At the very least, scientific observers were expected to exercise unusual care [...].[282]

Nachweisen konnte die *observatio*-Forschung vor allem, dass das Bewusstsein für einen Unterschied zwischen gewöhnlich und gelehrt Ende des 17. Jahrhunderts bereits stark ausgebildet war bzw. schärfer wurde. Der sorgfältige Beobachter *(diligent observer)* war als eine neue Selbstzuschreibung vor allem Anspruch und Ideal, welches am Anfang der modernen Wissenschaften stand. Bei den prominentesten naturforschenden Gelehrten lässt sich durch das gesamte 18. Jahrhundert hindurch (und darüber hinaus) eine beständige Arbeit an jenem Sorgfaltsanspruch und seiner Umsetzung beobachten.[283] Mit anderen Worten, die Trennung zwischen

---

281 Ebd., S. 53. Ähnlich bei L. Daston, Empire of Observation (wie Anm. 280), S. 85: „In the medieval period through the early 17th century, these words [experientia, experimentum] were often used interchangeably, covered a broad range of empirical procedures ranging from experience in general to the artisanal trial or medical recipe [...]."

282 Ebd., S. 91.

283 S. für anschauliche Beispiele ebd. Den gleichen Anspruch einer besonderen Sorgfalt erhob übrigens auch Thaer um 1800, wie später zu sehen sein wird, in der Abgrenzung seines Ansatzes gegenüber anderen experimentierenden AgrarproduzentInnen (s. Kapitel 3.5).

gewöhnlich und gelehrt, zwischen einer alltäglichen und einer wissenschaftlichen Erfahrung hatte einen langen diskursiven Vorlauf, bevor sich durch Standardisierung der Methoden, präzisere Messgeräte usw. eine immer konkreter werdende Trennung herausbildete, die im 19. und 20. Jahrhundert zu einer nicht mehr zu überwindenden Kluft, dann zwischen Laien und WissenschaftlerInnen wurde. Die Trennung zwischen einer bäuerlichen und einer gelehrten Erfahrung ist, wie oben gesehen, auch im *Wirthschaftsmann,* deutlich nachweisbar. Ohne Frage brachten Volksaufklärer in ihren Texten zum Ausdruck, dass sie sich selbst als Teil der gelehrten Welt ansahen und wenn nicht als Vertreter, so zumindest als Kenner und kompetente Vermittler der umschriebenen wissenschaftlichen Erfahrungsform.[284] Die allgemeine Beanspruchung und Aneignung von Wissenschaftlichkeit seitens der Protagonisten der Ökonomischen Aufklärung, zumal der Autoren, die sich als Praktiker bezeichneten, ist ein bemerkenswertes Charakteristikum, das in Kapitel 4.1 wieder aufgegriffen wird. In der ambivalenten Verwendung des Erfahrungsbegriffs sind in der deutschen Zeitschrift kurz nach der Wende zum 19. Jahrhundert jedenfalls die gleichen Distinktionsmechanismen zu erkennen, die in den oben genannten Forschungen für das 17. Jahrhundert herausgearbeitet wurden. Eine als positiv bewertete Erfahrung wurde hier wie dort an einen gelehrten bzw. gebildeten Autor gebunden. Andererseits und erstaunlicherweise ist jedoch keine begriffliche Festlegung in den volksaufklärerischen Artikeln festzustellen. Weder ist Beobachtung *(observatio)* als abgrenzender Begriff etabliert noch gibt es einen anderen feststehenden Begriff. Obwohl Volksaufklärer offenbar Ähnliches konzeptuell voraussetzten, was bereits unter reformorientierten Naturforschern früherer Generationen als eine wissenschaftliche Erfahrung gegolten hatte, mangelte es ihnen offenbar an einem einigenden Schlagwort.

3.3 Landwirtschaft an der Universität: Professoren der Ökonomie

Wurde im vorigen Kapitel der Blick auf die Sphäre der kleinen AgrarproduzentInnen bzw. in der polemischen Terminologie einer frühen Volksaufklärung die Figur des Sudelwirts angesprochen, so ist dieses Kapitel seinem strikten Gegenteil gewidmet – polemisch: der Figur des Stubenökonomen. In den folgenden Abschnitten wird der Frage nachgegangen, welche Bedeutung dem Wissensobjekt Landwirtschaft speziell bei den Professoren für Ökonomie, Kameral- und Polizeiwissenschaften und damit den im höchsten Maß gelehrten Akteuren der

284 Dies gilt in gleicher Weise für experimentierende Gutsbesitzer, die als Autoren in den *Oeconomischen Nachrichten* auftraten, s. Kapitel 3.4.

Ökonomischen Aufklärung, die als Theoretiker bezeichnet wurden, zukam. Nebenbei bemerkt, währte ihr Status als Theoretiker der Landwirtschaft nicht besonders lang. Bei Max Güntz lässt sich ein entsprechender Wandel der Klassifizierung gut ablesen: In der Zeit vor 1800 galten ihm die „kameralistisch-landwirtschaftlichen Schriftsteller" als Theoretiker. Nach 1800 lösten Justus Liebig und die Anhänger der Agrikulturchemie die Kameralisten als so genannte Theoretiker ab. Jonathan Harwood setzt diese Einteilung in seiner Studie für das 19. Jahrhundert voraus, wenn er für die deutschen landwirtschaftlichen Fachhochschulen einen „academical drift" zur naturwissenschaftlichen Theorie statt zur Agrarpraxis feststellt. ‚Theorie' zielt bei ihm auf die Naturwissenschaften und nicht etwa auf eine ökonomische Theorie im Sinne der Nationalökonomie bzw. Volkswirtschaftslehre.[285] Einige der ökonomischen Theoretiker der Spätaufklärung, das heißt Professoren für Ökonomie wie Johann Heinrich Gottlob von Justi (1717–1771) oder Johann Beckmann (1739–1811), sind über die Wirtschaftsgeschichte hinaus bekannt geblieben. Justi schrieb unter anderem Gelehrtensatiren und scheiterte auf bemerkenswerte Weise als preußischer Bergrat; Beckmann wird vor allem als Schöpfer des Begriffs der Technologie erinnert.[286] Die akademische Vorbildung der universitären Landwirtschaftsexperten, die als erste Vertreter ihres Faches Autodidakten der Landwirtschaftslehre sein mussten, konnte von den Rechtswissenschaften, über Theologie und Naturphilosophie bis hin zur Geschichte variieren. Bei aller Kritik, die diese Akteure im Diskurs der Ökonomischen Aufklärung ernteten, zollten Kommentatoren ihnen in der zweiten Hälfte des 18. Jahrhunderts grundsätzlich dafür Respekt, dass sie der Landwirtschaft erstmals im Raum der Universität einen Platz geschaffen hatten. Dieser Raum entstand ab 1727, als das Lehrfach in Preußen an den Universitäten Halle an der Saale und Frankfurt an der Oder erstmals eingerichtet wurde. Einmal etabliert an der Universität, bildete sich in ihrem Rahmen ein entsprechend eigentümliches Wissensobjekt der Landwirtschaft heraus, dessen Kernelemente hier kurz angesprochen werden sollen, bevor zwei Einzeltextanalysen Charakter und Entwicklung jener universitären Landwirtschaftslehre vertieft darstellen.

---

285 M. Güntz, Landwirtschaftliche Literatur (wie Anm. 51), J. Harwood, Technology's dilemma. Agricultural colleges between science and practice in Germany, 1860–1934, Oxford 2005.

286 Zu Justis tragischem Werdegang s. A. Wakefield, The disordered police state. German cameralism as science and practice, Chicago/Ill 2009. Zu Beckmann s. G. Bayerl (Hg.), Johann Beckmann (1739–1811). Beiträge zu Leben, Werk und Wirkung des Begründers der allgemeinen Technologie (Cottbuser Studien zur Geschichte von Technik, Arbeit und Umwelt 9), Münster u.a. 1999. Eine Auflistung der älteren Forschungsliteratur zu den Kameral- und Polizeiwissenschaften gibt A. Schindling, Bildung und Wissenschaft in der frühen Neuzeit, 1650–1800 (Enzyklopädie deutscher Geschichte 30), München 1994, S. 70 f.

Von Beginn an stand die Landwirtschaft an der Universität nicht allein im Fokus, sondern zusammen mit Manufakturen, Bergwerken, Post- und Wasserregalien bis hin zu Landesgesetzen gegen das Betteln. Das Fächerkonglomerat Ökonomie, Kameral- und Polizeiwissenschaften hatte einen mehr oder weniger klar umrissenen Zweck: die Ausbildung von Beamten für den Staat. Eine staatliche Perspektive muss dementsprechend als maßgeblicher Einflussfaktor dafür in Rechnung gestellt werden, *wie* Landwirtschaft an der Universität – und nicht nur dort – repräsentiert wurde. Der „Endzweck" der Universitäten, so machte Justi in der Vorrede seiner *Staatswirtschaft* (1755) unmissverständlich klar,

> in sofern sie öffentliche Anstalten des Staats sind, kann kein anderer sein, als daß die auf den niedern Schulen vorbereitete Jugend in aller derjenigen Erkenntniß und Wissenschaften genugsam unterrichtet werde, die sie nöthig haben, um dereinst als Bediente des Staates und rechtschaffene Bürger dem gemeinen Wesen nützliche Dienste zu leisten, und ihre Pflichten vollkommen erfüllen zu können.

Dieser Grundsatz begründete für Justi die Berechtigung (sogar die Notwendigkeit) des Faches, denn aus „diesem unläugbaren Endzwecke der Universitäten und hohen Schulen folget, deucht mich, ganz offenbar, daß es eine der vornehmsten Beschäftigung dieser Anstalten seyn müsse, die ökonomischen und Cameralwissenschaften zu lehren."[287] Als Bergrat und Polizeidirektor in Göttingen hielt Justi auch Vorlesungen an der dortigen Universität.[288] In der Mitte des Jahrhunderts entstanden zahlreiche Lehrstühle, denen in den 1780er Jahren weitere Gründungen folgten.[289] Mit Popplow kann die staatliche Förderung der akademischen ökonomischen Lehre als Facette der Ökonomischen Aufklärung aufgefasst werden, da sie auf die Wahrnehmung, „dass den Beamten der expandierenden Territorialverwaltungen Fachwissen für die Umsetzung agrarisch-gewerblicher Innovationen ‚von

287 J. H. G. von Justi, Staatswirthschaft oder Systematische Abhandlung aller Oekonomischen und Cameral-Wissenschaften, die zur Regierung eines Landes erfodert werden […], Leipzig 1758 [1755], S. XX f.

288 S. E. Dittrich, Art. Justi, Johann Heinrich Gottlob, in: Neue Deutsche Biographie (10) 1974, S. 707–709.

289 W. Stieda, Die Nationalökonomie als Universitätswissenschaft, Vaduz/Liechtenstein 1978. Allgemein zur Geschichte und zum Status der Kameralwissenschaften K. Tribe, Governing economy. The reformation of German economic discourse, 1750–1840, Cambridge 1988, A. Wakefield, Disordered (wie Anm. 286), M. Sandl, Ökonomie des Raumes. Der kameralwissenschaftliche Entwurf der Staatswirtschaft im 18. Jahrhundert (Norm und Struktur 11), Köln 1999 und die Beiträge in M. Seppel/K. Tribe, Cameralism (wie Anm. 110).

oben' fehlte", reagierte.[290] Hinsichtlich der hier untersuchten Aushandlung von Wissensansprüchen sind professorale Akteure darüber hinaus sogar in besonderer Weise zu berücksichtigen, brachten sie doch wiederholt den Anspruch in die Diskussionen ein, *die* maßgeblichen Vertreter einer wissenschaftlichen Ökonomie zu sein. Universitäre Ökonomen blieben indes mit ihrem Wissensanspruch nicht ohne Gegenwind. Dem stärksten diskursiven Druck unterlagen sie, so legt es die Fülle ihrer Rechtfertigungen nahe, mit ihrem wachsenden Anspruch auch für die Agrarpraxis nützlich zu sein. Von Juristen und Apothekern verlange auch niemand, dass sie bereits im Studium praktizieren, beklagte beispielsweise Beckmann 1775. Das landwirtschaftliche Studium werde dagegen aus demselben Grund von vielen Praktikern verspottet und gelte als unnütz.[291] Die Überzeugung, auch Agrarpraktikern etwas bieten zu können, ja sogar im Besitz notwendiger wissenschaftlicher Kenntnisse zu sein, die jeder größere Landwirt erlangen müsse, um erfolgreich zu praktizieren, verstärkte sich im Lauf des Jahrhunderts in den Professorentexten. Dies dürfte nicht zuletzt mit der fortlaufenden Bearbeitung und Ausdifferenzierung des Fachgebiets zusammenhängen, was unter anderem dazu führte, dass Inhalte immer schärfer gefasst und gegeneinander abgesetzt wurden. Dem Teilgebiet der Ökonomie, verstanden als Landwirtschaftslehre, wurden eigene Lehrbücher gewidmet. Nicht zuletzt aus Zeitgründen, nämlich um ein Teilgebiet binnen eines Semesters abhandeln zu können, begründete Beckmann in den *Grundsätzen der teutschen Landwirthschaft* (1769) für sich eine strenge Ausscheidungspraxis: Alle Inhalte, die seiner Einschätzung nach nicht im engen Sinn zur Landwirtschaft gehörten, versuchte er in die anderen Teilgebiete des Großfaches zu verschieben.[292] Und so ist es nicht zuletzt auf stringentes Zeitmanagement zurückzuführen, dass unter der Hand der Kameralgelehrten landwirtschaftliches Wissen in eine andere Perspektive geriet, für die die Bezeichnung ‚kameralistisch' schließlich nicht mehr passend erscheint, nämlich Landwirtschaft aus der Perspektive des Agrarproduzenten. In der Tat, auch bei den von Güntz als kameralistisch-landwirtschaftlich bezeichneten Autoren finden sich unstreitig immer wieder Passagen, die diese Perspektive eines idealen Landwirts, des progressiv eingestellten Gutsbesitzers – oder im heutigen Sinn: eines Betriebswirts – einnehmen. Die später von Thaer als Grundsatz seiner rationellen Landwirtschaft festgehaltene Maxime, dass der höchste Gewinn bei geringstem Einsatz als höchster Zweck der Landwirtschaft

---

290 M. Popplow, Bienen, Ochsenklauen, Beamte (wie Anm. 187), S. 217.

291 J. Beckmann, Landwirthschaft (wie Anm. 133), S. XVII f.

292 Er habe es „gewagt" die Landwirtschaft von den Kameral- und Polizeiwissenschaften getrennt abzuhandeln, denn in einem halben Jahr seien unmöglich alle drei Felder abzuhandeln, s. ebd., S. III (Vorrede zur ersten Auflage).

gilt, ist in gleicher Weise schon bei einigen der Kameralisten nachzuweisen.[293] Selbstverständlich war es dennoch ein im Großen und Ganzen staatsökonomischer Blick, den die akademischen Lehrer in die Landwirtschaft, auf die Wälder oder in die Bergwerke warfen: Landwirtschaft musste neben anderen Sektoren im Sinn der Konkurrenzfähigkeit des Staates gefördert und gelenkt werden, die Ernährung der Bevölkerung hatte unabhängig zu sein, Getreideautarkie war nach einer weit verbreiteten Ansicht anzustreben. Um Teuerung und Hungersnöten vorzubeugen, plädierten Kameralisten für die Produktion und Lagerung von überschüssigem Getreide in Magazinen. Obwohl sich also privatwirtschaftliche Perspektiven des individuellen Landwirts in den Texten der Professoren finden, ist jene obrigkeitliche Perspektive einer wirtschaftlichen Ordnung und Lenkung für das Fachgebiet der Ökonomie, Kameral- und Polizeiwissenschaften mit seinem Zweck der Beamtenausbildung insgesamt als dominant zu bezeichnen. Die gleiche paternalistische Perspektive ist im Übrigen nicht nur Kameralisten zuzuschreiben, sondern als eine allgemein verbreitete Haltung im landwirtschaftlichen Diskurs zu betrachten. Als prominentes Beispiel wurden in dieser Hinsicht Haller und andere Mitglieder der *Oekonomischen Gesellschaft Bern* untersucht, die zum Schutz des Berner Territoriums explizit gegen den Freihandel und für die Vorratshaltung von Getreide plädierten.[294] Die im 19. Jahrhundert sich durchsetzende Idee, dass maximierter Eigennutz der gesamten Volkswirtschaft zum Vorteil gereichen könne, wurde in den Agrardiskussionen des 18. Jahrhunderts insgesamt selten explizit zum Ausdruck gebracht. Staatliche und private Interessen galten vielmehr häufig als widerstreitend.

Von der Warte eines Landwirtschaftsadministrators ist auch der Hang zur Statistik nachzuvollziehen, den einige Kameralisten in ihrer noch vorstatistischen Zeit zum Ausdruck brachten. Nach Justis Vorstellung sollten sämtliche großen und kleinen Güter des Landes erfasst sowie alle Feldfluren vermessen werden, einschließlich einer qualitativen Bestimmung der darin liegenden Böden. Dokumentiert werden sollte auch, wie viele Äcker noch unbebaut verblieben. Zusammen mit der Kenntnis der genauen Einwohnerzahl, die ebenfalls erst hätte erhoben werden müssen, könne der Kameralist sowohl die Nachfrage als auch das Getreidepotential des Landes genau bestimmen. Die Datensammlung besaß, wie Justis

---

293 S. z. B. J. v. SONNENFELS, Grundsätze der Polizey, Handlung und Finanz. Zu dem Leitfaden des politischen Studiums, zweyter Theil: die Handlung, Wien 1787, S. 35 oder J. BECKMANN, Landwirthschaft (wie Anm. 133), S. 58 f. Zu Sonnenfels s. S. KARSTENS, Lehrer – Schriftsteller – Staatsreformer. Die Karriere des Joseph von Sonnenfels (1733–1817) (Veröffentlichungen der Kommission für Neuere Geschichte Österreichs 106), Wien 2011.

294 R. WYSS/M. STUBER, Paternalism (wie Anm. 72), M. STUBER, Vous ignorez (wie Anm. 20), S. 528–531.

nie umgesetzte Idealvorstellung zeigt, aus staatsökonomischer Sicht einen herausragenden Stellenwert. Nicht verwunderlich ist deshalb auch, dass die Tabelle – ein Papier, das in jeden Amtsbezirk geschickt werden konnte – als herausragendes Werkzeug galt. Ohne die Datengrundlage, die eine in jedem Amtsbezirk ausgefüllte und zentral ausgewertete Tabelle gewährleistete, konnte ein Landwirtschaftsadministrator in Justis' Augen „nichts gegründetes und wirksames leisten".[295] In jenen kameralistischen Tabellen deuteten sich Ansätze einer im heutigen Sinn empirischen Sozialforschung bei einer Reihe von Professoren an. Dennoch galten sie in der medialen Öffentlichkeit oftmals polemisch als rein spekulative Theoretiker. Vor allem Kommentatoren, die die Einrichtung alternativer Lehrinstitute für das Studium der Landwirtschaft auf dem Land diskutierten, kritisierten die Universitätslehre als zu praxisfern.[296] Eine dezidierte Reaktion auf jene geforderte Praxisnähe – hier aber nicht speziell auf die Landwirtschaft, sondern klar bezogen auf die Beamtenausbildung – stellt die *Kameral-Schule* in Lautern dar. Sie entstand auf Initiative der *kurpfälzischen physikalisch-ökonomischen Gesellschaft* 1774, wurde durch den Kurfürsten gefördert und 1779 zur *Kameral-Hohen-Schule* ernannt, deren Besuch dann für zukünftige Staatsbeamte verbindlich war. Das Lehrangebot dieser Ausbildungsstätte, die 1784 der Heidelberger Universität angegliedert wurde, umfasste – anders als an Universitäten üblich – gewerbliche wie landwirtschaftlichen Exkursionen und konnte darüber hinaus auf einen ökonomischen Garten, eine Sammlung agrartechnischer Modelle, ein Naturalien- wie physikalisches Kabinett sowie ein chemisches Labor zurückgreifen.[297] Auch an den Universitäten wurden praxisbezogene Ansätze, vergleichbar mit ihrer Umsetzung an der *Kameral-Hohen-Schule,* immerhin durchdacht und teilweise

---

295 J. H. G. von Justi, Staatswirthschaft (wie Anm. 287), S. 110–113, Zitat auf S. 113. Ein früher Versuch zur statistischen Erfassung der Landwirtschaft ist mit den Fragebögen gegeben, die das 1664 eingerichtete *Georgical Committee* der *Royal Society* in alle Teile Englands, Schottlands und Irlands schickte, s. Enquiries Concerning Agriculture, in: Philosophical Transactions 1 (1665), S. 91–94

296 Eine Übersicht zur Diskussion, mit Verweisen auf den Zeitschriftendiskurs, findet sich in Art. Ökonomisches Institut, in: Oeconomische Encyklopädie 105 (1807), Sp. 64–77.

297 M. Popplow, Bienen, Ochsenklauen, Beamte (wie Anm. 187), S. 216–225. Mit der Angliederung an die Heidelberger Universität erfolgte eine weitere Umbenennung in *Staatswirtschafts-Hohe-Schule.* Diese bestand bis zur Auflösung 1822, das Lehrpersonal wurde der philosophischen Fakultät zugeordnet. In der Folge verlor der vormals betonte Praxisbezug der Lehre an Bedeutung, die sich in Richtung der universitären Nationalökonomie weiterentwickelte, s. ebd., S. 230 f., und die Beiträge in K. Kremb (Hg.), Wissensdialog und Wissenstransfer. Von der Aufklärungsgesellschaft des 18. zur Kompetenzgesellschaft das 21. Jahrhunderts (Veröffentlichungen der Pfälzischen Gesellschaft zur Förderung der Wissenschaften 113), Speyer 2015.

auch realisiert. Einige Professoren versuchten durchaus über Bibliotheken und Vorlesungen hinaus weitere Lernmöglichkeiten zu schaffen – ein prominentes Beispiel ist der ökonomische Garten Beckmanns in Göttingen. Der Garten, in dem landwirtschaftliche Gewächse kultiviert wurden, sollte vor allem die botanische Kenntnis der Pflanzen fördern, indem sie den Studenten während der Vorlesung *in natura* vorgezeigt wurden. Beckmann, selbst Mitglied der kurpfälzischen ökonomischen Sozietät, war freilich der optimistischen Auffassung, dass der Vortrag über die Feldbestellungsarten allein durch die Existenz des Gartens „praktisch" gemacht würde.[298] Diese Auffassung wurde von kaum einem Autoren, der sich Praktiker nannte, akzeptiert, und dennoch ist sie ein Indiz für eine Abkehr der Kameralgelehrten von ihren traditionellen universitären Praktiken und ihre Öffnung über den Weg der Naturkunde: Textpraktiken wurden durch naturkundliches Sammeln und Demonstrieren ergänzt. Daran anschließend ist auf die außerordentliche Wertschätzung hinzuweisen, die Kameralgelehrte den damaligen Naturwissenschaften im Lauf des Jahrhunderts zunehmend entgegenbrachten. In der Historiografie des 19. Jahrhunderts, dann vom Standpunkt der modernen Agrarwissenschaften aus, wurde dies den Kameralgelehrten besonders angerechnet und hervorgehoben, dass sie die damaligen Naturwissenschaften als so genannte Hilfswissenschaften in das Fach der Ökonomie integriert hätten. In einigen Texten ging Landwirtschaft quasi vollends in den „Naturwissenschaften" auf, so insbesondere bei Beckmann, bei dem sie „die Gründe von jedwedem Verfahren in der Landwirthschaft" enthielten, „so daß diese fast nur eine Anwendung derselben [der Naturwissenschaften] auf die Gewinnung der Naturalien" war.[299] Zieht man in Betracht, dass die Herstellung künstlicher Düngemittel, die als erster sichtbarer Effekt angewandter naturwissenschaftlicher Forschung in der Landwirtschaft gelten, erst weit im 19. Jahrhundert gelang, so ist der prognostische Charakter der Rede von den Naturwissenschaften im 18. Jahrhundert hervorzuheben. Das Bewusstsein ihrer (potentiellen) technischen Anwendbarkeit wurde von den Kameralgelehrten auch als ein Argument zur Legitimierung der Landwirtschaftslehre angeführt. Die Untersuchung der Natur sei bei jedem Nahrungsgeschäft zugrunde zu legen, so ein Autor in den *Leipziger Sammlungen,* „wenn man immer vernünfftiger und besser wirtschafften oder einmal gründlich von der Wirtschafft dencken will". Nicht nur zukünftige Polizey- und Kammer-Beamte, sondern auch gemeine Wirte sollten deshalb in die „Geheimnisse

298 J. Beckmann, Landwirthschaft (wie Anm. 133), S. X.

299 Ebd., S. V. Wichtigste Hilfswissenschaften waren für Beckmann Mineralogie, Chemie, Botanik, Naturlehre und Teile der Mathematik.

der Naturgelehrten" eingeweiht werden.[300] Es blieb allgemein kein Zweifel darüber offen, dass eine landwirtschaftliche Praxis mit Naturwissenschaft, das hieß in der Regel mit Naturgeschichte, Chemie, Mathematik und Physik, vollkommener und nützlicher als eine Landwirtschaft ohne Naturwissenschaft sein würde. Eine Kenntnis etwa der Naturgeschichte war deshalb gleichzeitig ein Distinktionsmerkmal, denn sie erhob in den Worten Beckmanns den „gelehrte[n] Landwirth" über den „bloßen Praktiker".[301]

Eine alleinige Interessenvertretung der wohlhabenden Landbesitzerschicht kann Kameralgelehrten trotz oder gerade aufgrund ihrer Nähe zur fürstlichen Verwaltung und Regierung nicht zugeschrieben werden. Während zwar Justi noch Privilegien für große Landgüter verteidigt und die Verantwortung für das Wohlergehen der „geringern Landleute" an die wohlhabenden Landgutbesitzer delegiert hatte, kritisierte Beckmann dieses Modell später als verfehlt. Weder unterstützten die Großen die Kleinen noch seien die großen produktiver als die kleinen Güter und deshalb zum Erhalt des Staates auch nicht zwingend notwendig.[302] Auch sprachen sich Kameralgelehrte mit dem Argument der höheren Wirtschaftlichkeit für die Abschaffung der Frondienste bzw. für deren Umwandlung in Geldrenten aus. Diese gesellschaftsgeschichtlich als moderat bis progressiv einzustufenden Aussagen, seien sie vom Motiv her auf eine liberale Wirtschaftsverfassung oder auf eine gelenkte Harmonie aller im Staat ausgerichtet, stehen freilich in einem Gegensatz zu einem im 18. Jahrhundert verbreiteten Bild des bösen Kameralisten und Plusmachers, welches Andre Wakefield in seiner Studie zum deutschen Kameralismus unter anderem mit Bezug auf das Berufsleben von Justi radikal bestätigt: Ihm zufolge bestand die Funktion der Kameralwissenschaften allein darin, das negative Image der fürstlichen Kammern aufzubessern.[303] Diese Lesart, in der Kameralgelehrte als Öffentlichkeitsarbeiter der Fürsten erscheinen, mag in Teilen zutreffend sein. Die bei Wakefield absolut gesetzte Bindung an die fürstliche Kammer trifft jedoch nur bedingt zu bzw. unterlag einem Wandel – zumindest wenn die voranschreitende Differenzierung des Faches berücksichtigt wird, woraus, wie oben angemerkt, auch eine Perspektive des individuellen Agrarproduzenten in den Texten und Argumentationen der Professoren entstehen konnte. Die folgenden Abschnitte, in denen zwei individuelle Wissensangebote in Einzeltextanalysen

300 Einige Abhandlungen von den Seiden-Würmern, und dem in Niedersächsischen Gegenden möglichen und nützlichen Seidenbau, in: Leipziger Sammlungen 6 (1750), S. 607–644, S. 620.

301 J. Beckmann, Landwirthschaft (wie Anm. 133), S. V.

302 J. H. G. von Justi, Johann Heinrich Gottlobs von Justi Grundsätze der Policeywissenschaft. In einem vernünftigen, auf den Endzweck der Policey gegründeten, Zusammenhange und zum Gebrauch Academischer Vorlesungen abgefasset, Göttingen 1782 [1756], S. 111 f.

303 A. Wakefield, Disordered (wie Anm. 286), S. 137 f.

vorgestellt werden, zeigen unter anderem dies. Im Anschluss an die beiden kameralistischen Positionen – eine sehr frühe und eine sehr späte – werde ich noch einmal allgemein die Wissenspraxis der Kameralgelehrten diskutieren.

Das erste Wissensangebot vom Standpunkt einer ökonomischen Professur

Simon Peter Gasser (1676–1745) war seit 1727 ordentlicher Professor für Kameral-, Ökonomie- und Polizeiwissenschaften in Halle an der Saale und veröffentlichte zur Unterstützung seines Unterrichts ein Lehrbuch. Seine *Einleitung in die Ökonomie, Polizei- und Kameralwissenschaften* (1729) enthält einen Vorbericht, in dem er die Gründung der „neuen oeconomischen Profession" beschreibt, wodurch dieses Buch die Aura eines Gründungsdokumentes der universitären Landwirtschaftslehre erhält.[304] Wie schon aus früheren kameralistischen Texten bekannt, forderte auch Gasser in seiner Schrift eine Optimierung der Beamtenausbildung und sprach sich gegen das – wie es heute heißen würde – *learning by doing* der Beamtenwirklichkeit aus.[305] An der mangelhaften Vorbereitung der Rechtsstudenten liege es, so Gasser, dass sie, wenn sie eine Anstellung im Staatsdienst annehmen, wie „ABC-Schüler" bei Null anfangen müssten.[306] Deutlich wird in Gassers Text nicht nur, inwiefern ein Studium der Landwirtschaft ursprünglich ganz im Dienst der fürstlichen Verwaltung und Regierung stand, sondern auch, dass sein Eintritt in den akademischen Raum durch eine autoritäre Setzung des preußischen Königs Friedrich Wilhelm I. geschehen war: Aus „höchst eigener Bewegung", heißt es, habe der König entschieden, ökonomische Lehrstühle einzurichten.[307] Mit dem Abdruck eines Schreibens, das die königliche Urheberschaft

304 S. P. Gasser, Einleitung Zu den Oeconomischen, Politischen und Cameral-Wissenschaften, Worinnen für dieses mal die Oeconomica-Cameralia Von den Domainen- oder Cammer- auch andern Gütern erläutert werden […], Halle 1729. Dem ersten Band der Gasser'schen Einleitung folgte kein weiterer. Sie war die einzige deutschsprachige Schrift Gassers neben kürzeren lateinischen Texten zu juristischen Themen. Zeitgleich hatte Friedrich Wilhelm I. 1727 Justus Christoph Dithmar (1678–1737) einen gleichnamigen Lehrstuhl in Frankfurt an der Oder verliehen. S. dazu M. Sandl, Die Viadrina und der Aufstieg der ökonomischen Wissenschaften im Zeitalter der Aufklärung, in: R. Blänkner (Hg.), Europäische Bildungsströme. Die Viadrina im Kontext der europäischen Gelehrtenrepublik der Frühen Neuzeit 1506–1811, Schöneiche bei Berlin 2008, S. 195–222.

305 Allgemein zum kameralistischen Diskurs s. K. Tribe, Governing economy (wie Anm. 289). Erste Forderungen nach einer hochschulmäßigen Lehre der Ökonomie/Kameralwissenschaften datiert Tribe bereits auf die 1710er Jahre.

306 S. P. Gasser, Einleitung (wie Anm. 304), S. 4.

307 Ebd., S. 6.

des Lehrangebots nochmals unterstreichen sollte, hoffte Gasser, mehr Studenten für ein Ökonomiestudium begeistern zu können, ein Indiz dafür, dass seine Vorlesungen in den ersten zwei Jahren nur zögerlich angenommen worden waren. Justi wird später kritisieren, dass Gasser und Justus Christoph Dithmar sich zu sehr auf Landwirtschaft konzentriert hätten und somit das Studium für „Staatsleute" und „practische Cameralisten" sowie allgemein für Studenten uninteressant gemacht hätten, die die Landwirtschaft, bei Bedarf, allein durch die Erfahrung zu lernen gedachten.[308] Die Reaktion des universitären Umfelds auf das neue Fach wurde von Gasser nicht direkt angesprochen. Im zitierten Reskript an die Hallenser Universität drängte der König jedoch vorsorglich darauf, dass der neue Studiengang „gleichergestalt, wie die übrige Studia und Wissenschaften dociret werden" solle.[309] Landwirtschaft wurde somit, infolge einer machtvollen Setzung des Königs, im Rahmen der Ökonomie, Polizei- und Kameralwissenschaften zum universitären Gegenstand und in die bestehende Universitätsstruktur, hier in die juristische Fakultät, eingepflanzt.[310] Was konnte landwirtschaftliches Wissen unter diesen Umständen bedeuten?

Der Titel des Gasser'schen Lehrwerkes zeigt bereits an, inwiefern das neu zu etablierende Fach gemäß einer obrigkeitlichen Perspektive strukturiert war, das heißt auch die Landwirtschaftslehre in enger Bezugnahme auf die fürstliche Kammer konstituierte:

> Simon Peter Gassers Einleitung Zu den Oeconomischen Politischen und Cameral-Wissenschaften, Worinnen für dieses mal die Oeconomico-Cameralia Von den Domainen- oder Cammer- auch andern Gütern, deren Administration und Anschlägen, so wol des Ackerbaues als anderer Pertinentien halber, samt den Regalien angezeiget und erläutert werden.[311]

---

308 J. H. G. von Justi, Staatswirthschaft (wie Anm. 287), S. XIII. Vgl. aber die Einschätzung von Sandl, der Dithmars Lehrbuch als Prisma und eigentliches Gründungsdokument der Kameralwissenschaften auszeichnet, M. Sandl, Viadrina (wie Anm. 304), S. 204.

309 S. P. Gasser, Einleitung (wie Anm. 304), S. 7.

310 Das neue Fach der Ökonomie konnte aus formalen Gründen nur dann problemlos in den juristischen Fakultäten verankert werden, wenn der Lehrstuhlinhaber promovierter Jurist war. An manchen Universitäten wurden im Lauf des Jahrhunderts eigene Kameralfakultäten gegründet (Gießen, Mainz), andernorts wurde das Fach in die philosophische Fakultät integriert, s. K. H. Hennings, Aspekte der Institutionalisierung der Ökonomie an deutschen Universitäten, in: N. Waszek (Hg.), Die Institutionalisierung der Nationalökonomie an deutschen Universitäten, St. Katharinen 1988, S. 43–54, S. 45.

311 Zuvor las Gasser aus V. L. v. Seckendorff, Teutscher Fürsten-Stat, Frankfurt am Main 1665 (1656). Die Verquickung der Kameralwissenschaften mit dem finanziellen Interesse des Fürstenstaates ist bekannt. Eine betont kritische Lesart als PR-Instrument der Kammer liefert A. Wakefield, Disordered (wie Anm. 286), S. 11 f. Vgl. demgegenüber moderatere Lesarten, die

Im Mittelpunkt stand die Verwaltung der königlichen Domänen und Kammergüter sowie der Ämter mit den dazugehörigen Stadt- und Landgemeinden. Insbesondere ging es um „Anschläge" derselben, das heißt um die Art und Weise, wie der Güterwert kraft jeder einzelnen Entität geschätzt werden konnte – von Äckern, Wiesen, Wald und Weiden bis hin zu fürstlichen Regalien, Brauereien und Mühlen, Weidegerechtigkeiten und Frondiensten. Dies war im preußischen Fall besonders relevant, da die fürstlichen Besitzungen einschließlich der Ämter seit 1717 an autonome Verwalter verpachtet wurden. Pachtverträge mussten deshalb so aufgesetzt sein, dass möglichst hohe Gewinne für die Staatskasse erzielt werden konnten, ohne jedoch die Pächter dabei zu überfordern. Die inhaltliche Füllung des Wissensfeldes – der Güteranschlag an zentraler Stelle – korrespondierte folglich mit der oben genannten Zielgruppe der künftigen Verwaltungsstäbe. Sie bestand in erster Linie aus jenem Wissen, das für die administrative Erfassung und die Prognose der landwirtschaftlichen Erträge förderlich war. Als großes Hindernis, wenngleich nicht unüberwindlich, monierte Gasser für sein Fach die „Uneinigkeit der Gelehrten", die in keiner „Disziplin" so ausgeprägt sei wie in der Ökonomie.[312] Der Begriff „Disziplin" steht aus heutiger Sicht im Widerspruch zu dem chaotischen Zustand, den Gasser von der gelehrten Ökonomie zeichnete: Diese stehe als eine Weise in der gelehrten Welt, wo bisher nichts als „ökonomischer Kram" ans Tageslicht gekommen sei.[313] Als einen Bruch mit dem Chaos der Vergangenheit inszenierte er dagegen die Veröffentlichung seines Lehrbuchs, als den Versuch, Ordnung in die verwirrende Vielfalt von Lehrmeinungen und Streitfragen zu bringen und Grundregeln festzulegen, anhand derer sich junge Beamte fortan orientieren könnten. Während Gasser einerseits „Hauswirthe und Cameralisten"[314] als die streitenden Gelehrten ausmachte, traf sein härtester Vorwurf die zeitgenössische Rechtslehre. Als ohnehin mangelhaftes Qualifikationsstudium für den Staatsdienst sei statt der „edlen Jurisprudenz" an den Universitäten ein „eitler Wort-Kram" nach dem Beispiel der Philosophen in ihr etabliert worden.[315] Inwieweit Gasser allerdings selbst Teil dieser von ihm kritisierten diskursiven Praxis der Rechtslehre war (über Worte statt über Dinge zu streiten), wird nicht zuletzt durch eines seiner Kapitel zum Ausdruck gebracht,

etwa auch das gemeinnützige Element des Kameralismus betonen, in M. SEPPEL/K. TRIBE, Cameralism (wie Anm. 110). Zur Verpachtung der Domänengüter in Preußen seit 1717 s. z. B. O. BÜSCH (Hg.), Moderne preussische Geschichte 1648–1947. Eine Anthologie (Veröffentlichungen der Historischen Kommission zu Berlin), Berlin u.a. 1981, S. 317 f.

312 S. P. GASSER, Einleitung (wie Anm. 304), Vorrede sowie S. 2, 10, 18.

313 Ebd., Vorrede.

314 Ebd., S. 10.

315 Ebd., S. 3.

in dem er allein den Begriff der Domäne diskutiert.[316] Mit anderen Worten, für das neue ökonomische Fach markierte Gasser eine Differenz zur universitären Rechtslehre, aus der er – akademisch gesehen – stammte und in deren Mitte er sich noch leibhaft mit seinem ökonomischen Lehrstuhl befand. Dies war womöglich Teil seiner öffentlichen Werbestrategie, da seine Zielgruppe – angehende Kameralisten – traditionell die Rechte studierte, deren Dominanz gegenüber den kameralen Lehrstühlen Justi auch etwa 30 Jahre später noch beklagte.[317]

Ökonomie als administrative oder als individualwirtschaftliche Praxis

Die *Oeconomico-cameralia* Gassers zielten inhaltlich jedoch nicht nur auf die oben erwähnten wirtschaftsadministrativen Praktiken, denn er führte seine LeserInnen darüber hinaus detailliert in praktische Fragen des Landbaus ein. So entpuppt sich das Kapitel, welches allgemein die Anschläge von Gütern ankündigt, als eine Informationssammlung, die formal und inhaltlich auch als eine zeitgenössische Einleitung in den Landbau hätte herausgegeben werden können. Beginnend bei der Einschätzung der Bodenqualität, über Düngemittel und Bodenbearbeitung bis hin zur Saatgutbehandlung thematisierte Gasser grundlegende Elemente der landwirtschaftlichen Produktion – nicht selten aus der Perspektive eines Hauswirtes. Die inhaltliche Füllung seines Lehrbuches wich demzufolge, in Teilen zumindest, von einer Perspektive des Kameralisten, dem allein die Verwaltung der Staatsfinanzen oblag, ab. Interessant erscheint an dieser Stelle die Frage, aus welchen Quellen Gasser, der bis dato als Jurist, Kammerbeamter, Kriegs- und Domänenrat sowie als Juraprofessor gearbeitet hatte, dieses Wissen bezog. Karl Theodor von Inama-Sternegg sprach ihm eine „erstaunliche Detailkenntniß in wirthschaftlichen Dingen" zu; wobei ihm als Biografen offenbar auch nicht klar war, woher diese stammte.[318] Ob Gasser eine eigene Wirtschaft führte, ist nicht bekannt. Aus den Inhalten seines Buches sind zumindest ein weit getriebenes Studium agrarökonomischer Schriften sowie der persönliche Austausch mit Agrarproduzenten anzunehmen. Mit Bezug auf die Auswahl der Quellen ist für Gassers Wissensangebot charakteristisch, dass er aus heterogenen Quellen

---

316 Den gegen „reine Vernunftschlüsse" polemisierenden Empirismus der humanistischen Dialektiker bereits im 16. Jahrhundert beschreibt u.a. J. Stagl, Eine Geschichte der Neugier. Die Kunst des Reisens 1550–1800, Wien u.a. 2002, S. 135.

317 S. J. H. G. von Justi, Staatswirthschaft (wie Anm. 287), S. XXIV.

318 K. T. v. Inama-Sternegg, Art. Gasser, Simon Peter, in: Allgemeine Deutsche Biographie (8) 1878, S. 401–402.

schöpfte: Ländliche Gepflogenheiten bestimmter Landstriche stellte er neben Zitate antiker Agrarschriftsteller, in- und ausländische Landesbeschreibungen zog er ebenso heran wie ökonomische und naturkundliche Publikationen. Eigene Erfahrungen ergänzte er durch die seiner Freunde, die „geschickte Hauswirthe“, „Politiker“ und „tüchtige Kameralisten“ waren.[319]

> Ob es besser sey, den Ochsen das Joch an die Hörner oder Hälse zu legen, darüber streiten die Hauswirthe. Columella hat schon zu seiner Zeit das letzte besser gehalten, welches auch an sandigten und ebenen Orten also gemacht wird, wo aber Berg und Tahl ist, da findet man das erste gemeiniglich besser.[320]

Das Zitat zeigt exemplarisch, inwiefern Gasser im Vergleich zu Autoren der zweiten Jahrhunderthälfte noch wenig wertend zwischen altem und neuem Wissen, zwischen informellen und kodifizierten Wissensbeständen trennte.

Ökonomische Theorie

Der preußische König hatte auf den schlechten Zustand der Eigenökonomie junger Adeliger hingewiesen, die ihre Landgüter nach Studium oder Kavaliersreise nicht erhalten, geschweige denn vermehren könnten.[321] Diese nahe liegende Aufgabe, seine Zöglinge auf eine optimale Nutzung ihrer eigenen Wirtschaftsgüter vorzubereiten, übernahm Gasser allerdings nicht zur Legitimierung seines Lehrfaches. Der spezifische Sinn der agrarökonomischen Wissensvermittlung, der für sein Projekt gelten sollte, zielte stets auf die Vervollkommnung der Verwaltungspraxis. Verwaltungsbeamte müssten „Regeln“ von der „Land-Nahrung“ haben.[322] Anders als seine Detailkenntnis es vermuten lässt, sprach sich Gasser nicht ausdrücklich für eine Vermittlung so genannter *singularia* im Studium, sondern für die Vermittlung der *principia* aus: Kandidaten müssten „principia und fundamenta des Cameral-Policey und oeconomischen Wesen[s]“ schon verinnerlicht haben, damit sie diese im „officio“ nur noch „raffiniren“, das heißt auf die lokalen Verhältnisse anzuwenden wüssten. Alles, was über die Grundsätze hinausgehe, sei dagegen zu spezifisch und könne von Studenten nicht memoriert werden.[323]

---

319 S. P. Gasser, Einleitung (wie Anm. 304), S. 2 und 23.
320 Ebd., S. 92.
321 Ebd., S. 8 f.
322 Ebd., S. 18.
323 Ebd., S. 11.

Das neue Lehrfach diente also offiziell, wie hier deutlich zu sehen ist, nicht der Ausbildung von Agrarproduzenten, sondern der von Beamten, da mancher ein „guter und perfecter practibus in der Oekonomie sey", man ihn deshalb aber nicht als einen Kammer- oder Polizeibeamten gebrauchen könne.[324] Eine kompetente Beurteilung der landwirtschaftlichen Geschäfte vor Ort erfolgte nach Gasser genau dann, wenn ein Beamter allgemeine Grundregeln kannte, die er in der Praxis spezifizierte. Diese Vorstellung angewandter Theorie war ihm aus einem anderen Bereich wohl bekannt:

> Denn gleichwie ein guter Jurist sich allenthalben helfen kann, und gar bald weiß, wo er den Abfall oder die Abweichung der Provincial-Gesetze hie und da suchen solle: Also kan sich auch ein guter oeconomus all gar gut finden.[325]

Mit der Unterscheidung zwischen Grundsätzen einerseits und Praxisanwendungen dieser Grundsätze andererseits hob Gasser eine besondere Bedeutung der Theorie hervor und gab ihr, indem er Praxis als die Anwendung allgemeiner, das heißt theoretischer Sätze vorstellte, eine Vorrangstellung.[326] Mit dieser erkenntnistheoretischen Verortung legitimierte er sein Wissensangebot, das die Qualifikation von Beamten durch ein an allgemeinen Grundsätzen ausgerichtetes Universitätsstudium vorsah. Das erklärte Primat der Theorie spiegelte sich jedoch, wie bereits angedeutet, nicht in der Performanz des Lehrbuchs wider. Während Gasser der zu seiner Zeit anerkannten *Compendieusen Haushaltungs-Bibliothek* (1715) von Julius Bernhard von Rohr vorwarf, zu viele *specifica* und *practica* zu enthalten, sah er sich kurze Zeit später mit dem gleichen Urteil konfrontiert: Johann Hermann Fürstenau, ab 1730 Ökonomieprofessor in Rinteln, kritisierte Gassers Lehrbuch als „allzu weitschweifig".[327] Aus heutiger Sicht erscheinen die von Gasser zusammengetragenen Grundregeln tatsächlich eher spezifisch denn allgemein, was an der Art ihrer Recherche und nicht zuletzt anhand ihrer Darstellung

---

324 Ebd., S. 10.

325 Ebd., S. 18.

326 Vgl. dagegen J. C. Dithmar, Einleitung in die oeconomischen, Policey- und Cameral-Wissenschaften, Glashütten im Taunus 1971 [1745], S. 1 f. Dithmar verwies hier auf Kritiker, die das theoretische Erlernen der Landwirtschaft für nicht möglich hielten.

327 J. H. Fürstenau, Gründliche Anleitung zu der Haushaltungskunst, und denen dahin gehörigen fürnehmsten Schriften, Lemgo 1736, zit. bei K. Tribe, Governing economy (wie Anm. 289), S. 44. Ein kontrastierender Blick auf Dithmars kurz und bündig formulierte Schrift bestätigt dieses Urteil. Während Inama-Sternegg ihm eine „erstaunliche Detailkenntnis" attestiert, habe es Gasser andererseits an einer „höheren philosophischen, ethischen und historischen Auffassung" gänzlich gemangelt, s. K. T. v. Inama-Sternegg, Gasser (wie Anm. 318)

in Fallgeschichten festzumachen ist.[328] Abschließend sei einer dieser Fälle kurz erwähnt: Aus eigener Erfahrung berichtete Gasser im Lehrbuch, dass er es im Amt Athensleben ausnahmsweise durchgehen ließ, dass die in jedem dritten Jahr brachliegende Feldflur bebaut werden durfte. Diese Ausnahme habe er nur gemacht, da er wusste, dass der Amtsbezirk über sehr gute Böden sowie genug tierischen Dung verfügte, so dass die Fruchtbarkeit des Bodens trotz intensiverer Nutzung gewährleistet blieb.[329] Erst auf der Grundlage agrarökonomischer Fachkenntnis, das machte Gasser mit diesem Beispiel deutlich, konnte ein entscheidungsbefugter Beamter auch auf Initiativen, die aus der ländlichen Gesellschaft kamen, kompetent reagieren. In diesem Sinn erhielt konkretes landwirtschaftliches Wissen, welches streng genommen in die Domäne der AgrarproduzentInnen fiel, auch in seiner Konzeption einen begründeten Platz.

Der Landwirt als Zielgruppe bei Friedrich Benedict Weber (1804)

Etwa 70 Jahre nach Gassers ersten Schritten mit einer universitär ausbuchstabierten Landwirtschaftslehre war das Fach der Ökonomie im Rahmen der kameralistischen Lehrstühle im deutschsprachigen Raum inzwischen weit verbreitet.[330] In den folgenden Abschnitten wird ein weiteres Wissensangebot näher betrachtet und im Kontrast zu Gasser diskutiert. Die Wahl fällt mit Friedrich Benedict Weber (1774–1848) auf einen ordentlichen Professor der Ökonomie und Kameralwissenschaften in Frankfurt an der Oder (später in Breslau), der zugleich einer der produktivsten Agrarschriftsteller um 1800 war. Er behandelte die Landwirtschaft, ähnlich wie es in den 1770er Jahren bereits Beckmann getan hatte, als ein eigenständiges Wissensfeld. Carl Fraas bezeichnete ihn, vermutlich aus diesem Grund, als einen „der besten" der Kameralisten, da er eigentlich schon ein Lehrer der Landwirtschaft „im rationellen Sinn" gewesen sei.[331] Neben Einführungen in die Kameralwissenschaften und die Staatswirtschaft, die Weber von der Landwirtschaftslehre unterschied, publizierte er zahlreiche Abhandlungen, Hand- und Lehrbücher, Lexika und Zeitschriften zu landwirtschaftlichen Gegenständen.

328 Zur Bedeutung der Fallgeschichte für den Begriff einer gelehrten Erfahrung s. G. Pomata, A word of the empirics. The ancient concept of observation and its recovery in early modern medicine, in: Annals of science: the history of science and technology 68 (2011), S. 1–25 und dies., Observation rising (wie Anm. 280).

329 S. P. Gasser, Einleitung (wie Anm. 304), S. 102.

330 Umfassend dargestellt ist die Entwicklung in W. Stieda, Nationalökonomie (wie Anm. 289).

331 C. Fraas, Geschichte der Landwirthschaft (wie Anm. 77), S. 89. Dieses Urteil ist bei einem Fokus auf die Wissenspraktiken wenig nachvollziehbar, wie in der Folge zu sehen sein wird.

Ein besonderer Fokus lag dabei auf Grundlagenwerken, in denen er vorhandenes Wissen systematisch zusammenstellte und – häufig für den akademischen Unterricht – aufbereitete.[332] Zwischen 1803 und 1840 gab er eine 15-bändige Bibliografie der deutschen agrarökonomischen Literatur heraus. Von Gasser aus gesehen, blickte Weber bereits auf eine 70-jährige Geschichte einer von Kameralprofessoren gelehrten Ökonomie zurück, als er 1804 den ersten Band seines Handbuchs vorlegte. Dieser war als eine „enzyklopädisch-methodologische" Einführung in das Studium der Landwirtschaft konzipiert.[333] Webers *Systematisches Handbuch der Deutschen Landwirthschaft* [fortan: *Handbuch]* sollte – stark abweichend von Gasser – alles enthalten, was ein „Deutscher Landwirth der höhern Classe [...] zu wissen und zu kennen nöthig hat, um sein Landgut, seine Wirthschaft aufs beste zu verwalten, und aufs einträglichste zu nutzen".[334] Hatte Beckmann noch Kameralisten *und* Landwirte gleichermaßen als Zielgruppe beansprucht, so fällt bei Weber nun die einseitige Festlegung auf Landwirte ins Auge. Im Vergleich mit Gasser wird deutlich, inwiefern Landwirtschaft als universitärer Gegenstand aus dem engen und einzigen Bezug, den sie zur fürstlichen Verwaltung hatte, bei Weber gelöst war. Dessen *Handbuch* zielte nicht mehr auf ihre administrative Behandlung, sondern auf sie selber ab, in seinen Worten: auf die Vorbereitung praktischer Landwirte durch ökonomische Theorie. Wie Gasser argumentierte 70 Jahre später auch Weber noch mit dem Topos der Unordnung, der er mit seiner Schrift ein Ende zu setzen versprach. Dass inzwischen ‚wissenschaftlich' als eine Art Gütesiegel und als Abgrenzungskriterium in dem nach wie vor als undisziplinert wahrgenommenen Wissensfeld fungieren konnte, unterscheidet ihn hingegen von Gasser, für den der Terminus 1729 offenbar noch kein vergleichbares Potential geboten hatte: ‚Wissenschaftlich' wurde von Weber als entscheidender Abgrenzungsbegriff eingesetzt und nicht nur sozial kodiert (dazu später mehr), sondern auch semantisch verknüpft mit einer selbstverständlichen Fortschrittsrhetorik. Nur wer die Ökonomie wissenschaftlich betreibe, könne sie „weiter bringen"

332 Für eine Auflistung zahlreicher Schriften s. Art. Friedrich Benedict Weber, in: Landwirthschaftliches Conversations-Lexicon für Praktiker und Laien, Prag 1838, S. 789–792.

333 Von den weiteren drei geplanten Abhandlungen erschien nur noch F. B. Weber, Systematisches Handbuch der Deutschen Landwirthschaft zum Unterricht für wissenschaftlich gebildete Leser. Bd. 1, Abt. 2: Einleitung in die Lehren vom Pflanzenbaue im Allgemeinen nebst Einleitung in die gesammte ökonomische Produktionslehre, Züllichau/Freystadt/Leipzig 1805.

334 Ders., Systematisches Handbuch der Deutschen Landwirthschaft zum Unterricht für wissenschaftlich gebildete Leser. Bd. 1, Abt. 1: Einleitung in das Studium der Oekonomie. Besonders für wissenschaftlich Gebildete, Züllichau/Freystadt/Leipzig 1804, S. VIII f.

und „vervollkommnen".[335] Sein Buch richtete sich ja bereits im Titel besonders an wissenschaftlich Interessierte. Wissenschaftliches Betreiben der Ökonomie bedeutete für Weber wiederum kaum etwas anderes, als es bereits bei Gasser bedeutet hatte: ökonomische Theorie studieren. In der Tat stellt der gesamte erste Band seines *Handbuchs* eine Legitimation des akademischen Studiums dar.

Webers Buch war nach zeitgenössischen akademischen Kriterien aufgebaut. Es enthält zunächst ein Kapitel, in dem die wichtigsten Begriffe – Landwirtschaft und Landwirtschaftslehre – definiert werden, außerdem eine Methodologie und eine Geschichte der Landwirtschaft wie der Landwirtschaftswissenschaft. Der Löwenanteil des Buches besteht schließlich in einer umfangreichen Bibliografie ökonomischer Literatur, desgleichen beginnt jedes Kapitel mit ausgewählten Literaturhinweisen. Es zeigt sich hier in bemerkenswerter Weise, wie Weber seine wissenschaftliche Ökonomie technisch ausbuchstabierte – Landwirtschaft wurde von ihm begrifflich aufbereitet, mithin durch die Methoden einer Textwissenschaft als Gegenstand konstituiert. Es hielten in seinen Vorlesungssaal keine Ochsen mit Stirn- oder Halsjoch, sondern Autoren und Schriften Einzug – ihm zufolge war Landwirtschaft eine „streng philosophische Wissenschaft".[336] Der Gegenstand, dem sich Weber widmete, war freilich ein bereits transformierter, und Weber stand mit seinem *Handbuch* sowohl inhaltlich als auch praxeologisch in einer akademischen Tradition – genauer: in der agrarökonomischen Literaturtradition im Rahmen der *historia literaria.*[337] Wie schon Gassers erstaunliche Detailkenntnis rückblickend überraschen musste, so ist auch Webers Werk gefüllt mit landwirtschaftlichen Details. Dies legt auch für ihn eine ausgedehnte Rezeption agrarökonomischer Texte sowie den Austausch mit Praktikern nahe. Als Quelle seines Expertentums, das er sich als Autor zuschrieb, gab Weber dann auch acht Jahre „fleißigst betriebener ökonomischer Lectüre" an sowie eine regelmäßige Korrespondenz mit praktischen Landwirten. Hinzukamen noch fünf Jahre akademische Vorlesungen und die „literarische Bearbeitung" derselben, das heißt seine eigene systematisierende Bearbeitung der gesammelten Erfahrungssätze.[338]

335 Ebd., S. 12.

336 Ebd., S. 4 f.

337 Zur *historia literaria* s. F. GRUNERT/F. VOLLHARDT (Hgg.), Historia literaria. Neuordnungen des Wissens im 17. und 18. Jahrhundert, Berlin 2007 und H. ZEDELMAIER, ‚Historia literaria'. Über den epistemologischen Ort des gelehrten Wissens in der ersten Hälfte des 18. Jahrhunderts, in: Das achtzehnte Jahrhundert: Zeitschrift der Deutschen Gesellschaft für die Erforschung des Achtzehnten Jahrhunderts 22 (1998), S. 11–21.

338 F. B. WEBER, Studium der Oekonomie (wie Anm. 334), S. VIII.

Gelehrte Wissenschaft versus bäuerliche Empirie

Während eine tiefe Kenntnis der ökonomischen Literaturtradition bei Weber außer Frage steht, erscheint seine Erfahrung im Feld, welche sich andere Protagonisten der Ökonomischen Aufklärung so selbstsicher auf die Buchdeckel schrieben (s. Kapitel 3.4), dagegen mager. Immerhin konnte er auf seine Korrespondenz mit Agrarproduzenten verweisen, zum anderen auch auf einen dreijährigen Landaufenthalt vor seiner Universitätslaufbahn. Dennoch ist anzunehmen, dass sein Erfahrungsschatz größtenteils auf vermitteltem Wissen aus Büchern gründete, mit heutigen Worten: auf einem literarischen Empirismus. Sein so gebildeter Erfahrungsschatz war jedoch nicht dasjenige, worauf es anderen Protagonisten der Ökonomischen Aufklärung ankam, denn Webers Erfahrungen kamen nicht aus erster Hand. In der polemisch überspitzten Wahrnehmung mancher Praktiker (das heißt von Gutsbesitzern und Pächtern, von denen das nächste Kapitel handelt) hatten Autoren wie Weber gar keine Erfahrung. Entgegen aller gegenteiligen Beteuerungen wurden sie vor allem als Buchgelehrte wahrgenommen und gerieten damit in die Schusslinie derjenigen ökonomischen Aufklärer, für die eine Landwirtschaftslehre stärker praxisorientiert zu sein hatte. Wollte Weber den *Status quo* der damaligen universitären Lehre erhalten, die trotz der oben genannten naturkundlichen Ansätze hauptsächlich als Buchwissenschaft betrieben wurde, dann musste er die entsprechenden Inhalte und deren Vermittlungsformen stärken. Dazu war er desto mehr gezwungen, weil er offiziell für Agrarproduzenten schreiben wollte und es einer Begründung bedurfte, warum er mit seinem in einem akademisch-literarischen Kontext entstandenen *Handbuch* trotzdem für diese Zielgruppe relevant sein konnte. Webers Reaktion auf diese Herausforderung bestand in einer Verteidigung der ökonomischen Theorie mittels begrifflicher Definitionen bzw. durch Theoriebildung. Er entwarf ein System der wissenschaftlichen Ökonomie, das bestimmte erkenntnistheoretische Prämissen enthielt, darunter die Unterscheidung dreier Wissensarten: Theorie, Praxis und Empirie. Die ökonomische Praxis ordnete Weber ganz einer ökonomischen Theorie unter, wobei er Praxis als angewandte Theorie bestimmte. Beides – Theorie und Praxis – wurde ferner von einem Dritten, der Empirie, getrennt. Die an oberster Stelle stehende ökonomische Theorie sollte Landwirtschaft als eine „systematisch geordnete und zusammenhängende Wissenschaft nach Grundsätzen und Regeln“ vorstellen.[339] Ihre Grundsätze leiteten sich einerseits aus den Naturwissenschaften ab, denen Weber als den Hilfswissenschaften der Ökonomie ein eigenes Kapitel widmete. Andererseits basierte die ökonomische Theorie auf „wirklicher reiner

339 Ebd., S. 13.

ökonomischer Erfahrung“, von der nach „strenger Untersuchung“ Wahrheiten abstrahiert wurden.[340] Es bleibt in Webers Text unklar, von welcher Art diese Erfahrung sein und durch wen sie gewonnen werden sollte, in jedem Fall hatte sie in Webers Verständnis nichts mit ökonomischer Empirie zu tun, wie noch zu sehen sein wird. Der entscheidende diskursive Schachzug bestand für Weber wie schon für Gasser darin, jede ökonomische Praxis abhängig von dieser Theorie bzw. einer theoretischen Vorbildung zu machen, gut erkennbar an seiner Definition: „Praxis ist Anwendung von Grundsätzen und Regeln, setzt also wissenschaftliches Studium voraus.“[341] Die reine Ausübung der Landwirtschaft erschien dagegen als wertlos, sofern ihr keine theoretische Bildung vorherging. Dies betraf Personen, die auf einem Gut die Landwirtschaft erlernen und sich danach „wie praktisch gelernte oder gar studirte Oeconomen aufführen“, in Wahrheit aber „nicht im mindesten“ praktisch studiert hätten.[342] Denn „praktisch studieren“ bedeutete für Weber, dass theoretisches Wissen durch Literaturstudien oder anhand von akademischen Vorlesungen erworben wurde, um dann durch die Beobachtung landwirtschaftlicher Arbeitsvorgänge überprüft zu werden. Selbst handhaben musste Webers wissenschaftlicher Praktiker, wie daraus zu ersehen ist, die landwirtschaftlichen Gegenstände nicht – ein Diktum, das vom Zeitgenossen Thaer scharf kritisiert wurde (s. Kapitel 3.5).

Die Weber'sche Dreiteilung in Theorie und Praxis einerseits und Empirie andererseits war keineswegs idiosynkratisch, sondern folgte einer antiken Wissensklassifikation, die in den Texten der Ökonomischen Aufklärung weit verbreitet war.[343] In den Artikeln der *Leipziger Sammlungen* aus den 1750er Jahren war diese hierarchische Unterscheidung selbstverständlich: Eine neue ökonomische Sozietät stellte sich beispielsweise als bestehend aus Freunden vor, „welche sich theils nur Theoretisch, theils Theoretico-Practisch, theils nur bloß Empirisch auf die Land-Oeconomie legen […]“.[344] Johann Georg Leopoldt, Amtmann zu Sorau (Niederlausitz) und Autor der Ökonomischen Aufklärung, wurde als Mann

340 Ebd., S. 14.

341 Ebd., S. 9. Dies überträgt Weber auch in seine allgemeine Definition, der zufolge Landwirtschaft nur jene Handlungen umfasst, die die Erzeugung und Gewinnung nutzbarer Pflanzen und Tiere „nach den Grundsätzen und Regeln einer Wissenschaft“ vollziehen, ebd., S.12.

342 Ebd., S. 39.

343 Der antiken *episteme* als höchster Wissensform waren die *techne* und die *empeiria* nachgeordnet. Zum Wandel dieser hierarchischen Konzeption in der Frühen Neuzeit s. G. Pomata, Empirics (wie Anm. 328) sowie Kapitel 4.1 und 4.2.

344 Schreiben einer neuen Oeconomischen Gesellschaft an den Verfasser dieser Sammlungen von des Herrn Geheimden Hof- und Cammer-Rath Eckarts Experimental-Oeconomie, in: Leipziger Sammlungen 10 (1754), S. 669–690, hier S. 669.

vorgestellt, „der eine 30 jährige nicht blos empirische, sondern practische und gründliche, oder nach Grundsätzen mit Verstand erlangte Erfahrung im Ackerbau" habe.[345] Auch noch bei Thaer findet sich diese Dreiteilung in seiner Unterscheidung von handwerksmäßig, kunstmäßig und wissenschaftlich wieder, wobei die wissenschaftliche Wissensform analog zur antiken Auffassung als jene galt, die allein Grundsätze und Regeln, Gründe und Ursachen zu erkennen vermag und damit als das höchste Erkenntnisvermögen aufgefasst wurde.[346] War durch die Hierarchisierung der Wissensformen analog zur Vorstellung oberer und unterer Erkenntnisvermögen eine Geringschätzung der Empirie bereits in der antiken Tradition angelegt, so trieben sie Autoren wie Weber im Rahmen der Ökonomischen Aufklärung auf eine extreme Spitze. Das Stigma der Landwirtschaft als Gewerbe der ländlichen Gesellschaft wurde dabei polemisch zum Einsatz gebracht:

> Der Bauer und gewöhnliche ungebildete Oekonom, der Wirthschaft treibt, praktiziert daher im eigentlichen Sinne des Worts ebenso wenig als [der] Bauerndoctor und Advocat, er wendet bloß seine Erfahrung an, er handelt darnach: er übt, treibt die ökonomischen Geschäfte, und ist eben so gut, wie jener Bauerndoctor und Bauernadvokat nur ein Empiriker, kein Praktiker.[347]

Von studierten Medizinern und Juristen dagegen könne allein behauptet werden, dass sie praktizierten.[348] Den im 18. Jahrhundert ohnehin verbreiteten pejorativen Bedeutungsgehalt der Bezeichnung ‚empirisch' verknüpfte Weber – noch nachdrücklicher als üblich in der Ökonomischen Aufklärung – mit der bäuerlichen Ökonomie und immunisierte damit in gewisser Weise seinen Standpunkt gegenüber den Kritiken der Gutsbesitzer und Pächter.[349] Der „schlechteste Weg" zu landwirtschaftlichen Kenntnissen zu kommen, so führte er aus, sei der „empirische", über den man sich im „gemeinen Leben", durch „Hören und Sehen", „ohne nachzudenken" in der Ökonomie „routinirt".[350] Die Nachteile eines informellen Lernens durch Nachahmung und Übung stellte Weber so extrem dar, dass seine „empirische Ökonomie" schließlich als „mechanisches Betreiben" der Landwirtschaft ohne jede Verstandestätigkeit erscheinen musste.

---

345 Nachricht und Plan (wie Anm. 23), S. 135.

346 Mehr dazu in Kapitel 3.5.

347 F. B. WEBER, Studium der Oekonomie (wie Anm. 334), S. 9.

348 Allgemein zum Prozess der Akademisierung medizinischer und rechtlicher Praktiken s. M. MOMMERTZ, Wissen auslocken (wie Anm. 29) und als Fallbeispiel E. LABOUVIE, Beistand in Kindsnöten. Hebammen und weibliche Kultur auf dem Land (1550–1910) (Geschichte und Geschlechter 29), Frankfurt, New York 1999.

349 S. auch Kapitel 3.2 und 4.2.

350 F. B. WEBER, Studium der Oekonomie (wie Anm. 334), S. 10.

> So lernt die Oekonomie der Bauer, der Sohn vom Vater, und so lernt sie jeder, der um wissenschaftliche Kenntniß der Oekonomie sich nicht bemüht, über Oekonomie nicht nachdenkt, forscht, um Grundsätze und Regeln sich nicht bekümmert.[351]

Mit anderen Worten, wer Ökonomie nicht studierte, stand für Weber auf ein und derselben Stufe mit der Negativfigur des einfachen Bauern.[352] Oberflächlich betrachtet diffamierte Weber auf diese Weise lediglich sozial entfernte Gruppen kleiner AgrarproduzentInnen (welche in den seltensten Fällen davon Notiz genommen, geschweige denn geantwortet haben dürften). Indirekt polemisierte er damit natürlich vor allem gegen seine wahren Kontrahenten – schreibende große Agrarproduzenten. Empirie und Wissenschaft konzipierte Weber für seine Landwirtschaftswissenschaft nicht als zwei sich ergänzende Wissensformen, sondern vielmehr als Gegensatzpaar, wobei Wissenschaft ganz ohne Empirie in seinem Sinn auskommen konnte. Was eine wissenschaftliche Erkenntnis der Landwirtschaft in Webers Augen sein konnte, bestimmte er in weiten Teilen aus diesem Gegensatz heraus. Die ökonomische Theorie verschaffe – im Gegensatz zur empirischen Erkenntnisart der ungelehrten Praktiker – eine „sichere, gründliche und wahrhafte" Kenntnis der Landwirtschaft, die als Folge „den Aberglauben, das Vorurteil und blinde Irrthümer" aus der Ökonomie vertreibe. Da sie allgemein und nicht auf einen Ort eingeschränkt ist, lehre sie, sich „bald in jedes Locale schicken zu wissen" und könne überall betrieben werden, sie sei „geschwind"

351 Ebd., S. 11. In einem ähnlichen Stil argumentierte bereits 1754 ein anonymer Autor in seinem Artikel Von dem Nutzen des Umganges mit Bauern, um die Landwirtschafft zu lernen, in: Leipziger Sammlungen 10 (1755), S. 611–617. Anlass war die gegenteilige Aussage eines dänischen Autors, der sich für Bauern als Lehrer ausgesprochen hatte, s. L. von Holberg, Vermischte Briefe. [Übers.], Flensburg/Leipzig/Altona 1760, S. 160. Holberg formulierte diese Einschätzung bezeichnenderweise vor 1750, der Originalbrief entstand um 1740.

352 Der „ökonomischen Empirie" wurden von Weber dennoch zwei Vorteile zugestanden: Spezialfälle und -umstände zu lehren, die in der Theorie nicht erfasst werden können, sowie die Vermittlung von Handgriffen und mechanischen Fertigkeiten. Vgl. dagegen das Interesse für ein durch Übung erlangtes Erfahrungswissen *(skills)* in der neueren Wissenschaftsgeschichte und wissenstheoretischen Diskussion. Aus der Fülle der Literatur z. B. resümierend J. A. Secord, Knowledge in Transit, in: Isis 95 (2004), S. 654–672 sowie die Beiträge in J. Loenhoff (Hg.), Implizites Wissen. Epistemologische und handlungstheoretische Perspektiven, Weilerswist 2012. Zur Rekonstruktion historischen Handlungswissens s. O. Breidbach u.a. (Hgg.), Experimentelle Wissenschaftsgeschichte (Laboratorium Aufklärung 3), München 2010, P. H. Smith, Historians in the Laboratory: Reconstruction of Renaissance Art and Technology in the Making and Knowing Project, in: Art History 39 (2016), S. 210–233 und H. O. Sibum, Reworking the Mechanical Value of Heat: Instruments of Precision and Gestures of Accuracy in Early Victorian England, in: Studies in History and Philosophy of Science 26 (1995), S. 73–106.

und verschaffe „die so wichtige Übersicht des Ganzen".[353] Auch diese Charakterisierung des wissenschaftlich-landwirtschaftlichen Wissens als allgemein gültig war keine Erfindung Webers, sondern ein Allgemeinplatz unter ökonomischen Aufklärern, worauf ich in Kapitel 4.1 zurückkommen werde. Bei Weber fällt mit Bezug auf Gasser auf, der das Feld einer ökonomischen Theorie – wie oben gesehen – ja bereits gerechtfertigt hatte, wie sehr auch Weber noch 70 Jahre später darum bemüht war. Ob eine universitäre Landwirtschaftswissenschaft im Rahmen der Ökonomischen Aufklärung jemals anerkannt wurde, ist in der Tat fraglich. Nicht nur Weber beklagte einen Niedergang der ökonomischen Lehre an den Universitäten, der prekäre Zustand der Lehrstühle wurde immer wieder öffentlich thematisiert. Als sozial prekär beschrieb Fraas vor allem die Anfangszeit der universitären Lehre, in der Theologen und Juristen „noch mit hoher Geringschätzung, wo nicht Verächtlichkeit, auf den Viehmast oder Kornbau dozirenden quasi Aftergenossen sahen […]".[354] Vor dem Hintergrund einer weit verbreiteten Skepsis gegenüber dem Universitätsfach erscheint die Produktion von rechtfertigenden Textpassagen deshalb umso mehr als ein Versuch, die universitäre Landwirtschaftslehre buchstäblich festzuschreiben. Dass das theoretische Studium, wie Weber zugestand, auch zu Recht in Verruf geraten sei, veranlasste ihn dazu, eine zweite Abgrenzung vorzunehmen, diesmal gegenüber akademischen Kollegen. Akademische Vorlesungen seien deshalb in Verruf geraten, weil sie zu oft ohne Erfahrungsbezug entwickelt wurden und „nichts als ökonomische Projecte, Speculationen, Großprahlereyen, ewiges Schreyen und Neuerungen enthielten."[355] Im Gegensatz zu früheren Theoretikern suchte Weber sich von „leeren, chimärischen physikalischen und andren Fictionen oder Hypothesen" deutlich abzugrenzen, allerdings ohne nähere Erläuterung.[356] In Bezug zu seinem eigenen Systementwurf treten indes die Grenzen dieses Abgrenzungsversuchs zutage: Einerseits versuchte Weber mit Nachdruck nachzuweisen, dass die von ihm beschriebene ökonomische Theorie über einen Erfahrungsbezug verfügte. Andererseits hatten die dazu vorgestellten nötigen Operationen an der Universität keinen Platz und waren nicht Teil seiner eigenen Wissenspraxis. Weder konnten die Sätze der

353 F. B. Weber, Studium der Oekonomie (wie Anm. 334), S. 16.

354 Fraas (1852), S. 49. Tribe bemerkte bereits, dass die zahlreichen kameralistischen Hand- und Lehrbücher, die im 18. Jahrhundert entstanden sind, nicht auf einen Erfolg der pädagogischen Praxis schließen lassen, K. Tribe, „Staatswirtschaft", „Staatswissenschaft" and „Nationalökonomie". German Economic Discourse in the Time of Goethe, in: V. Hierholzer/S. Richter (Hgg.), Goethe und das Geld: der Dichter und die moderne Wirtschaft, Frankfurt am Main 2012, S. 95–103, S. 41.

355 F. B. Weber, Studium der Oekonomie (wie Anm. 334), S. 24.

356 Ebd., S. 14.

ökonomischen Theorie an der Universität – durch Beobachtung – überprüft werden. Noch konnte eine „wirkliche reine ökonomische Erfahrung“,[357] die er für die Universitätsökonomie beanspruchte, im Rahmen der universitären Möglichkeiten stattfinden, deren Ausstattung nur im Ausnahmefall über eine ökonomische Bibliothek hinausging.[358] Die Grundsätze der ökonomischen Theorie, die im Studium vermittelt wurden, mussten folglich außerhalb der Universität gewonnen werden. Verbesserungen der Theorie (das hieß nach Webers Konzeption zugleich: der Landwirtschaft) konnten ebenfalls nur außerhalb der Universitäten erfolgen, nämlich durch Berichtigung oder Verbesserung der Theorie im Rahmen von Feldbeobachtungen. Dies sollte nach Weber zum Beispiel bei einem Landaufenthalt oder während einer ökonomischen Reise geschehen. Dass Anspruch und Realität im Bereich seiner Definition ökonomischer Erfahrung auseinanderdrifteten und damit ein Dilemma für Weber darstellten, zeigt schließlich seine überraschend positive Haltung gegenüber der Idee, höhere landwirtschaftliche Lehrinstitute – ökonomische Akademien – auf dem Land einzurichten. Die optimale Art und Weise Theorie praktisch zu erproben stelle nämlich, so Weber, das Studium an einem solchen „theoretisch-praktischen Lehrinstitut“ auf dem Land dar. Weber griff hiermit eine zeitgenössische Idee auf, mit der bereits experimentiert wurde und die nach Thaers Realisierung seiner Akademie in eine etwa 50-jährige Vorherrschaft der landwirtschaftlichen Akademien gegenüber den Universitäten mündete.[359] Bemerkenswert sind Webers Ausführungen dazu deshalb, da diese Idee den Möglichkeiten der damaligen universitären Lehre und seiner Konzeption einer wissenschaftlichen Ökonomie diametral gegenüberstand, ja gerade in Abgrenzung zur universitären Lehre entwickelt wurde. Deutlich zum Ausdruck bringt dies auch jene bereits erwähnte Kritik Thaers, der nicht nur an dieser Stelle die universitäre Lehre und ihre Vertreter in ihre Schranken zu verweisen gesucht hatte: Webers *Handbuch* sei für Landwirte gar nicht geeignet, denn das

---

357 Ebd., S. 14.

358 Vgl. aber Webers landwirtschaftliche Geräte- und Naturaliensammlung an seinem späteren Breslauer Lehrstuhl, dokumentiert in F. B. WEBER, Verzeichniss der zu der landwirthschaftlichen Sammlung der Königl. Universität zu Breslau gehörigen landwirthschaftlichen Modelle, Geräthe, Instrumente, Naturalien und Gegenstände andrer Art, Breslau 1832.

359 Diese Idee wurde seit den späten 1780er Jahren diskutiert, eine Auflistung gibt Weber am Kapitelanfang, DERS., Studium der Oekonomie (wie Anm. 334), S. 27. Das erste in Europa realisierte Lehrinstitut war das 1796 gegründete *Georgicon* von Georg Graf Festeticz in Keszthely (Ungarn), s. V. KLEMM/G. MEYER, Thaer Pionier (wie Anm. 3), S. 190 f. Zur Entwicklung der landwirtschaftlichen Akademien im 19. Jahrhundert s. W. LÖBE, Die landwirthschaftlichen Lehranstalten Europas, ihre Geschichte, Organisation und Frequenz, Stuttgart/Tübingen 1849 und J. HARWOOD, Technology's dilemma (wie Anm. 285).

Universitätsstudium der Landwirtschaft passe allein für „künftige Staatsmänner, Cameralisten, Rechtsgelehrte und Theologen".[360]

Fazit: Diskursive Strategien des Akademikers

Mit einem Abstand von mehr als 200 Jahren fällt es nicht schwer, in historischen Schriften diskursive und polemische Strategien auszumachen, die der vertretenen Position Glaubwürdigkeit und Gewicht verleihen sollten. Auch bei Weber lassen sich solche Strategien beobachten, wovon neben der bereits erwähnten Diskreditierung bestimmter Wissensformen als bäuerlich zweifelsohne auch die positive Verknüpfung seines Wissensangebotes mit den an Bedeutung gewinnenden damaligen Naturwissenschaften zu sehen ist. Zwar hatte auch Gasser in einem historischen Rückblick die naturwissenschaftlichen Fächer als wichtige Wegbereiter gewürdigt, explizite semantische oder systematische Verflechtungen wurden jedoch noch nicht forciert. Anders bei Weber: Seine wissenschaftliche Ökonomie verfügte über eine beachtliche Anzahl von so genannten Hilfs- und Nebenwissenschaften, unter denen er den damaligen Naturwissenschaften die größte Bedeutung zuschrieb. In einer sukzessiven Abhandlung der Fächer von der Naturgeschichte, über die Chemie bis hin zur Mathematik wird ihr Nutzen für die Landwirtschaftslehre emphatisch eingeräumt, ohne jedoch konkrete Effekte zu berichten. Insgesamt erscheinen die entsprechenden Passagen wie eingeschoben, aufgesetzt und wenig verbunden mit dem Rest des Bandes: „Sehr wichtige Dienste" leiste die Naturgeschichte, „sehr wichtige Winke" gebe die Zoologie der Viehzucht, von „ungemeiner Wichtigkeit" sei die Mineralogie.[361] Webers Aussagen satteln offenbar auf die wachsende gesellschaftliche Anerkennung und das Vorschussvertrauen auf, welches die Naturforschung in der Ökonomischen Aufklärung genoss.[362] Die Bezeichnung als Hilfswissenschaften kaschiert dabei die tragende Rolle, die Naturgeschichte, Naturlehre, Chemie und anderen Disziplinen in den Systemen der meisten Kameralisten jeweils zukam – denn diese

360 A. D. Thaer, Friedrich Benedict Weber: Einleitung zum Studium der Oekonomie besonders für wissenschaftlich Gebildete, Rezension, in: Annalen des Ackerbaus 1 (1805), S. 222–258, S. 237.

361 F. B. Weber, Studium der Oekonomie (wie Anm. 334), S. 47 f. Zu den Hilfswissenschaften zählte Weber ferner die Mathematik und Arzneikunde. Als Nebenwissenschaften galten bei ihm die allgemeine Haushaltungskunst und Hauswirtschaftslehre, Technologie, Handlungswissenschaft, Staatswirtschaft (Polizei- und Finanzwissenschaft) sowie Rechtswissenschaft.

362 Zum Nützlichkeitsversprechen der Naturwissenschaften s. nochmals O. Hochadel, Elektrizität (wie Anm. 52), S. 18 f.

'Naturwissenschaften' verbürgten zunehmend auch den wissenschaftlichen Charakter der Landwirtschaftswissenschaft. Eine weitere augenfällige Strategie Webers bestand, wie oben bereits angedeutet, in jener kräftigen Markierung einer Differenz zwischen akademischen und nicht-akademischen Wissensweisen. Während bei Gasser der Fundus seiner Wissensquellen relativ offen war, fand bei Weber eine Einschränkung auf gelehrte Wissensbestände statt. Nicht-studierte Ökonomen wies Weber als Empiriker aus dem Bereich des Wissenschaftlichen aus und stellte diese indirekt mit der einfachen Landbevölkerung gleich. Die Identifikation von 'empirisch' mit einer vermeintlich bäuerlichen Wissensform erlaubte es Weber eine soziale mit einer epistemischen Grenze zu verschmelzen. Auch andere als bäuerliche Akteure, selbst Adelige (und vorzugsweise konkurrierende Autoren) konnte er so in die Nähe der gesellschaftlichen Unterschicht rücken – sobald diese es ablehnten, an der Universität zu studieren. Um plausibel zu machen, warum seine universitäre Landwirtschaftslehre als eine Textwissenschaft auch Praktikern nutzen konnte – ja sogar notwendig für diese sei –, setzte er, wie oben gezeigt, philosophische Mittel ein und entwarf ein System, in dem landwirtschaftliche Praxis in das Feld seiner ökonomischen Theorie inkorporiert und als eine Anwendungsform von theoretischem Wissen definiert wurde. Das davon getrennte Dritte, die so genannte empirische Herangehensweise, residierte danach ganz im – aus Sicht der Aufklärungsgesellschaft – stigmatisierten Raum der bäuerlichen Ökonomie. Diese philosophische Eindämmung der ländlichen nicht-gelehrten Wissenspraktiken kann im Kontext der Ökonomischen Aufklärung nicht zuletzt als eine Immunisierungsstrategie gegenüber der zeitgenössisch geäußerten Kritik an der Verfassung der universitären Lehre betrachtet werden. Setzte Weber doch schreibende Praktiker als Proponenten dieser Kritik aufgrund ihrer mangelnden universitären Bildung polemisch mit rangniedrigeren gesellschaftlichen Ständen, gleich. Rückblickend sehen wir, dass Webers Rechtfertigung der traditionellen universitären Landwirtschaftslehre im Rahmen der Kameralwissenschaften nicht mehr fruchtete, denn kurz nach 1800, sehr kurz nach Webers Wissensangebot, wandelte sich das Blatt grundlegend. Thaers neue Definition einer Landwirtschaftswissenschaft war zugleich mit einer institutionellen Alternative verknüpft. Seine 1806 unter kriegsbedingt widrigen Umständen gegründete Akademie in Möglin (Brandenburg), die zugleich Versuchsgut war und damit landwirtschaftliche Praktiken inkorporierte, wurde zum Vorbild einer Reihe von Nachgründungen und zur maßgeblichen Institution hoher landwirtschaftlicher Bildung in den folgenden rund 50 Jahren.[363]

---

363 Justus Liebig (1803–1878) u.a. warfen den Akademien naturwissenschaftliche Rückständigkeit vor, insbesondere in der Chemie, s. J. FREIHERR VON LIEBIG, Die moderne Landwirtschaft

Bibliografen der Ökonomischen Aufklärung: Wissenspraxis der Kameralgelehrten

In den vorhergehenden Abschnitten war zu sehen, inwiefern in der zweiten Hälfte des 18. Jahrhunderts noch ein deutlicher Begründungsaufwand erforderlich war, um Landwirtschaft als akademischen Gegenstand zu legitimieren. Es war für Professoren der Ökonomie offensichtlich kein leichtes Unterfangen, im sozialen Raum der Universität wie im weiter gefassten Wissensfeld der Ökonomischen Aufklärung eine Parzelle für sich abzustecken, einzuhegen und gegen andere Deutungsangebote zu verteidigen – gut erkennbar an Webers zum Teil drastischen diskursiven Strategien. Der rein begriffliche Zugriff auf Landwirtschaft, für den beide Autoren stehen, ist vor allem im Kontext der vormodernen Universität und insbesondere der Kameralwissenschaften zu sehen, deren Studenten nicht auf Versuchsfeldern und in Laboratorien, sondern in Bibliotheken und Vorlesungssälen ausgebildet wurden. Die Anpassung an begriffliche Praktiken war insofern eine historisch gegebene Voraussetzung für den Einzug der Landwirtschaft an die Universität, wodurch sie als Wissensgegenstand entsprechend formiert wurde. Was bei dieser Transformation in ein universitäres Wissensobjekt verloren ging – landwirtschaftliche Praktiken – wurde allerdings zeitgleich von anderen Protagonisten der Ökonomischen Aufklärung aufgewertet und in eine Erwartung umgewandelt. Diese Erwartung traf Weber um 1800 deshalb besonders stark, da die Zielgruppe seines Faches nicht mehr wie bei Gasser nur aus Verwaltungsbeamten, sondern auch aus großen Agrarpraktikern bestehen sollte. Webers Weigerung das Universitätsstudium an diese Erwartung anzupassen und sein gleichzeitiger Versuch ihr doch zu entsprechen, können als Verarbeitungen jenes Anpassungsdrucks gedeutet werden. Gewiss ist, dass zur Wissenspraxis der Ökonomieprofessoren keine Feldversuche gehörten. Ihnen jedoch als alleinige Methode den scholastischen Vernunftschluss zuzuschreiben, wie dies in den gängigen Vorwürfen der bloßen ‚Grillenfängerei' suggeriert wurde, wäre dennoch verfehlt, denn die Bücher der Professoren waren auch reich befüllt mit regionalem und lokalen Erfahrungswissen.[364] Ob aus der Unterredung mit Gutsbesitzern oder

---

als Beispiel der Gemeinnützigkeit der Wissenschaften. Rede in der öffentlichen Sitzung der K. Academie der Wissenschaften zu München am 28. November 1861, Braunschweig 1862. Als die Landwirtschaftslehre wieder an den Universitäten eingerichtet wurde, gab es die Lehrstühle für Ökonomie, Polizei- und Kameralwissenschaften inzwischen nicht mehr. Zum ersten landwirtschaftlichen Institut in Halle an der Saale s. J. Kühn, Mitteilungen des landwirtschaftlichen Instituts der Universität Halle/S., Berlin 1865 und F. Wohltmann, Das Landwirtschaftliche Institut der Universität zu Halle a.S. Seine Entwickelung und Neugestaltung, Berlin 1911.

364 In der rückschauenden Polemik von Fraas' erscheinen Scholastizismus und Humanismus als ein

der Fülle medial verfügbarer Wissensinhalte entnommen, viele Professoren legten, gerade im Versuch vollständige Systeme der Landwirtschaft zu entwerfen, einen ausgeprägten literarischen Empirismus (im heutigen Wortsinn) an den Tag, der darin bestand, Erfahrungswissen aus verschiedenen Regionen zusammenzutragen und in ihren Systemen zu berücksichtigen. Das Systematisieren, Ordnen und Strukturieren war schließlich auf jene partikulären (damals ‚historisch' genannten) Inhalte angewiesen. Wo man selbst keine Versuche machen kann, erklärte Beckmann, müsse man sich auf die Erfahrungen anderer berufen, und sei dann dem Publikum ein korrektes Zitieren schuldig, wie ein „Geschichtsschreiber".[365] Kaum deutlicher als hier ist zu sehen, inwiefern die Erfahrungsform der Professoren in der *historia literaria* bestand, das heißt im Sammeln und Berichten der Erfahrungen anderer. Dies wurde von Zeitgenossen unterschätzt oder unterschlagen, wenn sie Kameralgelehrten gar keine Erfahrung zugestehen wollten. Die Erfahrungen, Entdeckungen und Vorschläge lagen in den Augen Beckmanns „in einer ungeheuren Menge höchst verschiedener periodische[r] Schriften, Sam[m] lungen und Magazine, zerstreuet und versteckt", und eine klassisch professorale Aufgabe war, sie zusammenzutragen und unter abstrakteren Begriffen zu ordnen, was – im Übrigen – in der Ökonomischen Aufklärung als eine wissenschaftliche Tätigkeit anerkannt war. Diese Tätigkeit war nicht zuletzt eine Frage und Herausforderung der Literaturkenntnis bzw. literarisch zu bewältigen, dementsprechend umfasste jedes größere Werk der Universitätsgelehrten eine umfassende, thematisch sortierte Bibliografie.[366] Eine Kenntnis der Literatur galt unter ihnen als unabdingbare Voraussetzung für jeden, der sich einen wissenschaftlichen Ökonomen nennen wollte. Zweifelsohne waren Kameralgelehrte die profundesten Kenner und Sammler ökonomischer Schriften, die sie in Bibliografien bändigten und im Überblick zu behalten suchten. Dieses Wissen schlug sich auch in ihren Lehr- und Handbüchern nieder: Kapitel wurden mit bibliografischen Angaben

---

und dieselbe spekulative und veraltete Wissenspraxis, s. C. Fraas, Geschichte (wie Anm. 3), z. B. S. 107, 158. Vgl. die aktuelle Gegenposition, z. B. bei A. Blair, The Practices of Erudition according to Morhof, in: F. Waquet (Hg.), Mapping the World of Learning: The Polyhistor of Daniel Georg Morhof (Wolfenbütteler Forschungen 91), Wiesbaden 2000, S. 59–74 und V. Hess/J. A. Mendelsohn, Editorial: Paper Technology und Wissensgeschichte, in: NTM: Zeitschrift für Geschichte der Wissenschaften, Technik und Medizin 21 (2013), S. 1–10 und den weiteren Beiträgen des Themenhefts.

365 J. Beckmann, Landwirthschaft (wie Anm. 133), S. XI.

366 Ebd., S. XI. Zur Tradition der *historia literaria* s. als Fallbeispiel V. Hess/J. A. Mendelsohn, Fallgeschichte, Historia, Klassifikation. Francois Boissier de Sauvages bei der Schreibarbeit, in: NTM: Zeitschrift für Geschichte der Wissenschaften, Technik und Medizin 21 (2013), S. 61–92.

eingeleitet, weitere Literaturhinweise waren in die Texte eingewoben, zum Teil kommentiert, häufig enthielt das Werk selbst eine Bibliografie, die, wie bei Webers *Handbuch*, gut die Hälfte der Seitenzahlen seines ersten Bandes ausmachen konnte. Die Literatur wurde genauer unterteilt und klassifiziert, zum Beispiel in periodische Schriften, ökonomische Reisen, Topografien, Wörterbücher, vollständige Systeme, vermischte Sammlungen usw. Umfassende Überblickswerke, Systeme der Landwirthschaft wie Beckmanns *Grundsätze der teutschen Landwirthschaft*, stellten auf diese Weise gleichzeitig ein literarisches Register über alle Gegenstände der Landwirtschaft bereit.[367] Darüber hinaus fehlte in kaum einem System ein Überblick über die gelehrt-ökonomischen Aktivitäten insgesamt, das heißt auch eine Auflistung aller bis dahin gegründeten ökonomischen Sozietäten sowie der ökonomischen Lehrstühle. Wissenschaftlichkeit im Allgemeinen konnte aus keiner Perspektive so eindeutig definiert und beansprucht werden wie aus der einer universitären Landwirtschaftslehre. Professorentexten zufolge war der Inbegriff von Wissenschaftlichkeit schlicht die universitäre Wissenspraxis; wissenschaftliches Wissen hatte, mit anderen Worten, einen Ort: die Universität. Landwirtschaft wissenschaftlich zu betreiben, hieß deshalb, sie universitär zu lehren: sie zu definieren, ihre Inhalte zu strukturieren und systematisch in all ihren Teilen vorzutragen und, ab der zweiten Hälfte des 18. Jahrhunderts, sie mit einer Reihe von Hilfswissenschaften zu verknüpfen, welche vorbereitend gelehrt und gelernt werden mussten. Für Justi waren es 1758 „ein zusammenhängendes Lehrgebäude, richtige Grundsätze, genug auseinander gesetzte Begriffe und die Art des Vortrages, nebst der darzu erforderlichen Deutlichkeit", die das universitäre Wissen ausmachten und den praktischen Kameralisten seiner Auffassung nach abgingen.[368] Zehn Jahre später war für Beckmann eine wissenschaftliche Ökonomie die Anwendung ihrer Hilfswissenschaften, und der gelehrte Landwirt zeichnete sich gegenüber dem „bloßen Praktiker" durch die Kenntnis von Naturgeschichte, Naturlehre und Baukunst aus.[369] Neben der Kenntnis und Sammlung fiel auch die Produktion von Texten in die Expertise der Kameralgelehrten. Die begriffliche Repräsentation der Landwirtschaft war bei ihnen mehr als bei anderen Autoren Teil einer standardisierten Wissenspraxis, unter anderem gut erkennbar an der Textsorte des in Paragrafen und Abteilungen gegliederten Systems. Die zum Zweck ihrer

367 Das System und seine epistemologische Bedeutung werden noch einmal gesondert in Kapitel 4.1 diskutiert. S. zum literarischen Sammeln auch F. Krämer, Ein papiernes Archiv für alles jemals Geschriebene. Ulisse Aldrovandis „Pandechion epistemonicon" und die Naturgeschichte der Renaissance, in: NTM: Zeitschrift für Geschichte der Wissenschaften, Technik und Medizin 21 (2013), S. 11–36.

368 J. H. G. von Justi, Staatswirthschaft (wie Anm. 287), S. XIV.

369 J. Beckmann, Landwirthschaft (wie Anm. 133), S. V.

Vorlesungen verfassten Hand- und Lehrbücher zur Landwirtschaft sind vermutlich die elaboriertesten Texte der Ökonomischen Aufklärung. Sie enthielten im Unterschied zu anderen Schriften einen weitaus aufwändigeren, mehrere Kapitel umfassenden Begründungsapparat, bevor sie zur Abhandlung landwirtschaftlicher Inhalte – Boden, Dünger, Pflanzen, Tiere – kamen. Zunächst wurden Grundbegriffe definiert. Was ist Landwirtschaft? Was ist unter einer wissenschaftlichen Landwirtschaft zu verstehen? Die Definition des Begriffs der Landwirtschaft galt als Voraussetzung der Wissenschaft: „So gar genau bestim[m]te man die Grenzen der Oekonomie noch nicht", resümierte Beckmann, „als man erst anfing, ihre Materien zu sammeln; jetzt aber, da man sie in eine wissenschaftliche Form zu bringen sucht, ist dieß durchaus nothwendig."[370] Nach der Eingrenzung des Gegenstandsbereiches folgte in der Regel ein Kapitel über die möglichen Wege, Landwirtschaft zu erlernen, wobei das universitäre Lehrangebot als das wissenschaftliche begründet wurde. An dieser Stelle finden sich die erkenntnistheoretischen Grundsätze der Universitätsgelehrten in konzentrierter Form, die in der Regel eine theoretische (das hieß: wissenschaftliche) Erkenntnis vor anderen möglichen Formen der Erkenntnis privilegierten. Der Überblick über das Ganze war ein besonders häufig herausgestellter Mehrwert des theoretischen, systematischen Wissens. Auch Justi hielt dafür, dass nur der studierte Kameralist diesen Überblick haben und einsehen konnte, welche politischen Interventionen nicht nur lokal, sondern auch im Hinblick auf alle damit zusammenhängende Bereiche nützlich seien. Der Staat könne sich deshalb nicht mit Praktikern begnügen, die sich in die hohen Staatsämter hervorgearbeitet hätten, sondern er brauche notgedrungen an Universitäten ausgebildete „vollkommene Universalcameralisten".[371]

Die Lehrpraxis der Ökonomieprofessoren entsprach in weiten Teilen dem damals üblichen Vorlesungsformat, das Laurence Brockliss wie folgt beschrieben hat:

> Each day, generally five days a week, the typical university professor would mount the rostrum in his faculty ‚school' and deliver a lecture of between an hour and an hour and a half in length. The lecture would usually be tripartite. First, the professor would read from a standard authority […]. Next, the professor would proceed to supply a detailed exegesis of the passage selected […]. It was then that the students took down, often verbatim, the professor's pearls of wisdom. Finally, the lecture was ended by a question-and-answer session, where the professor quizzed his class in its comprehension of the exegesis.

---

370 Ebd., S. 5.

371 J. H. G. von Justi, Staatswirthschaft (wie Anm. 287), S. XXXI.

Nur die brilliantesten Professoren extemporierten nach Brockliss ihren exegetischen Kommentar. „Normally the professor lectured from a carefully prepared text, which was usually read at dictation speed for the benefit of student scribes."[372] Ergänzend zu diesem Standardfall der Lehre experimentierten Ökonomieprofessoren allerdings auch – wie bereits erwähnt – mit anderen, an naturkundlichen Praktiken orientierten Unterrichtsmethoden. Das Vorzeigen der Sachen selbst im mündlichen Vortrag, insbesondere Pflanzensorten, empfahl Beckmann, dessen Lehrstuhl bereits 1769 über einen ökonomischen Garten verfügte. Weber unterhielt an seinem Breslauer Lehrstuhl eine landwirtschaftliche Geräte- und Naturaliensammlung.[373] Nichtsdestotrotz blieb die von den Praktikern zur Schwäche ausgelegte Stärke der Kameralprofessoren die Systematisierung des vorhandenen Wissens, wie umgekehrt die von Kameralprofessoren zur Schwäche ausgelegte Stärke der Praktiker deren landwirtschaftliche Erfahrung war. In der gegenseitigen polemischen Verunglimpfung erschienen ihre jeweiligen Wissenspraktiken zugespitzt als entweder *bloß* begrifflich-systematisch oder *bloß* erfahrungsbezogen. Bei näherem Hinsehen schrieben freilich auch Gutsbesitzer und Wirtschaftsbeamte, die sich Praktiker nannten, systematische Texte, ebenso wie Kameralprofessoren ein beachtliches Maß an Erfahrungswissen, wenn auch aus zweiter Hand, in ihre Texte einbezogen oder sich gegenüber realienbezogenen Praktiken öffneten. Eigentümlich für den professoralen Standpunkt war allerdings, dass die Ablehnung von nicht-gelehrten Formen des Wissens, persönlich gefasst im so genannten Empiriker, einen integralen Bestandteil in der Legitimierung des eigenen Standpunktes ausmachte. Wie bei Weber oben exemplarisch gezeigt werden konnte, wurde die epistemische Qualität des eigenen Ansatzes nicht selten über den Kontrast mit einer negativ gezeichneten, ‚bloß empirischen' Wissensform hergestellt. Eine holzschnittartige Gegenüberstellung von Empirie auf der einen und Wissenschaft auf der anderen Seite war die typische Folge. Inwiefern die großen schreibenden Agrarpraktiker als ernsthafte Konkurrenten wahrgenommen wurden und somit als eigentliche Zielschreibe der professoralen Kritik und Polemik einschließlich

372 L. Brockliss, Chapter 14: Curricula, in: H. d. Ridder-Symoens (Hg.), A History of the University in Europe. Vol. II. Universities in Early Modern Europe (1500–1800), 4 Bde., Cambridge 1996, S. 563–620, hier S. 565 f. S. für interessante Details aus der universitären Tradition auch J.-H. d. Boer/M. Füssel/M. Schuh (Hgg.), Universitäre Gelehrtenkultur vom 13.–16. Jahrhundert. Ein interdisziplinäres Quellen- und Methodenhandbuch (Geschichte), Stuttgart 2018.

373 J. Beckmann, Landwirthschaft (wie Anm. 133), S. VII und X. Alles, was zur *„Materia oeconomia"* gehöre, solle der Professor sammeln. Zu Webers Sammlungen s. nochmals F. B. Weber, Verzeichniss (wie Anm. 358).

der Verunglimpfung als Empiriker gelten können, belegen zahlreiche Aussagen in Professorentexten, wie diese von Beckmann:

> Aber wenn der Empiriker den Nutzen des wissenschaftlichen Unterrichts verleugnet, ihn zu verspotten, und künftige Landwirthe, welche dazu Gelegenheit haben, davon abzuhalten sucht, – wahrlich dann schadet er der Aufklärung seines Nächsten und der Nachwelt mehr, als er durch seine Schriften und Reden vergüten kann.[374]

Obwohl Professoren der Ökonomie den politischen und intellektuellen Eliten nahestanden oder angehörten, und obgleich die Aufklärungsbewegung in den deutschen Ländern – mehr als anderswo – von Universitätsgelehrten verkörpert wurde, so lässt sich abschließend festhalten, hatten sie keinen leichten Stand in der diskursiven Arena der Ökonomischen Aufklärung.[375] Bei der darin stattfindenden Aushandlung von Wissensansprüchen reichte ihre Nähe zur Herrschaft allein jedenfalls nicht aus, um Relevanz und Glaubwürdigkeit für ihr Wissensangebot nachzuweisen. Denn zeitgleich drängten andere gesellschaftliche Gruppen mit ihren Wissensansprüchen in das zu definierende Feld einer wissenschaftlichen Ökonomie.

3.4 Agrarwissen aus Sicht der Praktiker: Gutsbesitzer und Pächter

Mit einer Betrachtung zu den schreibenden großen Agrarproduzenten – zumindest offiziell waren alle der hier zu Wort kommenden Autoren männlich – wird in den nun folgenden Abschnitten eine Perspektive herausgearbeitet, welche dem Wissensangebot der Kameralgelehrten diametral entgegenstand oder zumindest auf diese Art präsentiert und wahrgenommen wurde. Adelige und bürgerliche Gutsbesitzer sowie bürgerliche Pächter großer Anwesen, deren Stimmen seriell in den *Oeconomischen Nachrichten,* aber auch durch zahlreiche selbständige Publikationen dokumentiert sind, nannten sich selbst in der Regel Praktiker

374 J. BECKMANN, Landwirthschaft (wie Anm. 133), S. 8. Vgl. auch die folgende Aussage: „Ich verachte den blossen Empiriker nicht; denn nicht jeder hat zur Erlernung der Hülfswissenschaften, und zu einem wissenschaftlichen Unterrichte, Gelegenheit gehabt, und diesen Mangel durch eigenen Fleiß zu ersetzen, das ist freilich manchen unmöglich, wenigstens vielen nicht so bequem, als nur andern nachzuahmen, und dann von seinen vermeintlichen Erfahrungen und Entdeckungen zu reden und zu schreiben“, ebd., S. 8.

375 Zur Rolle der Universitäten und Universitätsgelehrten in der deutschen Aufklärung s. M. FÜSSEL, Akademische Aufklärung. Die Universitäten des 18. Jahrhunderts im Spannungsfeld von funktionaler Differenzierung, Ökonomie und Habitus, in: W. HARDTWIG (Hg.), Die Aufklärung und ihre Weltwirkung, Göttingen 2010, S. 47–73.

oder praktischer Landwirt. In Preußen, wo die landesherrlichen Domänen seit 1717 an bürgerliche Pächter vergeben wurden, lag das Verhältnis zwischen bürgerlichen Pächtern und adeligem Landadel (Junkern) durchschnittlich bei eins zu drei. Dagegen hielt sich in Sachsen bürgerlicher und adeliger Gutsbesitz auf rund 1000 Rittergütern gegen Ende des Jahrhunderts in etwa die Waage.[376] Nicht selten bekleideten Gutsbesitzer und Pächter zugleich Ämter in der fürstlichen Territorialverwaltung, wobei diese oft wirtschaftsbezogenen Ämter ihre Träger ebenfalls berechtigten, wie einleitend bereits bemerkt, sich als Praktiker der Landwirtschaft zu bezeichnen. Als „Haupttriebfeder" der Praktiker identifizierte der schon erwähnte sächsische Gutsbesitzer Engel 1798 den „Handels-Geist" und sprach damit die gezielte Produktion landwirtschaftlicher Produkte für Märkte an. Gerade bürgerliche Ritterguts- oder Domänenpächter, die aufgrund des zu leistenden Pachtzinses von vornherein zu einer hohen Produktivität gezwungen waren, gelten in der Geschichtsschreibung traditionell als Träger landwirtschaftlicher Modernisierungsprozesse.[377] Adam Smith (1723–1790) gestand im britischen Kontext allein dem bürgerlichen Pächter (dem *undertaker*) und Kaufleuten *(merchants)* die Rolle des *improver* zu, adelige Akteure spielten für ihn keine Rolle in der landwirtschaftlichen Entwicklung.[378] Dieser Einschätzung ist mit Blick auf die rege Teilnahme adeliger Gutsbesitzer im deutschen landwirtschaftlichen Diskurs sowie auf Basis von Fallstudien zum Innovationsverhalten adliger Gutsbesitzer zumindest punktuell zu widersprechen.[379] Ökonomische Betriebsamkeit, gepaart mit einem Ansatz zum Geiz, sah Engel spätestens ab den 1750er Jahren den Handlungen aller Produzenten und damit als zentrales Prinzip der gesamten Agrarpraxis zugrunde liegen. Engel repräsentierte freilich eine bestimmte Gruppe, wenngleich er jede explizite Differenzierung innerhalb der Gesamtheit der AgrarproduzentInnen nach sozialen oder rechtlichen Kriterien vermied und sich selbst

376 H.-H. Müller, Domänen und Domänenpächter in Brandenburg-Preußen im 18. Jahrhundert, in: Jahrbuch für Wirtschaftsgeschichte 6 (1965), S. 152–192 und A. Flügel, Bürgerliche Rittergüter. Sozialer Wandel und politische Reform in Kursachsen (1680–1844) (Bürgertum 16), Göttingen 2000.

377 R. Berthold, Fortschritt und fortschrittstragende Kräfte in der spätfeudalen Landwirtschaft, in: Jahrbuch für Wirtschaftsgeschichte 10 (1969), S. 399–417 und H.-U. Wehler, Deutsche Gesellschaftsgeschichte. Erster Band. Vom Feudalismus des Alten Reiches bis zur defensiven Modernisierung der Reformära 1700–1815, München 1987, S. 86.

378 A. Smith, The Wealth of Nations, New York 2000 [1776], S. 439 f., 416 resp.

379 S. z. B. H. Kaak, Fortschrittliche Landwirte? Adlige Innovationsbestrebungen in Brandenburg zwischen Landesherrschaft und Untertanen 1763 bis 1807, in: Zeitschrift für Agrargeschichte und Agrarsoziologie 60 (2011), S. 12–34 und H. Inhetveen/H. Kaak, Itzenplitz (wie Anm. 135). Die neuere Agrargeschichte weist innovatives Handeln, wie oben bereits erwähnt, auch bei kleinen AgrarproduzentInnen nach.

schlicht einen „passionirte[n] Wirth" nannte.[380] An verschiedenen Stellen wies er gezielt darauf hin, dass seine Beobachtungen auch für Bauernwirtschaften zutreffend seien, im Großen und Ganzen schrieb er jedoch aus der Perspektive eines wohlhabenden adeligen Gutsbesitzers, der sein Land nicht an bürgerliche Experten verpachtet hatte, sondern selbst bewirtschaftete. Ab 1750 habe in Zeiten der hohen Konjunktur „jeder" – mit Aussicht auf hohen Gewinn – „Landwirth" werden wollen.[381] Obgleich durch profitstrebende „Neuerungs-Sucht" viel Unsinn produziert worden sei, unterstellte Engel insgesamt einen für die Ökonomische Aufklärung typischen Zusammenhang: zwischen einer profitorientierten Wirtschaftsgesinnung einerseits und Verbesserungen der Landwirtschaft andererseits.[382] Was generell als charakteristisch für das Schrifttum der Ökonomischen Aufklärung gelten kann, gilt auch für Engel, wenn er soziale und politische Veränderungsmöglichkeiten an dieser Stelle nicht thematisiert. Er unterschied zwei Typen von Agrarproduzenten, einen konservativen Typ, den die Anhänglichkeit an das Alte charakterisiere, und einen reformfreudigen Typ, allerdings strikt auf ökonomisch-technische Fragen bezogen. Wie eine aus wirtschaftshistorischer Sicht progressive Haltung in ökonomisch-technischen Fragen des Landbaus mit einer aus heutiger Sicht ultrakonservativen Haltung in sozialen und politischen Fragen zusammenging, zeigt das Beispiel der ostelbischen Großgrundbesitzer. Als frühe Agrarkapitalisten und Feudalherren zugleich produzierten sie mithilfe leibeigener Bauern für internationale Märkte, darunter bis 1806 etwa 50% des englischen Getreideimports.[383] Auch Engel, Sohn eines mecklenburgischen Gutsbesitzers, verteidigte die in Mecklenburg noch bestehende Leibeigenschaft: Es gäbe dort sicher Missbrauch derselben, gleichzeitig aber auch „christliche und menschenfreundliche Gesinde-Herrschaften".[384] Sein Urteil fiel im technischen Bereich positiv für die Reformer aus: Alle Innovationen, selbst die gescheiterten, bereicherten und beschleunigten in seinen Augen das allgemeine Verbesserungswerk. Mindestens 50 Prozent der Agrarproduzenten, für die Engel den Begriff des Landwirts verwendete, hätten im 18. Jahrhundert jedoch der ersten Gruppe angehört und hingen demnach fest an alten Gewohnheiten. In der Regel zählten

380 L. H. H. von Engel, Aufklärung (wie Anm. 138), S. 20. Ein Beispiel für eine Differenzierung, welche im Verbesserungsdiskurs so gut wie unsichtbar war, ist der Ausschluss bürgerlicher und nobilitierter Rittergutsbesitzer von der Landtagsteilnahme in Sachsen, welcher dort durch den alten Adel lange Zeit aufrechterhalten wurde, s. dazu A. Flügel, Bürgerliche Rittergüter (wie Anm. 376), S. 71 f.

381 L. H. H. von Engel, Aufklärung (wie Anm. 138), S. 14.

382 Ebd., S. 11 f., 14.

383 H.-U. Wehler, Deutsche Gesellschaftsgeschichte (wie Anm. 377), S. 83 f.

384 L. H. H. von Engel, Aufklärung (wie Anm. 138), S. 218 f.

laut Engel alle älteren Landwirte zu dieser Gruppe. Drei Achtel, also die Mehrheit der anderen Hälfte, seien dagegen reformfreudige junge Landwirte gewesen, jedoch von einer „brausköpfigen", unbedachten Sorte. Den später Geborenen Irlbeck (Kapitel 3.1) hätte Engel zweifellos, zumindest in dessen Anfangsphase, einen „Brauskopf" genannt.[385] Das Verdienst der „Brausköpfe" bleibe jedoch, so Engel, dass sie, selbst wenn sie individuell gescheitert waren, mit ihren Fehlern das Gesamtprojekt der landwirtschaftlichen Verbesserung noch vorangebracht hätten.[386] Das übrig bleibende letzte Achtel aller Agrarproduzenten schließlich reservierte er für vorsichtig, überlegt, zugleich aber auch mutig agierende Landwirte, dieses Mal ohne Altersangabe, in denen er die Protagonisten des Fortschritts der Landwirtschaft erkannte: „Sie gehen nicht den raschen Schritt jener hitzigen Brausköpfe, sondern betrachten jeden Schritt mit allen seinen Folgen sehr genau, ohne sich vor Gefahren zu fürchten [...]."[387] Diese „Edlen" seien es, „auf denen der aufgeklärte Geist beim Ende des achtzehnten Jahrhunderts" ruhe.[388] Auf den Rücken der ruhigen und besonnenen Männer, die kleine, aber sichere Schritte tun, würden die Nachkommenden, so Engel, ein „sicheres Gebäude" aufbauen können. Nicht ganz klar wird dabei, ob er mit dem sicheren Gebäude eher ein florierendes Agrarunternehmertum meinte oder auf das zu begründende neue Lehrgebäude der Ökonomie anspielte.[389]

Depotenzierung der ökonomischen Theorie

Ein Mann dieser kleinen, besonnenen Schritte hätte Christoph Heinrich Matthesius (um 1772) sein können, mit dem hier exemplarisch die epistemische Position der Praktiker im Diskurs der Ökonomischen Aufklärung skizziert werden

385 Ebd., S. 27, s. auch Kapitel 3.1. Geschichten vom Scheitern der ‚Brausköpfe' und ‚Projektemacher' gehören zu den Standardtopoi der Ökonomischen Aufklärung. S. auch E. Brugger, Die Produktivität des Scheiterns. Das Projektemachen als ökonomische Praktik der Frühen Neuzeit, in: M. Füssel/P. Knäble/N. Elsemann (Hgg.), Wissen und Wirtschaft. Expertenkulturen und Märkte vom 13. bis 18. Jahrhundert, Göttingen 2017, S. 79–96.

386 L. H. H. von Engel, Aufklärung (wie Anm. 138). „Jedoch so sehr auch einzelne Wirthe bei diesen Neuerungen litten; so oft auch man von mißlungenen kostspieligen Versuchen hören mußte; so war der Verlust von einzelnen Individuen, doch ein sicherer und großer Gewinn vor das Ganze und Allgemeine", ebd., S. 15.

387 Ebd. (1798), S. 29

388 Ebd. (1798), S. 30.

389 Ebd. (1798), S. 33. Die Metapher des ‚Lehrgebäudes' war im Agrarschrifttum weit verbreitet, s. dazu Kapitel 4.1.

kann. In der *Allgemeinen Literatur-Zeitung* vom 23. Dezember 1791 hieß es: „Hier tritt endlich mal ein erfahrner Landwirth, ein stiller, vieljähriger Beobachter des Erfolgs der angepriesenen Neuerungen, an der Spitze derjenigen Landwirthe auf den Kampfplatz, welche zur Vertheidigung ihrer Aneignung gegen diese Neuerungen bisher nicht Muth, oder Geschicklichkeit genug hatten."[390] So wurde Matthesius zu Beginn der Besprechung seines Buches eingeführt, welches den Titel *Über die Theorie der Landwirthschaft. Ein Beytrag zur gesicherten Verbesserung der Landwirthschaft* trug. Von Güntz erfahren wir, dass Matthesius ein „praktischer Landwirth" war, der zu Casekirchen im Herzoglich Sächsischen Kreisamt Eisenberg, das heißt im Herzogtum Sachsen-Gotha-Altenburg, „seit etwa 1772 ein Gut selbständig leitete".[391] Matthesius zeigte sich in seiner Schrift, so der Rezensent, „[w]eit entfernt von der den empirischen Landwirthen gewöhnlichen Verachtung der ökonomischen Theorie". In der Tat scheint diese Einschätzung zunächst zu stimmen, denn Matthesius blieb auf den ersten Blick milde in seinem Urteil. Statt „theoretische Ökonomen" und insbesondere „öffentliche Lehrer der Ökonomie" anzugreifen, richtete sich seine Kritik zuvorderst gegen Vertreter aus den eigenen Reihen – so genannte „voreilige" Praktiker. Schubart, den Edlen vom Kleefelde, hielt Matthesius für den voreiligsten von allen: Das „Schubart'sche System", also eine Fruchtwechselwirtschaft mit Bebauung der Brache und Sommerstallfütterung der Tiere, dürfe seiner Auffassung nach keineswegs, wie mancherorts geschehen, allgemein vorgeschrieben werden. Matthesius verteidigte die herkömmliche Praxis der Brach- und Weidewirtschaft gegen Schubart, auch wenn dies nach der Publikationswelle der Schubartschen Ideen schon fast als unerreichbares Ziel erscheinen möge. Matthesius sah sich gezwungen, der Brache „eine Schutzschrift" zu widmen, nachdem Schubart sie als „Pest und Verderben" bezeichnete und sowohl Gelehrte als auch Regierungen ihm bereits nachgeeifert hätten.[392] Der Stoff, an dem Matthesius eine differenzierte Reflexion über den Wert, den Nutzen und die Verdienste der ökonomischen Theorie entfaltete, war somit eine der größten agrarischen Streitfragen der Ökonomischen Aufklärung: Brache ja oder nein. Es ist an dieser Stelle zu fragen, welches sein größeres Anliegen war: eine Kritik Schubarts, dessen Empörungsschrift gegen die Brache sich gleichzeitig gegen den

390 Ueber die Theorie der Landwirthschaft und einige neuere Grundsätze derselben, Rezension, in: Allgemeine Literatur-Zeitung 4 (1791), Sp. 593–600, hier Sp. 594.

391 M. Güntz, Landwirtschaftliche Literatur (wie Anm. 51), S. 237. Sein 1791 erschienenes erstes Buch weist Matthesius außerdem als „selbstwirthschaftenden Landprediger" aus, s. C. H. Matthesius, Lehrbuch für angehende Landprediger, wie ihre Wirthschaft ihnen und den Pfarrgüthern am nützlichsten einzurichten sey von einem selbstwirthschaftenden Landprediger [...], Jena 1791.

392 Ebd., S. 46 f.

sächsischen Landadel gerichtet hatte, oder eine Gelehrtenkritik, das heißt der Kameralgelehrten. Beide Kritiken sind in seinem Text miteinander verbunden. Den „akademischen Ökonomen" allein billigte Matthesius – nicht den landwirtschaftlichen Praktikern – eine Gleichgültigkeit im positiven Sinn zu. Sie seien mehr als Landwirte dazu in der Lage, neue Vorschläge unvoreingenommen und „ohne ökonomische Passion" zu prüfen. Landwirte dagegen, auch die gelehrten, priesen in der Regel nur die eigene Wirtschaftsart.[393] Ein wichtiger weiterer Vorzug der Theorie und der Theoretiker, wie Matthesius Universitätsgelehrte nannte, bestand ihm zufolge darin, dass sie die Landwirtschaft gesellschaftlich aufwerteten, indem sie, „ganz mit akademischer Lehrmethode bekannt", die Landwirtschaft wissenschaftlich zu kleiden wüssten.[394] Die Würde einer gelehrten Wissenschaft erhielt die Landwirtschaft somit auf performative Weise, nämlich durch die Tatsache, dass sie von Akademikern an Universitäten vorgetragen wurde. Vergleichbar mit der professoralen Position aus dem vorigen Kapitel war auch Matthesius' Wissenschaftsverständnis eng mit der Institution der Universität, also in damaliger Zeit: der Lehre, verknüpft. Die Ausbildung einer Wissenschaft sah er als Aufgabe der Gelehrten an, weil allein diese das Handwerk der Wissenschaft beherrschten: Das „Eigentliche des Docirens" muss gelernt sein. Solle dagegen ein Praktiker als öffentlicher Lehrer eingesetzt werden, dann müsse er diese Fertigkeit erst noch lernen.[395] Matthesius plädierte mit einer Selbstverständlichkeit, die im landwirtschaftlichen Diskurs nicht üblich war, für Arbeitsteilung: Gelehrte waren für die ökonomische Theorie und Landwirte für die ökonomische Praxis zuständig. Diese Arbeitsteilung begründete aber auch, wie oben gesehen, ein Dilemma, welches zahlreiche Autoren der Ökonomischen Aufklärung immer wieder ansprachen. Diejenigen, die etwas von der landwirtschaftlichen Praxis verstanden, konnten nicht dozieren, und diejenigen, die dozieren konnten, verstanden nichts von der Landwirtschaft. Ähnlich hatte es bereits Justi im Jahr 1758 gesehen:

> Fast alle Gelehrten sind in diesem Felde [ökonomische und Kameralwissenschaften] gänzlich Fremdlinge; und die Ungelehrten, die durch Bedienungen und Erfahrungen eine große practische Erkenntniß in diesen Wissenschaften erlanget haben, sind hingegen zu den akademischen Vorlesungen nicht fähig [...].[396]

---

393 Ebd. „Unpassionirte Prüfung meiner Erinnerungen ist die erste Bitte an höhere und öffentlich angestellte Lehrer der ökonomischen Theorie!", ebd., S. 4, 13 f.

394 Ebd., S. 6.

395 Ebd., S. 7.

396 J. H. G. von Justi, Staatswirthschaft (wie Anm. 287), S. XIV.

In der Tat fiel Matthesius' Urteil auf den zweiten Blick jedoch durchaus nicht so milde gegenüber Universitätsgelehrten aus, wie es zunächst erschienen war. Zwar begrüßte er das soziale Ansehen und die systematisierenden Eigenschaften des akademischen Ansatzes, die inzwischen in vielen Staaten eingerichteten ökonomischen Lehrstühle seien jedoch nur dann gutzuheißen, wenn sie die Landwirtschaft nicht „in ihrer glücklichen Ausübung" störten oder gar hemmten.[397] Von schädlichen Effekten der Theorie auf die Landwirtschaft hatte er tatsächlich noch einiges zu sagen, und die zugrunde liegende epistemologische Kritik konnte für Kameralgelehrte nicht verheerender ausfallen. Die Stimme eines Gelehrten mache zwar „mehr Eindruck als hundert Stimmen praktischer Landwirthe", selbst wenn diese sich ebenfalls „im Reich der Wissenschaften öffentlich und schriftlich" zeigten.[398] Ökonomieprofessoren fehlte jedoch im Grunde jede agrarische Wissensbasis, obzwar sie – paradoxerweise – das Vertrauen des Publikums in diesen Fragen genossen. Einige der neuesten theoretischen Belehrungen enthielten „ökonomische Unrichtigkeiten" und „andre auffallende Dinge", die zu wenig Bekanntschaft mit der Landwirtschaft verrieten.[399] Vieles, was aus dem Ausland empfohlen wurde, sei dort nur ausprobiert und rasch wieder eingestellt, hier aber von abschreibenden Theoretikern als Grundsatz gelehrt worden.[400] Die gleichen Akteure, die die Landwirtschaft zur Würde einer gelehrten Wissenschaft erheben konnten, schrieben also Matthesius zufolge Unwahrheiten ab und verbreiteten sie – da sie nicht anders konnten. Denn, so sein Grundsatz, alles Wissen in der Landwirtschaft konnte nur und ausschließlich aus der Praxis kommen. Nur die Praxis lieferte richtige Grundsätze, und Theoretiker seien auf gute Informanten von Agrarpraktikern angewiesen. Diese mussten jedoch ausgewählte sein, geschickte, erfahrene und vor allem bedächtige Leute.[401] In einer Fußnote riet er Akademikern ausdrücklich auch zur Unterredung mit „kleinen" Landwirten, die ganz „ohne Entehrung eines akademischen Lehramtes" und nötig sei, da kleine Wirtschaften nicht wie große und umgekehrt beurteilt werden könnten.[402] Weil agrarisches Wissen Matthesius zufolge allein in der Agrarpraxis generiert werden konnte, waren akademische Gelehrte letztendlich für Mängel und Fehler der ökonomischen Theorie nicht verantwortlich zu machen. Hauptangeklagt wurden

397 C. H. Matthesius, Theorie der Landwirthschaft (wie Anm. 154), S. 3.
398 Ebd., S. 40.
399 Ebd., S. 15.
400 Ebd., S. 14.
401 Die verbreitete Forderung nach Besonnenheit und Bedächtigkeit wird im ‚rationellen Landwirt' Thaers wiederkehren, s. das folgende Kapitel 3.5.
402 Ebd., S. 15.

von ihm dagegen diejenigen Agrarproduzenten, die die Allgemeinheit und somit auch Theoretiker übereilt mit Informationen versorgten, welche sich in der Folge als falsch herausstellten, ohne jedoch öffentlich widerrufen zu werden. Manche fehlerhaften theoretischen Schriften, die aus einer solchen Desinformation hervorgingen, seien sogar als Schriften von Praktikern „getarnt" worden, und aus „gutem Vertrauen" hätten wieder andere Theoretiker davon abgeschrieben. Vergleichbar mit Irlbecks und auch anderer Kommentatoren Erfahrung kam Matthesius darauf zu dem Schluss, dass vor allem aufseiten der AgrarproduzentInnen ein Vertrauensverlust in die Theorie stattgefunden habe. Dies wiederum entwürdige die Theorie. In der Konsequenz forderte Matthesius – wie später auch Irlbeck – eine Zensurregelung: Sämtliche landwirtschaftliche Manuskripte sollten künftig in „vertraute[r] Unterredung mit Selbstwirthen" durchgegangen werden. Wählte sich der Gelehrte dabei keine prahlerischen, sondern geschickte und bedächtige Landwirte als Berater aus, dann bekomme er schließlich einen nach „der Natur ganz richtigen gelehrten Erkenntnisgrund".[403] Erst auf diese Art könne eine „gesicherte Verbesserung" der Landwirtschaft auch von den Büchern, die Landwirte benutzen sollen, erwartet werden. Dieser Argumentationsgang beruht, wie gesehen, fundamental auf der Unterscheidung zwischen guten und schlechten Praktikern. Einem konservativen, sprich: „bedächtigen" Praktiker, unterliefen, so scheint es in Matthesius' Konzeption, keine Fehler.[404] Klar, dass er sich selbst zu den bedächtigen Landwirten zählte. Er selbst habe in der 20-jährigen Geschichte seiner Wirtschaft viele, „nie übereilte" Versuche angestellt. Bedachtsamkeit hieß in seinem Fall zugleich, kein Freund großer Strukturreformen zu sein. Matthesius' Befürwortung der traditionellen Brach- und Weidewirtschaft, die gerade für Großgrundbesitzer häufig mit beträchtlichen Trift- und Weiderechten einherging, lässt vermuten, dass er Mitglied einer privilegierten und konservativen Gutsbesitzerschicht war. Er bekannte sich jedenfalls als einen „Altgläubigen": „Gesicherter ist unsre Verbesserung der Landwirthschaft, im weitesten so wie im engsten Verstande, wenn wir den Pfad unsrer Väter, unsrer glücklichen Väter, nicht so ganz verlassen, auf welchem sie als stille Landwirthe die Winke der Natur befolgten […]."[405] Matthesius' Vorstellung einer adäquaten Theoriebildung fügte sich schließlich zu einem recht klaren, arbeitsteiligen Modell: Die Natur als „erste Lehrerin" gebe „deutliche Winke". Aus den Gesetzen der Natur und aus geprüften Erfahrungen von verständigen und dabei bedächtigen Landwirten sollten Gelehrte sodann nach und nach die ökonomische Theorie entwickeln. Diese habe schließlich Gültigkeit

403 Ebd., S. 15.
404 Ebd., S. 16.
405 Ebd., S. 18 f.

sowohl für praktische Landwirte, das heißt für die Führung einer Wirtschaft, als auch für Kameralisten, das heißt zur staatlichen Lenkung der Landwirtschaft.[406]

Sicherheit und Risiko, Kosten und Nutzen: die gewerbliche Seite der Landwirtschaft

Risiken abzuschätzen, Kosten zu kalkulieren und Gewinne abzusichern waren Themen mit einem hohen Stellenwert für alle Autoren, die sich als Praktiker bezeichneten. Auch Matthesius berief sich in seinem Text wiederholt und fast formelhaft auf das Thema Sicherheit und charakterisierte seine Schrift bereits im Titel als einen Beitrag zur ‚gesicherten' Verbesserung der Landwirtschaft. Aus der Perspektive eines erfahrenen Gutsbesitzers heraus begründete er seine Zurückweisung von Strukturreformen à la Schubart konsequent über das Motiv der Sicherheit. Dementsprechend fielen auch seine Bewertung der ökonomischen Theorie und die daraus folgenden Ratschläge an Universitätsgelehrte aus: Riskant sei es, Neues unterschiedslos für ganze Regionen zu lehren, denn das setze den nach alten Methoden „sicher gehabten Gewinn" vieler Landwirte aufs Spiel.[407] Ganz besonders gelte das übrigens im Namen der kleinen Agrarproduzenten. Wo nur der geringste Verdacht herrsche, dass ihnen Schäden durch neue Einrichtungen entstehen, solle man es lassen.[408] Mit dem einfachen Volk zu reden, hieß häufig zugleich kameralistisch, das heißt staatswirtschaftlich zu argumentieren, auch in Matthesius' Fall: Alte Grundsätze dürften nicht vorschnell über Bord geworfen werden, weil damit ganze Staaten, die vorher „blühend und fruchtreich" waren, gefährdet werden könnten.[409] Akademische Lehrer hatten folglich eine hohe Verantwortung, denn Irrtümer zu lehren, konnte nach Matthesius nicht nur die Wohlfahrt einzelner Menschen, sondern die Wohlfahrt ganzer Staaten zerstören. Jedem gelehrten Ökonomen empfahl er deshalb ein „patriotisches Misstrauen" gegen alles.[410] Inmitten dieser Sicherheitsrhetorik erscheint Landwirtschaft als ein fragiles Gebilde, welches allzu leicht aus dem Gleichgewicht gebracht werden

406 Ebd., S. 33.

407 Ebd., S. 34, 36.

408 Ebd., S. 35.

409 Ebd., S. 33. „Wie groß ist die Gefahr [für] einen Staat, wenn alle Landwirthschaften auf einmal umzuändern angerathen wird? Und wie viel muß ein ieder Landwirth (der ärmere sein Alles) aufs Spiel setzen, wenn ihm nicht mehr frey steht nach alter bewährter Erfahrung seinen Acker zu bauen [...]?", ebd., S. 34 f.

410 Ebd., S. 9, 41. Diese Befürchtung Matthesius', ganze Staaten könnten durch Neuerungen zerrüttet werden, hielt der Rezensent für übertrieben und betonte, dass sich dies von selbst regele,

konnte. Die notwendige Vorsicht, welche Matthesius für sie einforderte, ließen in seinen Augen auch die ökonomischen Gesellschaften bis dahin vermissen. In ihrem Bemühen, Versuche zu prüfen, Informationen zu verbreiten und Prämien für innovative Landwirte auszuloben, hätten sie die Landwirtschaft in Wirklichkeit als ein „Hazardspiel“ betrieben.[411] Vor dem Hintergrund dieser kritischen Bilanz formulierte Matthesius schließlich epistemische Standards: Neue Vorschläge müssten von Universitätsgelehrten „schärfsten Proben“ ausgesetzt werden. Da viele Versuche nur auf kurze Zeit „ein täuschendes Glück“ gehabt hätten, empfahl Matthesius eine zwölfjährige Prüfung neuer Versuche, und zwar für jede „Erdart, Lage und [jeden] Himmelsstrich“.[412] Praktisch umsetzen könnten diese Versuche analog zu seinen Vorstellungen der Arbeitsteilung bedächtige Landwirte, nachdem jene Vorschläge von Gelehrten, die der Naturkunde mächtig waren, bereits auf ihre Übereinstimmung mit den Naturgesetzen vorgeprüft worden seien. Würden die Versuche nun praktisch wiederholt und gemeinsam ausgewertet, könnten auf Grundlage der Ergebnisse die ökonomische Theorie weiterentwickelt sowie Handlungsanweisungen für die Praxis formuliert werden. Falle die Entscheidung gegen den Versuch aus, würden die älteren Grundsätze und landwirtschaftlichen Praktiken beibehalten. Insbesondere Widersprüche gegen Neuerungen verdienten geprüft zu werden, da diese Vorschläge, wie so oft betont, Agrarproduzenten dazu verleiteten, ihren sicheren Gewinn aufs Spiel zu setzen.[413] Vorschläge von erfolgreichen Produzenten müssten vor allem auf ihre Übertragbarkeit in andere Regionen überprüft werden. Hier kämen besonders Naturforscher infrage, die die naturräumlichen Bedingungen des geglückten Versuchs analysieren sollten.[414] Wie sich an dieser und anderen Stellen zeigt, setzte Matthesius – vergleichbar mit den Kameralgelehrten – großes Vertrauen in die Naturforschung. In seinen Augen waren es vor allem naturforschende Gelehrte, die als zukünftige Bildner einer ökonomischen Theorie infrage kamen. Denn allein diese könnten das „Eigentliche der Ökonomie“ übersehen und seien in der Lage die Lehrbücher schreibender Praktiker zu beurteilen, aus denen sie wiederum Anregungen zur Vermehrung ihrer „Elementarkenntnisse“ ziehen könnten. Mit

---

sobald erste schlechte Resultate bekannt würden, s. Rezension Matthesius (wie Anm. 390), S. 598 f.

411 C. H. Matthesius, Theorie der Landwirthschaft (wie Anm. 154), S. 38: „Man hat zu viel spekuliret, unnütze Versuche gemacht; die Wirthschaft als ein würkliches Hazardspiel getrieben, Vorschläge mit dreisten Behauptungen gethan; daß so und so viel damit zu gewinnen sey […]:“

412 Ebd., S. 33.

413 Ebd., S. 41 (Fußnote). Sehr ähnlich argumentiert auch Irlbeck, s. Kapitel 3.1.

414 Ebd., S. 34.

ihrer „richtigern Naturkunde" kämen sie der Landwirtschaft zu Hilfe.[415] Damit Gelehrten wiederum keine typisch gelehrten Fehler unterliefen, weil sie etwa zu sehr spekulierten oder bewährte Grundsätze fälschlicherweise streichen würden – weil sie sich die Landwirtschaft anders dächten, als diese sich „in ihrer bedächtigen Ausübung" bestätige; aus diesem Grund sollten Gelehrte mit kleinen und großen Landwirten zusammenarbeiten. Auf diese Weise würden um jeden akademischen Lehrer herum richtige „Provincialtheorien" entstehen, die schließlich in einen *Corpus Doctrinae* zusammengefasst werden könnten.[416]

Abgesehen vom Motiv der Sicherheit und der Risikoabschätzung, jedoch eng damit zusammenhängend, gruppierten sich viele Argumente schreibender Praktiker um das Verhältnis von Kosten und Nutzen. Matthesius' Beispiel verlassend und mit einem Sprung in den frühen Untersuchungszeitraum, findet sich diese Priorität bereits in Johann Gottlieb von Eckharts *Experimental-Oeconomie* aus dem Jahr 1754. Für jede Tierart rechnete Eckhart vor, welche Kosten sie durch Haltung, Aufzucht, Fütterung, Krankenpflege etc. verursachte, um auf dieser Grundlage für oder gegen den ökonomischen Wert der betreffenden Spezies zu urteilen. Der Titel seiner Schrift wurde im Übrigen im 19. Jahrhundert zur Gattungsbezeichnung für sämtliche Texte schreibender Landwirte und Autoren wie Engel, Matthesius oder Eckhart, die analog dazu als Experimentalökonomen bezeichnet wurden.[417] Vom Gänsehalten riet Eckhart beispielsweise ab, da sie sehr viel mehr kosteten, als sie nutzten. Den Bauern, die Gänsehaltung betrieben, fiele ihr Verlustgeschäft nur deshalb nicht auf, da sie die Arbeitskraft ihrer Kinder auf die Gänse verwendeten und zudem nicht aufschrieben, wie viel wertvolles Futter ihnen eigentlich an den Gänsen verloren ging.[418] Anders als Eckhart hiermit unterstellte, belegen bäuerliche Rechnungsbücher, dass buchhalterische Kontrolle auch kleineren AgrarproduzentInnen durchaus nicht fern gelegen hat. Ein

415 Ebd., S. 6. Diese Einschätzung wurde von Autoren des 18. wie des 19. Jahrhunderts allgemein geteilt, s. z. B. Von dem Nutzen, welchen die Naturwissenschaft der Oeconomie verschaffet, in: Hamburgisches Magazin, oder gesammlete Schriften, zum Unterricht und Vergnügen (1756), S. 531–550. Als „hülfreiche Mutter" bezeichnete die Naturwissenschaften rückblickend C. FRAAS, Geschichte (wie Anm. 3), S. 159. Dass die Naturforschung der Landwirtschaft vor allem zu einem wissenschaftlichen Ansehen verhalf, wurde u.a. von Matthesius erkannt.

416 C. H. MATTHESIUS, Theorie der Landwirthschaft (wie Anm. 154), S. 12, 15.

417 S. z. B. bei M. GÜNTZ, Landwirtschaftliche Literatur (wie Anm. 51), C. FRAAS, Geschichte (wie Anm. 3), S. v. FRAUENDORFER, Ideengeschichte (wie Anm. 51) und C. E. LANGETHAL, Geschichte (wie Anm. 77). Ursprünglich bedeutete „Experimentalökonomie" bei Eckhart schlicht Landwirtschaft, s. J. G. v. ECKHART, Experimental-Oeconomie (wie Anm. 173), S. XIII.

418 Ebd., S. 310 f.

akribisches Dokumentieren aller, auch der kleinsten, Ein- und Ausgänge befürworteten jedoch tatsächlich eher die Akteure, die nicht subsistenz-, sondern marktorientiert wirtschafteten. Eine akribische buchhalterische Kontrolle aller Wirtschaftsvorgänge führte Thaer sogar im privaten Haushalt ein, was auf einigen Widerstand der Familienmitglieder stieß.[419] Obwohl er nach 1800 konstatieren wird, er habe die Methode der doppelten Buchführung, von den Kaufleuten entlehnt, erstmals für die Landwirtschaft adaptiert, fand sich zumindest eine große Wertschätzung der Buchhaltung schon bedeutend früher im 18. Jahrhundert. In einem Artikel der *Oeconomischen Nachrichten* von 1754 definierte dessen Autor:

> Die Buchhalterey ist eine Schreibrechnungswissenschaft, vermöge welcher man nicht nur allen Vorrath richtig inventiret, sondern auch dessen Vermehr und Verringerung in die dazu gehörigen Bücher, in das Memorial, Journal und Hauptbuch, mit kurzen und deutlichen Worten, mit richtiger Bestimmung des Debitoris und Creditoris, nach der Art des Buchhaltens, einträgt, zu dem Ende, daß man alle Minuten, zu aller Zeit accurat wissen könne, wie man mit seine[m] Vorrath, Einnahme und Ausgabe, Activis und Passivis stehe, und woran man Nutzen oder Schaden gehabt habe.[420]

In eine ähnliche Richtung gehen Artikel mit Tabellen, die beispielsweise die Nutzungsberechnung eines „wohlgewarteten Kuhviehes" verzeichnen.[421] Es war stets die gewerbliche Seite der Landwirtschaft, welche bei den schreibenden Agrarproduzenten, ob sie nun große Grundbesitzer oder kleine wie Michael Irlbeck waren, besonders im Vordergrund stand und die ihre Vorstellung einer wissenschaftlichen Ökonomie beeinflusste: nicht zu Schaden kommen; dazu gewinnen, ohne zu viel zu riskieren; Versuche im Kleinen vorbereiten, um die Folgen einer Neuerung abzusehen; Kosten und Nutzen bei jeder Operation im Blick behalten. Später wurden diese im heutigen Sinn betriebswirtschaftlichen Erwägungen als Teil der Agrarwissenschaften definiert, namentlich in der landwirtschaftlichen Betriebslehre. Im Agrarschrifttum des 18. Jahrhunderts dagegen wurde die Gewerbslehre kaum als wissenschaftlich wahrgenommen – ganz im Gegenteil

419 „Es hat viel Mühe gekostet, dies bei den alten Ausgeberinnen durchzusetzen, weil sie es nur als eine misstrauische Kontrolle ansahen", A. D. Thaer, Geschichte meiner Wirthschaft zu Möglin. Nebst einer Nachricht von dem Zweck und der jetzigen Einrichtung des landwirthschaftlichen Unterrichts-Instituts, Berlin 1815, S. 241.

420 Abhandlung vom Nutzen der Buchhalterey in der Landwirthschaft, in: Oeconomische Nachrichten 7 (1755), S. 512–529, Zitat auf S. 513, A. D. Thaer, Leitfaden zur allgemeinen landwirthschaftlichen Gewerbs-Lehre, Berlin 1815.

421 Weitere Fortsetzung einer Nutzungsberechnung einigen wohlgewarteten Kuhviehes, in: Oeconomische Nachrichten 9 (1757), S. 157–177.

zur Naturkunde, die zunehmend sogar die Wissenschaftlichkeit der Ökonomie verbürgte, wenn es darum ging, diese zu begründen. Ein Beispiel unter vielen für die Nichtwahrnehmung der Betriebslehre gegenüber der Naturlehre: „Denn da sich die Landwirthschaft im eigentlichen Verstande mit der Erzielung der Producte, die Landgüter eintragen können, beschäftigt, diese Erzielung aber nicht anders, als nach natürlichen Ursachen geschehen kann; so ist die Landwirthschaft ganz in dem Bezirke der Naturlehre und muß von selbiger zunächst die Verbesserung erwarten, die sich bey dem Betriebe derselben anbringen läßt."[422] Thaers *Leitfaden zur Gewerbslehre* von 1815 stellte dann, Thaer zufolge, einen bislang unbeachteten Teil der Landwirtschaftslehre vor, wenngleich seiner Ansicht nach den „wichtigsten".[423] Friedrich Gottlob Schulze (1795–1860) war noch 1826 der Meinung, er habe die Gewerbslehre nicht nur wie Thaer beachtet, sondern als erster – wie den naturwissenschaftlichen Teil der Landwirtschaftslehre – auch philosophisch begründet.[424] Festzuhalten gilt hier, dass das gewerbliche Wissen der Agrarpraktiker weitestgehend unter dem wissenschaftsreflexiven Radar der Ökonomischen Aufklärung flog und erst sehr spät als Bestandteil einer wissenschaftlichen Landwirtschaft in Betracht gezogen wurde.

Argument der Praktiker und Emblem der Ökonomischen Aufklärung: Erfahrung

Auf dem Buch- und Zeitschriftenmarkt schien die Trumpfkarte eines jeden Agrarproduzenten seine persönliche Erfahrung in der Landwirtschaft zu sein und in vielen Fällen wurde dieser Vorteil bereits auf dem Titelblatt ausgespielt. Typisch sind Titel wie etwa von Schönfelds *Die Landwirthschaft und deren Verbesserung*

422 Weiter heißt es: „Wenn daher unsere gelehrten Landwirthe bey aller ihrer vermeynten Wissenschaft schlecht zu rechte kommen; so ist dieses nicht der Naturlehre, die sie sich anmaassen, sondern vielmehr Nebenursachen beyzumessen, die da machen, daß sie die Naturlehre auf die Landwirthschaft ungeschickt anwenden", J. C. Brasen, Einige Gedanken, über die jetzt gesuchte Vereinigung der Naturlehre mit der Landwirthschaft, Braunschweig/Hildesheim 1770, S. 5.

423 A. D. Thaer, Leitfaden (wie Anm. 420), Vorrede.

424 F. G. Schulze, Ueber Wesen und Studium der Wirthschafts- oder Cameral-Wissenschaften. Vorzüglich über wissenschaftliche Begründung der Landwirthschaftslehre, auch der Forstwirthschafts-, Bergbau-, Handelslehre und Technologie durch die Volkswirthschaftslehre, Jena 1826, S. 19. Die Lehren einer „Gewerbswissenschaft" wie der Landwirtschaftslehre waren nach Schulze einerseits aus den Naturwissenschaften herzuleiten (angewandte Naturwissenschaft) und andererseits aus der Anthropologie (Volkswirtschaftslehre), ebd., S. 8.

nach eigenen Erfahrungen beschrieben (1773)[425] oder Christian Ferdinand Touchys *Auf dreyßigjähriger Erfahrung sich gründender praktischer Unterricht der ganzen Landwirthschaft* (1801–1803).[426] Auch die *Abhandlungen und Bedenken über das Acker-Wesen und den Anbau verschiedener Feldfrüchte* (1765) des Hofpredigers Philipp Ernst Lüders hießen im Untertitel: „aus eigener Erfahrung entworfen".[427] Matthesius verzichtete ebenfalls nicht auf die Selbstdarstellung als Praktiker und betonte, dass er von Jugend an Erfahrung mit der Landwirtschaft in verschiedenen Gegenden sowie eine 20-jährige Erfahrung in einer „beträchtlichen Selbstwirthschaft" gesammelt habe. Zudem habe er viele eigene Experimente durchgeführt.[428] Während Experimente, oder die häufigere Bezeichnung ‚Proben und Versuche' für heutige LeserInnen einen wissenschaftlichen Beiklang haben, war dies im Diskurs der Ökonomischen Aufklärung weniger der Fall, worauf ich im vierten Kapitel zurückkomme. Zum Beweis eigener Expertise ist der Verweis auf vieljährige Erfahrung allerdings als topisches Argument bereits seit Jahrhunderten in Gebrauch gewesen.[429] Anders als in der *observatio*-Forschung für frühneuzeitliche Naturforscher belegt, kennzeichneten schreibende AgrarproduzentInnen ihr Erfahrungswissen in der Regel nicht als ein spezifisch gelehrtes oder wissenschaftliches Wissen. Im Gegenteil, sie forderten gelehrtes Wissen mit ihrer Erfahrung heraus. Manche Gelehrte hätten sich entsprechend, so Matthesius, mit dem Verweis auf eigene Erfahrung als Praktiker getarnt. Die Erfahrung der Agrarpraktiker war typischerweise als eine Erfahrung charakterisiert, zu der nicht der Universitätsbesuch, sondern allein die Zeit und ein gesunder Verstand qualifizierte, sprich: eine Erfahrung, die jeder Mensch, insbesondere aber ältere Personen nach vielen Jahren haben konnten. Diese Erfahrungsform erinnert in ihrer sozialen Offenheit an den traditionsreichen aristotelischen Erfahrungsbegriff und findet sich vereinzelt noch nach 1800, allerdings als Ausnahme, auf Buchtiteln, wie beispielsweise in:

---

425 J. G. von Schönfeld, Landwirthschaft (wie Anm. 33).

426 F. C. Touchy, Auf dreyßigjährige Erfahrung sich gründender praktischer Unterricht der ganzen Landwirthschaft zur Belehrung nicht nur für Anfänger in der Oekonomie, sondern auch für unerfahrne Landwirthe, 3 Bde., Leipzig 1800–1803.

427 P. E. Lüders, Abhandlungen und Bedenken über das Acker-Wesen und den Anbau verschiedener Feldfrüchte. Aus eigener Erfahrung entworfen, Flensburg 1765.

428 C. H. Matthesius, Theorie der Landwirthschaft (wie Anm. 154), S. 13.

429 Zum Verweis auf Erfahrung als topisches Argument s. G. Keil, Der Hausvater als Arzt, in: T. Ehlert/R. Nelles (Hgg.), Haushalt und Familie in Mittelalter und früher Neuzeit, Sigmaringen 1991, S. 219–243, zit. n. U. Kruse, Der Natur-Diskurs in Hausväterliteratur und volksaufklärerischen Schriften vom späten 16. bis zum frühen 19. Jahrhundert (Presse und Geschichte 70), Bremen 2013, S. 59. Die Herausbildung eines spezifisch gelehrten Erfahrungsbegriffs fand in Abgrenzung zu dieser alltäglichen Erfahrungsform statt, s. dazu Kapitel 4.1 und 4.2 mit den dortigen Literaturangaben.

Der erfahrene Wetterverkündiger oder populäre Witterungskunde für das Volk und besonders für das Landwirthschaft treibende Publicum. Auf vieljährige Erfahrungen alter Waidmänner, Landwirthe, Gärtner und Winzer begründet.[430] Matthesius als erfahrener Agrarpraktiker konnte jedenfalls den Einwand eines Kritikers, warum er die rote Rübe nicht empfohlen habe, mit einer ausführlichen Demonstration seines Erfahrungswissens zu verschiedenen Rübensorten parieren: wie und wo sie wuchsen, wie sie genutzt werden konnten, welche von ihnen lagerfähig waren, welche auch im Wald wuchsen und winterhart waren, welche nicht vom Wild gefressen wurden, weil sie unter der Erde wuchsen usw. – und er schloss mit dem Kommentar: „Erfahrung redet hier nach vielen angestellten Versuchen!“[431] Der Anspruch auf eigene Erfahrung, wie er auf Titelseiten, in Vorworten oder auch in einzelnen Kapiteln ökonomischer Schriften fortlaufend erhoben wurde, konnte in einer kommunikativen Herausforderung wie dieser mit einiger Authentizität erhärtet werden. Freilich griffen auch schreibende AgrarproduzentInnen in ihren Texten auf Informationen aus zweiter Hand zurück, um ihr Erfahrungswissen in der literarischen Darstellung zu ergänzen oder ihm mehr Gewicht zu geben, obwohl dies nicht Teil ihres Wissensanspruchs war. Versprach ein Autor, zum Beispiel Ambrosius Zeiger, der sich als Verwalter eines adeligen Ritterguts vorstellte, eine „gründliche haußwirthliche Erkenntniß“, die er in 30-jähriger Übung an verschiedenen Orten gesammelt und selbst praktiziert habe, so schließt auch dies eine lesende Teilnahme am literarischen Diskurs – als ergänzende Wissensquelle – nicht aus, selbst wenn sie nicht explizit betont wurde.[432] Auch Eckhart versprach in seiner *Experimental-Oeconomie,* die Haushaltungskunst nach 35-jähriger Erfahrung praktisch zu lehren, ohne auf die Lektüre ökonomischer Schriften als einer zusätzlichen Wissensquelle hinzuweisen.[433] Er bezeichnete es sogar als „pur unmöglich“, theoretisch, das hieß: „zusammengeschrieben“ aus verschiedenen Büchern, etwas Fruchtbares in diesem Bereich zu leisten, vielmehr müsse dagegen

---

430 S. J. Eckenstein, Der erfahrene Wetterverkündiger oder populäre Witterungskunde für das Volk und besonders für das Landwirthschaft treibende Publicum. Auf vieljährige Erfahrungen alter Waidmänner, Landwirthe, Gärtner und Winzer begründet und herausgegeben, Ilmenau 1833.

431 C. H. Matthesius, Theorie der Landwirthschaft (wie Anm. 154), S. 20 f., 24.

432 A. Zeiger, Vernünfftige Anleitung zur Öconomie und Kunstmäßige Verbesserung des Feld-Baues, Oder: Die durch vieljährige eigene Erfahrung bewährt befundene Kunst und Geheimniß, alle Arten von Lande, in Feldern, Wiesen und Gärten, nach ihrer eigentlichen Beschaffenheit aufs genaueste zu erkennen, auch ohne Mist zu düngen und fruchtbar zu machen […], Leipzig 1749.

433 J. G. v. Eckhart, Experimental-Oeconomie (wie Anm. 173), S. IX.

die „vieljährige Selbsterfahrung“ zur Leiterin genommen werden.[434] Die einseitige Betonung einer Erfahrung aus erster Hand ist ein Kriterium, das die Schriften der Agrarpraktiker von denen der bibliophilen Ökonomieprofessoren eindeutig unterscheidet. Es unterscheidet sie aber auch von der älteren, praxisbezogenen Gattung der Hausväterliteratur, in der zwar eigene Erfahrungen der Autoren auch eine Rolle spielten, jedoch als Beglaubigungsstrategie vor allem der Bezug auf antike Autoritäten gängig war. Wenn der Verweis auf eigene Erfahrung im Lauf der Ökonomischen Aufklärung insgesamt an Überzeugungskraft gewann, dann sind die Texte der Autoren, die den Standpunkt des Praktikers einnahmen, als maßgebliche Motoren dieser Entwicklung anzusehen. Auf dem literarischen Markt vermischten sich ihre, eigene und vieljährige Erfahrungen proklamierenden Texte mit jenen der Kameralgelehrten, die das vorhandene Erfahrungswissen systematisch bzw. in einer ‚wissenschaftlichen Form‘ zu präsentieren suchten. Es gehört zur eigenen Dynamik der Ökonomischen Aufklärung, dass diese beiden Ansätze als scharfe Konkurrenten wahrgenommen und dargestellt wurden.

Verdopplung der Erträge: Das Profitversprechen als Modus der Mitsprache und als kommerzielle Strategie

Vielschreiberei und Übersetzungswut waren das „Signum des materiellen Überlebenskampfes“ der freien Schriftsteller im 18. Jahrhundert, schrieb Alexander Kosenina in seiner Studie zur Gelehrtensatire der Aufklärung.[435] Das Gleiche ließe sich angesichts der Flut agrarökonomischer Schriften sowohl für Autoren als auch für Verleger der Ökonomischen Aufklärung geltend machen, denn nicht selten finden sich Übersetzungen aus dem Englischen oder Französischen, teils ohne Angabe des ursprünglichen Autors und offensichtlich vom Verleger selbst initiiert.[436] Einzelne Autoren wie etwa Johann Riem waren als Vielschreiber geradezu berüchtigt.[437] Dass manche Publikationen in erster Linie aus kommerziellen Gründen entstanden, legen auch die verheerenden Kritiken der Rezensionsorgane

434 Ebd., S. XII, XIII.

435 A. Kosenina, Der gelehrte Narr. Gelehrtensatire seit der Aufklärung, Göttingen 2004, S. 156.

436 S. z. B. diese Übersetzung aus dem Französischen ohne Autorenangabe: Die Kunst sich geschwinde durch den Ackerbau zu bereichern. Alles durch Erfahrungen bewiesen, Augsburg 1763.

437 Fraas hinterließ die Einschätzung, dass Johann Riem ein gutes Beispiel gewesen sei für die „Rede- und Schreibseligkeit, welche den Empiriker überhaupt charakterisiert, falls er einmal den ersten Gang im Bücherschreiben mit nur einigem Glück gemacht hat“, C. Fraas, Geschichte (wie Anm. 3), S. 195.

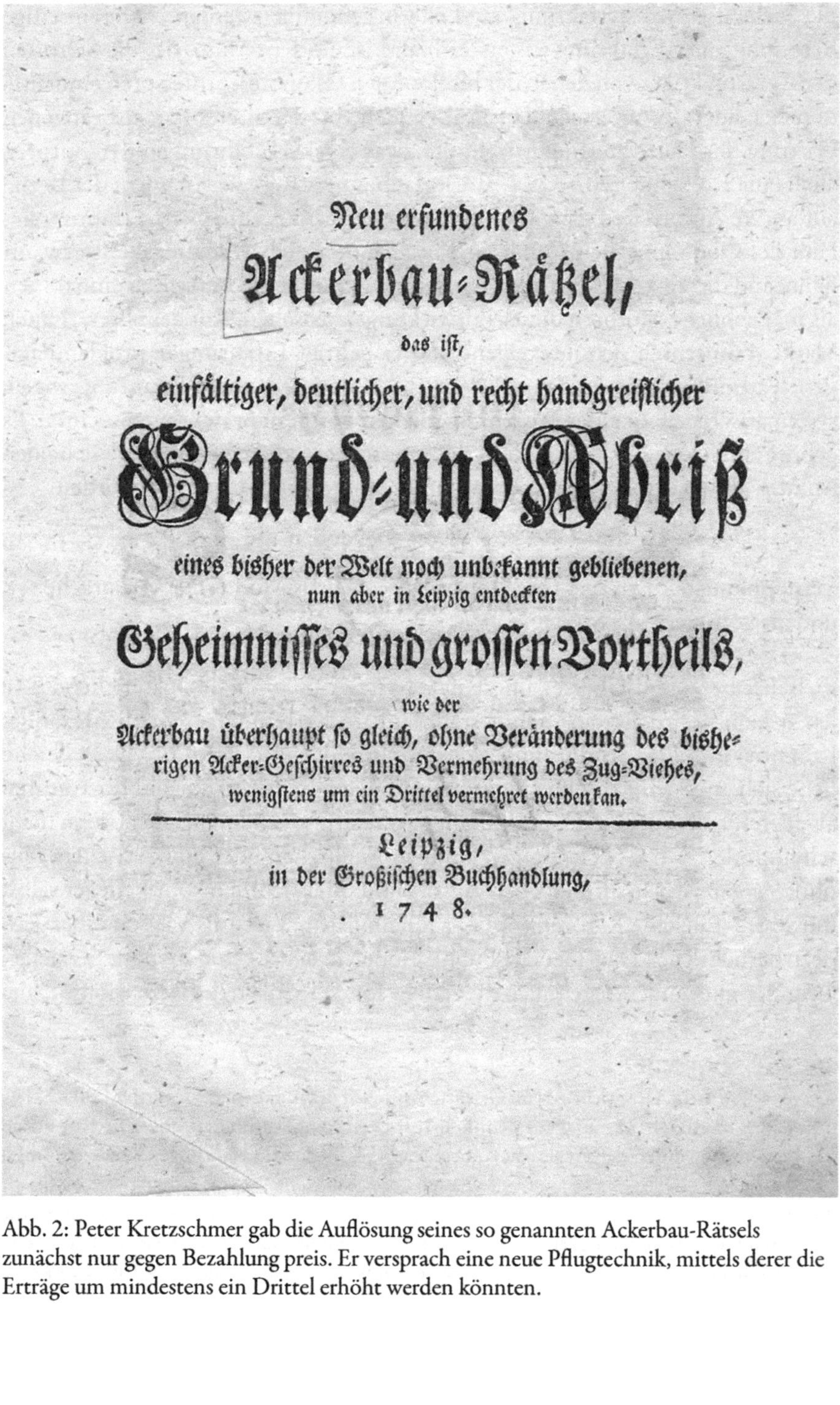

Neu erfundenes
Ackerbau-Rätzel,
das ist,
einfältiger, deutlicher, und recht handgreiflicher
Grund- und Abriß
eines bisher der Welt noch unbekannt gebliebenen,
nun aber in Leipzig entdeckten
Geheimnisses und grossen Vortheils,
wie der
Ackerbau überhaupt so gleich, ohne Veränderung des bishe-
rigen Acker-Geschirres und Vermehrung des Zug-Viehes,
wenigstens um ein Drittel vermehret werden kan.

Leipzig,
in der Großischen Buchhandlung,
1748.

Abb. 2: Peter Kretzschmer gab die Auflösung seines so genannten Ackerbau-Rätsels zunächst nur gegen Bezahlung preis. Er versprach eine neue Pflugtechnik, mittels derer die Erträge um mindestens ein Drittel erhöht werden könnten.

nahe, die nicht müde wurden, das Lesepublikum vor puren Abschreibern und redundanten Kompendien zu warnen. Der Hinweis auf die große Masse ‚schlechter' ökonomischer Bücher findet sich in so gut wie jeder Vorrede einer jeden neu erschienenen Schrift. Es mag deshalb zumindest nicht schaden, beim Erschließen des ökonomischen Diskurses auch den kommerziellen Nutzen, welchen das Schreiben über Landwirtschaft haben konnte, im Blick zu behalten. Denn bei schreibenden AgrarproduzentInnen wurde eine im heutigen Sinn ökonomische Perspektive gleich in einem doppelten Sinn angesprochen. Zum einen lockten Titel wie *Die Kunst sich geschwinde durch den Ackerbau zu bereichern* (1763) potentielle LeserInnen mit der Aussicht auf materiellen Gewinn. Gleichzeitig bedeutete der Absatz von Büchern auch einen materiellen Gewinn für Autor und Verleger. Literarisch in der Öffentlichkeit aufzufallen, war in kommerzieller Hinsicht nützlich, und so verwundert es kaum, dass sich aufsehenerregende Titel selbst bei nüchternen Inhalten finden.

Titelblätter lockten mit Versprechen, die später im rückblickenden Urteil der Zeitgenossen nicht eingelöst werden konnten, etwa Verallgemeinerungen wie diejenige Peter Kretzschmers (1693–1764), landwirtschaftliche Erträge könnten mithilfe seines Vorschlags „in allen Theilen der Welt" signifikant erhöht werden (Abb. 2). Sein konkretes Wissensangebot – die Auflösung seines so genannten Ackerbau-Rätsels, das er zunächst nur im konkreten Fall gegen Bezahlung preisgeben wollte – bestand im Vorschlag einer bestimmten Pflugtechnik, mittels derer doppelt bzw. tiefer gepflügt und damit mutmaßlich fruchtbarere Erde aus tieferliegenden Schichten zur Ackerkrume gemacht und bebaut werden sollte.[438] Die Methode war nicht ganz erfolglos, doch ließ sie sich nicht wie angekündigt in allen Teilen der Welt, zum Beispiel keineswegs auf Sandböden anwenden, wie Kommentatoren aus anderen Regionen bald berichteten.[439] Dieses Problem schien den schreibenden Agrarpraktikern allgemein anzuhaften: Einerseits waren sie mehr als andere Protagonisten von der Einsicht überzeugt, dass landwirtschaftliches

438 Sein Rätsel veröffentlichte Kretzschmer zunächst anonym: Oeffentliches Anerbieten, ganz besondere Wege und Mittel zu entdecken, ein Land-Gut noch einmal so hoch, als ordentlich und nach bisher eingeführter besten Weise geschiehet, zu nutzen. Aus der Praxi neuerfundener öconomischer Vorschlag, in: Leipziger Sammlungen 5 (1748), S. 286–288. In derselben Zeitschrift wurde es kurze Zeit später aufgelöst und noch Jahre lang debattiert, s. z. B. Sendschreiben an den Verfasser der L. S. worinnen von Hrn. J. A. H. Verbesserung der Kretzschmarischen Erfindung, der neuen Art den Acker zu bauen, gegeben wird, in: Leipziger Sammlungen 7 (1751), S. 149–165.

439 B. Niemeck, Die Anfänge agrartechnischer Diskussionen in der gemeinnützig-ökonomischen Literatur und Publizistik des 18. Jahrhunderts, in: U. Troitzsch (Hg.), Nützliche (wie Anm. 70), insb. S. 86 f.

Vernünfftige Anleitung
zur
Oeconomie
und
Kunstmäßige Verbesserung
des
Feld-Baues,
Oder:
Die durch vieljährige eigene Erfahrung bewährt befundene Kunst und Geheimniß, alle Arten von Lande, in Feldern, Wiesen und Gärten, nach ihrer eigentlichen Beschaffenheit aufs genaueste zu erkennen, auch ohne Mist zu düngen und fruchtbar zu machen.
In V. Theile abgetheilet.
Der I. enthält die gantze Theorie der Oeconomie. Der II. lehret das Nitrum in ein Oleum vegetabile zu verwandeln. Der III. entwirft die Zusätze dazu. Der IV. entdecket die Methode den Samen, wie auch Grund und Boden fruchtbar zu machen. Der V. zeiget die richtige Proportion. Der VI, als ein Anhang, handelt von einem Recept wider die Korn-Würmer, und der Practica Oeconomica.
Herausgegeben
von
Ambrosius Zeigern,
ehedem Amtsverwalter und Pachter der hochadel. Alvenslebischen Ritter-Güther zu Kloster-Roda.

Leipzig, 1749
in Gleditschens Buchhandlung.

Abb. 3: Ambrosius Zeigers Erfindung und Empfehlung eines so genannten *Oleum vegatabile,* welches jedes andere Düngen überflüssig machen sollte und dessen Rezeptur er zunächst teuer zu verkaufen suchte, wurde mehrere Jahre lang diskutiert und schließlich als Irrtum bzw. Betrug allgemein verurteilt.

Wissen lokal gebunden sei. Andererseits verallgemeinerten sie ihre Kenntnisse, wenn es zur Publikation eines Textes kam. Der große Herausgeber und Kameralwissenschaftler Zincke förderte Kretzschmer übrigens dennoch und beurteilte ihn als einen

> Mann von aufgeweecktem Geist, und obgleich kein gelehrter, dennoch in der Gärtnerey und dem Holzbau, wie überhaupt in der Land-Wirthschafft ein geübter, und in dem wichtigen Teil der Stadt- und Hof-Wirthschafft, der vor die Küche gehöret, eigentlich sehr wohl unterrichteter und erfahrner, in Strassen-Bau und Besserung aber, als einer wichtigen Policey-Sache, ein sehr aufmercksamer und aufrichtiger Mann, der durch Reisen, und in Diensten grosser Herren, durch Lesen, Anmercken, durch den Umgang mit allerhand Leuten, und durch das Nachdenken vieles gesehen, gelernet und erfunden hat.[440]

Einer bedeutend schärferen Kritik noch als Kretzschmer sah sich sein Zeitgenosse Ambrosius Zeiger (Wirkungszeitraum: um 1750) ausgesetzt. Der Amtsverwalter und Pächter zu Kloster-Roda in Sachsen hatte im Selbstverlag eine in Quart gedruckte Schrift herausgegeben, die, anders als die üblichen Oktav-Taschenbuchformate, zunächst überdurchschnittlich teuer war. Darin waren nicht nur eine allgemeine Anweisung zur Landwirtschaft zu finden sowie ein Rezept gegen Korn-Würmer, sondern auch ein „Geheimnis“ der Fruchtbarkeit enthalten. Danach sollten Samen und Boden durch „Imprägnation“ mit einem *oleum vegetabile* so fruchtbar werden, dass der Ackerbau ohne Mistdünger auskommen konnte. Bereits vor Herausgabe des Buches soll Zeiger versucht haben, sein „Geheimnis“ in Form eines Traktats für die beachtliche Summe von zwölf Reichstalern, eigens gedruckt nur für Subskribenten, zu verkaufen. Später, so berichtet 17 Jahre später ein Autor in den *Leipziger Sammlungen* (nachdem das Rezept des *oleum vegetabile* allbekannt und als wirkungslos verurteilt worden war), sei der Traktat dann für zwölf Groschen zu haben gewesen.[441] Ein anderer Autor erinnert, dass er sich Zeigers Handgriffe persönlich hatte zeigen lassen und drei Jahre lang ohne Erfolg „nachäffete“. Da er keine Ruhe fand, suchte er Zeiger noch einmal auf, nur um in dessen „Laboratorio die Quell-Bottige zerfallen, und ihre Dauben in einem

---

440 P. Kretzschmer/G. H. Zincke, Peter Krezschmers, nunmehrigen Hauß-Vaters im Leipziger Waysen- und Zucht-Hause, Oeconomische Vorschläge, Wie das Holtz zu vermehren, Obst-Bäume zu pflantzen, die Strassen in gerade Linien zu bringen, mehr Aecker dadurch fruchtbar zu machen, die Maulbeer-Baum-Plantagen, damit zu verknüpffen und die Sperlinge nebst den Maulwürffen zu vertilgen [...], Leipzig 1746 [1744], S. 40.

441 Nachricht von der Zeiger'schen Art den Samen zu imprägniren, und was D. Kühnhold dagegen geschrieben, sonst aber noch für andere Arten der Imprägnation angegeben, in: Leipziger Sammlungen 7 (1751), S. 165–190.

Winkel" anzutreffen.[442] Als kaum plausibel erscheint es sowohl bei Kretzschmer als auch bei Zeiger davon auszugehen, dass sie aufgrund ihrer landwirtschaftlichen Erfahrungen kein Verständnis für die Lokalität und Komplexität landwirtschaftlicher Prozesse hatten. Vor dem Hintergrund der damals sprichwörtlichen Einsicht ‚Ländlich, sittlich', die noch im zweiten Drittel des Jahrhunderts häufig zitiert wurde und genau das meinte, nämlich dass jeder Landstrich sein eigenes Klima und seinen eigenen Boden hatte, erscheint es fast ausgeschlossen, dass schreibende Agrarpraktiker diese Einsicht einfach leugnen konnten. Und doch priesen Kretzschmer und Zeiger ihre neue Pflugmethode bzw. das *oleum vegetabile* als universelle Mittel der Fruchtbarkeitssteigerung an. Es lassen sich zahlreiche Beispiele für diesen auffälligen Befund, das scheinbare Vergessen der praktischen Maxime ‚Ländlich, sittlich', finden. Ein drittes und letztes Beispiel soll hier die Demonstration abrunden: Auch Eckhart hielt nicht, was er auf dem Titel seiner *Experimental-Oeconomie* (1754) versprochen hatte, nämlich dass nach den darin angegebenen Grundregeln „ganz Teutschlands Oeconomien" behandelt werden und 15 bis 20 Prozent Zuwachs erwarten könnten. In Kapitel vier relativierte er diesen umfassenden Anspruch des Titels überraschend drastisch:

> Da die Beschaffenheit der Sache nicht verstatten würde: wann die in vielen Ländern Teutschlands liegende Güter allesamt auf einerley Art einrichten, und also einerley Grund[r]egeln in Ansehn der Art und Weise und andern Vorkommenheiten fest setzen, und nicht auf das Ländlich Sittlich acht haben wollte, indem die Lagen derer Länder nach dem Horizont sehr merklich von einander unterschieden auch eine jedwede Gegend oder Landschaft andere Eigenschaft, Clima und Verfassungen, Maas, Münze, Gewichte, Zahl, Preise und Handgriffe hat, auch die Statuten Policeyen, Feld[o]rdnungen und insbesondere die Lehns, Zehnd, Dienst und dergleichen Gerechtsame, benebst der Steuer und Gaben Abgift sehr unterschieden ist; so wird ein jeder von selbst begreifen, *dass es nicht möglich ist, ein Buch zu schreiben, worin aller Länder wahre Oeconomie-Tractirungen und Landes[v]erfassungen practisch oder aus der Erfahrung dergestalt ausgeführet werde*, dass sich der Sonnenlauf, auch Wind und Wetter, wie es jede Gegend brauchte, darnach richten müsse.[443]

442 Eines Unbekannten eingesendetes Antwort-Schreiben an einen guten Freund, worinn die Frage beantwortet wird: warum, ungeachtet aller Bemühung rechtschaffener und gelehrter Hauswirthe, man noch wenig Verbesserung der Oeconomie verspühre?, in: Oeconomische Nachrichten 5 (1752), S. 190–206, S. 198 f.

443 J. G. v. ECKHART, Experimental-Oeconomie (wie Anm. 173), S. XIX f. (Hervorhebung V. L.). In den *Leipziger Sammlungen* findet sich eine zeitgenössische, größtenteils positive Besprechung, s. Schreiben (wie Anm. 344).

Eckhart gestand ein, dass er angesichts der „Beschaffenheit der Sache“, das heißt der Vielgestalt der Landwirtschaft, abstrahieren müsse. Dies erfolgte, indem er das Kurfürstentum Brandenburg als ein *pars pro toto* setzte, die dort gültigen Maßeinheiten und Gewichte übernahm und bei Erträgen brandenburgische Mittelwerte angab. Ein jeder könne diese Angaben dann für sein Land in die dort gängigen Maßeinheiten umrechnen. Alle Finanz-, Kameral-, Polizei-, Justiz-, Lehns- und Obrigkeitssachen blendete er schlicht aus und bat seine Leserschaft darum, sich über diese vor Ort bei einem Juristen zu informieren. Mit der naturräumlichen Vielfalt war dagegen weniger leicht umzugehen, denn in den verschiedenen Ländern wurde unterschiedlich gewirtschaftet, Aussaatzeiten und Erträge variierten mitunter erheblich. Deshalb, räumte Eckhart ein, bleibe das alte Sprichwort „Ländlich, Sittlich“ in „ewiger Geltung“ und zuletzt die einzige Grundregel, die er geben könne.[444] Für alle anderen Aussagen gelte dagegen, dass es eben „nicht so gemeynet sey, dieses oder jenes, so in meiner Experimental[o]economie, als eine Grundregel fest gestellet worden, allen anderen Provinzen aufzudringen, oder für allgemein zu halten […]“.[445] Diese Bemerkungen Eckharts grenzen freilich an eine totale Rücknahme seines auf dem Titel gegebenen Versprechens. Tatsächlich zielte er nicht auf alle Wirtschaften in deutschen Ländern, sondern, wie er später noch spezifizierte, auf große Wirtschaften mit großen, nicht gemengten Feldern, das heißt Ämter, Gutswirtschaften oder Vorwerke – in Sachsen, Brandenburg, Magdeburg, Halberstadt und Braunschweig, wo die Wirtschaftsart „fast einerlei“ sei.[446] Mit anderen Worten, den auf dem Buchumschlag formulierten Anspruch, ein Buch für alle Wirtschaften vorgelegt zu haben, hob er im Buchtext selbst vollständig auf. Dieser eklatante Widerspruch wird kaum als Flüchtigkeitsfehler gelten können, sondern verweist vielmehr exemplarisch darauf, inwiefern jene Übertreibungen und Verallgemeinerungen auf den Titelblättern weniger wörtlich genommen werden sollten, sondern vielmehr als Teil eines ökonomischen Kalküls oder – modern gesprochen – als Teil einer Vermarktungsstrategie zu betrachten sind.

Die der Logik des Buchhandels folgende Art der Formulierung wirkte sich langfristig, obgleich sie häufig auf die Titelseiten beschränkt war, fatal auf die wissenschaftliche Reputation ihrer Autoren aus, und dies vor allem auch retrospektiv, das heißt in der Geschichtsschreibung. Dass die marktschreierische Verpackung,

444 Und an anderer Stelle: Es wird „ein jeder in seinem Lande die Arthung derer Felder zu solcher Zeit wie es die dasige Landesart erfordert von seinen ältesten erfahrensten Nachbarn nachahmen müssen“, s. J. G. v. ECKHART, Experimental-Oeconomie (wie Anm. 173), S. 7.

445 Ebd., S. XXI f.

446 Ebd., S. 7.

in der manche Praktiker ihre Inhalte präsentierten, in der Rezeption immer wieder auf den Inhalt übertragen wurde, zeigt vielleicht am deutlichsten ein Blick auf Fraas' rückblickendes Urteil aus der Mitte des 19. Jahrhunderts.[447] In seiner *Geschichte der Landbau- und Forstwissenschaft* (1865) bezeichnete er jene Autoren als Empiriker bzw. als Experimentalökonomen. Deren Wissensangebote betreffend, formulierte er ein so pauschales wie vernichtendes Urteil – obwohl er später durchaus gelungene Schriften herausragender Empiriker hervorhob. Im Allgemeinen seien „Empiriker" süchtig nach „Geheimmitteln" gewesen, sie suchten der Erde „fruchtbarmachende Quintessenz" wie die Alchemisten die Rezeptur des Goldes – in diesem „Receptenkram" habe gar das Hauptmerkmal der „ganzen Schule" gelegen.[448] Dass die Beschreibung von Methoden wie die des doppelfurchigen Pflügens als ein Erfolgsrezept vermarktet wurde, lässt sich kaum bestreiten; dass schreibende Agrarpraktiker jedoch fruchtbarmachende Quintessenzen versprachen, trifft dagegen nur auf einzelne Fälle zu, vor allem auf Ambrosius Zeiger mit seinem legendären *oleum vegetabile*. Stoffe isolierend zu betrachten, war zudem in damaliger Zeit eine gängige chemisch-naturforschende Praxis: Zeitgenössische naturkundliche Theorien suchten ganz selbstverständlich nach ‚Quintessenzen', vor allem in der Pflanzenernährung. Darüber berichtete auch Fraas selbst. Francis Home (1719–1813), Mediziner und Professor für *materia medica* in Edinburgh, hatte etwa das Öl zur *essentia vegetabilis* erklärt.[449] Ferner wies Fraas auf die diversen Theorien zur Pflanzenernährung oder zur Bodenfurchtbarkeit hin, beginnend mit Jan Baptist van Helmonts (1580–1644) bekanntem Baumexperiment, demzufolge Pflanzen aus dem Boden allein Wasser aufnehmen, und der daraus resultierenden Wassertheorie, nach der sich Pflanzen allein von Wasser ernähren. Auch Luft galt theoretisch eine Zeit lang als ein Kandidat eines alleinigen Nahrungsstoffs, und die Fruchtbarkeit des Bodens wurde durch belebende „Dünste" in der Erde erklärt.[450] Aus naturkundlichen Thesen wie diesen waren auch Ratschläge an die Praxis ergangen. Aufgrund der Wassertheorie, die sich laut Fraas in naturforschenden Kreisen bis zum Ende des 18. Jahrhunderts

447 Fraas war ein universalgelehrter, alle Subdisziplinen abdeckender Agrarwissenschaftler, der neben seiner Professur für Landwirtschaft an der Universität München auch die Leitung einer agrikulturchemischen Versuchsstation innehatte. Zudem war er Generalsekretär des Landwirtschaftlichen Vereins in Bayern sowie eines der Gründungsmitglieder der ersten bayerischen Kunstdüngerfabrik. Fraas schrieb mehrere Lehrbücher, die zum Teil maßgebend in Bayern wurden, darunter zwei wissenschaftshistorische Arbeiten, s. H. Raum, Art. Fraas, Carl Nikolaus, in: Neue Deutsche Biographie (5) 1961, S. 608 f.

448 C. Fraas, Geschichte (wie Anm. 3), S. 127.

449 Ebd., S. 171.

450 Ebd., S. 167–184.

hielt, soll von der verbreiteten Düngung mit Mist abgeraten worden sein. Eine Bemerkung aber bringe Trost in „diese Wüste von Oel- und Dunstlehre", so Fraas, „daß nämlich trotz dieser Mängel die Behandlung des Düngers von den Landwirthen selbst sorgfältig und ziemlich passend gehandhabt wurde".[451] Angesichts der naturkundlichen Theorien des 18. Jahrhunderts zur Pflanzenernährung erscheint es aus heutiger Sicht verwunderlich, warum den damaligen Naturwissenschaften sowohl in den Texten der zweiten Hälfte des 18., aber auch in denen des beginnenden 19. Jahrhunderts ein derart starkes Vertrauen entgegengebracht wurde. In der Tat war der vermeintlich große Nutzen der Naturgeschichte und anderer Zweige gelehrter Naturforschung für die Landwirtschaft in der zweiten Jahrhunderthälfte ein völlig selbstverständlicher Gemeinplatz der Ökonomischen Aufklärung. Und auch Fraas' Wertschätzung konnte selbst durch die retrospektiv konstatierten Irrtümer oder irrigen Handlungsanweisungen damaliger Naturforschung nicht getrübt werden. Im Gegenteil, die „Fahrgeleise der Naturforschung" stellten ihm zufolge den einzig rettenden Ausweg der Landwirtschaft im 18. Jahrhundert dar.[452] Während er die Rede von fruchtbarmachenden Quintessenzen somit im Fall der zeitgenössischen Naturforschung wohlwollend übersah, wurde sie anderen Autoren der Ökonomischen Aufklärung zum Verhängnis. So lässt sich festhalten, dass die prahlerische Geste, die Übertreibung und das Profitversprechen, zusammen genommen mit einem vergleichsweise geringen intellektuellen Status ihrer Autoren, kurz: der eher zweifelhafte Anteil im Image des Agrarpraktikers, zumindest in Teilen auch die Beurteilung ihrer Wissensangebote prägte.[453] Diese bei Fraas auf eine Spitze getriebene Kritik war, wie oben gesehen, bereits in der Binnenkritik der schreibenden AgrarproduzentInnen enthalten, welche besonnene von unbesonnenen, bedächtige von voreiligen AgrarproduzentInnen unterschied. Matthesius hatte Praktikern sogar insgesamt allgemeinere bzw. gelehrte Wissensansprüche von vornherein abgesprochen, da sie, zu eingenommen von ihrer eigenen Wirtschaftsart, keine leidenschaftslose Übersicht über das Ganze zu gewinnen in der Lage seien. Gleichzeitig war aber auch oben zu sehen, inwiefern Akteure aus der positiven Konnotation des Praktikers als eines erfahrenen Produzenten Kapital schlugen oder es zumindest versuchten und dass das

451 Ebd., S. 180.

452 Ebd., S. 131. „Vor allem aber gaben die immer rascher sich entwickelnden Naturwissenschaften Richtung und Ton an, und durch sie wurden die Empiriker erst rationell und damit wissenschaftlich", ebd., S. 160.

453 Dabei hatte speziell Fraas eine buchhändlerische Logik durchaus im Blick: „Da das landwirthschaftliche Publikum das größte ist [...], so ist es leicht, eine ziemliche Anzahl von Exemplaren einer Schrift, welche insbesondere auf dem Titel allerlei Wundersames verspricht, zu verkaufen", ebd., S. 195 f.

ökonomische Publikum ihnen die Erfindung neuer Methoden und Wundermittel des Landbaus offenbar zutraute. Das Profitversprechen war ein schlagendes Verkaufsargument für schreibende AgrarproduzentInnen, die den Buchmarkt als Einkommensquelle für sich zu erschließen suchten. Zugleich war das Profitversprechen ein möglicher Modus der Mitsprache im Diskurs der Ökonomischen Aufklärung und der darin eingebetteten Aushandlung von Wissensansprüchen.

Ein damit angesprochener, wichtiger Aspekt betrifft das Verhältnis von Gelehrsamkeit und Buchmarkt. Auch zeitgenössische Autoren, die schlicht ein Buch verkaufen wollten, profitierten von einem allgemeinen Wandel, der als die sich strukturell verändernde Welt des traditionellen Gelehrtenstandes beschrieben wurde: Nach Heinrich Bosse begann die gelehrte Welt, sich in der zweiten Hälfte des 18. Jahrhunderts zu dissoziieren. Sie teilte sich „in die akademische Welt der Universität einerseits, in den literarischen Markt mit seinen Spielregeln andererseits, in universitätsorientierte und marktorientierte Autoren".[454] Joachim Whaley konstatierte für die 1760er Jahre, dass die „learned tomes of the Republic of Letters had been replaced by the journals of the educated classes", dem wichtigsten Medium der protestantischen deutschen Aufklärung.[455] Joseph M. Levine spricht von einem „Riss", der durch die Kultur der gebildeten Stände ging und die frühneuzeitliche Gelehrtenrepublik in zwei feindliche Lager, eines der Schriftsteller und eines der Gelehrten, teilte.[456] Aus der Perspektive einer aufbrechenden und sich differenzierenden Sphäre der Gelehrsamkeit nahmen schreibende Agrarpraktiker somit eine historische Möglichkeit wahr, die sich in ihrer Zeit spezifisch ergeben hatte – nämlich, ohne im herkömmlichen Sinn gelehrt zu sein, trotzdem als Quasi-Gelehrte, das heißt als ökonomische Schriftsteller, aufzutreten. Denn in der öffentlichen Wahrnehmung des 18. Jahrhunderts konnten als Gelehrte nicht mehr nur lateinkundige Akademiker, sondern darüber hinaus auch schlicht Schriftsteller gelten. Selbst wenn das angestammte Arbeitsfeld der Gelehrten immer noch das lateinische Bildungswesen (Universität und Lateinschulen) war, so war es auch – und in zunehmendem Maß – der ganze Bereich der Öffentlichkeit, das heißt der Buchmarkt und das Zeitschriftenwesen.[457] Die Printmedien wurden im letzten Drittel des 18. Jahrhunderts zum Leitmedium

454 H. Bosse, Gelehrte und Gebildete (wie Anm. 25), S. 17. S. Zum Begriff des „Journalisten" um 1800 s. J. Beez, Christoph Gottlieb Steinbeck. Dimensionen volksaufklärerischer Publizistik um 1800 (Zeitschrift für thüringische Geschichte Beiheft 42), Bremen 2016, S. 82 f.

455 J. Whaley, Protestant Enlightenment (wie Anm. 148), S. 109 f.

456 J. M. Levine, Streit in der Gelehrtenrepublik, in: K. Bremer/C. Spoerhase (Hgg.), Gelehrte Polemik. Intellektuelle Konfliktverschärfungen um 1700 (Zeitsprünge. Forschungen zur Frühen Neuzeit 15), Frankfurt am Main 2011, S. 125–145, S. 126.

457 H. Bosse, Gelehrte und Gebildete (wie Anm. 25), S. 16.

einer sich institutionalisierenden bürgerlichen Mediengesellschaft.[458] In diesem Bereich tummelten sich, wie zu sehen war, auch die schreibenden Gutsbesitzer und großen Pächter der Ökonomischen Aufklärung und übten Einfluss auf das sich formierende Objekt der wissenschaftlichen Ökonomie aus.[459]

Experimentatoren der Ökonomischen Aufklärung: Wissenspraxis der Praktiker

Die stark ausgeprägte Binnenkritik, welche in der Gruppe der Gutsbesitzer und Pächter wie in keiner anderen vorzufinden ist, wurde unter dem Dach einer allen gemeinsamen epistemologischen Grundüberzeugung formuliert: Erfahrung, besonders vieljährige Erfahrung mit dem landwirtschaftlichen Gewerbe galt als unabdingbare Voraussetzung zur Bildung der allseits gesuchten wahren Grundsätze für eine wissenschaftliche Landwirtschaft. Inwiefern schreibende Praktiker sich selbstbewusst in der Lage sahen, vollgültige Wissensansprüche akademischer Art zu erheben bzw. akademische Wissensansprüche herauszufordern, bringt etwa ein über sechs Zeitschriftenausgaben verlaufende Widerspruch eines Jägers, Wilhelm Heinrich Döbel, zum Ausdruck, in dem er Beckmanns Aussagen zur Holzsaat kritisierte.[460] Wirtschaftserfahrung war für den Agrarpraktiker die *conditio sine qua non* eines richtigen Wissens. Kritik in den eigenen Reihen richtete sich weniger gegen diese Grundüberzeugung als vielmehr gegen die Art und Weise, wie AgrarproduzentInnen mit dem erzielten Wissen umgingen und insbesondere wie sie darüber schrieben. Die Spielregeln des Buchmarktes bestimmten, wie oben gesehen, zu einem nicht geringen Teil den Stil und die Präsentation des Wissens. Auf der anderen Seite bestimmte die gewerbliche Perspektive des Landwirts, wie am Beispiel von Matthesius und Engel zu sehen war, auch in epistemischer Hinsicht, was überhaupt als wissenswert und als Teil einer wissenschaftlichen Landwirtschaft

458 W. Faulstich, Die bürgerliche Mediengesellschaft 1700–1830 (Die Geschichte der Medien 4), Göttingen 2002. Weitere Literatur zu dem gut erforschten Thema in H. E. Bödeker, Die Bürgerliche Literatur- und Mediengesellschaft, in: N. Hammerstein/U. Herrmann (Hgg.), Handbuch der deutschen Bildungsgeschichte. Bd. II: 18. Jahrhundert. Vom späten 17. Jahrhundert bis zur Neuordnung Deutschlands um 1800, München 2005, S. 499–529.

459 Zur Buch- und Buchhandelsgeschichte der Frühen Neuzeit s. D. Bellingradt/J. Salman, Books and Book History in Motion: Materiality, Sociality and Spatiality, in: D. Bellingradt/J. Salman/P. Nelles (Hgg.), Books in Motion in Early Modern Europe. Beyond Production, Circulation and Consumption, Cham 2017.

460 H. W. Döbel, Anmerkungen zu des Herrn Johann Gottlieb Beckmanns gegründeten Versuchen und Erfahrungen von der Holzsaat, in: Oeconomische Nachrichten 9 (1957), S. 610–678.

infrage kam. Riskante oder keinen Mehrwert versprechende Operationen waren aus Sicht des Praktikers tabu. Welche Wissenspraktiken und welches Verständnis von Erfahrung verbargen sich aber genau hinter dem auf dem literarischen Markt als Beglaubigungsstrategie eingesetzten Stilmittel?

Einerseits bezogen sich Autoren offenbar auf genaue Beobachtungen der landwirtschaftlichen Prozesse im eigenen alltäglichen Arbeitsablauf. Andererseits verwiesen sie auf das aktive Herbeiführen neuer Erfahrungen im Rahmen von landwirtschaftlichen Proben und Versuchen. Beide Praktiken waren auch in den Texten der Volksaufklärer, wie oben gesehen, zentrale Empfehlungen. Tatsächlich war bei den schreibenden Agrarpraktikern, die nicht ohne Grund rückblickend aus dem 19. Jahrhundert Experimentalökonomen genannt wurden, eine (profitorientierte) experimentell-forschende Praxis wie bei keiner anderen Gruppe der Ökonomischen Aufklärung gegeben. Im ersten Band der *Oeconomischen Nachrichten* 1750 charakterisierte ein Bürgermeister Neumann aus Zossen den „gelehrten Landwirth“ explizit als den experimentierenden Landwirt. Im Sinn einer kollektiven Optimierung experimenteller Untersuchungen rief er zur Gründung einer „Critisch-Oeconomischen Gesellschaft“ als einer lokalen Vereinigung unter gebildeten Landwirten auf. Den Endzweck der Vereinigung sollten bezeichnenderweise sowohl „Subsistenz“ wie auch „Wahrheit“ bilden, „sich vom Acker-Bau zu nähren“ einerseits, und „die wahren und eigentlichen Ursachen dieser und jener Veränderung bey der Landwirthschaft zu entdecken“ andererseits.[461] Um jedoch die besten Gründe zu finden, sei es unverzichtbar, so Neumann, dass jeder Grundsatz per Experiment bestätigt werde. Im Wechselspiel von Spekulation und Experiment verlief so nach Neumann der Weg der Forschung.

> Diese Gesellschaft muß sich nicht mit leeren und abstractivischen Gedanken und Grillen aufhalten, sondern alles, was a priori gegründet, auch a posteriori i.e., per experimentationes bestättigen, gleichwie sie den eigentlichen Grund a priori zu finden bemühet seyn muß, dessen, was die Erfahrung blos zeiget.[462]

Den Mehrwert einer Organisation von Landwirten sah er darin, dass gemeinschaftlich experimentiert werden konnte. Damit den gemeinschaftlich erzeugten Resultaten vertraut werden könne, müssten Experimente jedoch standardisiert

461 Die Einrichtung und der Endzweck der zu errichtenden Critisch-Oeconomischen Gesellschaft, nebst der erforderlichen Invitation dazu, von Herr Bürgermeister Neumann, aus Zossen, in: Oeconomische Nachrichten 1 (1750), S. 362–373, Zitate auf S. 366.

462 Ebd., S. 367.

und von allen Mitgliedern nach einem einzigen Schema durchgeführt werden.[463] Aus den so erzeugten und gesammelten „unleugbaren Erfahrungen" könnten, so prophezeite Neumann, Fehler der bisherigen Landwirtschaft ebenso wie neue Wege der Ertragsteigerung entdeckt werden. Schließlich werde aus den Resultaten auch – endlich – die Bildung eines ökonomischen Systems möglich.[464] Dass „richtige Grund- und Folgesätze", im damaligen Verständnis die Grundlagen einer wissenschaftlichen Ökonomie, noch nicht gefunden seien, dies führte ein anderer, anonymer Autor 1752 zuvorderst auf schlecht durchgeführte Proben zurück:

> So sehr auch öfters in der Theorie, so sehr und öfters wird wahrhaftig auch in praxi, das ist Probiren, gefehlet, was darzu für Behutsamkeit, Nachdenken und Fleiß, erfordert wird; wie oft eine Probe, nach Maaßgebung der Umstände wiederholet, werden müsse, ehe man solche für untrüglich ausgeben könne, davon sind unsere Natur-Lehrer nachzulesen, deren einige sich öffentlich erklären: Daß sie keiner Probe eher traueten, bis sie selbsten solche nachgemacht, und nach den Regeln des Experimentirens für richtig befunden hätten.[465]

Der Autor des Artikels rückte das „Probiren" der Landwirte ausdrücklich in die Nähe des Experimentierens der „Natur-Lehrer". Auch findet sich in diesem Artikel die Unterscheidung zwischen „behutsamen" und „übereilten" Landwirten; die übereilte Probe, ob vom Erfinder „unrichtig in die Welt geschrieben" oder „von unbedachtsamen Hauswirthen übereilt und unrichtig nachgemacht", galt dem Autor als größtes Hindernis der landwirtschaftlichen Erkenntnis.[466] Die Nachlässigkeit im Experimentieren sei auf „Leidenschaften" zurückzuführen, beispielsweise auf Ehrsucht. Wenn es um eigene Proben ginge, werde nicht scharf genug kontrolliert, um die „Ehre, Erfinder [zu] seyn" nicht einzubüßen. Aus Neid und Verachtung wiederum würden Proben eines Anderen um jeden Preis widerlegt.[467] Auch Haller wünschte sich vor der Gründung der Berner ökonomischen Sozietät unbedingt, dass diese eine experimentierende sein sollte.[468] In den

463 Ebd., S. 369.

464 „Durch diese Veranstaltung, da so viele einzelne membra einerley themata und nach einem schemate fleißig und accurat observiren, [...] hoffe ich, im kurzen nicht nur die notirte Vermehrung des Getreides en gros zu erleichtern, die Fehler der heutigen Land-Wirthschaft zu entdecken, und etwas besseres dagegen ausfündig zu machen, sondern auch in den andern landwirthschaftlichen Stücken unleugbare Erfahrungen zu sammlen, um dadurch endlich ein systema oeconomicum formiren zu können", ebd., S. 372.

465 Verbesserung der Oeconomie (wie Anm. 442), Zitat auf S. 193 f.

466 Ebd., S. 194 f.

467 Ebd., S. 196.

468 In einem Brief: „Je souhaite qu'elle soit experimentale, et qu'elle n'aboutisse pas a une cotterie,

ersten Jahren der Berner Sozietät erfüllte sich sein Wunsch zumindest partiell, insofern er selbst sowie einige andere Mitglieder Anbauexperimente auf ihren privaten Gütern durchführten und davon regelmäßig in den Versammlungen der Gesellschaft berichteten.[469] Daneben standen eine Reihe weiterer Aktivitäten auf der Agenda der Gesellschaft, darunter die topografische Landesaufnahme, eine internationale Korrespondenz inklusive Samen- und Pflanzentransfers und die Herausgabe der zweisprachigen Zeitschrift der Sozietät.[470] Ab den 1780er Jahren finden sich keine Berichte über Feldversuche mehr in den Versammlungsakten. Daniel Salzmann vermutet, dass die Versuchstätigkeit, die Mitglieder in den 1760er und 80er Jahren anscheinend aus eigener Tasche bezahlt hatten, zu kostspielig war.[471] Henry E. Lowood bezeichnete die Art der Wissenschaftlichkeit der Sozietäten insgesamt als „descriptive natural history, topography, and the mapping of natural resources".[472] Popplow differenziert dagegen zwischen drei Wissenspraktiken: dem Generieren/Sammeln (wozu die von Lowood genannten Praktiken nach dem Modell der Naturgeschichte zählen), dem Bereich des Prüfens (Feldversuche, meist auf privaten Gütern, deren Geschichte allerdings kaum erforscht ist und deren Gewicht erst noch einzuschätzen wäre) und schließlich einem Bereich des Verbreitens/Kommunizierens nützlicher Wissensinhalte.[473] In diesem letztgenannten Bereich, im Rahmen der öffentlichen Kommunikation über landwirtschaftliche Verbesserung findet sich die in der vorliegenden Arbeit interessierende Wissenschaftsreflexion ökonomischer Aufklärer. Auf dieser Ebene zeigt sich, dass sie trotz der wertschätzenden Rede von vieljähriger Erfahrung oder eigenen Versuchen und Proben keineswegs auf ein experimentelles Wissenschaftsverständnis festgelegt waren. In der Tat bezeichnete kaum ein Autor die Versuche und Proben, die Agrarpraktiker auf ihren Feldern anstellten, dezidiert als wissenschaftlich. Der Begriff der Wissenschaft wurde von deutschen ökonomischen Aufklärern eher selten mit der Vorstellung einer experimentellen Forschung assoziiert, zumindest nicht vorrangig. Ihre Vorstellung von Wissenschaft war in erster Linie eine pädagogische und formallogische, sie bezog sich auf die

---

ou a des traductions", O. Sonntag (Hg.), The correspondence between Albrecht von Haller and Charles Bonnet (Studia Halleriana 1), Bern 1983, S. 156.

469 D. Salzmann, Dynamik (wie Anm. 72), S. 121–123. Hallers Esparsette-Anbauversuche werden thematisiert in M. Stuber, Vous ignorez (wie Anm. 20).

470 Überblickend s. D. Salzmann, Dynamik (wie Anm. 72).

471 Ebd., S. 123.

472 H. E. Lowood, Patriotism (wie Anm. 76), S. 210.

473 M. Popplow, Economizing Agricultural Resources in the German Economic Enlightenment, in: U. Klein/E. C. Spary (Hgg.), Materials and Expertise in Early Modern Europe. Between Market and Laboratory, Chicago 2010, S. 261–287, S. 275–283.

Darstellung und den Beweis landwirtschaftlicher Sätze in einem systematischen Zusammenhang. Die Landwirtschaft zu verwissenschaftlichen hieß folglich für ökonomische Aufklärer in der Regel sie in eine wissenschaftliche Form, nämlich in die eines wahren Systems von Grund- und Ableitungssätzen, zu bringen. Beklagt wurde allenthalben, dass die richtigen Grundsätze der Landwirtschaft bislang noch nicht aufgestellt worden seien. Es ging ökonomischen Aufklärern um Wahrheit, nicht um Wahrscheinlichkeit. Die Wahrheit einzelner Sätze war durch deren Ableitung aus obersten Prinzipien zu beweisen. Eine nähere Untersuchung wissenschaftsreflexiver Passagen in Kapitel 4 wird zeigen, inwiefern – bezogen auf den Wissenschaftsbegriff – Bedeutungstraditionen in der Ökonomischen Aufklärung im Umlauf waren, die dem Experiment (noch) keine hervorgehobene Stellung zuwiesen. Dieser Befund entspricht der Diagnose des Wissenschaftssoziologen Rudolf Stichwehs, demzufolge der eigentliche Erkenntnisakt der Wissenschaft vor 1800 enzyklopädischer und klassifikatorischer Art war. Demnach ging es weniger darum, neues Wissen zu erzeugen, sondern eher darum, vorgefundenem Wissen eine Struktur zu verleihen.[474]

Zugleich waren experimentelle Praktiken im Rahmen der Ökonomischen Aufklärung weit verbreitet und hatten den Alltag kleiner und großer AgrarproduzentInnen selbstverständlich geprägt, lange bevor sie im 19. Jahrhundert als genuin wissenschaftliche Methode der landwirtschaftlichen Versuchsstationen im Rahmen der modernen Agrarwissenschaften zur Geltung kamen.[475] In der Ökonomischen Aufklärung ist der diskursive Vorlauf dieser Geltendmachung, mithin der Übergang des Versuchens und Probierens von der Agrarpraxis in die Praxis der Agrarwissenschaft zu beobachten. Der Formulierung einer neuen, experimentell verfahrenden Wissenschaft standen indes mächtige Bedeutungstraditionen und ihre Vertreter entgegen, wie oben am Beispiel der polemischen Strategien des Kameralgelehrten Weber gezeigt werden konnte. Aus einer wissenschaftssoziologischen Perspektive bezeichnet Stichweh das „Problem der Akzeptierbarkeit von Experimenten“ als „eines der wichtigen epistemischen Hemmnisse in der Genese der modernen Wissenschaft, das erst am Ende des 18. Jahrhunderts, das heißt nach mehreren Jahrhunderten Erfahrung mit naturwissenschaftlichen Experimenten, mit einem hinreichenden Grad von Konsens in der wissenschaftlichen

474 R. Stichweh, Wissenschaft, Universität, Professionen. Soziologische Analysen, Bielefeld 2013, S. 50.

475 Zur Geschichte der landwirtschaftlichen Versuchsstationen s. U. Schling-Brodersen, Entwicklung und Institutionalisierung der Agrikulturchemie im 19. Jahrhundert. Liebig und die landwirtschaftlichen Versuchsstationen (Braunschweiger Veröffentlichungen zur Geschichte der Pharmazie und der Naturwissenschaften 31), Braunschweig 1989 und H. Gaede, Agrarkulturerbe (wie Anm. 117).

Gemeinschaft aufgelöst werden konnte".[476] In der Agrarwissenschaftshistoriografie herrscht Einigkeit darüber, dass insbesondere ein Mann einen in dieser Hinsicht nachhaltigen Bruch mit älteren Formen der Landwirtschaftslehre vollzog – oder genauer: zu vollziehen in der Lage war, Albrecht Daniel Thaer (1752–1828). Welchen Unterschied Thaer mit Blick auf den Diskurs der Ökonomischen Aufklärung machte und wie er ihn machte, wird im folgenden Kapitel diskutiert.

3.5 Thaer und sein ‚rationeller Landwirt' als Frucht der Ökonomischen Aufklärung

Im Zentrum dieses Kapitels steht Thaers diskursive Position, darunter auch sein spezifisches Grenzverhalten gegenüber jenen im vorigen Kapitel thematisierten Agrarpraktikern. Wie zu sehen sein wird, wirkten auf eine bemerkenswerte Art jene Wissensansprüche und -praktiken sowohl der Agrarpraktiker als auch der Kameralgelehrten in sein Wissensangebot hinein. Thaer, den bis heute der Ruf eines Helden der Wissenschaftsgeschichte umgibt, wurde bereits zu Lebzeiten der große Thaer genannt und genoss im ökonomischen Publikum wissenschaftliche Autorität.[477] Seine Konzeption und Praxis einer rationellen Landwirthschaftslehre wirkte schulbildend und gewann in der epistemischen und sozialen Arena der Ökonomischen Aufklärung eine nahezu unangefochtene Stellung.[478] Der rationelle Landwirth wurde zu einer allgemeinen Chiffre im ökonomischen Diskurs. Im 19. und 20. Jahrhundert trugen die Identitätspolitik landwirtschaftlicher Vereine, die Aktivitäten der Albrecht-Thaer-Gesellschaft (seit 1953) und nicht zuletzt die Geschichtsschreibung dazu bei, Thaer die Rolle eines Gründungsvaters der modernen Agrarwissenschaften in Deutschland zuzuerkennen. Aus der daraus resultierenden Perspektive eines wissenschaftsgeschichtlichen Ursprungs scheint sich vor Thaer nichts mehr zu befinden, das den Namen Wissenschaft verdiente. Simons schrieb beispielsweise: „[...] das Leben und Wirken Thaers wird nie ausgelöscht werden aus der Geschichte der Landwirtschaft, die im Grunde genommen erst mit ihm beginnt. Wie sein Blut, sein Name fortblüht in seinen Nachfahren, so lebt sein Geist in der Landwirtschaftswissenschaft weiter, die recht eigentlich

---

476 R. Stichweh, Wissenschaft (wie Anm. 474), S. 53.

477 Zu seinem 72. Geburtstag und goldenen Doktorjubiläum verfasste kein Geringerer als Goethe das Festgedicht für Thaer, welches von Zelter vertont wurde, s. W. Simons, Albrecht Thaer, nach amtlichen und privaten Dokumenten aus einer grossen Zeit, Berlin 1929, S. 232 f.

478 Zur ersten Generation der „rationellen Schule" zählten Johann Gottlieb Koppe (1782–1863), Carl Philipp Sprengel (1787–1859), Johann Heinrich von Thünen (1883–1850) und Carl von Wulffen (1785–1853), zit. n. V. Klemm, Thaers Bedeutung (wie Anm. 116), S. 222.

ihm ihr Leben verdankt.“[479] Einen Einblick in die allgemeine Verehrung, die bereits wenige Jahre nach seinem Tod einen ersten Höhepunkt erreichte, gewährt auch die Urkunde, die der *Wanderverein deutscher Land- und Forstwirthe* in den Sockel einer Thaer-Statue einließ:

> Albert Thaer, [...] Doktor der Heilkunde, königlich preußischer Staatsrath im Ministerium des Innern, [...] Begründer und Leiter der Akademie des Landbaues zu Möglin, Ritter mehrerer Orden, Verfasser zahlreicher, höchst bedeutungsvoller Schriften und Abhandlungen über Heilkunde, Naturwissenschaften, Landwirthschaft, dem Begründer der Landwirthschaftslehre, Förderer der Wechselwirthschaft, des Kartoffelbaues, der Schafzucht, dem tapfern siegreichen Vorkämpfer für Freiheit des landwirthschaftlichen Gewerbslebens, dem Ausstreuer fruchtbaren Samens zur mannigfaltigen Verbreitung von Wohlstand und Bildung, dem tiefen, dem scharfen Denker, dem kühnen, dem großartigen Schöpfer, dem ruhmgekrönten Vollbringer, dem anerkannten Muster deutscher Schreibart, dem unendlich Verdienten, Deutschlands hoher Zier, Deutschlands gerechtem Stolze, Ihm, dem Großen, setzt im Geiste deutscher Einheit zu Leipzig, im Mittelpunkte Deutschlands, an der Geburtsstätte der deutschen Jahresversammlung dieses eherne Denkmal die Wandergesellschaft deutscher Land- und Forstwirthe. Leipzig am 9. September 1843.[480]

Das zum Mythos Thaer gehörige Gründungsdokument sind seine 1809–1812 erschienenen *Grundsätze der rationellen Landwirthschaft* [fortan: *Grundsätze*], in denen die Figur des rationellen Landwirts definiert wurde. Der rationelle Landwirt war nach Thaer derjenige, der bei den gegebenen Randbedingungen den höchsten Gewinn erwirtschaftete. Zugleich formulierte Thaer die bemerkenswerte These, dass der rationelle Landwirt gleichbedeutend mit einem wissenschaftlichen Landwirt sei bzw. mit ihm in eins falle, denn: Die Wissenschaft erforsche und lehre für jeden Ort die auf die Landwirtschaft – in seinen Worten – Einfluss habenden Wahrheiten, und das heißt, *wie* der höchste Gewinn erwirtschaftet werden kann. „Der höhere Ackerbau kann also allein rationeller Ackerbau genannt werden, und

---

479 W. Simons, Thaer Biografie (wie Anm. 477), S. 247. Allgemein zur Wertschätzung Thaers und seiner Lehre durch die Zeit bis heute s. z. B. C. Fraas, Geschichte (wie Anm. 3), S. 233 f., Goltz, Theodor Freiherr von der, Geschichte (wie Anm. 3), S. 19 f., S. v. Frauendorfer, Ideengeschichte (wie Anm. 51), S. 213 f., V. Klemm/G. Meyer, Thaer Pionier (wie Anm. 3), insb. S. 95. Vgl. aber den Hinweis Klemms auf einzelne kritische Würdigungen Thaers aus den Perspektiven des bäuerlichen Familienbetriebs und des ökologischen Landbaus in V. Klemm, Thaers Bedeutung (wie Anm. 116). Zur Albrecht-Thaer-Gesellschaft s. R. Hessler, Die Geschichte der Albrecht-Thaer-Gesellschaft – Eine Übersicht, in: K. Panne (Hg.), Albrecht Daniel Thaer – Der Mann gehört der Welt, Celle 2002, S. 229–238.

480 Zit. n. C. Fraas, Geschichte (wie Anm. 3), S. 235.

beides ist eins."[481] Während Thaer an anderer Stelle die holländische Intensivlandwirtschaft noch als – im europäischen Vergleich – zwar hochproduktiv, zugleich aber ohne wissenschaftliches Fundament gekennzeichnet hatte,[482] so erschien eine produktive Landwirtschaft ohne Wissenschaft in seinen *Grundsätzen* nicht mehr als denkbar. Wie jedes ehrgeizige Buchprojekt der Ökonomischen Aufklärung führte auch Thaer seine *Grundsätze* als bahnbrechend neues Wissensangebot ein, genauer: als ein „systematisches, nicht fragmentarisches Werk in einem Fache, welches bislang noch nicht wissenschaftlich behandelt war".[483] Während die Mehrzahl der Autoren in der zweiten Hälfte des 18. Jahrhunderts mit ihrem Anspruch auf Wissenschaftlichkeit ihrer Publikationen scheiterte, wurde Thaers Wissenschaftsanspruch geschichtsprägend. Als sein wichtigstes Verdienst gilt bis heute, dass er als Erster Theorie und Praxis der Landwirtschaft erfolgreich miteinander verbunden habe. Nach Fraas gebührte Thaer das Verdienst, Erfahrungssätze vernünftig begründet bzw. das Gegebene „rationell begründet" zu haben. ‚Vernünftig' bzw. ‚rationell' scheint bei Fraas sowohl naturwissenschaftlich als auch nationalökonomisch im modernen Sinn zu bezeichnen.[484] Die gewisse Offenheit und Doppeldeutigkeit des Thaer'schen Begriffs ‚rationell' wurde von seinen Interpreten auf je ähnliche Weise versucht näher zu bestimmen. Wie bei Klemm fallen dabei häufig die Bezeichnungen wissenschaftlich, vernunftgemäß, naturwissenschaftlich und ökonomisch:

> Rationelle Landwirtschaft, das war eine nach wissenschaftlichen Grundsätzen vernunftgemäß geleitete, logisch berechnete Agrarproduktion. Eine solche Auffassung stand im Widerspruch zur Grundtendenz der meisten bisherigen deutschen landwirtschaftlichen Veröffentlichungen, die nur mehr oder minder formal geordnete Sammlungen von Rezepten oder überlieferten Erfahrungen enthielten. Die rationelle Landwirtschaftslehre suchte nach Zusammenhängen, nach naturwissenschaftlichen und ökonomischen Begründungen für bestimmte Erscheinungen.[485]

Thaers persönlicher Gründungsmythos findet sich kurz und bündig in § 13 seiner *Grundsätze.*[486] In einem Zusatz bemerkt er, dass „Fortschritte" in praktischen Wis-

481 A. D. Thaer, Rationelle Landwirthschaft (wie Anm. 176), S. 4.
482 Ders., Englische Landwirthschaft (wie Anm. 139), S. 24.
483 Ders., Rationelle Landwirthschaft (wie Anm. 176), S. VI.
484 C. Fraas, Geschichte der Landwirthschaft (wie Anm. 77), S. 52, 81.
485 V. Klemm/G. Meyer, Thaer Pionier (wie Anm. 3), S. 95. S. ferner V. Klemm, Was sagt uns Thaer heute?, Möglin 1991 und M. Frielinghaus/C. Dalchow, Thaer (wie Anm. 38).
486 „Wissenschaftlich ist die Landwirthschaft nur in einzelnen Theilen, nicht im ganzen Zusammenhange und von allgemein gültigen Gründen ausgehend, gelehrt worden. Die Lehre war entweder bloß empirisch, auf besondere Lokalitäten und individuelle Ansichten gegründet,

senschaften nur jene „Köpfe" machen könnten, die „Theorie und eigene Praxis – Wissenschaft und Ausführung – vereinigten". Er stellt Theoretiker, die „wenig Praxis und Gelegenheit zu Beobachtungen und Prüfungen" hätten, Praktikern gegenüber, denen nur ihre Wirthschaftsart vor Augen stehe und die „zu wenig Bekanntschaft mit den Erfahrungen Anderer und den Entdeckungen der Naturforscher" hätten.[487] Erst in neuester Zeit und im Rahmen der Erforschung der Ökonomischen Aufklärung wird vereinzelt die Frage aufgeworfen, ob die Geschichtsschreibung einer Selbststilisierung Thaers als erster Wissenschaftler im Fach zu unkritisch gefolgt sein könnte.[488] Vor dem Hintergrund dieses Zweifels erscheint es angeraten, die Texte Thaers dezidiert auf Aspekte einer solchen Selbststilisierung, oder anders gesagt, auf die Konstruktion seiner wissenschaftlichen *persona* hin zu untersuchen.[489] Seine Lehre strahlte nicht zuletzt durch die Figur des rationellen Landwirtes aus, die von Anderen, sei es von seinen Schülern oder von Volksaufklärern aufgegriffen und schließlich von der Geschichtsschreibung festgehalten wurde. Wenn Thaers Wissensangebot nicht als Ursprung, also als etwas, das aus dem Nichts entstand, aufgefasst werden soll, dann sind seine Bedingungen zu ergründen. Was waren die Bedingungen für Thaers Position, oder genauer, bezogen auf den hier gelegten Schwerpunkt – auf welche diskursiven Ressourcen griff Thaer in seiner Zeit zurück, um den rationellen Landwirt als wissenschaftliche *persona* zu entwerfen und damit einen Bruch zwischen ihm und seinen Vorgängern zu markieren? Die folgende Analyse wird sowohl Aspekte des Stils als auch der philosophischen Begründungsarbeit Thaers berühren. Sie umfasst damit einen möglichen ersten Schritt, sein zu Beginn des 19. Jahrhunderts formuliertes Wissensangebot vor dem Hintergrund der Ökonomischen Aufklärung zu historisieren.

Abgrenzung vom gewöhnlichen Praktiker: Thaers epistemische Demut

Dass Thaer sich rhetorisch von seinen Vorgängern abgrenzte und damit einen Bruch markierte, lässt sich sowohl in seinen mehr formellen, längeren Texten als auch in seinen informelleren Zeitschriftenartikeln sowie in jenen Schriften, in

---

oder, wenn sie systematisch und allumfassend seyn sollte, eine Compilation von Fragmenten, ein Gemenge widersprechender Resultate heterogener Erfahrungen", A. D. Thaer, Rationelle Landwirthschaft (wie Anm. 176), S. 6.

487 Ebd.

488 M. Popplow, Ökonomische Aufklärung (wie Anm. 12), S. 31 (Fußnote).

489 Zur Geschichte und Vielfalt wissenschaftlicher bzw. gelehrter *personae* s. die Beiträge in L. Daston/H. O. Sibum, Scientific Personae and Their Histories. Introduction, in: Science in Context 16 (2003), S. 1–8.

denen er sein Gut in Möglin (Brandenburg) beschrieben hatte, feststellen. Besonders auffällig sind Distanznahmen gegenüber Akteuren aus den eigenen Reihen, nämlich gegenüber schreibenden Gutsbesitzern und Pächtern, wie sie im vorigen Kapitel vorgestellt wurden. Auch wenn in vielen Darstellungen aus dem 19. und 20. Jahrhundert für Thaer und seine Lehre eine eigene Kategorie (zum Beispiel die „Schule der Rationellen") geschaffen und diese von den so genannten Experimentalökonomen abgesetzt wurde,[490] so war er doch als experimentierender Gutsbesitzer zweifelsohne selbst ein Experimentalökonom. Zugegeben, Thaers besondere Stellung rechtfertigt sich letztendlich durch das, was er zusätzlich tat und was ihn aus der Masse der Praktiker heraushob. Darunter fallen die Gründung seiner Lehrinstitute auf dem Land sowie sein Lehrstuhl an der Berliner Universität.[491] In dieser Hinsicht lassen sich Thaer und sein Werdegang einer allgemeinen Entwicklung des 18. Jahrhunderts zuordnen: Als Universitätsgelehrter, Staatsbeamter wie auch Akademielehrer und Landwirt in einem steht Thaer in der Reihe jener „hybriden Experten", deren Aufkommen Ursula Klein und andere im Umfeld der fürstlichen Verwaltungen und den entstehenden Fachschulen, insbesondere in der zweiten Hälfte des 18. Jahrhunderts ausgemacht haben.[492] Das Ausmaß seiner Gelehrsamkeit unterschied Thaer von vielen der schreibenden Praktiker, und sein Stil, um den es in diesem Abschnitt gehen soll, enthielt im Vergleich beachtliche Besonderheiten – Alleinstellungsmerkmale, wenn man so will, die einen Unterschied aktiv zu markieren scheinen, und zwar selbst in jenen Texten, in denen er die Perspektive des experimentierenden Landwirts einnahm. In der *Geschichte meiner Wirtschaft zu Möglin* (1815) warnte Thaer seine LeserInnen, man solle „keine Wunderdinge", „keine wundervolle[n] Resultate, keine große[n], schnelle[n] Fortschritte", sondern nur „lauter gewöhnliche und an sich ziemlich allgemein bekannte Dinge" erwarten.[493] Thaer berichtete detailliert über die Einrichtung seiner Wirtschaft in Möglin. Er schilderte seine anfänglichen Pläne und deren

490 Z.B. bei M. Güntz, Landwirtschaftliche Literatur (wie Anm. 51), C. Fraas, Geschichte (wie Anm. 3) und S. v. Frauendorfer, Ideengeschichte (wie Anm. 51).

491 Zu den Lehrinstituten in Celle (Niedersachsen) und Möglin (Brandenburg) s. A. D. Thaer, Landwirthschaftliches Lehr-Institut zu Celle, in: Annalen der Niedersächsischen Landwirthschaft 1 (1803), S. 222–226, ders., Nachricht von dem Institut zu Möglin, in: Annalen des Ackerbaus 5 (1807), S. 697–714, M. Frielinghaus/C. Dalchow, Thaer (wie Anm. 38), V. Klemm/A. Hack, Theorie und Praxis (wie Anm. 38), S. 169 f. und W. Simons, Thaer Biografie (wie Anm. 477), S. 99 f.

492 S. nochmals allgemein U. Klein, Artisanal-Scientific Experts (wie Anm. 30) und Fallbeispiele hybrider Experten in Porzellanherstellung, Färbekunst, Bergbau und Glasherstellung in den Beiträgen des Themenhefts.

493 A. D. Thaer, Möglin (wie Anm. 419), S. 3, 6.

Umsetzung samt diverser Unwägbarkeiten und Unglücksfälle wie den Verlust seiner gesamten Schafherde durch eine Erkrankung der Tiere zu Beginn des ersten Jahres. Die Art und Weise, in der Thaer seine Erfahrungen niedergeschrieben hat, ist auffällig bescheiden: Zu so genannten Schrindstellen, die bei einer Feldbewirtschaftung nicht gedeihen, bemerkte er: „Ich bekenne, dass ich solche Stellen, solche schnelle Wechselung des Bodens, praktisch nicht kannte."[494] Die „enorme Wollreichheit", „deren sich einige rühmen", habe er noch nicht erreicht, und die Hackfrüchte und Bohnen seien völlig missraten, da sie von Raupen und Mäusen gefressen wurden – ein „Verlustgeschäft".[495] Der geringe Reinertrag auf Möglin im ersten Jahr war für ihn ein „betrübtes Resultat der angefangenen Fruchtwechselwirtschaft!"[496] Die in diesen Zitaten zum Ausdruck gebrachte Haltung zieht sich durch den gesamten Text: Thaer räumte Missgeschicke ein, gab Fehler zu, betonte die Mittelmäßigkeit seiner Resultate und sein eigenes Nichtwissen. Ergebnisse formulierte er stets vorsichtig und im Jargon der Vermutung. Diese demonstrativ demütige Haltung und das Understatement, welches seine Darstellung prägt, liest sich zum einen zweifelsohne als ein Bekenntnis zu den epistemischen Tugenden[497] naturforschender Eliten seiner Zeit. Mit einem Blick auf die Ökonomische Aufklärung ist seine demütige Haltung aber zugleich auch als eine Kritik gegenüber den prahlerischen Gesten bestimmter Autoren – man erinnere sich an Kretzschmer und Zeiger – aufzufassen, die schon Matthesius und Engel als voreilig und brausköpfig kritisiert hatten (Kapitel 3.4). „Gewisse Leute" würden ihn necken, weil er auch Misserfolge berichte. Würden jedoch alle ihre Fehler berichten, das stellt Thaer klar, so wäre „unsere Erfahrungswissenschaft" viel weiter.[498] Das in der Binnenkritik der Praktiker bereits seit Jahrzehnten Geforderte scheint Thaer mit einem geradezu darauf respondierenden Ethos einzulösen. Seine epistemische Demut neigt sich dem allgemeinen Ruf nach Besonnenheit zu, ja verkörpert geradezu den in der Ökonomischen Aufklärung beschworenen besonnenen Landwirt. Thaers Hochachtung für einige große Landwirte, darunter für die adelige Gutsbesitzerin Charlotte von Itzenplitz, die sich mehrfach deutlich in Briefquellen niedergeschlagen hat, kommt in seinen publizierten Texten wenig zur Geltung.[499] Allein über die Lektüre seiner öffentlichen Schriften manifestierte sich somit der

494 Ebd., S. 11.

495 Ebd., S. 80, 98.

496 Ebd., S. 103.

497 Zum Konzept der epistemischen Tugend s. L. Daston/P. Galison, Objektivität, Frankfurt am Main 2007, S. 41–43.

498 A. D. Thaer, Möglin (wie Anm. 419), S. 6.

499 S. H. Inhetveen/H. Kaak, Itzenplitz (wie Anm. 135).

Eindruck, Thaer habe damals mit seiner besonderen Haltung unter wohlhabenden Gutsbesitzern abgesondert gestanden. Hervorgehoben werden in seinen Texten jedenfalls weniger gleichgesinnte AkteurInnen als vielmehr die damals zirkulierenden negativen Figurationen des Praktikers – etwa der brausköpfige Projektemacher, der parteiische Experimentator oder der übereilte und unehrliche Schreiber. Auf diese Figuren hat sich auch die Geschichtsschreibung des 19. Jahrhunderts, zumindest aber Fraas, wie im vorigen Kapitel gesehen, auf abfällige Weise bezogen. In seinen rhetorischen Distanznahmen verschwinden indes bedeutende Ähnlichkeiten zwischen Thaers Position und der anderer Gutsbesitzer, selbst noch in ihren Negativrepräsentationen, an vorderster Stelle die zentrale Rolle des Profitversprechens, die ja den Kern gerade der marktschreierischen Publikationen ausgemacht hatte. Denn auch Thaers rationeller Landwirt erwirtschaftete per Definition den höchsten Profit. Die Metapher von Thaers Position im landwirtschaftlichen Diskurs als Frucht der Ökonomischen Aufklärung kann hinsichtlich der schreibenden Agrarpraktiker insofern in positiver wie negativer Weise verstanden werden: Einerseits gingen typische Leitbestimmungen wie das Profitversprechen in direkter Weise in die Figur des rationellen Landwirts ein, andererseits ergab sich die Qualität dieser Figur gerade aus einer umkehrenden Abgrenzung von bestimmten als negativ bewerteten Eigenschaften, die etwa den ‚brausköpfigen' Landwirten in der Ökonomischen Aufklärung zugeschrieben worden waren.

Abgrenzung vom Theoretiker durch ‚rationelle' Praxis

Zu den Universitätsgelehrten, das heißt zur kameralistischen Landwirtschaftslehre und ihren Vertretern, finden sich bei Thaer ebenfalls deutliche, wenngleich im Ton gemäßigtere Abgrenzungen. Manch einer hätte sich von ihm eine vollständige Bibliografie gewünscht, bemerkte Thaer zu Beginn seiner *Grundsätze* unverkennbar ironisch, „[ich] habe aber zu dieser Erwartung Niemand berechtigt, indem ich die Handarbeit, Büchertitel abzuschreiben, nicht liebe".[500] Im gleichen Atemzug verwies er auf Ökonomieprofessoren wie Beckmann, die diese vollständigen Bibliografien im Rahmen ihrer Wissenspraxis anfertigten. Thaers Lehrinstitute waren nicht zuletzt als Alternative zur Universitätslehre konzipiert, und somit wundert es auf der anderen Seite nicht, dass er sich dennoch intensiv mit dem Wissensanspruch der Kameralgelehrten auseinandersetzte.[501] Thaers Abgrenzung zur Universität drückte sich vor allem im Mögliner Unterrichtskonzept aus:

500 A. D. Thaer, Rationelle Landwirthschaft (wie Anm. 176), S. VI f.
501 S. M. Frielinghaus/C. Dalchow, Thaer (wie Anm. 38).

> Es kommt bei diesem Unterrichte nicht bloß auf Vortragen und Anhören, es kömmt auf Lehren und Lernen an, d.h. auf vollständiges Begreifen, Ueben und Anwenden. Der Student ist in der Regel mit Worten und Wortbegriffen zufrieden. Innere Ueberzeugung, Anwendung, Uebung, Thätigkeit, Eifer erwirbt er sich mehrentheils erst nach den Universitätsjahren, wenn er unter höherer Direktion zu arbeiten anfängt. Nicht so bei diesem Studium der Landwirthschaft![502]

Institutionen- und bildungsgeschichtlich war Thaer seinerzeit ein Reformer der akademischen Landwirtschaftslehre, sein neues Wissensangebot musste zunächst gegen die bereits etablierte Universitätslehre durchgesetzt werden. Universitäre Ökonomen waren im akademischen Feld die nächsten Konkurrenten Thaers, von denen er sich einerseits abgrenzte, an denen er andererseits aber auch seine Position entwickelte. Zu Webers *Handbuch,* das in Kapitel 3.3 besprochen wurde, schrieb er eine Rezension. Nicht ohne Respekt und Wertschätzung begegnete Thaer darin dem Kameralprofessor, was als ein Indiz für die gegebenen Machtverhältnisse gewertet werden mag. Zugleich nutzte Thaer das universitäre Wissensangebot Webers wie eine Blaupause, um daran seine davon abweichenden Überzeugungen systematisch darzulegen. Dem Anspruch, dass an Universitäten Landwirte gebildet werden könnten, erteilte er dabei eine kompromisslose Absage:

> Mir ist noch keiner vorgekommen, der auf diesem Wege ein erträglicher Oekonom geworden wäre. Verwirrung der Begriffe, Vorurtheile, ärgere, wie die welche der handwerksmäßige Landwirth hat, Mangel der Unterscheidung zwischen der mehr oder minder wichtigen Kleinlichkeits-Krämerey, daraus erfolgende Stockung in der Wirtschaft – war die gewöhnliche Folge, wenn solche studirte und auf ihr Studium fußende Oekonomen eine Wirthschaft von einigem Umfange übernahmen und sie selbst dirigieren wollten.[503]

In gleicher Weise kompromisslos kritisierte Thaer Webers Forderung, dass wissenschaftlich ambitionierte Personen sich die Landwirtschaft zuerst theoretisch aneignen sollten. Vorzugsweise hatte Weber dabei akademische Vorlesungen und systematische Bücher im Blick, die, vom Allgemeinen ausgehend, sukzessive zu den einzelnen Gegenständen der Landwirtschaft voranschritten. Dies sei genau die falsche Art zu beginnen, so Thaer, ihm zufolge müsse die „praktische Kenntnis des Ackerbaues [...] durchaus der theoretischen vorhergehen. Die beste Beschreibung eines Verfahrens, welches man gar nicht kennt, mit Werkzeugen die man nie gesehen hat, muß nothwendig unverständlich seyn".[504] Thaer ging sogar so

502 A. D. Thaer, Institut Möglin (wie Anm. 491)
503 Ders., Weber (wie Anm. 360), S. 235.
504 Ebd., S. 237 f.

weit für den wissenschaftlichen Landwirt einen handwerksmäßigen, gewissermaßen einen ländlichen Beginn einzufordern. Zumindest so lange die Literatur für die Praxis ungenügend sei – auch Webers Buch genügte ihm in dieser Hinsicht keineswegs –, müsse man „durchaus fast mit der handwerksmäßigen Erlernung anfangen, erst mit eigenen Augen sehen, mit eigenen Händen greifen [...]". Dann könne ein Buch über die spezielle Wirtschaftsart zur Hand genommen werden, die am eigenen Ort praktiziert werde, „um das Gelesene mit der Wirklichkeit zu vergleichen. Wer bey der Koppelwirthschaft auf einen Dreyfelder-Schriftsteller oder umgekehrt verfällt, der ist – als Anfänger – verloren. Erst nachdem man sich eigene Kenntnisse aus sämmtlichen Eindrücken erworben hat, wird man mit Nutzen und ohne Gefahr lesen können".[505] Dass Weber dagegen seinen Gegenstand ganz allgemein in „der deutschen Landwirthschaft" sah, überführte ihn aus Thaers Sicht – aus der Sicht des erfahrenen Landwirts – von vornherein einer mangelnden Sachkenntnis. Denn in Wahrheit könne Landwirtschaft nur nach Maßgabe des jeweiligen Bodens und des Klimas gelehrt werden. Es deutet sich hier bereits an, inwiefern Thaer nicht mit der Weber'schen konzeptuellen Entgegensetzung von Empirie einerseits und Wissenschaft andererseits einverstanden sein konnte. Dieser Punkt soll im nächsten Abschnitt gesondert behandelt werden. An dieser Stelle genügt es festzuhalten, dass es die Perspektive des Agrarproduzenten war, aus der heraus Thaer maßgebliche Argumente gegen die Universitätslehre entwickelte: Über allem, noch über der Wissenschaft, müsse die Gewerbslehre stehen, verkörpert durch den Hauptzweck des maximalen Profits. 1815 veröffentlichte Thaer, passend zu dieser Priorisierung, einen *Leitfaden zur allgemeinen landwirthschaftlichen Gewerbs-Lehre,* der rückblickend als Grundstein der landwirtschaftlichen Betriebslehre gewertet wurde, welche später ein eigenes Fachgebiet innerhalb der Agrarwissenschaften bilden sollte.[506] Wie bereits erwähnt, spielte die Gewerbslehre in den Debatten um die Wissenschaftlichkeit der Ökonomie eine gegenüber den Naturwissenschaften auffällig untergeordnete, teilweise gar keine Rolle. Beckmann vertrat die weit verbreitete Ansicht, dass die Ökonomie ganz aus der Anwendung ihrer Hilfswissenschaften bestehe – und diese waren ihm zufolge die Naturgeschichte, Naturlehre, Chemie und Baukunst.[507] Maßgeblich weil die Gewerbslehre bzw. der Profit als Hauptzweck den meisten Lehrsystemen

505 Ebd., S. 235 f.

506 M. Frielinghaus/C. Dalchow, Thaer (wie Anm. 38), S. 143 f.

507 S. J. Beckmann, Gedanken von der Einrichtung Oekonomischer Vorlesungen. Stat einer Einladung zu seinen Vorlesungen in bevorstehendem Winter 1767, Göttingen 1767, S. 5 f. Beckmann gilt die Kenntnis der Hilfswissenschaften auch als Kriterium zur Unterscheidung des „gelehrten Landwirts" vom „bloßen Praktiker", s. ders., Landwirthschaft (wie Anm. 133), S. V.

nicht zugrunde lag, sondern Autoren wie Weber das Hauptziel lediglich in mehr und besseren Produkten sahen, so befand Thaer, hätten diese Systeme keine guten Praktiker hervorbringen können. Thaer, der sich in seinen Schriften ausdrücklich auf Adam Smith bezog, nahm hiermit eine radikal individualwirtschaftliche Perspektive ein, die damals noch häufig als mit staatswirtschaftlichen Perspektiven im Konflikt stehend angesehen wurde.[508] Das eigennützige Wirtschaftshandeln des Einzelnen stellte Thaer gegen das Denken des vormodernen Kameralisten: nicht die höchste Produktion (für den Staat) sollte das Ziel der Landwirtschaft sein, sondern „die möglich größte Geldeinnahme" des Einzelnen aus seinem Gewerbe. In manchen Fällen seien deshalb sogar schlechtere Qualität und geringere Quantität vorzuziehen, wenn dies mehr reinen Vorteil bringe – in solchen Fällen dürfe der Landwirt das „Bessere und Mehrere" nicht bezwecken.[509] Zu Recht würden Agrarpraktiker den Kameralgelehrten verspotten, wenn dieser den Hauptzweck des Gewinns vernachlässige. Kleine und große AgrarproduzentInnen, so legen Thaers Aussagen nahe, praktizierten längst das Profitprinzip, bevor es Eingang in die ökonomische Reflexion, in Theorien und Lehrbücher fand und dort als allgemeines ökonomisches Prinzip gerechtfertigt wurde.[510] Aus einer radikal individualistischen Sicht verurteilte Thaer schließlich die Universitätslehre: Ökonomische Vorlesungen auf Universitäten seien zwar nützlich für künftige Staatsdiener, Kameralisten, Rechtsgelehrte und auch Theologen. Zur Bildung „eigentlicher practischer Landwirthe" seien sie dagegen ungeeignet.[511] Seine eigenen Vorlesungen waren von diesem Urteil nicht ausgenommen:

> Meine Vorlesungen in Berlin stehen mit dem Unterrichte in Moeglin durchaus in keiner Verbindung. Sie sind für solche bestimmt, die entweder eine allgemeine Uebersicht des landwirthschaftlichen Gewerbes in anderer Hinsicht, ohne es selbst zu betreiben, erlangen wollen; oder auch für solche, die mit der Landwirthschaft schon praktisch bekannt, sich zu einer wissenschaftlichen Ansicht derselben erheben wollen. Die Landwirthschaft selbst kann Niemand

508 Als insgesamt eher konservativ charakterisierte Simons Thaers politische Haltung im preußischen Staatsdienst, s. W. Simons, Thaer Biografie (wie Anm. 477), S. 130 f. Hervorzuheben ist vor allem seine Mitwirkung an der preußischen Gemeinheitsteilungsordnung.

509 A. D. Thaer, Weber (wie Anm. 360), S. 227.

510 Noch 1826 diagnostizierte und kritisierte Friedrich Gottlob Schulze eine allgemeine Vernachlässigung der Gewerbslehre. In seinem vom Mainstream deutlich abweichenden Konzept einer Landbauwissenschaft maß er der Volkswirtschaftslehre eine bedeutendere Rolle zu als den Naturwissenschaften, s. F. G. Schulze, Wesen und Studium (wie Anm. 424), insb. S. 19.

511 A. D. Thaer, Weber (wie Anm. 360), S. 237.

> daraus erlernen, indem ich dieses ohne vollständige sinnliche Darstellung und Ansicht überhaupt für unmöglich halte.[512]

Die Umwälzung im Feld des akademisch-ökonomischen Wissens jedoch, an der Thaer wichtigen Anteil nahm und die er mitgestaltete, ging in einer Nuance noch einen Schritt weiter. Sie bestand darin, wissenschaftliche Parameter der Landwirtschaft in deren Praxis selbst zu erkennen. War zunächst noch für viele Autoren selbstverständlich, dass eine „wissenschaftliche Ansicht" über ein Studium ökonomischer Theorie zu erlangen sei, so verknüpfte Thaer seine wissenschaftliche Landwirtschaft dagegen mit „sinnlicher Darstellung und Ansicht" (s.o.), welche damals in einem Universitätsstudium kaum gegeben waren. Die eigentliche Pointe seiner Konzeption bestand darin, eine erfolgreiche Agrarpraxis mit einer agrarischen Wissenschaft gleichzusetzen, wonach eine wissenschaftliche Ansicht folglich nicht mehr ausschließlich an der Universität gewonnen wurde, sondern ebenfalls in der Agrarpraxis. Thaers Verschmelzung von Wissenschaft und Gewerbe wurde auch ideologiegeschichtlich interpretiert: „Der Liberalismus war [Thaers] volkswirtschaftlicher – vielleicht dürfen wir sogar sagen: sein weltanschaulicher – Ausgangspunkt."[513] Kaum verwunderlich im gelehrten Kontext ist, dass seine noch ungewöhnliche Sichtweise allgemein beworben und besonders gegenüber universitären Akteuren auch begründet werden musste. Welche Begründungsstrategien, die jenem neuen Verständnis von Wissenschaftlichkeit in der Landwirtschaft den Weg bahnten, lassen sich also bei Thaer erkennen?

Praktische Landwirtschaft, theoretisch begründet: das Hybride in Thaers Ansatz

Der Biograf Walter Simons sah die historische Bedeutung und Wirksamkeit, die Thaer zu entfalten vermochte, in drei Dimensionen seines Lebens begründet:

> Der ärztliche Beruf erzog ihn dazu, die Gesetze der Natur zu ergründen [...]. Seine philosophische[n] Studien erzogen ihn zu jener klaren Systematik, ohne die er nimmer der Führer der deutschen Landwirtschaft hätte werden können. Seine schöngeistigen Interessen, seine

512 Ders., Nachricht wegen des Instituts zu Moeglin, in: Annalen der Fortschritte der Landwirthschaft in Theorie und Praxis 3 (1812), S. 243–246, S. 244.

513 Damit stehe Thaer streng genommen zwischen den Epochen der Aufklärung (18. Jahrhundert) und des Liberalismus (19. Jahrhundert), könne aber bei deren innerem Zusammenhang bereits dem Liberalismus zugerechnet werden, W. Simons, Thaer Biografie (wie Anm. 477), S. 239.

> Hinneigung zum Ästhetischen haben ihm zweifellos erst ermöglicht, sich im Verkehr mit den ersten und exklusivsten Kreisen zu behaupten und selbst dadurch der Landwirtschaft Ansehen und Achtung zu erwerben.[514]

In diesem Abschnitt werde ich auf die zweite der genannten Dimensionen eingehen. Es spricht einiges für Simons Einschätzung, dass Thaer ohne seinen systematischen Ansatz seinen Führungsanspruch in der Landwirtschaft nicht hätte geltend machen können. In Betrachtung der Ökonomische Aufklärung als einer Arena, in der Wissensansprüche gegeneinander ins Feld geführt wurden, erscheint der Begründungsaufwand, den Thaer seiner Lehre zukommen ließ, als ein nicht zu unterschätzender Aspekt seines Erfolges. Während seinerzeit vor allem der Ansatz einer kameralistischen Landwirtschaftslehre auch philosophisch legitimiert war, stellte sich Thaer diesem mit einem alternativen, jedoch ebenso gründlich gerechtfertigten Ansatz entgegen.[515] Auf der inhaltlichen Ebene widersprach er vor allem der verbreiteten konzeptuellen Entgegensetzung von Empirie (bloßer Erfahrung, Handwerk) einerseits und Wissenschaft andererseits, wobei ‚Empirie' von den meisten Akteuren als ungelehrt und bäuerlich und damit außerhalb der Sphäre des Wissenschaftlichen lokalisiert wurde. Freilich stand Thaer damit nicht alleine. Unzählige Protagonisten der Ökonomischen Aufklärung, all jene Praktiker des Diskurses – Gutsbesitzer, Pächter, der Halbbauer Irlbeck sowie das ökonomische Publikum – schätzten Erfahrungswissen aus erster Hand; allerdings wurde dieses Wissen typischerweise nicht als empirisch, sondern als praktisch bezeichnet, und selten war es vorgekommen, dass ein Autor seine Wertschätzung

514 Ebd., S. 50. Die Biografie stützt sich in der Hauptsache auf persönliche Briefe Thaers und gibt einen vertieften Einblick sowohl in sein Privat- als auch sein öffentliches Leben, darunter in den erwähnten Erfolg Thaers in der Berliner gehobenen Gesellschaft. Die Angaben zu seinen Philosophiestudien gehen leider nicht sehr ins Detail. In einem Bekenntnisschreiben an seine zukünftige Frau hatte Thaer die heimliche Lektüre französischer und englischer Radikalaufklärer unter gänzlicher Vernachlässigung der Lateinstudien während seiner Schulzeit gestanden. Das Interesse für „Philosophie und belles lettres" stellte er jedoch zugunsten der Naturgeschichte, Botanik und Anatomie hintan, als er 18-jährig nach Göttingen ging, um Medizin zu studieren, ebd., S. 4 f.

515 Vgl. dagegen den *Code of Agriculture* des namhaften schottischen Agrarschriftstellers John Sinclair, in dem Landwirtschaft als *art* bezeichnet und nicht aufwändig als eine Wissenschaft begründet wurde, s. J. Sinclair, The Code of agriculture. Including observations on gardens, orchards, woods, and plantations, London 1817. Auch die englische Übersetzung der Thaer'schen *Grundsätze* von 1844 weist interessante Unterschiede auf, die eine eigene Untersuchung wert wären – verzichtet sie doch nicht nur auf die Darstellung in Paragrafen, sondern übersetzt z. B. „rationelle Lehre von der Landwirthschaft" mit „systematic agriculture", s. A. D. Thaer, The Principles of Agriculture, 2 Bde., London 1844.

praktischen Wissens auch philosophisch begründen konnte oder wollte.[516] Thaer hingegen brachte die verbreitete Wertschätzung praktischen Wissens nicht nur zum Ausdruck, sondern begründete sie systematisch. Das abstrakte Lob der Nachwelt, er habe Praxis und Theorie vereint, kann insofern konkretisiert werden: Vereinfacht gesprochen, legitimierte Thaer das Wissen der Agrarpraktiker mit den gelehrten Mitteln der Kameralprofessoren. In seiner Rezension zu Weber stellte Thaer emphatisch fest, auch die wissenschaftliche Lehre von der Landwirtschaft beruhe „einzig und allein auf Erfahrung", denn „a priori" lasse sich gar nichts über Landwirtschaft aussagen. Sie sei ihrer Natur nach „eine Erfahrungswissenschaft!" Jedoch, wohlgemerkt, meinte er damit eine besondere Erfahrung: „Unter Erfahrung versteht man aber nicht bloßes sinnliches Wahrnehmen, sondern Untersuchung, Vergleichung des Wahrgenommenen, Prüfung seiner Richtigkeit, Reflexion über das Beobachtete und Abstraction aus demselben."[517] Unschwer zu erkennen ist, inwiefern Thaer die in der Ökonomischen Aufklärung so verbreitete emphatische Berufung auf Erfahrung raffinierte und auf eine erkenntnistheoretische Ebene hob, auf der er eine verständige Erfahrung ausbuchstabierte und sie als eine Kombination aus sinnlicher Wahrnehmung und Verstandestätigkeit definierte. Auch in den Paragrafen 14 und 15 der *Grundsätze,* in denen er seine Lehre der rationellen Landwirtschaft formal auf Erfahrungswissen bezog, findet sich diese erkenntnistheoretische Begründung:

> Die Wissenschaft des Ackerbaus beruht auf Erfahrung und es können nur die an eine Erfahrungs-Wissenschaft zu machenden Forderungen an sie ergehen. Ihr Grundstoff ist empirisch, d.h. durch sinnliche Wahrnehmung gegeben. […] Aber schon Erfahrung an sich ist nicht bloß sinnliche Wahrnehmung, sondern begreift Reflexion über das Wahrgenommene an sich […]. Jede Erfahrung ist folglich aus sinnlicher Wahrnehmung und Thätigkeit des Verstandes zusammengesetzt.[518]

Vor dem Hintergrund der negativen Konnotationen des Empirischen in den Diskussionen der Ökonomischen Aufklärung ist es bemerkenswert, dass Thaer den Terminus ‚empirisch' überhaupt verwendete und von einem „empirischen Grundstoff" der Landwirtschaftswissenschaft sprach. Denn ‚empirisch' war im landwirtschaftlichen Diskurs, wie gesehen, keine neutrale Kategorie und bei Weitem kein wissenschaftlicher Begriff, sondern aufgrund der Verknüpfungen mit dem Bäuerlichen und Unwissenschaftlichen vielmehr Ausdruck eines

516 Zum philosophischen Horizont ökonomischer Aufklärer mehr in Kapitel 4.
517 A. D. Thaer, Weber (wie Anm. 360), S. 232.
518 Ders., Rationelle Landwirthschaft (wie Anm. 176), S. 7.

sozialen Stigmas, mithin ein polemischer Begriff. (Bezeichnenderweise wurde ‚empirisch‘ in der englischen Übersetzung von 1844 immer noch nicht mit dem Term ‚empirical‘, sondern ausschließlich mit ‚experience‘ übersetzt.)[519] Auf die Bedeutung und den Wandel des Empiriebegriffs in der Zeit zwischen Früher Neuzeit und Moderne komme ich gesondert in Kapitel 4.2 zurück. An dieser Stelle genügt der Hinweis, dass erst Immanuel Kant in seiner *Kritik der reinen Vernunft* (1781) ‚empirisch‘ als einen in sozialer Hinsicht neutralen bzw. egalitären *terminus technicus* der Erkenntnistheorie eingeführt hatte, das heißt rund zwei Jahrzehnte vor Thaers Wissensangebot.[520] Durch die Frühe Neuzeit hindurch und vor Kants Sprachregelung fungierte der ‚Empiriker‘ dagegen in gelehrten Diskursen und Wissensfeldern als Fremdbezeichnung für ungelehrte Praktiker.[521] Pomata hat darauf hingewiesen, dass die anspruchsvolle philosophische Bedeutung des *empiricus* und seine Referenz auf die antiken medizinischen Empiriker im europäischen Hochmittelalter weitgehend verloren gegangen ist.[522] Für heutige LeserInnen ist die frühneuzeitliche Bedeutung und Funktion des Empiriebegriffs, der vor allem polemisch als Mittel der sozialen Distinktion eingesetzt wurde, weitgehend unverständlich geworden, zumal die Philosophiegeschichte diesen Zusammenhang so gut wie gar nicht thematisiert. Wichtig festzuhalten ist nicht nur, dass Thaer Kant gelesen hatte,[523] sondern vielmehr noch, dass er den Ausdruck ‚empirisch‘ in einer Zeit zum Einsatz brachte, als sich dieser in einem begrifflichen Wandel befand, das heißt weder auf die alte noch auf die neue Bedeutung ganz festgelegt war. Zahlreiche ökonomische Aufklärer reproduzierten unterdessen den älteren pejorativen Begriff von Empirie als einer ungelehrten Wissensform weiter und bis über die Jahrhundertwende hinaus. Während es nicht im Fokus dieser Arbeit liegt, Thaers Position philosophiegeschichtlich zu ergründen, ist dennoch auffällig, dass Thaer einen ähnlich wertungsfreien,

519 „The science of agriculture rests on experience; and nothing else should be required or expected from it but that which appertains to a practical science. The first principles arise from the perceptions of the senses; but if experience wholly and entirely flowed from these perceptions, the development would not less be the offspring of science and the work of the understanding“, DERS., Principles (wie Anm. 515), S. 3. Mehr zur Geschichte des Empiriebegriffs in Kapitel 4.2.

520 A. VANZO, From Empirics to Empiricists, in: Intellectual history review 24 (2014), S. 517–538. Zum Wandel von Kants vorkritischem zu einem kritischen Verständnis des Erfahrungsbegriffs s. N. HINSKE, Wandlungen in Kants Verständnis von Erfahrung, in: M. VENEZIANI (Hg.), Experientia (Lessico intellettuale europeo 91), Firenze 2002, S. 425–434.

521 A. VANZO, Empirics Empiricists (wie Anm. 520).

522 G. POMATA, Empirics (wie Anm. 328), S. 16. Mehr dazu in Kapitel 4.2.

523 Wie aus einem Brief an seine Frau hervorgeht, s. W. SIMONS, Thaer Biografie (wie Anm. 477), S. 33.

erkenntnistheoretisch vermittelnden Erfahrungsbegriff wie Kant einsetzte, nämlich indem er diesen als eine Kombination aus Sinnlichkeit und Verstandestätigkeit definierte. Dies erscheint vor den widerstreitenden Wissensansprüchen der Praktiker wie auch der Theoretiker der Ökonomischen Aufklärung in der Tat – geradezu augenfällig – als ein historischer Kompromiss. Thaer formulierte mit der zwischen Kantischer Erkenntnistheorie und Allgemeinsprache changierenden Bedeutung von ‚empirisch' für die Landwirtschaftswissenschaft eine Definition, die einerseits gelehrt, philosophisch war und andererseits auf handwerkliches Wissen im konkretesten Sinn verwies. Keiner seiner Vorgänger hatte sinnliche Wahrnehmung und die Körperlichkeit landwirtschaftlicher Arbeit derart systematisch eingebunden und als einen integralen Bestandteil der Wissenschaft definiert. Es habe ihnen, so äußerte sich Thaer selbst dazu, an „mathematischen, logischen und Sprachbegriffen" gefehlt.[524]

Bekannt ist, dass auch Thaer drei Wissensformen unterschied, wie es im Schrifttum der Ökonomischen Aufklärung allgemein weit verbreitet war. Er nannte diese Formen handwerksmäßig, kunstmäßig und rationell/wissenschaftlich:

> Ich unterscheide dreyerlei Arten die Landwirthschaft zu erlernen: 1) Die handwerksmäßige, so wie sie der Bauerssohn von seinem Vater erlernt, grade das nachmacht, was dieser that und sich darin Uebung erwirbt, ohne sich um Regeln oder Gründe zu bekümmern. 2) Die kunstmäßige, da man sich mehr oder minder specielle Regeln merkt, auf Glauben annimmt und darnach verfährt, ohne die Gründe dieser Regeln zu untersuchen. 3) Die rationelle oder wissenschaftliche, da man die, auf Erfahrung und Reflexion beruhenden, auf die Landwirthschaft Einfluß habenden Wahrheiten sich nach ihren Gründen bekannt macht, in ihrer Anwendung auf jeden denkbaren Fall übt, um dann in jedem wirklich vorkommenden, die Regeln seines Verfahrens nach Gründen selbst finden zu können.[525]

Jene ‚handwerksmäßige' Erkenntnis der Landwirtschaft wurde in der Ökonomischen Aufklärung regelmäßig als ‚empirisch' bezeichnet und auch Thaer assoziierte sie – wie viele andere Autoren – mit der bäuerlichen Ökonomie. Während aber Akteure wie Weber noch darauf beharrt hatten, dass ein empirisches Erlernen der Landwirtschaft der schlechteste Weg sei zu landwirtschaftlichen Kenntnissen zu kommen, empfahl dagegen Thaer, wie oben gesehen, das handwerksmäßige (empirische) Erlernen sogar dem wissenschaftlichen Anfänger. Offenbar war Thaer, anders als seine Zeitgenossen, in der Lage, das in der Verknüpfung von ‚empirisch' mit dem Bäuerlichen liegende soziale Stigma zu ignorieren. Selbst für den

524 A. D. Thaer, Rationelle Landwirthschaft (wie Anm. 176), S. 6.
525 Ders., Weber (wie Anm. 360), S. 232 f.

wissenschaftlichen Landwirt waren seiner Ansicht nach Kenntnisse unverzichtbar, die durch sinnliche Anschauung und körperliche Übung gewonnen wurden. Denn auf Anschauung und Übung bauten die – auch in seiner Konzeption als ‚höher' bewerteten – anderen Wissensformen auf. Bei Weber gehörte die Empirie nicht zur Wissenschaft und hatte einen wissenschaftlich orientierten Studenten nicht zu interessieren. Thaer hingegen sah das Empirische/Handwerkliche als ein Propädeutikum an: „Wissenschaft erfordert einen vollständigen Begriff der Kunst und des Handwerks; denn ohne die Mittel der Ausführung zu kennen und zu berechnen, ergreift sie eine falsche Idee."[526] „Nach einer bloß handwerksmäßigen Erlernung wird das rationelle Studium nicht nur sehr erleichtert", so Thaer in seiner Rezension zu Weber, „sondern auch anziehender, indem sich nun die Gründe des empirisch lokalen Verfahrens entwickeln." Daran anschließend schrieb Thaer den für die damalige Zeit ungewöhnlichen und daher bemerkenswerten Satz nieder:

> Meine besten Schüler sind in einer Zeit von 5 bis 6 Monathen diejenigen geworden, die als bloße Empiriker, als handwerksmäßige Oekonomen zu mir kamen, kein ökonomisches Buch kannten, aber freylich auch Kopf und Sinn für rationelle Lehre mitbrachten.[527]

In diesem Zusammenhang lohnt sich ein Blick auf die Bedeutungstradition. Pomata hat auf einen Unterschied zwischen Platon und Aristoteles in der Unterscheidung von *empeiria, techne* und *episteme* hingewiesen:

> Plato saw *empeiria* as limited and partial knowledge, unable to explain the nature of things, and contrasted it with *techne* (art) and *episteme* (full knowledge, which can account for causes and natures). Like Plato, Aristotle insisted that there is more to *episteme* or *techne* than just *empeiria,* but differently from Plato, he emphasised that the sciences are built on *empeiria,* understood as the mnemonic storage of repeated experiences.[528]

Noch weiter geht die Interpretation von Otfried Höffe:

> Während von Platon über Hegel bis zu Husserl und dem Wiener Kreis der Vorrang der Wissenschaft und der (streng wissenschaftlichen) Philosophie die anderen Wissensformen entwertet, läßt Aristoteles jeder Wissensstufe ein größeres Eigenrecht. Im Gegensatz zum vorherrschenden Modell der epistemischen Vereinnahmung, nach dem die jeweils niedrigere Wissensstufe

526 Ders., Leitfaden (wie Anm. 420), S. 168.
527 Ders., Weber (wie Anm. 360), S. 238.
528 G. Pomata, Empirics (wie Anm. 328), S. 6.

> durch die höhere mitumfaßt (‚Inklusion') oder für überholt, oft sogar für das relativ Unwahre erklärt wird (‚Aufhebung'), vertritt Aristoteles ein Modell der epistemischen Steigerung. Was beispielsweise die Wahrnehmung leistet […], die ‚entscheidende Kenntnis des einzelnen' […], wird durch die höheren Stufen weder erweitert noch im epistemischen Rang geschmälert.[529]

Thaers eoistemologische Auffassung ähnelt nach dieser Lesart der aristotelischen, die einen Eigenwert des Empirischen anerkennt, Webers Auffassung dagegen der platonischen, die das Empirische entwertet. Thaers Aussage, seine besten Schüler seien Empiriker, mit anderen Worten: epistemische Bauern gewesen, ist in einer Rezension gegenüber Weber freilich vorrangig als polemische Aussage zu werten. Eine authentische Wertschätzung der damaligen Empirie, das heißt des handwerklichen Wissens als einer grundlegenden Wissensform findet sich jedoch auch in zahlreichen anderen seiner Texte. Dass diese Wissensform nicht nur bei Thaer, sondern generell in den Agrardiskussionen der zweiten Jahrhunderthälfte zusätzlich zum so genannten praktischen (bzw. bei Thaer: kunstmäßigen) Wissen angenommen und von diesem unterschieden wurde, ist möglicherweise als besonderes Charakteristikum der Landwirtschaft zu betrachten, das sie von anderen Bereichen technischen Wissens abhebt. Der Bereich des Erfahrungswissens ist im Agrarischen sozusagen noch einmal unterteilt in ein geisthaltiges praktisches Wissen und ein mechanisch-geistloses empirisches Können. In den einschlägigen Arbeiten zur Technikgeschichte der Frühen Neuzeit spielt diese Extraunterteilung kaum eine Rolle. Kunst und Handwerk bzw. *art* und *craft* werden selten unterschieden und in der Regel sogar synonym verwendet. Allenfalls bei der Bezeichnung der Wissensträger lässt sich zuweilen implizit eine hierarchische Unterscheidung erkennen, wenn nämlich *craftsmen* im Plural eine gesichts- und namenlose Gruppe von Arbeitern in einer Werkstatt bezeichnen, als deren Vorgesetzter der *artisan* erscheint.[530] Die deutsche Bezeichnung des Kunsthandwerks zieht wiederum beide Begriffe zusammen, um bestimmte handwerkliche Berufe auszuzeichnen, anders als der Terminus *craft* im Englischen, der unterschiedslos für handwerkliche Tätigkeiten in der Frühen Neuzeit gebraucht wird. Eine genauere und sprachvergleichende begriffshistorische Analyse liegt bislang nicht vor, jedoch hat Ian Inkster bereits 2007 in seinem Kommentar zu den Beiträgen des einschlägigen Sammelbandes *The mindful hand* auf dieses Desiderat hingewiesen.[531] Mit Blick auf die vorliegende Arbeit spricht viel dafür anzunehmen,

529 O. Höffe, Aristoteles (Beck'sche Reihe 535), München 2006, S. 42.

530 S. z. B. P. H. Smith, Craft (wie Anm. 64), S. 19 f.

531 I. Inkster, Thoughtful doing and early modern oeconomy, in: L. Roberts/S. Schaffer/P. Dear (Hgg.), Mindful Hand (wie Anm. 27), S. 445.

dass die Differenzierung von Kunst und Handwerk, wie sie Thaer in seiner Zeit vorgenommen hat, als historische Möglichkeit in der zeitgenössischen Semantik angelegt war. Wozu sie in der Ökonomischen Aufklärung genutzt wurde, nämlich zur sozialen Distinktion, ist oben bereits ausführlich behandelt worden. Worin genau bestand nun dieses handwerkliche Wissen, welches Thaer wahrgenommen, anerkannt und legitimiert hatte?

Handwerkliches Wissen, dessen Wahrnehmung und Aufwertung

Was Thaer unter handwerklichem Wissen verstand, welches aus sinnlicher Wahrnehmung stammend als „empirischer Grundstoff“ (s.o.) Teil der wissenschaftlichen Landwirtschaft sein sollte, findet sich in seinen Vorstellungen über die Erziehung zur Landwirthschaft:

> Unter Erziehung zur Landwirthschaft verstehe ich selbst die körperliche Uebung, die Gewöhnung an Ausdauer gegen körperliche Beschwerden, gegen Wind und Wetter und an Geduld bei der Beobachtung der Arbeiten, eine vollkommene Kenntniß des kleinsten Details, die man nicht anders als durch eignes Handanlegen erlangt – eine richtige Kenntniß der Denkungsart der arbeitenden Menschenklasse […] und eine Uebung, sich in selbige vollständig hineinzusetzen – die Erlangung einer gehörigen Moderation und Unterdrückung eines jeden leidenschaftlichen Ausbruchs – Gewöhnung an pünktliche Ordnung und Eintheilung der Zeit, wobei z. B. ein sehr frühes Aufstehen und schnelle Regsamkeit ein sehr wesentlicher Punkt ist – die Bildung eines Maaßstabes im Kopfe für Raum, Zeit und Kraft, den man nur durch fruehe Uebung erlangt – endlich den Trieb, einen jeden kleinen Vortheil zu beachten, den man durch Ersparung oder durch Betriebsamkeit erlangen kann. Dieses sind Dinge, wozu allerdings Anleitung gegeben werden kann, die aber nicht gelehrt werden können, sondern geübt werden müssen. Man kann alles wissen, was hierher gehört, aber man kann es doch nicht.[532]

Eine ganze Bandbreite unterschiedlichster Kenntnisse, Fähigkeiten und Fertigkeiten sah Thaer demnach als notwendig für seinen rationellen bzw. den wissenschaftlichen Landwirt an, welche jedoch nicht über Bücher oder an der Universität, das heißt theoretisch nicht vermittelbar seien. Konsequent empfahl er den Schülern seines Lehrinstituts vor dem Kurs einen einjährigen Aufenthalt auf einer Gutswirtschaft, sollten sie noch keine eigenen Erfahrungen in der Landwirtschaft

532 A. D. Thaer, Über den Zustand von Mögelin im Jahre 1811, in: Annalen der Fortschritte der Landwirthschaft in Theorie und Praxis 2 (1811), S. 6–101, S. 95 f. in einer Fußnote zu einem Artikel eines Schülers.

mitbringen. Freilich war ein herausstechendes Merkmal seiner Lehrinstitute, dass praktischer Unterricht dort stattfinden und bei Bedarf selbst konkrete Handgriffe noch nachträglich vermittelt werden konnten. Aus der Übung in der Praxis resultierten nach Thaer durchaus kognitive Fertigkeiten, etwa die Bildung jenes „inneren Maßstabs“ für Raum, Zeit und Kraft, welcher allein einen Gutsvorsteher dazu befähige die ineinander greifenden Arbeitsvorgänge in einer Wirtschaft effektiv zu koordinieren. Bei der Übertragung in eine Lehre, so nun Thaers Forderung, müsse dieses Wissen erhalten bleiben. Für unvollkommen, gar schädlich hielt er eine wissenschaftliche Lehre, die „keine Anleitung zur Verechnung der Zeit und Kraft“, die jede Operation erfordert, bereithalte. Auch Thaer betonte, wie es später Irlbeck tun sollte (Kapitel 3.1), dass der rationelle Ökonom erst berechne, „in welchem Verhältnisse bey einer vorzunehmenden Abänderung Zeit, Kraft und Mittel stehen werden“, und so lange nichts unternehme, als ihm ein Gewinn nicht relativ sicher erscheine.[533] Theoretische Autoren hingegen „mögten den Acker zum botanischen Garten machen, empfehlen kräftige Düngung, sorgfältige Arbeit, reichlichen Kostenaufwand, unbekümmert, wo man es hernehme“.[534] Genauso schrieb später Irlbeck, ähnlich hatte auch der Gutsbesitzer Matthesius argumentiert. Die von Thaer auch mit dem Begriff rationell umrissene gewerbliche Perspektive lag allgemein den Argumentationen von Agrarpraktikern zugrunde und bestimmte deren epistemologische Überzeugungen. Rückschauend und historiografisch resümierend können somit sowohl der Halbbauer als auch der Gutsherr sowie der erste Agrarwissenschaftler Thaer ein und derselben epistemischen Gemeinschaft zugeordnet werden.

Eine weitere Gruppe von handwerksmäßigen Kenntnissen, die Thaer erwähnte, hing mit der Gewöhnung an einen bestimmten Lebensstil zusammen. In das Landleben finde sich – wer einmal in der Stadt gelebt habe – nur schwer hinein, hatte Thaer mehrmals betont. Neben harter, disziplinierter Arbeit erwähnte er die Eintönigkeit der ländlichen Umwelt, welcher Gebildete seiner Ansicht nach eigentlich nur durch ein ausgeprägtes Interesse an der Natur, das heißt naturforschend trotzen könnten.[535] Diese Einschätzung, dass es Gebildete auf dem Land kaum aushalten konnten, erscheint einmal mehr als ein Hinweis darauf, inwiefern Landwirtschaft und Gelehrsamkeit um 1800 als zwei disparate Lebenswelten angesehen wurden. Als entsprechend schwierig stellte Thaer die Erziehung eines wissenschaftlichen Landwirts dar, der im Grunde als Zwitter zwischen beiden

533 Ders., Weber (wie Anm. 360), S. 240 f. Bei Irlbeck finden sich fast wortgleiche Formulierungen.
534 Zit. n. M. Frielinghaus/C. Dalchow, Thaer (wie Anm. 38), S. 97.
535 A. D. Thaer, Rationelle Landwirthschaft (wie Anm. 176), S. 15 f.

Lebenswelten bestehen musste. Auch hierin gründete ein Argument gegen die Universitätslehre: „Der ganze Geist und Sinn für Wissenschaft, der auf Universitäten erregt wird und erregt werden soll, paßt sich nicht zu dem Gewerbe des praktischen Landwirths."[536] Die „Universitätsverhältnisse, die akademische Lebensweise und die ganze Ansicht der Dinge daselbst" brächten etwas „Heterogenes" in die Bildung des Jünglings. Je „mechanischer und positiver" er dagegen die Landwirtschaft erlerne, desto besser sei er auf die höhere Bildung vorbereitet. Erfolgte aber die höhere Bildung, also der Gang zur Universität, zuerst, dann galt Thaer nicht nur die „physische", sondern auch die „moralische" Anpassung an das landwirtschaftliche Leben als kaum mehr möglich.[537] So dramatisch überspitzt diese Aussagen Thaers erscheinen, so wenig ist gleichzeitig von der Hand zu weisen, dass er damit eine grundsätzliche Herausforderung ansprach, vor die progressive Akteure der Ökonomischen Aufklärung insgesamt gestellt waren. Denn wer auch das handwerklich-landwirtschaftliche Wissen als notwendige Grundlage wahrnahm und anerkannte und dieses Wissen dementsprechend integrieren, das heißt in wissenschaftliches Wissen transformieren wollte, der stand auch vor der Entscheidung, ländliche Praktiken selbst zu vollziehen – mit anderen Worten, ein landwirtschaftliches Leben zu führen. Dass ein praktischer Landwirt schon daraus entstehe, indem er andere bei der Arbeit beobachte – so hatte ja Weber das praktische Studieren verstanden – war für Thaer jedenfalls ausgeschlossen; ihm zufolge musste auch der gelehrte Ökonom „selbst die Geschäfte übernehmen".[538] Rationelle Landwirte bzw. Landwirtschaftswissenschaftler à la Thaer haben freilich kaum jemals den Pflug selbst geführt. Thaers Perspektive war in erster Linie die eines großen Gutsbesitzers oder -verwalters, obwohl er theoretisch jede Betriebsgröße befürwortete.[539] Den Pflug jedoch in der Ausbildung einmal geführt zu haben, jeden Handgriff bis ins Detail zu kennen, galt auch für den wissenschaftlichen Landwirt als notwendig, der die Arbeiten später nicht selbst ausführte, sondern koordinierte und anordnete.[540] Der wissenschaftliche

536 Ders., Zustand Möglin (wie Anm. 532), S. 101.

537 Ders., Rationelle Landwirthschaft (wie Anm. 176), S. 19.

538 Ders., Weber (wie Anm. 360), S. 238.

539 Thaer war auch davon ausgegangen, dass im Rahmen der preußischen Agrarpolitik nach 1800 ein starker Bauernstand entstehen würde, s. W. Simons, Thaer Biografie (wie Anm. 477), S. 156 f. und 244 f.

540 Für eine Beschreibung der verschiedenen Bediensteten und deren Tätigkeitsfelder auf einer großen Wirtschaft, von der Gänsehirtin bis zum Verwalter und zur Ausgeberin s. Anmerckungen über die Verbesserung des Gutes N.N. im Holsteinischen, welche zugleich vieles von der dasigen Wirthschaft überhaupt berühren, in: Leipziger Sammlungen 14 (1760), S. 670–1019 [mit Unterbrechungen], hier S. 937–1002.

Abb. 4: Thaers Sohn Philipp 1834 mit Studenten in Möglin (Quelle: Fördergesellschaft Albrecht Daniel Thaer, Möglin).

Landwirt als Manager theoretischer und praktischer Wissensbestände musste über das in der Arbeit liegende Wissen verfügen, und ebenso musste er die Träger dieses Wissens, die ArbeiterInnen, kennen.

4. Epistemologie der Ökonomischen Aufklärung

In den nun folgenden Abschnitten, die den zweiten Teil der Arbeit ausmachen, werden Befunde des materialgesättigten 3. Kapitels aufgegriffen und auf einer abstrakteren Ebene näher untersucht. Zentrale Begriffe, darunter der bemerkenswerte Wandel des Empiriebegriffs stehen ebenso zur Diskussion wie die verschiedenen epistemischen Genres, derer sich ökonomische Aufklärer und – im Vergleich – englische *agricultural improvers* in ihren Texten bedienten. Der spezifische Standpunkt ökonomischer Aufklärer wird epistemologisch wie auch sozialgeschichtlich bestimmt. Inwieweit semantischer Wandel einerseits und das Beharren auf älteren Vorstellungen andererseits von Akteuren der Ökonomischen Aufklärung aktiv gestaltet wurden, wird im letzten Abschnitt über die Rolle von Kritik und Polemik nochmals aus einem anderen Blickwinkel erfasst.

4.1 Feld und Text, System und Experiment: Was darf als wissenschaftlich gelten?

Die Beobachtung, dass buchstäblich jeder Autor, nicht zuletzt ein Bauer in den 1830er Jahren, seinen Ansatz als wissenschaftlich bezeichnete und als Beitrag zu einer Landwirtschaftswissenschaft verstand, kann als Indiz für ein relativ offenes Verständnis des Begriffs wissenschaftlich um 1800 gelten. Paul Ziche und Joppe van Driel weisen darauf hin, dass der Wissenschaftsbegriff in seiner gesamten Geschichte selten eindeutig definiert wurde. Selbst für die anspruchsvollsten Kommentare der Aufklärung, etwa in den Einträgen ‚science' und ‚Les sciences' in der französischen Encyclopédie, konstatieren sie „bemerkenswerte Undeutlichkeiten" in der Reflexion des Begriffs.[541] Die allmähliche Profilierung des Terminus sei ein relativ spätes Phänomen, aus dem die beiden Autoren die These ableiten, „dass ‚Wissenschaft' wesentlich ein Phänomen der Stabilisierung im Ausgang von einer sehr offenen Konstellation von Praktiken ist […]." Das 17. und das 18. Jahrhundert identifizieren sie als den entscheidenden Zeitraum für diese Prozesse, wobei allerdings auch der moderne Wissenschaftsbegriff noch durch Offenheit gekennzeichnet sei.[542] Selbst an den Universitäten, die zu den wichtigsten wissenschaftlichen

541 P. Ziche/J. v. Driel, Art. Wissenschaft, in: Europäische Geschichte Online (EGO), hg. vom Institut für Europäische Geschichte (IEG), http://www.ieg-ego.eu/zichep-drielj-2011-de, S. 8 (zuletzt aufgerufen am 30.09.2019).

542 Ebd., S. 9.

Institutionen gehören, herrsche aktuell kein für alle Fächer verbindlicher Wissenschaftsbegriff vor: „Das Prädikat ‚wissenschaftlich' umfasst zahlreiche normative Praktiken, die in den jeweils spezifischen Fragestellungen, Methoden und Forschungsobjekten grundlegend voneinander abweichen und nicht auf einen einzigen Standard der Gültigkeit zu reduzieren sind." Dementsprechend erhalte der moderne Wissenschaftsbegriff seine Bedeutung in einer Dialektik zwischen Rigidität und Offenheit.[543] Dem ist noch zweierlei hinzuzufügen, nämlich zum einen, dass im deutschen Sprachraum gerade in der Übergangszeit vom 18. zum 19. Jahrhundert ein intensiver Aushandlungsprozess von Wissenschaftsbegriffen zwischen Vertretern einer empirisch orientierten Naturforschung und Vertretern einer romantischen Naturphilosophie festzustellen ist.[544] Philosophen wie Carl Christian Erhard Schmid (1761–1812) und Johann Gottlieb Fichte (1762–1814) suchten in dezidiert wissenschaftsphilosophischen Arbeiten den Wissenschaftsbegriff eindeutig zu regeln, und dies in der Regel mit dem unitaristischen Ziel, unter dem Dach dieses Begriffes alle Wissenschaften zu vereinen.[545] Zum anderen muss in Betracht gezogen werden, dass es in den verschiedenen europäischen Sprachräumen, nach der Ablösung des Lateins als gemeinsamer Gelehrtensprache, zu unterschiedlichen Bedeutungstraditionen gekommen war, die in ihrer Ausprägung um 1800 noch kaum vergleichend erforscht sind.[546] Wie ist angesichts

543 Ebd., S. 1.

544 S. dazu u.a. O. Breidbach/P. Ziche (Hgg.), Naturwissenschaften um 1800. Wissenschaftskultur in Jena–Weimar, Weimar 2001. Zur Differenzierung von Naturwissenschaft und Philosophie s. M. Hahn/K. Bayertz/H. J. Sandkühler (Hgg.), Die Teilung der Vernunft. Philosophie und empirisches Wissen im 18. und 19. Jahrhundert (Studien zur Dialektik 4), Köln 1982, zur romantischen Naturphilosophie bzw. *romantic science* z. B. S. Poggi (Hg.), Romanticism in science. Science in Europe, 1790–1840 (Boston studies in the philosophy of science 152), Dordrecht 1994.

545 S. z. B. C. C. E. Schmid, Erste Linien einer reinen Theorie der Wissenschaft, in: Philosophisches Journal für Moralität, Religion und Menschenwohl 3 (1794), S. 348–362 und J. G. Fichte, Grundlage der gesammten Wissenschaftslehre, Leipzig 1794. Mit Angaben weiterer Titel A. Diemer, Die Begründung des Wissenschaftscharakters der Wissenschaft im 19. Jahrhundert. Die Wissenschaftstheorie zwischen klassischer und moderner Wissenschaftskonzeption, in: A. Diemer (Hg.), Beiträge zur Entwicklung der Wissenschaftstheorie im 19. Jahrhundert (Studien zur Wissenschaftstheorie 1), Meisenheim am Glan 1968, S. 1–62, S. 11 f.

546 S. aber die nach Sprachräumen unterschiedenen Referate in A. Diemer (Hg.), Der Wissenschaftsbegriff. Historische und systematische Untersuchungen (Studien zur Wissenschaftstheorie 4), Meisenheim am Glan 1970. Einen Vergleich aktueller Wissenschaftsbegriffe in sechs Sprachen unternimmt D. Ulbrich, Das Begriffsfeld ‚Wissenschaft(en)' in den großen europäischen Sprachen. Ein enzyklopädisches Stichwort, in: O. Breidbach/S. Poggi/D. Ulbrich (Hgg.), Sprachen der Wissenschaften 1600–1850. Teil 2: Sprachliche Differenzierung und wissenschaftliche Nationalisierung (Jahrbuch für Europäische Wissenschaftskultur 7), Stuttgart

dieses begriffsgeschichtlichen Befundes mit einem historischen Diskurs der Sattelzeit umzugehen, in dem der Ausdruck wissenschaftlich unablässig von universitären wie von außeruniversitären Akteuren verwendet wurde? Aufgrund seiner historischen Plastizität erscheint es jedenfalls ratsam, den Begriff nicht als Ordnungskategorie zu verwenden, um damit das Material zu sortieren, etwa in wissenschaftliche und nicht-wissenschaftliche Texte oder in wissenschaftliche und nicht-wissenschaftliche Autoren. Vielversprechender und angemessener erscheint es, die Verwendung von ‚wissenschaftlich' selbst zum Gegenstand der Untersuchung zu machen und zu hinterfragen, welche Bedeutungen in den zeitgenössischen Quellen damit verknüpft wurden. Benjamin R. Cohen spricht in seiner Studie zu amerikanischen *farmers* in der ersten Hälfte des 19. Jahrhunderts – in einer im Sinn des hier Angesprochenen vorbildlichen Weise – von Praktiken, „that would soon be called scientific". Er unterscheidet demnach zwischen einer historischen Semantik und einem späteren Standpunkt der Betrachtung.[547] Bezogen auf die Geschichte der deutschen Agrarwissenschaften urteilten Kommentatoren des 19. Jahrhunderts – anders als Zeitgenossen des 18. Jahrhunderts –, dass erst Thaer die Landwirtschaft wissenschaftlich behandelt habe. Dieses Urteil wurde retrospektiv auf Basis eines Wissenschaftsverständnisses gefällt, welches in Thaers Zeit noch nicht existierte, sondern durch ihn und seine Zeitgenossen erst herausgebildet wurde. In den folgenden Abschnitten wird Wissenschaftlichkeit deshalb als das Produkt eines infrage stehenden Aushandlungsprozesses behandelt. Dieser Prozess – das macht seine Erforschung interessant und kompliziert zugleich – zeigte eine gewisse Ambivalenz: Zum einen wurde Landwirtschaft im Rahmen der wissenschaftlichen Ökonomie als eine neue Wissenschaft definiert, zum anderen änderten sich in dieser Zeit Vorstellungen von Wissenschaftlichkeit.

2014, S. 275–320. Phillips stellt anhand historischer Lexika überraschend fest: „*Wissenschaft* was not at all difficult to translate; it meant science. Thomas Carlyle considered Fichte, Kant and Schiller (leading theorists of Turner's *Wissenschaftsideologie*) to be ‚men of science', and Carlyle's usage was not idiosyncratic.", D. PHILLIPS, Francis Bacon and the Germans. Stories from when ‚science' meant ‚Wissenschaft', in: History of Science 53 (2015), S. 378–394, S. 379.

547 B. R. COHEN, Notes (wie Anm. 144), S. 4. Vgl. dagegen den Gebrauch von *scientific* oder *scientific agriculture* in A. ZILBERSTEIN, Planting Improvement. The Rhetoric and Practice of Scientific Agriculture in Northern British America, Dissertation 2008, https://dspace.mit.edu/handle/1721.1/45803 (zuletzt abgerufen am 10.02.2020). *Science* fällt in dieser Studie häufig mit *improvement,* d.h. mit (modernisierungstheoretisch betrachtet) fortschrittlichen Praktiken zusammen, s. z. B. ebd., S. 94: „In theory, improvement was a critique of traditional farming and a set of scientific methods, which transcended the pecularity of local circumstances and promised rural modernization."

Die Bedeutungen sowohl einer wissenschaftlichen Landwirtschaft als auch allgemein von der Wissenschaft befanden sich im Fluss.

Grundsätzlich lässt sich festhalten, dass Wissenschaftlichkeit in den Texten ökonomischer Aufklärer, egal welchen Milieus, nicht als etwas Fremdes aufgefasst wurde, sondern als etwas Eigenes. Dies dürfte dem öffentlichen Charakter des landwirtschaftlichen Diskurses im 18. Jahrhundert zuzuschreiben sein. Die Studie von Cohen zeigt dagegen, dass im amerikanischen Süden der Jahre 1800–1850 das, was als Wissenschaft galt, in Gestalt europäischer Chemiker von *außen* kam und von den ansässigen *yeomen, gentlemen farmers* und Plantagenbesitzern als ein zunächst fremdes Wissensangebot betrachtet und später angeeignet wurde.[548] Autoren der Ökonomischen Aufklärung verkörperten in ihrer Zeit und in ihren Augen dagegen gewissermaßen die Wissenschaft in der Landwirtschaft und nahmen für sich in Anspruch, das Agrarische in eine wissenschaftliche Form zu bringen.[549] Die Tatsache, dass sich Autoren selbstverständlich zu dieser Operation befähigt sahen, ist bedeutsam und gibt nicht zuletzt Hinweise auf ihre soziale Position in der Gesellschaft des Alten Reiches im 18. Jahrhunderts der zweiten Jahrhunderthälfte. Bevor ich auf diesen Punkt zurückkomme, frage ich zunächst noch genauer nach jener Operation selbst: Was bedeutete es für ökonomische Aufklärer einen Gegenstand in eine wissenschaftliche Form zu bringen – was war für sie wissenschaftlich?

‚Wissenschaft' und ‚wissenschaftlich' im ökonomischen Sprachgebrauch vor 1800

Einen guten Einstieg in den in der Ökonomischen Aufklärung verbreiteten Sprachgebrauch bietet Johann Georg Krünitz' *Oekonomische Enzyclopädie,* denn Krünitz verwendete als Quellen für seine Artikel in erster Linie damals aktuelle Zeitschriften.[550] Insofern bildet die *Krünitzsche Enzyclopädie* [fortan: *Krünitz*], zumindest in den von Krünitz selbst herausgegebenen Bänden, den zeitgenössischen Zeitschriftendiskurs ab, der auch dem so genannten ökonomischen Publikum bekannt war. Eigene Lemmata für ‚Wissenschaft' und ‚wissenschaftlich' existieren in dem

548 B. R. Cohen, Notes (wie Anm. 144).

549 S. als frühes Beispiel für diese Wendung bereits A. Amthor, Project der Oeconomie in Form einer Wissenschafft, Franckfurt/Leipzig 1717.

550 A. B. Fröhner, Präsentation und Qualität technischer Beschreibungen in der Oeconomisch-technologischen Encyklopädie von Johann Georg Krünitz, in: U. Troitzsch (Hg.), Nützliche (wie Anm. 70), S. 155.

Wirtschaftslexikon interessanterweise nicht. In der Volltextsuche ergeben sich jedoch 7329 Treffer für den Terminus ‚Wissenschaft' und 1200 Treffer für ‚wissenschaftlich'. Auffällig ist, dass der Terminus ‚Wissenschaft' sehr allgemein verwendet wurde. So galt das Angeln beispielsweise als eine Tätigkeit, die „Wissenschaft und Erfahrung" voraussetze, und Güteranschläge wurden, so heißt es, an öffentlichen Orten „zu jedermanns Wissenschaft" angeschlagen.[551] Jede und jeder konnte demnach Wissenschaft von konkreten Dingen erlangen. Stephan Meier-Oeser hat auf eine relevante Bedeutungsverschiebung im 18. Jahrhundert hingewiesen, die sich im Krünitz nur teilweise niederschlägt: War ‚Wissenschaft' zuvor häufig als die Einsicht eines Subjekts in einen Zusammenhang (von Dingen oder Wahrheiten) verstanden worden, galt ‚Wissenschaft' zunehmend objektiv als „Gesamtheit, ‚Inbegriff' oder ‚System' von Erkenntnissen, Beobachtungen, Regeln oder Sätzen".[552] Das Adjektiv ‚wissenschaftlich' erscheint dagegen im Krünitz bereits in einer deutlich spezifischeren Bedeutung, zum Beispiel innerhalb der Lemmata ‚Forst-Akademie' und ‚Kammer-Wissenschaft'.[553] Unter ‚Forst-Akademie' wird die erste Forstlehranstalt in Berlin beschrieben (1770er Jahre), durch die allmählich eine „vernunftmäßige Theorie" in das Forstwesen eingeführt werde, so dass dieses „mehr wissenschaftlich" abgehandelt und erlernt werden könne als je zuvor. Im Artikel ‚Kammer-Wissenschaft', unter dem fünften Gliederungspunkt ‚Vieharzneykunst', beschreibt der Autor einen *Status quo,* in dem Ärzte, Naturforscher, Kameralisten, Politiker und Landwirte sich darum bemühten,

> die für den Nahrungsstand so höchst wichtige Vieharzneykunst in eine wissenschaftliche Form zu bringen, und nach gewissen Grundsätzen zu behandeln, da vorher die Cur des Viehes, das Wichtigste der ganzen Oekonomie, bloß unter dem Gebiethe der Ignoranz, der Windbeuteley, der Einfalt und des Aberglaubens stand [...].

Mit den Formulierungen ‚wissenschaftlich bearbeiten' oder ‚in eine wissenschaftliche Form bringen' wurden, anders als mit dem sehr offenen Terminus

---

551 S. das Resultat der Volltextsuche in Artikeln/Lemmata in Oeconomische Encyclopädie, oder allgemeines System der Land-, Haus- und Staats-Wirthschaft in alphabetischer Ordnung, Berlin 1773–1858: http://kruenitz1.uni-trier.de/cgi-bin/getKRSearchText.tcl?sexp=Wissenschaft+mode=0+start=0+loc=art+from=+til=+sa=0 (zuletzt aufgerufen am 08.04.2019). Bd. 2, Sp. 113 und 210 enthalten jeweils die folgenden Zitate.

552 S. Meier-Oeser, Art. Wissenschaft. I. Der klassische Wissenschaftsbegriff. Antike bis 19. Jahrhundert, in: Historisches Wörterbuch der Philosophie (12), Basel 2004, Sp. 902–915, Sp. 910 f.

553 S. das Resultat der Volltextsuche in Artikeln/Lemmata in Oeconomische Encyclopädie (wie Anm. 551): http://kruenitz1.uni-trier.de/cgi-bin/getKRSearchText.tcl?sexp=wissenschaftlich+mode=0+start=0+loc=art+from=+til=+sa=0 (zuletzt aufgerufen am 08.04.2019). Bd. 14, Sp. 522, und Bd. 33, Sp. 494 enthalten jeweils die nachfolgenden Zitate.

‚Wissenschaft', nicht allgemeine, überall anzutreffende Tätigkeiten und Erkenntnisse benannt, sondern vielmehr eine besondere, vom Alltäglichen hervorgehobene Aktivität. Analog dazu ist eine Verknüpfung von ‚wissenschaftlich' mit höherer Bildung festzustellen, die sich in den häufigen Wort-Kombinationen wie ‚wissenschaftliche Bildung', ‚wissenschaftliches Studium', ‚wissenschaftliche Unterweisung', ‚wissenschaftliches Fach' oder ‚wissenschaftliche Lectionen' ausdrückt.[554] Diese Verwendungsweisen von ‚wissenschaftlich' entsprechen dem, was Ziche und van Driel mit der Vorstellung eines Wissens umschrieben haben, welches besonders hohen Standards genügt. Dieses erscheint – im Gegensatz zum allgemeinen Wissen des Nahrungsstandes, wie im Zitat oben – als ein besonderes Wissen, das sich Akteure der Ökonomischen Aufklärung selbstverständlich zuschrieben.

In der Wortverwendung von ‚wissenschaftlich' standen auffällig oft formale Aspekte im Vordergrund. Das Partikuläre – die Einzelerkenntnis, der landwirtschaftliche Erfahrungssatz – war zwar andererseits und gerade unter Praktikern hoch geschätzt (s. Kapitel 3.4), die ‚wissenschaftliche Form' jedoch war es, in die diese Sätze gebracht werden mussten, um die Wissenschaftlichkeit der Landwirtschaft zu verbürgen. Dies entspricht der Beobachtung von Alwin Diemer, der im Rahmen seiner begriffsgeschichtlichen Studien darauf hingewiesen hat, dass die Bezeichnung ‚Wissenschaft' vor 1800 häufig nur für den allgemeinen Teil eines Wissensgebietes galt, während die Einzelerkenntnis demgegenüber als ‚Geschichte' bezeichnet wurde.[555] Emblematisch für diese Tendenz ist die in Texten ökonomischer Aufklärer zum Ausdruck gebrachte Wertschätzung des ‚Systems'. Wenn die Erfahrungssätze der Landwirte nur „in einer guten Ordnung vorgetragen werden", so ein Autor im Jahr 1750, könnten sie „schon als eine Wissenschaft mitlauffen,"[556] und gut geordnet hieß: systematisch.[557] Die drei Bezeichnungen System, Wissenschaft und Theorie wurden in Agrarschriften selten differenziert,

554 Allerdings werden auch die Kenntnisse, die zur Bewirtung eines herrschaftlichen Tisches erforderlich sind, die „Küchen-Kenntniß" einer guten Wirtin, als eine wissenschaftliche Kenntnis anerkannt, da auch diese eine „zusammenhängende Reihe von Begriffen, Wahrheiten und Regeln" beinhalte, Art. Küchen-Wissenschaft, in: Oeconomische Encyklopädie 54 (1791), S. 500–517, Zitat Sp. 513.

555 A. Diemer, Begründung (wie Anm. 545), S. 14.

556 Bemerckungen bey dem ohnlängst von einem Anonymo herausgegebenen Tractat betitelt: Erfahrungsmässiger Beweis von dem itzigen ungemein schlechten Kornbau, von dessen möglichen Verbesserung, und was dazu erfordert werde, Berlin 1748, in: Leipziger Sammlungen 6 (1750), S. 72–102, S. 75.

557 Grundlegend zum Systembegriff in seiner historischen Entwicklung s. O. Ritschl, System und systematische Methode in der Geschichte des wissenschaftlichen Sprachgebrauchs und der philosophischen Methodologie, Bonn 1906 und A. von der Stein, Der Systembegriff in seiner geschichtlichen Entwicklung, in: A. Diemer (Hg.), System und Klassifikation in

sondern in den meisten Fällen synonym verwendet. Diese Gleichsetzung entsprach verbreiteten philosophischen Definitionen, zum Beispiel der des Logikers und Mathematikers Johann Heinrich Lambert (1728–1777), als Verfasser einer *Theorie des Systems* bekannt, demzufolge jede Wissenschaft „als ein System angesehen werden" könne, „in so ferne ein System der Inbegriff von Ideen und Sätzen ist, die zusammengenommen als ein Ganzes betrachtet werden können". In einem System müsse darüber hinaus „Subordination und Connexion" herrschen,[558] mit anderen Worten, „wahre Systeme" enthielten nicht ein „Gemisch von Wahrheiten", sondern präsentierten diese in einer logischen Ordnung, aus der ein jeder Satz aus seinem Vordersatz logisch folgt und damit bewiesen ist.[559] Christian Eduard Langethal sah in seiner *Geschichte der teutschen Landwirthschaft* eine neue, wissenschaftliche Ära mit Christian Thomasius anbrechen, der ab 1690 staats- und privatwirtschaftliche Vorlesungen angeboten hatte und die vereinzelten Lehren „in ein systematisches Ganze zu fassen und in die Wissenschaft einzuführen" versucht habe. „Man hatte vorher gar nicht geglaubt, daß das möglich wäre und die Behauptung aufgestellt: Cameralia müßten *ex usu e*rlernt werden [statt an der Universität]." Daraufhin seien eine ganze Welle neuer Schriften entstanden, nämlich „systematische Lehrbücher, welche das gesammte Feld der Landwirthschaft kurz und übersichtlich behandelten".[560] Das Gegenteil des Systems war nach Lambert alles, „was man ein Chaos, ein Gemische, einen Haufen, einen Klumpen, eine Verwirrung, eine Zerrüttung etc. nennt".[561] Lamberts Anfänge einer Theorie des Systems standen laut Otto Ritschl in hohem Ansehen unter deutschen Philosophen, darunter bei Kant. Auch bei ökonomischen Aufklärern findet sich diese Forderung nach einer Präsentation der landwirtschaftlichen Sätze in einer hierarchischen Ordnung, ausgehend von wahren Grundsätzen, worunter ab der Mitte des Jahrhunderts zumeist dezidiert ausgewählte Grundsätze der damaligen Naturwissenschaften gezählt wurden. Volkswirtschaftliche Grundsätze wurden selten gesucht und erst in den 1820er Jahren von Schulze als notwendige Prinzipien einer Landwirtschaftswissenschaft eingefordert.[562] Die ökonomischen und Kameralwissenschaften

---

Wissenschaft und Dokumentation (Studien zur Wissenschaftstheorie 2), Meisenheim am Glan 1968, S. 1–114.

558 J. H. Lambert, Theorie des Systems, in: J. H. Lambert, Logische und philosophische Abhandlungen. Bd. 1, 2 Bde., Berlin/Dessau 1782, S. 510–517, S. 510.

559 O. Ritschl, System (wie Anm. 557), Sp. 61.

560 C. E. Langethal, Geschichte (wie Anm. 77), S. 253.

561 J. H. Lambert, Fragment einer Systematologie, in: J. H. Lambert, Logische und philosophische Abhandlungen. Bd. 2, 2 Bde., Berlin/Dessau 1787, S. 385, zit. n. O. Ritschl, System (wie Anm. 557), Sp. 64.

562 F. G. Schulze, Wesen und Studium (wie Anm. 424).

bezeichnete Justi wie schon erwähnt deshalb als „wirkliche" Wissenschaften, da ihre Lehren aus „allgemeinen Grundsätzen in richtiger Folge hergeleitet werden können" – eine Leistung, die indes nur von Universitätsgelehrten, nicht von Praktikern der Staatsverwaltung vollbracht werden könne.[563] Eine hohe Wertschätzung des Systems findet sich bei Kameralisten, Volksaufklärern und Agrarpraktikern gleichermaßen – ein ‚richtiges System' der Landwirtschaft bzw. eine ‚richtige ökonomische Theorie' galt vielen Autoren gar als Endziel ihrer Bemühungen. Entsprechend findet sich bei ökonomischen Aufklärern der für andere Diskurse so reichlich belegte Allgemeinplatz einer Ablehnung, ja massiven Polemik gegenüber einem *spirit of system* bzw. einem *esprit de système* gar nicht.[564] Als Erklärung am plausibelsten erscheint hierfür, dass sie sich an den ihnen verfügbaren und in ihrem zumeist mitteldeutschen Kulturraum zirkulierenden erkenntnistheoretischen Vorstellungen und Idealen orientierten. Die Philosophiegeschichte hat in dieser Hinsicht gemeinhin eine deutsche intellektuelle Tradition von einer westeuropäischen, das heißt britischen und französischen, unterschieden. Während der Rationalismus eine Tradition systematischen Denkens konstruiert habe, so der Sensualismus eine Tradition antisystematischen Denkens mit Bacon als dem ersten „enemi des systèmes".[565] Locke, Hume und Berkeley verwendeten den Systembegriff im Unterschied zu deutschen Philosophen nicht.[566] In der deutschen Tradition hatte das System laut Christian Strub seinen sicheren Platz und behielt in der deutschen Philosophie über Kant bis hin zum deutschen Idealismus seine erklärte Bedeutung und Wertschätzung als epistemische Kategorie, ja sogar als Wissenschaftskriterium.[567] In den *Metaphysischen Anfangsgründen der Naturwissenschaft* (1786) definierte Kant: „Eine jede Lehre, wenn sie ein System, d.h. ein nach Principien geordnetes Ganzes der Erkenntnis sein soll, heisst Wissenschaft."[568]

563 J. H. G. von Justi, Staatswirthschaft (wie Anm. 287), S. XXX.

564 Zur Polemik s. einführend C. Strub, Art. System, in: Historisches Wörterbuch der Philosophie (10), Basel 1998, S. 824. Als Beispiel L. Schlicht, tabula rasa. Die Erforschung des menschlichen Geistes und sprachlicher Zeichen am Menschen innerhalb der Société des observateurs de l'homme (1799–1804), Unveröffentlichtes Dissertationsmanuskript, Frankfurt am Main 2015 und J. Riskin, Science in the age of sensibility. The sentimental empiricists of the French enlightenment, Chicago 2002, S. 12.

565 C. Strub, Art. System (wie Anm. 564), Sp. 834. Condillacs *Traité des systèmes* stärkte die antisystematische Tradition bis ins 20. Jahrhundert, erklärt A. von der Stein, System als Wissenschaftskriterium, in: A. Diemer (Hg.), Wissenschaftsbegriff (wie Anm. 546).

566 C. Strub, Art. System (wie Anm. 564), Sp. 832 f.

567 Ebd..

568 I. Kant, Immanuel Kant's Werke, ed. G. Hartenstein, Leipzig 1838–1839, IV, S. 357, zit. n. O. Ritschl, System (wie Anm. 557), Sp. 69. A. von der Stein, System als Wissenschaftskriterium (wie Anm. 565).

Sein Schüler Carl Leonhard Reinhold (1757–1823) klagte gegen Ende des Jahrhunderts zwar, dass auch deutsche Autoren und Professoren die „Declamationen und Persiflagen der Engländer und Franzosen gegen die Systeme" wiederholten.[569] Allerdings schien die Vorstellung einer Wissenschaft als Systemphilosophie viele ökonomische Aufklärer nach wie vor zu überzeugen, für die ein ‚wahres System' der Landwirtschaft als besonders erstrebenswert und als Königsweg der Verwissenschaftlichung galt. Wenn nur erst die richtigen Grundsätze für jenes System aufgestellt wären, so sah es nach vielen anderen Autoren noch 1834 Irlbeck, geriete die Landwirtschaftswissenschaft und mit ihr die Agrarpraxis in einen Zustand der Perfektion (s. Kapitel 3.1).

Folgt man Peter Dears These, dass im neuzeitlichen Wissenschaftsverständnis seit Bacon zwei konkurrierende Ideale wirkten, die sich anhand der zwei Pole Wahrheit und Nutzen beschreiben lassen und immer wieder zu Spannungen führten,[570] so fällt mit Blick auf die deutschsprachigen Agrarschriften auf, dass ihre Autoren beides häufig zugleich beanspruchten: Nutzen *durch* Wahrheit bzw. kontemplative Wahrheitssuche unter Berücksichtigung ökonomischer Einzeltatsachen. Wahrheit war geradezu ein literarischer Allgemeinplatz und wurde zu keinem Zeitpunkt zugunsten des Nutzens suspendiert, vielmehr damit verknüpft und in den Dienst gestellt. Der positiv besetzte Begriff des Systems erscheint in dieser Hinsicht als eine Vermittlungsinstanz zwischen verschiedenen Idealen und Praktiken des Wissens. (Phillips verfolgt übrigens im Detail, wie sich die Allianz von Gelehrsamkeit und Nutzen nach der Jahrhundertwende allmählich auflöste und in den 1830er Jahren ganz auseinanderfiel – wirkliche Wissenschaft hörte bei dieser Generation Naturforscher auf nützlich zu sein.)[571] Wie bereits erwähnt, wurde Professoren der Ökonomie und Naturgelehrten die Fähigkeit zum Verfassen ökonomischer

569 C. L. Reinhold, Über das Fundament des philosophischen Wissens, Jena 1791, S. 23, zit. n. O. Ritschl, System (wie Anm. 557), Sp. 74. Welchen Stellenwert die Systemphilosophie bei der Herausbildung der empirischen Naturwissenschaften einnahm, zumal etwa Kant Disziplinen wie der Chemie den Status der Wissenschaftlichkeit aberkannte, ist noch zu wenig erforscht. S. aber erste Ansätze für den Raum Weimar–Jena in O. Breidbach/P. Ziche, Naturwissenschaften (wie Anm. 544), O. Breidbach, Schelling und die Erfahrungswissenschaft, in: Sudhoffs Archiv 88 (2004), S. 153–174 und O. Breidbach/R. Burwick (Hgg.), The Transformation of Science in Germany at the Beginning of the Nineteenth Century. Physics, Mathematics, Poetry and Philosophy, Lewiston, NY 2013.

570 P. Dear, What is the History of Science the History of? Early Modern Roots of the Ideology of Modern Science, in: Isis 96 (2005), S. 390–406. S. auch W. Detel/C. Zittel (Hgg.), Wissensideale und Wissenskulturen in der Frühen Neuzeit (Wissenskultur und gesellschaftlicher Wandel 2), Berlin 2002.

571 D. Phillips, Acolytes (wie Anm. 21), S. 86–114. S. zur weiteren Entwicklung im 19. Jahrhundert auch J. Harwood, Technology's dilemma (wie Anm. 285).

Systeme insbesondere zugetraut – jedoch nicht ausschließlich. Auch Praktiker galten als systemfähig oder traten so auf. Die Schriften des Kleeapostels Schubart etwa, einer der profiliertesten Praktiker der Ökonomischen Aufklärung, erlangten als das ‚Schubart'sche System' allgemeine Bekanntheit.

Betrachtet man Umschreibungen des Systems bzw. des Systematisierens genauer, so fällt auf, dass Systeme als eine literarische und darstellende Praxis beschrieben wurden. Das System war, mit anderen Worten, eine zu erlernende Darstellungsform, die die Funktionen der Sammlung, Ordnung und in vielen Beschreibungen auch ganz besonders der Vermittlung erfüllte. Etwa 100 Jahr früher, im frühen 17. Jahrhundert waren die *systema* (der Logik, der Theologie, der Grammatik etc.) verstärkt in Mode gekommen. Sie galten als kunstvolle Darstellung wissenschaftlicher Sätze – und ausdrücklich nicht als der wissenschaftliche Denkvollzug selbst. Systeme waren die äußere Gestalt, das heißt die Kunst *(ars)* der Wissenschaft *(scientia)*. Obwohl diese ältere, Ramus zugeschriebene Bedeutungstradition später abgewandelt wurde, Leibniz forderte etwa, dass das Denken selbst systematisch sein sollte, ist sie doch auch in der Ökonomischen Aufklärung noch feststellbar.[572] Ein System bestand aus Sätzen, die zum Teil aus „andern Theilen der Gelehrsamkeit" genommen werden, teils selbst gebildet werden mussten.[573] „Ein systematischer Vortrag", so ein Kommentator, habe „den Nutzen, daß man die ganze Wissenschaft auf einmal dem Gedächtnis einprägen kann [...]." Einen Gegenstand dagegen über „sinnliche Wahrheiten" zu vermitteln, sei damit vergleichbar, ein 24-bändiges Lexikon in Folioformat auswendig lernen zu lassen.[574] Ähnlich hatten, wie oben gesehen, Universitätsökonomen wie Gasser, Justi und Weber geurteilt und den Nutzen der ökonomischen Theorie verteidigt. Auch der oben zitierte Theoretiker des Systems, Lambert, empfahl, dass man bei der Konstruktion eines Systems neben der sachlichen Richtigkeit vor allem „die Eindrücke bey dem Leser zur Absicht" nehmen sollte.

> Bey Errichtung eines Systems hat man eines Theils die innere Nettigkeit desselben, andern Theils die Eindrücke bey dem Leser zur Absicht. Die Nettigkeit besteht in der Deutlichkeit, Ordnung, Zusammenhang, Gründlichkeit. Alles dieses richtet sich nach dem es die Sache leidet. Der Eindruck bey den Lesern fordert, daß es so vorgetragen werde, daß der Leser alles

572 C. Strub, Art. System (wie Anm. 564), Sp. 827 ff.

573 Die Nothwendigkeit besonderer gelehrter Abhandlungen für die Cameral-Wissenschafft, in: Leipziger Sammlungen 8 (1752), S. 503–538, S. 503.

574 Des Hrn. Lic. Gottfried August Hofmanns Abhandlung von der Schwein-Zucht und dem Anschlage der Schwein- und Rind-Vieh Nutzung, in: Oeconomische Nachrichten 6 (1754), S. 343–379, S. 377.

> leichte und in seinem wahrem Lichte sehe. Demnach muß das Moment abgewogen und in seinem wahren Ausdrucke vorgelegt werden. Hierzu gebraucht es viel, weil nicht allen alles gleich wichtig oder merkwürdig vorkommt.[575]

Ritschl stellte entsprechend fest, dass das System für die deutsche Philosophie vor allem aus „doctrinalen" Gründen relevant gewesen sei – um mit ihrer Hilfe Erkanntes zu beweisen und zu lehren.[576] Diese didaktische Funktion kommt auch im Agrarschrifttum durch die häufigen Wortkombinationen ‚systematisch vortragen' oder ‚systematisch abhandeln' zum Ausdruck. Alles, was wissenschaftlich vorgetragen werden kann, verdient den Namen Wissenschaft, postulierte ein zeitgenössischer *Abriß der Gelehrsamkeit für enzyklopädische Vorlesungen* (1783). Und was nicht „wissenschaftlich kann vorgetragen werden, liegt ausser ihrer Sphäre".[577] Stichweh charakterisierte Wissenschaft vom 16. bis zum späten 18. Jahrhundert entsprechend:

> Angesichts eines überkommenen und heterogenen Wissenskorpus [...] ist der eigentlich relevante Erkenntnisakt der Wissenschaft enzyklopädisch-klassifikatorischer Art. D.h., es handelt sich darum, daß *heterogenen Elementen des Wissens eine Struktur auferlegt wird,* die das erreichbare Maß der Ordnung garantiert. Wissenschaft ist also primär Wissen in seiner Gegebenheit und in seinen Ordnungsmöglichkeiten, nicht ein sozial-kommunikativer Zusammenhang der Erkenntnisproduktion. Dieses Wissen ist [...] *rezipiert* und nicht selbstproduziert [...] und die Erkenntnisleistung des Gelehrten ist das Hinzufügen einer Struktur.[578]

Insofern die Transformation der Landwirtschaft in eine Wissenschaft in der systematischen Darstellung des verfügbaren landwirtschaftlichen Wissens gesehen wurde, versteht sich von selbst, warum gerade diejenigen zu Experten avancierten, die die Techniken dieser Darstellung, mithin das Handwerk des Systems beherrschten.[579] Die Schrift *Klugheit Hauszuhalten* (5 Bände, 1731–1755) des akademisch ausgebildeten und praktisch tätigen Juristen Gottfried August Hofmann galt dementsprechend als eines der ersten Bücher, „worinne sich ein Gelehrter systematisch und gelehrt von der Wirtschafft zu schreiben bemühet hat".[580] Bis

575 J. H. Lambert, Theorie des Systems (wie Anm. 558), S. 516.
576 O. Ritschl, System (wie Anm. 557), Sp. 73.
577 C. H. Schmid, Abriss der Gelehrsamkeit für encyklopädische Vorlesungen, Berlin 1783, S. 7.
578 R. Stichweh, Wissenschaft (wie Anm. 474), S. 50.
579 Als anschauliches Beispiel für die systematische Aufbereitung landwirtschaftlicher Inhalte s. exemplarisch J. Beckmann, Landwirthschaft (wie Anm. 133).
580 Nachricht von dem vierten Buche der Klugheit Hauszuhalten des Herrn Lic. Hoffmanns,

etwa zur Mitte des Jahrhunderts war es offenkundig nicht üblich gewesen, dass sich jemand wie Hofmann dem Agrarischen mit den Mitteln der Gelehrsamkeit näherte. Vorzügliches Mittel dieser Gelehrsamkeit war aus Hofmanns Sicht, wenig überraschend, das Systematische, welches er nicht allein dem ingeniösen Philosophen zutraute, sondern allen Landwirten „zur Ergänzung" ihrer Erfahrung empfahl.[581] „Sobald jemand ein Objectum, es sey dessen Umfang so klein als er wolle, nur ordentlich abhandelt, denket er systematisch [...]."[582]

Zusammenfassend lässt sich festhalten, dass Wissenschaftlichkeit in den in diesem Abschnitt ausgewerteten Kommentaren deutscher ökonomischer Aufklärer und Philosophen als eine Frage der systematischen Darstellung und Rechtfertigung erschien, als eine Repräsentation von Wissen in einem deduktiv strukturierten System von Grund- und Ableitungssätzen in didaktischer Absicht. Diese Form lag besonders ausgereift in den Hand- und Lehrbüchern der Universitätsgelehrten vor. Die Herkunft der wissenschaftlichen Sätze, insbesondere der Grundsätze (Wesensideen, Prinzipien, Axiome etc.) war in der Regel unstrittig: Landwirtschaftliche Prinzipien wurden qua Vernunft und Erfahrung eingesehen. Es bedurfte deshalb mehr kluger Köpfe in der Landwirtschaft, wie es eine häufige Wendung zum Ausdruck brachte, damit die richtigen Prinzipien und Grundsätze auch für die Landwirtschaft – endlich – würden aufgestellt werden können. Inwiefern war dieses Wissenschaftsverständnis ein Spezifikum des deutschen Sprachraums, lassen sich im Vergleich mit anderssprachigen Diskursen Unterschiede feststellen? Dieser Frage wird das nächste Unterkapitel anhand einer vergleichenden Stichprobe nachgehen.

Zwei ökonomische Zeitschriften und das Wissenschaftsverständnis ihrer Autoren: epistemische Genres im deutsch-englischen Vergleich

In Folgenden werde ich anhand einer vergleichenden Genre-Analyse fragen, ob sich auf der Ebene der Darstellung Unterschiede zwischen Texten deutscher ökonomischer Aufklärer und ihrer Entsprechung in England, den *agricultural*

wie auch andern Schrifften und öconomischen Sachen, in: Leipziger Sammlungen 6 (1750), S. 687–715, Zitat S. 688.

581 Die im System arrangierten Abstraktionen sollten laut Hofmann wiederum grundlegend auf Erfahrung oder ausnahmsweise auf mathematischer Deduktion basieren, ansonsten bestünde das System aus einer „Grillenfängerey", s. Schwein-Zucht (wie Anm. 574), S. 375 f.

582 Und weiter: „Ordentlich Denken ist eine necessaire Verrichtung, der von Gott uns noch übrig gelassenen und verliehenen Vernunft", s. ebd., S. 376.

improvers, feststellen lassen.[583] Hierbei folge ich Giana Pomatas Definition epistemischer Genres als literarische Ausdrucksformen der Wissensproduktion und -vermittlung. Genres wie der Kommentar, die Abhandlung, die Fallstudie, das Essay oder die Vorlesung definiert Pomata als

> standardized textual formats – textual tools, we may call them – handed down by tradition for the expression and communication of some kind of content. In the case of epistemic genres, this content is seen by authors and readers as primarily cognitive in character. As shared textual conventions, genres are intrinsically social: contributing to a genre means consciously joining a community.[584]

Epistemische Genres stehen, wie Pomata zuvorderst betont, in enger Verbindung mit gelehrten Praktiken, verweisen gleichzeitig aber auch auf den allgemeinen *style of knowing* ihrer Autoren, das heißt auf einen breiteren intellektuellen Kontext. Genre und Kontext stehen zwar als Gegenstand jeweils verschiedener historiografischer Ansätze einander gegenüber, gleichzeitig aber auch in einem Wechselverhältnis miteinander. In eben diesem Verhältnis, nämlich als Detektoren für eine zugrunde liegende Epistemologie, wird die Genreverwendung der *agricultural improvers* bzw. der ökonomischen Aufklärer in der folgenden exemplarischen Gegenüberstellung der englischen ökonomischen Zeitschrift *Museum Rusticum et Commerciale* (1763–1766) einerseits und der deutschen Zeitschrift *Leipziger Sammlungen* (1742–1767) andererseits untersucht.[585]

Beide Zeitschriften, die vom Inhalt, ihren Autoren und vom Erscheinungszeitraum her ähnlich und deshalb vergleichbar sind, unterscheiden sich genrebedingt tatsächlich mit dem ersten Blick ins Inhaltsverzeichnis.[586] Autoren der englischen Zeitschrift bezeichneten ihre Artikel häufig als *observations* oder *experiments.* Mit

583 S. Wilmot, ‚The Business of Improvement': Agriculture and Scientific Culture in Britain, ca. 1700–1870 (Historical Geography Research Series 24) 1990.

584 G. Pomata, Observation rising (wie Anm. 280), S. 48. Zu Darstellungformen der Wissenschaft s. z. B. J. J. Bono, Locating Narratives: Science, Metaphor, Communities, and Epistemic Styles, in: P. Weingart (Hg.), Grenzüberschreitungen in der Wissenschaft (Interdisziplinäre Studien/ZIF 1), Baden-Baden 1995, S. 119–151.

585 Museum rusticum et commerciale, or select papers on agriculture, commerce, arts, and manufactures. Drawn from experience, and communicated by gentlemen engaged in these pursuits, 6 Bde., London 1763–66, G. H. Zincke, Leipziger Sammlungen (wie Anm. 119).

586 Einen Unterschied zwischen beiden Blättern stellt allerdings die zusätzliche Ausrichtung der *Leipziger Sammlungen* auf „Polizeysachen", das heißt auf Fragen der Wirtschaftsdirektion und -verwaltung in Stadt und Land dar, wodurch Publikum wie Autorenstamm der *Leipziger Sammlungen* etwas heterogener gewesen sein dürften als des *Museum Rusticum et Commerciale,* welches fast ausschließlich die Belange von Landwirten thematisierte.

Blick auf Experimente in der englischsprachigen landwirtschaftlichen Literatur bemerkte Sarah Wilmot, dass zwischen 1770 und 1800 eine „insistence of science and experimental method as the basis and organising principle of modern farming" vorgeherrscht habe. Mindestens 20 Prozent der Artikel in den *Annals of Agriculture* zwischen 1784 und 1808 stellten landwirtschaftliche Experimente vor.[587] Auch im *Museum Rusticum et Commerciale* berichten Autoren beispielsweise von „Three Experiments made to discover whether Wool, laid up in the Fleece, alters in it Weight" unter Einbezug der Messergebnisse.[588] Oder von „Observations on a nameless Grass, sent to the Editors [...]", von „Observations on the Smut in Wheat" oder von einem „Experiment in the Culture of Burnet, to be made at the Grange, in Hampshire, the Seat of the Earl of Northington, by his Lordship's Order".[589] Obwohl die *observatio,* wie oben bereits angeführt, seit dem 16. Jahrhundert als literarisches Genre für die persönliche, sorgfältige Beobachtung stand, ist allerdings zu bemerken, dass nicht alle *observations* genannten Artikel im *Museum Rusticum et Commerciale* genrekonform waren. Der Autor der „Observations on the Properties and Effects of Nitre" lieferte beispielsweise keinen eigenen Beobachtungsbericht, sondern einen bis zu Herodot zurückgehenden Literaturbericht, um LeserInnen über die vielen Einzelheiten *(many particulars)* zu informieren, die in der Geschichte bereits rund um den Salpeter entdeckt *(discovered)* worden waren.[590] Ferner enthielten seine *observations* Nachrichten über Ereignisse der jüngsten Vergangenheit, die in Beziehung zum Thema gesetzt werden konnten, zum Beispiel den Fall von acht englischen Walfängern, die im Eis hinter Grönland stecken geblieben waren. Dieser Fall, in dem der Genretitel nicht dem Inhalt entspricht, wirft die Anschlussfrage auf, warum der Autor seinen Beitrag *observations* nannte. Andere Autoren nahmen die Genrebezeichnung genauer, einer nannte seinen Artikel etwa „An accurate Representation of the Observations of Pliny".[591] Wieder andere Autoren benannten im Titel nur den Inhalt ihrer eigenen Beobachtungen, ohne den ganzen Bericht als *observation* zu klassifizieren, wie in einem Artikel „On Transplanting Trees in Summer", in dem ein Landbesitzer über zwei Fälle der erfolgreichen Umpflanzung von Bäumen berichtete, die gegen bisherige Erfahrung und Theorie sprachen und die er den *ingenious* zur Klärung überlassen wollte.[592] Abgesehen davon, dass die Genrebezeichnung der *observation* im

587 S. Wilmot, Improvement (wie Anm. 583), S. 12.
588 Museum rusticum (wie Anm. 585), 4. Bd. (1765), S. 74–76.
589 Ebd., Table of Contents, S. I–VIII.
590 Ebd., S. 8–12.
591 Ebd., S. 24.
592 Ebd., S. 69 f.

Museum Rusticum et Commerciale nicht einheitlich und fixiert war, ist das Blatt insgesamt als äußerst beobachtungsorientiert im Sinne eines kollektiven Empirismus zu bezeichnen. Zudem ist mit der Bezeichnung *gentlemen farmer* durchweg die stabile Identität des adeligen Landwirtes festzustellen. Egal, wie sie ihre Artikel klassifizierten, Autoren schrieben als *gentlemen farmers* für *gentlemen farmers* in der Ich-Form, rekurrierten im Großteil der Fälle auf ihr eigenes Land und stellten ihre landwirtschaftlichen Beobachtungen und Versuche zur Diskussion.

In den *Leipziger Sammlungen* kommt dagegen ein anderer Eindruck auf. Obwohl im Haupttitel auch ‚Versuche' angekündigt wurden, tauchen diese in den Inhaltsverzeichnissen dagegen nicht mehr auf. Wie der Versuch fehlt ebenfalls die Beobachtung – beide Genrebezeichnungen fehlen in den thematischen Registern aller 16 Bände der *Leipziger Sammlungen* gänzlich. Dort wurden sämtliche Artikel eines Jahrgangs generisch als ‚Abhandlungen' bezeichnet. Wirft man einen Blick in die Zeitschrift, so finden sich in den einzelnen Überschriften eine Vielzahl anderer Klassifizierungen – einzelne Artikel heißen beispielsweise: Sendschreiben, Bericht, Erinnerung, Vorschlag, Beschreibung, Anzeige, Erklärung, Grundlegung, Bedenken, Anmerkung oder Nachricht. So gut wie nie bezeichneten AutorInnen ihre Beiträge – anders als in der englischen Zeitschrift – dezidiert als ‚Versuch' oder als ‚Beobachtung'. Freilich wurde trotzdem auch in den *Leipziger Sammlungen* Beobachtungswissen vermittelt: Unter den Bezeichnungen ‚Nachrichten und Anmerkungen' oder ‚Betrachtungen und Anmerkungen' finden sich Inhalte, die vor allem als kommentierte Berichte der Erfahrungen anderer im Sinne einer *historia literaria* gelten können.[593] Nur in seltenen Fällen finden sich aber Erfahrungsberichte aus erster Hand wie im *Museum Rusticum et Commerciale.* Eine der Ausnahmen ist ein „Sendschreiben" aus Holstein, in dem ein Gutsbesitzer in der Ich-Form berichtete, dass ihm „der Melthau seit etlichen Jahren die Hafer-Saat auf meinem ohnweit Hamburg belegenen kleinen Marsch-Gute dergestalt verdorben [...]".[594] Der Verfasser präsentierte in der Folge das Ergebnis eines selbst durchgeführten komparativen Feldversuchs, demzufolge er befand, dass Schweinemist vor Mehltau schützt. Diese Erkenntnis empfahl er der Allgemeinheit zur weiteren Überprüfung. Abgesehen von Fällen

593 S. z. B. Nachrichten von einer neuen Erfindung im Schmeltz- und Hütten-Wesen, in: Leipziger Sammlungen 9 (1753), S. 215–220. Zum Unterschied zwischen eigener Erfahrung *(autopsia)* und der Erfahrung anderer *(historia literaria)* s. G. Pomata, Empirics (wie Anm. 328), S. 23f. Zur Bedeutung der *historia* als epistemisches Genre s. G. Pomata/N. G. Siraisi, Historia (wie Anm. 40) und grundlegend A. Seifert, Cognitio historica. Die Geschichte als Namengeberin der frühneuzeitlichen Empirie (Historische Forschungen 11), Berlin 1976.

594 Sendschreiben aus dem Holsteinischen von einem Mittel wider den schädlichen Mehltau im Hafer, in: Leipziger Sammlungen 9 (1753), S. 540–543.

wie diesem, kann insgesamt festgehalten werden, dass sich innerhalb der Texte (in zahlreichen Stichproben durch 16 Bände) kaum Berichte eigener Beobachtung oder Versuche finden lassen, ein Befund, der hier mit der Abwesenheit der Genrebezeichnungen ‚Beobachtung' und ‚Versuch' in den Artikelüberschriften und im Register korrespondiert. Es zeigt sich insgesamt eine Dominanz der systematischen Abhandlung als jenem epistemischen Genre, dem auf der Ebene der Wissensordnung – im Register – alle Artikel pauschal zugeordnet waren. Autoren tendierten dazu, Themen umfassend zu behandeln, statt nur von einem oder einigen partikulären Beobachtungsfällen ohne weitere Einbettung zu berichten. Dies resultiert in bedeutend längeren Artikeln von im Schnitt 20, teils aber auch von über 100 Seiten. Als exemplarisch kann eine Abhandlung – in diesem Fall ausnahmsweise einer Autorin – über den Küchengartenbau gelten, die sich über zwei Ausgaben erstreckt und vom Kohl über Kräuter bis hin zu Wurzelgemüsen sowohl alle in Betreff kommenden Pflanzen als auch deren Aussaat-, Aufzucht- und Erntemethoden, die Gewinnung und Lagerung ihres Saamens usw. enthält, um schließlich noch eine Reflexion der geschlechtlichen Arbeitsteilung anzufügen und den moralischen Wert des Küchengärtnerns zu bestimmen.[595] Es steckt viel eigene Erfahrung aus dem Gartenbau in diesem Artikel, die allerdings nicht allein stehen blieb, sondern im Sinne der systematischen Abhandlung eines Themas vervollständigt und verallgemeinert wurde. Während sich demnach deutsche und englische Autoren in den beiden untersuchten Zeitschriften öffentlich zu ähnlichen Themen austauschten, bedienten sie sich dazu – jedenfalls zum Teil – verschiedener Genres. In den *Leipziger Sammlungen* schien auch für partikuläre agrarökonomische Wissensinhalte, wenn sie publiziert wurden, das Genre der Abhandlung bis zum Ende des Erscheinungszeitraums verbindlich zu bleiben – und das, obwohl die Landwirtschaft für viele Autoren ein eigenes Erfahrungsfeld war, für das sich, wie es rückblickend erscheint, durchaus das Genre der Beobachtung *(observatio)* geeignet hätte. Die Abwesenheit der *observatio* in den *Leipziger Sammlungen* erscheint erklärungsbedürftig, war sie doch als Genre bereits im 17. Jahrhundert, wie oben angemerkt, weit verbreitet: Pomata und anderen zufolge wurde sie im Rahmen einer *new language of experience* disziplinübergreifend zum bevorzugten Format des Austauschs in der Gelehrtenrepublik bereits im 17. Jahrhundert – erkennbar daran, dass gelehrte Akademien und Gesellschaften das Format in ihren Publikationen einführten.[596] Aus dem existierenden Genre

595 C. H. D., Fortsetzung des abgebrochenen Entwurfs über den Küchengartenbau, in: Leipziger Sammlungen 15 (1760), S. 175–185.

596 G. Pomata, Observation rising (wie Anm. 280), insb. S. 48. S. auch L. Daston, Akademien (wie Anm. 280) und dies., Empire of Observation (wie Anm. 280).

entwickelte sich, so die weiterführende These, ein epistemisches Konzept, mit dessen Hilfe Erfahrung neu verstanden wurde – nicht als eine allgemeine, jedem zugängliche Erfahrung, sondern als eine Erfahrung von Meistern ihrer Kunst, von sorgfältigen Beobachtern *(diligent observers)*.

> In the first half of the seventeenth century, *observatio* was not only established as an epistemic genre; it also started to emerge as a new cognitive category, whose use extended beyond the disciplines that had been its incubation ground, astronomy and medicine. It was in this period that the concept of observation spread to natural philosophy and made its entry into mainstream philosophical language.[597]

Die *observationes* werteten das eigens Beobachtete demnach epistemisch auf und grenzten dieses gegenüber dem gelehrten Kommentar *(scholion)* ab. Diese neue Erfahrung zielte auf das Partikuläre, den Einzelfall – im scharfen Kontrast zu einem älteren, Aristoteles zugeschriebenen Erfahrungsbegriff, welcher gerade auf universelle, von jedermann beobachtbare Vorgänge abzielte. Ungeachtet dieser weiten Verbreitung des Genres der *observationes* machten deutsche ökonomische Aufklärer über 100 Jahre später in den *Leipziger Sammlungen* wenig Gebrauch von ihm. Wie ist dieser Befund zu erklären? Es liegt hier zum einen nahe zu vermuten, dass der bei Pomata mit *style of knowing* bezeichnete intellektuelle Kontext der Autoren eine Rolle spielte. Die von deutschen Autoren bevorzugte Verwendung der systematischen Abhandlung korreliert mit der oben skizzierten außerordentlichen Anerkennung des Systems in ihrem Diskurs und in weiten Teilen der deutschsprachigen Philosophie. Der intellektuelle Kontext ihrer englischen Kollegen dürfte im Gegensatz dazu mit den prominenten Vertretern einer britischen experimentellen Philosophie in Zusammenhang gebracht werden. Shapin und Schaffer haben gezeigt, dass Boyles' experimentelles Programm im Umfeld der Londoner Wissenschaftsakademie bereits im 17. Jahrhundert über andere Formen der Naturforschung „triumphiert" habe. Dear fügt hinzu, dass der Erfahrungsbegriff am Ende des 17. Jahrhunderts rhetorisch als „practical ideological element of the scientific enterprise" durchgesetzt war[598] – womit die allgemeine Verbreitung auch des Beobachtungsgenres im Rahmen der *agricultural*

597 G. Pomata, Observation rising (wie Anm. 280), S. 50, Zitat auf S. 65. Weiter heißt es: „[...] from medicine the concept passed on to general philosophical language as part of a new conceptualization of experience." S. auch L. Daston, Empire of Observation (wie Anm. 280) und L. Daston/P. Galison, Objectivity (wie Anm. 40), worin die Fragen mit Bezug auf das 18. und 19. Jahrhundert verfolgt und gleiche oder ähnliche Thesen vorgeschlagen werden.

598 S. Shapin/S. Schaffer, Leviathan and the Air-Pump. Hobbes, Boyle, and the Experimental Life, Princeton 1985, S. 5, P. Dear, The Meanings of Experience, in: K. Park/L. Daston

improvement im 18. Jahrhundert als eine breitenwirksame Ausstrahlung dieses Erfolgs interpretiert werden könnte. Zum anderen verweist die Dominanz der systematischen Abhandlung in den *Leipziger Sammlungen* auch schlicht auf die Langlebigkeit dieses Genres als einer literarischen Praxis. Denn Langlebigkeit und Beharrungskraft kennzeichnet Pomata als grundlegende Charakteristika von Genres: „Their normalizing power and their role in reproducing the material practices of institutions give genres a formidable conservative force and stability."[599] Neue epistemische Genres entstehen zum Beispiel durch Hybridisierung; diesen Weg beschreibt Pomata für das Genre der Fallstudie *(case narrative)*, welche aus einer Mischung der zwei älteren Genres des volkstümlichen Rezepts *(recipe)* und des gelehrten Kommentars *(commentary)* entstand.[600] Denkbar ist auch, dass ein Genre aus einem alternativen intellektuellen Bezugssystem durch Nachahmung importiert wird und dazu beiträgt, dass sich der *style of knowing* des importierenden Bezugssystems, seine Epistemologie, ändert. Oder es ändert sich umgekehrt etwas auf der Ebene der Epistemologie, womit die allmähliche Herausbildung eines neuen Genres einhergeht. Die Barrieren, aber auch die Austauschprozesse zwischen verschiedenen Gesellschaften und Sprachgemeinschaften, mitunter auch zwischen verschiedenen Gruppen, Ständen und Milieus *innerhalb* einer Gesellschaft zu untersuchen, erscheint vor diesem Hintergrund als besonders lohnend.[601] Dazu müssen generische Begriffe wie der Begriff der Gelehrtenrepublik oder auch der Ökonomischen Aufklärung, da sie das Potential haben, historische Differenzen zu entdifferenzieren, zunächst wieder differenziert werden.[602] Darauf komme ich noch zurück.

(Hgg.), The Cambridge History of Science. Vol. 3. Early Modern Science. (The Cambridge History of Science), Cambridge 2008, S. 106–131, S. 131.

599 G. Pomata, The Recipe and the Case. Epistemic Genres and the Dynamics of Cognitive Practices, in: K. v. Greyerz/S. Flubacher/P. Senn (Hgg.), Wissenschaftsgeschichte und Geschichte des Wissens im Dialog. Schauplätze der Forschung = Connecting Science and Knowledge, Göttingen 2013, S. 131–154, S. 135.

600 Ebd.

601 Komparativ angelegt sind z. B. R. Porter/M. Teich (Hgg.), The Enlightenment in National Context, Cambridge, New York 1981 und R. Porter/M. Teich (Hgg.), The Scientific Revolution in National Context, Cambridge, New York 1992.

602 S. nochmals D. Phillips, Acolytes (wie Anm. 21), S. 57 f. Aus politikhistorischer Perspektive C. Hirschi, Piraten der Gelehrtenrepublik. Die Norm des sachlichen Streits und ihre polemische Funktion, in: K. Bremer/C. Spoerhase (Hgg.), Gelehrte Polemik. Intellektuelle Konfliktverschärfungen um 1700 (Zeitsprünge. Forschungen zur Frühen Neuzeit 15), Frankfurt am Main 2011, S. 177–213. Die philosophiegeschichtliche Unterscheidung zwischen rationalistischen und empiristischen Positionen ist umstritten, s. überblickend A. Vanzo,

Während Stuber für die *Oekonomische Gesellschaft Bern* ein auf „praktische Nützlichkeit gerichtetes Wissenschaftsverständnis" als bestimmend kennzeichnete,[603] fällt mit einem Fokus auf epistemische Genres auf, dass die Zeitschrift der Berner Gesellschaft, die *Abhandlungen und Beobachtungen durch die Ökonomische Gesellschaft zu Bern gesammelt* (1762–1773), ihre Inhalte ab dem dritten Band 1762 dezidiert mit beiden der oben betrachteten Genres bezeichnete, als Abhandlungen und Beobachtungen, und beide Genres tauchen auch in den Beiträgen wieder auf. Die zwei ersten Bände hießen noch *Sammlungen von landwirthschaftlichen Dingen der Schweitzerischen Gesellschaft in Bern* (1760/61). In ihrer französischen Version hieß die Zeitschrift allerdings von Beginn an *Mémoires et observations recueillies pa la Société Oeconomique de Berne* (1760–1773).[604] Der Befund einer Dominanz des Abhandlungsgenres in den *Leipziger Sammlungen* muss demensprechend mit Blick auf andere deutschsprachige Zeitschriften relativiert werden. Es lohnt sich deshalb – streiflichtartig – Einblicke in weitere Zeitschriften der Ökonomischen Aufklärung zu nehmen: Zwar gibt es auch in den *Oeconomischen Nachrichten* (1750–1763) nur wenige Feldversuche oder -beobachtungen, jedoch findet sich insgesamt mehr aus eigener Erfahrung Berichtetes. Anders als bei den *Leipziger Sammlungen,* bestand die Autorenschaft zu einem guten Teil aus adeligen und bürgerlichen Gutsbesitzern, die – wie im Fall Holsteinischer Landwirte – über die Abschaffung der Frondienste auf ihren Gütern berichteten oder Rezepte aus ihrer Hofwirtschaft kundgaben – beispielsweise: „Eines Thüringischen Landwirths Bemerkungen beym Brauen in kleinen Wirthschaften. Wie im Kleinen sowohl als im Ganzen, oder im Kessel so wohl als in der Pfanne ein gutes Bier zu brauen."[605] Dennoch überwiegt jedoch letztendlich auch in den *Oeconomischen Nachrichten,* dem ausgewiesenen Organ der Praktiker, das Genre der systematischen Abhandlung. Beispiele hierfür sind der Artikel „Chymischer Lehrbegriff zum Gebrauch des Oeconomen",[606] der sich über drei Hefte erstreckt, oder die 267 Seiten lange und einen ganzen Band ausfüllende „Abhandlung des Abts Boissier de Sauvages

---

Empirics Empiricists (wie Anm. 520) und als Fallbeispiel DERS., Christian Wolff and Experimental Philosophy, in: Oxford Studies in Early Modern Philosophy 7 (2015), S. 225–255.

603 M. STUBER, Oekonomische Gesellschaft Bern (wie Anm. 141), S. 40 und DERS., Vous ignorez (wie Anm. 20), S. 532.

604 Alle Bände beider Ausgaben sind digitalisiert einsehbar: http://www.digibern.ch/katalog/abhandlungen-der-oekonomischen-gesellschaft-bern-oeg-bern (zuletzt aufgerufen am 08.04.2019).

605 Eines Thüringischen Landwirths Bemerkungen beym Brauen in kleinen Wirthschaften. Wie im Kleinen sowohl als im Ganzen, oder im Kessel so wohl als in der Pfanne, ein gutes Bier zu brauen, in: Oeconomische Nachrichten 15 (1763), S. 571–576.

606 Beginnend mit: Versuch eines chymischen Lehrbegriffs zum Gebrauche des Oeconomen, in:

von der Seidenwürmerzucht".[607] Die normalisierende Wirkung der Abhandlung als epistemisches Genre zeigt sich auch hier, wenn im Moment der Niederschrift und Publikation selbst das landwirtschaftliche Erfahrungswissen der Praktiker sich offenbar wie zwangsläufig dem Abhandlungsstil anzupassen hatte. Die *Selecta Physico-Oeconomica* (1749–1756) mit ihrem – wie bereits der Titel ankündigt – zur Naturforschung neigenden Inhalt weisen dagegen einen erfahrungsbezogeneren Stil als die beiden großen ökonomischen Zeitschriften auf. Dies betrifft zum einen die ausgebreitete Vermittlung von Rezeptwissen, zum anderen auch Berichte über eigene Versuche und Proben, wie den Bericht über 100 Proben eines Autors, blaue Farbe herzustellen.[608] Die Herausgeber veröffentlichten eingesandte ‚Observationes' und ‚Versuche' von Freunden sowie Übersetzungen aus englischen und französischen Zeitschriften.[609] Hauptsächlich Erfahrungswissen in Gestalt von Rezepten (in der älteren Bedeutung der *experimenta*) vermittelten insbesondere Magazine, die sich ausdrücklich an ein nicht-gelehrtes Publikum richteten, wie zum Beispiel Carl Andreas Wilds *Praktischer Rathgeber. Ein Magazin wohlgeprüfter haus- und landwirthschaftl[icher] wie techn[isch]-chem[ischer] Erfahrungen, für Fabrikanten, Apotheker, Künstler, Ökonomen, Gewerbetreibende und strebsame Hausfrauen,* das 1858 noch in 7. Auflage erschien.[610] Ein Artikel, in dem es um Feldschädlinge geht, beginnt beispielweise mit einer Anleitung, Marder zu fangen. „In eine Rattenfalle legt man ein paar Gran Ambra und etwas Hanffsamen [usw.]."[611] Weniger tradiertes Rezeptwissen, sondern vielmehr originäre Berichte über eigene Versuche und Beobachtungen, oft begleitet von Kosten-Nutzen-Kalkulationen,

---

Oeconomische Nachrichten 12 (1759), S. 107–194, sodann Bd. 13 (1761), S. 265 ff. und Bd. 15 (1763), S. 468 ff.

607 Abhandlung des Abts Boissier de Sauvages von der Seidenwürmerzucht, in: Neue oekonomische Nachrichten 5 (1773), S. 1–267.

608 Einige Nachricht von dem Cobalt, woraus die blaue Stärcke oder Smalte gemacht wird, und von einer besonderen aus deisem Mineral bereiteten, so genannten sympathetischen Dinte, in: Selecta Physico-Oeconomica oder Sammlungen von allerhand zur Natur-Forschung und Haushaltungs-Kunst gehörigen Begebenheiten, Erfindungen, Versuchen, Vorschlägen [...], Stuttgart 1753, S. 20–29, S. 20.

609 Auf leichte Art, Abdrücke von allerhand Münzen oder Medallien zu machen, und also ohne sonderlichen Kosten, und geringer Mühe, ein Münz-Cabinet anzurichten, in: Selecta Physico-Oeconomica oder Sammlungen von allerhand zur Natur-Forschung und Haushaltungs-Kunst gehörigen Begebenheiten, Erfindungen, Versuchen, Vorschlägen [...], Stuttgart 1753, S. 72–78, S. 72.

610 Weitere Beispiele sind Oekonomische Hefte oder Sammlung von Nachrichten, Erfahrungen und Beobachtungen fuer den Land- und Stadtwirth, Leipzig 1794–1806 und Sammlung (wie Anm. 127).

611 Wild's Praktischer Rathgeber (wie Anm. 155), S. 22.

wurden dagegen in den durch Thaer im Rahmen der landwirtschaftlichen Sozietät in Celle herausgegebenen *Annalen der Niedersächsischen Landwirthschaft* (1799–1804) präsentiert. Von seinem Betrieb in der Nähe Göttingens berichtete beispielsweise ein Autor aufgrund eigener Beobachtungen, die er in Tabellenform festhielt, wie viel Dünger von einem jeden Stück Vieh – von Pferden, Schweinen, Rindern und anderen Tieren – jeweils im Jahr zu erwarten war.[612] Lowood bewertete die *Annalen der Niedersächsischen Landwirthschaft* in dieser Hinsicht als exzeptionell: Kein anderes Blatt habe so viele Berichte basierend auf eigenen Experimenten und Proben veröffentlicht. In seinem Erklärungvorschlag bezog er sich bezeichnenderweise auf England: „It is tempting to speculate that this passion for experimental trials may have been a consequence of the Society's close and active ties with English improvers."[613]

Nochmals zu betonen ist, dass Versuche und Proben in der Praxis kleiner und großer AgrarproduzentInnen selbstverständlich und seit Langem weit verbreitet waren – obwohl das System (nicht das Experiment) auf der Ebene der Wissenschaftsreflexion als vorrangiges Wissenschaftskriterium zu finden war und obwohl das epistemische Genre der systematischen Abhandlung gegenüber der *observatio* überwog. Aus dem Gutsbesitzer-Kapitel oben ist in Erinnerung, welch allgemein hohe Wertschätzung Wissen aus erster Hand auch in der Literatur genoss, nicht zuletzt beim ökonomischen Lesepublikum: Der Verweis auf eigene und vieljährige Erfahrungen war als Verkaufsargument für landwirtschaftliche Literatur in der Ökonomischen Aufklärung allgegenwärtig, ja geradezu unverzichtbar. Es mutet deshalb zunächst paradox an, dass experimentelle Praktiken in der ländlichen Gesellschaft einerseits allgegenwärtig waren (die Landwirtschaft könnte insofern durchaus als ein weiterer Schauplatz experimenteller Praktiken in der Frühen Neuzeit ausgewiesen werden, wie das etwa für Marktplätze oder Privatlaboratorien geschehen ist),[614] dass ein dezidiert experimentelles Wissenschaftsverständnis in der Reflexion ökonomischer Aufklärer andererseits jedoch selten zum Ausdruck kam. Die Wissenspraxis der Agrarpraktiker spiegelte sich gewissermaßen nicht auf der Ebene ihres eigenen epistemologischen Räsonnements. Die selbstverständliche Rede von Versuchen und Proben als Erkenntnismittel in der Landwirtschaft blieb seltsam abgekoppelt von der bewussten Reflexion und Diskussion über Fragen der

612 Wie viel Stalldünger mit einem Stücke Vieh jährlich gemacht werden kann, in: Annalen der Niedersächsischen Landwirthschaft 5 (1803), S. 129–137.

613 H. E. Lowood, Patriotism (wie Anm. 76), S. 342.

614 S. z. B. G. Gooday, Placing or Replacing the Laboratory in the History of Science?, in: Isis 99 (2008), S. 783–795 und A. Fyfe/B. V. Lightman (Hgg.), Science in the Marketplace. Nineteenth-Century Sites and Experiences, Chicago 2007.

Wissenschaftlichkeit. Es ist allerdings nicht ungewöhnlich, dass zwischen historischen Praktiken auf der einen und historischen Semantiken auf der anderen Seite eine Lücke klafft. Eine ausgeprägte experimentelle Praxis unter Agrarpraktikern musste nicht zwangsläufig mit einer Methodologie des Experiments im Sinn einer gepflegten Semantik einhergehen. Im Kontext der Wirtschaftsgeschichte hat Plumpe überzeugend für eine Unterscheidung zwischen Praktiken und Semantiken argumentiert: So sehr das individuelle und staatliche Wirtschaftshandeln seit dem Mittelalter durch seine Verflechtung mit regionalen und überregionalen Märkten beeinflusst wurde, so wenig gab es vor dem ausgehenden 18. Jahrhundert eine Theorie der Marktwirtschaft.[615] In diesem Sinn unterscheidet auch Pomata zwischen *practices* und *concept* (der *observatio*). Handeln und Sprechen, das betonte bereits Reinhart Koselleck, seien nie ganz deckungsgleich, weshalb er von einer unüberbrückbaren Differenz zwischen jeder Sozialgeschichte und „der Geschichte ihres Begreifens" ausging.[616] Die Vernachlässigung experimentellen und Erfahrungswissens auf der Ebene der Wissenschaftsreflexion wie auch der *observatio* als Genre und gleichzeitig ihre allgemeine Anerkennung in der Praxis erscheinen insofern als ein spezifisches Charakteristikum der deutschsprachigen Ökonomischen Aufklärung.

Zwischen altem Gelehrtenstand und gebildeten Ständen: ökonomische Aufklärer aus sozial- und gesellschaftsgeschichtlicher Sicht

Im Folgenden soll es um die soziale Position ökonomischer Aufklärer in der Gesellschaft um 1800 gehen. Klar wurde bereits, dass ökonomische Aufklärer in der Mehrheit nicht Mitglieder der naturforschenden Elite ihrer Zeit waren. Schreibender Landwirt wurde allerdings nur, wer über die sozialen und ökonomischen Ressourcen verfügte, um sich neben dem landwirtschaftlichen Gewerbe auch jenem der Gelehrten zu widmen. Das Mehr oder Weniger dieser erworbenen Gelehrsamkeit gab innerhalb der Gelehrtenrepublik zweifellos Anlass zu Binnendifferenzierung und sozialer Distinktion.[617] Phillips hat, wie bereits erwähnt, darauf hingewiesen, dass sich die literarische Öffentlichkeit der europäischen Gelehrtenrepublik nach

615 W. Plumpe, Ökonomisches Denken (wie Anm. 227).

616 R. Koselleck, Begriffsgeschichten. Studien zur Semantik und Pragmatik der politischen und sozialen Sprache, Frankfurt am Main 2006, S. 13.

617 Interessant ist die Tatsache, dass die Texte von Schubart, dessen Herkunft aus einfachsten Verhältnissen bekannt ist, in einer ungewöhnlichen Orthografie überliefert sind. Sowohl Schubart als auch Irlbeck setzten einen gegenüber dem durchschnittlichen ökonomischen Text deutlich exklamatorischen Stil mit vielen Ausrufungszeichen ein.

1750 nicht auflöste, um in je anonymen Öffentlichkeiten der Buchmärkte und des Zeitschriftenwesens aufzugehen, sondern dass beide Öffentlichkeiten, wenngleich miteinander interagierend, auch parallel nebeneinander bestanden.[618] Das schon erwähnte Beispiel Hallers, der die gleichen Inhalte sowohl auf Latein in internationalen Gelehrtenzeitschriften als auch auf Deutsch und Französisch im Organ der *Oeconomischen Gesellschaft Bern* publizierte, hier aber in gekürzter Form, ist ein schlagender Beleg für diese angenommene Koexistenz. Für die zahlreichen, nicht im strengen Sinn gelehrten, jedoch gebildeten Akteure der Ökonomischen Aufklärung erscheint an dieser Stelle besonders relevant, dass im ökonomischen Publikum offenbar bereits die Tatsache, dass jemand als Schriftsteller auftrat, als Indiz dafür genügte, dass es sich um eine gelehrte Person handelte.[619] Wie oben bereits angemerkt, hat Bosse anschaulich beschrieben, nach welchen Kriterien die Zuschreibung gelehrt versus ungelehrt im zeitgenössischen Sprachgebrauch vorgenommen wurde: Als Indiz für Gelehrsamkeit galt neben Lateinkunde und Universitätsbesuch im allgemeinen Lesepublikum auch schlicht die Schriftstellerei.

> Ein Gelehrter, um es kurz zu machen, ist entweder ein Akademiker oder ein Autor oder beides. Sein Funktionsbereich, die Zirkulation des Wissens und der Kenntnisse, ist zweipolig; das Arbeitsfeld des Gelehrten umfaßt sowohl das lateinische Bildungswesen, die Universität mit den vorgelagerten Lateinschulen, als auch den ganzen Bereich der Öffentlichkeit, Buchmarkt und Zeitschriftenwesen.[620]

Abgesehen von den Ökonomieprofessoren an den Universitäten entsprachen ökonomische Aufklärer als Pfarrer, Gutsbesitzer oder Beamte einer sozialen Gruppe, die in der Bürgertums- und Volksaufklärungsforschung unter dem auch historisch belegten Begriff der gebildeten Stände einige Aufmerksamkeit erhalten hat.[621] Die Gebildeten gelten als eine Gesellschaftsformation, die sich etwa ab 1770 und maßgeblich um 1800 zu einer eigenständigen soziokulturellen Gruppe herausbildete. Bosse charakterisierte ihre Mitglieder als Vertreter des traditionellen Gelehrtenstandes, erweitert um verschiedene *illiterati,* das heißt um nicht-lateinkundige

---

618 D. PHILLIPS, Acolytes (wie Anm. 21), S. 57 f.

619 H. BOSSE, Gelehrte und Gebildete (wie Anm. 25), S. 16.

620 Ebd.

621 Ähnlich wie Bosse argumentierte auch Bödeker, dass sich das gebildete Bürgertum etwa ab 1770 aus dem gelehrten Stand heraus entwickelte, H. E. BÖDEKER, Die „gebildeten Stände" im späten 18. und frühen 19. Jahrhundert: Zugehörigkeit und Abgrenzungen. Mentalitäten und Handlungspotentiale, in: J. KOCKA (Hg.), Bildungsbürgertum im 19. Jahrhundert. Teil IV. Politischer Einfluß und gesellschaftliche Formation (Industrielle Welt 48), Stuttgart 1989, S. 21–52, S. 32.

Bürgergruppen.[622] Hans Ulrich Wehler spezifizierte sie in ähnlicher Weise als eine soziale Aufsteigerschicht von

> Verwaltungsbeamten und Theologen, Professoren und Hauslehrern, Gelehrten und Hofmeistern, Syndici und Magistratsjuristen, Richtern und Landschaftskonsulenten, Anwälten und Notaren, Ärzten und Apothekern, Ingenieuren und Domänenpächtern, Schriftstellern und Journalisten, Offizieren und Leitern staatlicher Betriebe [...].

Neben Staatsdienern, akademischen Freiberuflern und Universitätsgelehrten bezog Wehler an dieser Stelle ausdrücklich auch Unternehmer ein, „die Verlage und Manufakturen, Protofabriken und Banken betrieben“, das heißt berufliche Gruppen, die später im 19. Jahrhundert das Wirtschaftsbürgertum bzw. die Bourgeoisie ausmachen sollten.[623] Demgegenüber legte Bosse stärkeres Augenmerk auf die Unterscheidung zwischen beiden Gruppierungen und betonte, dass die alteuropäische Unterscheidung zwischen *literati* und *illiterati* in der zweiten Hälfte des 18. Jahrhunderts in einer Differenz zwischen Gelehrten einerseits und Bürgern (Kaufleuten und Handwerkern) andererseits fortlebte.[624] Ähnlich konstatierten auch Robert von Friedeburg und Wolfgang Mager, dass die Vorläufer der späteren Wirtschaftsbürger und Bildungsbürger des 19. Jahrhunderts in der Vormoderne als klar voneinander geschiedene Gruppen betrachtet wurden, wobei die Gelehrten ein höheres Sozialprestige genossen als die gewerbetreibenden Bürger. Während Kaufleute, Verleger und Manufakturisten schlicht Einkommen erwirtschafteten, wurden Beamte, Geistliche, Mediziner und Juristen, also die Berufsgruppen mit Universitätsausbildung, für ihre Dienste honoriert – ein kleiner, im Rahmen sozialer Distinktionsprozesse aber nicht unbedeutender Unterschied. Friedeburg und Wolfgang sprechen diesbezüglich von einer Ehrenhierarchie:

> The aura of distinction enjoyed by the ‚learned men‘ was partly owing to the fact that, like the nobles, they saw destiny as serving the general good. They regarded their remuneration not as payment for work performed, but rather as honoraria or gratification, whose magnitude was left to the goodwill and capacities of the paying party. For both reasons, they were situated, in the hierarchy of honour, above the precursors of the economic *Bürger,* who consisted of merchants, including putters-out and manufactory entrepreneurs.[625]

---

622 H. Bosse, Gelehrte und Gebildete (wie Anm. 25), S. 32.

623 H.-U. Wehler, Deutsche Gesellschaftsgeschichte. Erster Band. Vom Feudalismus des Alten Reiches bis zur defensiven Modernisierung der Reformära 1700–1815, München 1996, S. 204.

624 H. Bosse, Gelehrte und Gebildete (wie Anm. 25), S. 15.

625 R. von Friedeburg/W. Mager, Learned Men and Merchants: The Growth of the Bürgertum,

Im Fall der Ökonomischen Aufklärung ist eine historiografische Trennung zwischen Gelehrten einerseits (Angehörigen des Bildungssystems, Mitgliedern renommierter gelehrter Gesellschaften) und Gebildeten andererseits (Beamte, Geistliche, Gutsbesitzer wie Engel, Matthesius etc.) möglich. Die Gruppe der Gebildeten war allerdings heterogen und enthielt Akteure wie den bürgerlichen Agrarunternehmer Schubart vom Kleefelde, der wohl am treffendsten – allerdings anachronistisch – mit der Kategorie des Wirtschaftsbürgers beschrieben wäre.[626] Wie würden allerdings die wortmächtigen adeligen Gutsbesitzer einzuordnen sein? Zwischen gelehrter und gewerblicher, ländlicher und städtischer, zwischen bürgerlicher und adeliger Sphäre scheint die Ökonomische Aufklärung zu schlingern. Gilt zudem ‚Aufklärung' wie in der älteren Forschung üblich als ein intellektuelles, vornehmlich stadtbürgerliches Phänomen, dann drohen die ländlichen, gleichwohl gewichtigen Akteure der ökonomischen Aufklärung von vornherein aus dem Blick zu geraten. Auch das ökonomische Publikum war äußerst heterogen und noch umfassender als Wehlers Aufzählung von Vertretern der gebildeten Stände. Zincke zumindest visierte für seine *Leipziger Sammlungen* ein Lese- und Autorenpublikum an, das sich zusammensetzen sollte aus: großen Landwirthen, Forst- und Jagdverständigen, Salz-, Siede- und Bergwerkskundigen, Schullehrern, Künstlern, Manufakturisten, Fabrikanten, Handwerkern, Ärzten, Händlern, Stadt- und Landpolizeibeamten, Pächtern, *Entrepreneuren,* praktischen Weltweisen, Rechtsgelehrten, *Mathematicis, Mechanicis,* Naturkundigen, *Chymicis,* Brauern und Braumeistern.[627] Dieses ökonomische Publikum Zincke'scher Prägung ist ebenfalls aus Staatsdienern, Gelehrten, freiberuflichen Akademikern und aus Gewerbetreibenden zusammengesetzt und mit den Handwerkern und Braumeistern noch etwas breiter aufgestellt als die von Wehler beschriebene Gruppe der Gebildeten. Zincke beanspruchte ausdrücklich mit seiner Zeitschrift, „Gelehrte" und „Ungelehrte" – dafür aber „erfahrene und geübte Leute" – zusammenzubringen.[628] Bemerkenswert ist, dass er sein ökonomisches Publikum nicht erst um 1800 imaginierte, sondern bereits 1742 in seiner Vorrede zur ersten Ausgabe der Zeitschrift. Insofern bildet die Ökonomische Aufklärung eine interessante Vorlaufphase zur beginnenden Geschichte der gebildeten Stände am Ende des Jahrhunderts. Sozial- und zugleich wissensgeschichtlich beinhaltet sie einen bedeutungsvollen Prozess: Vor dem Hintergrund ständischer wie konzeptueller

---

in: S. Ogilvie (Hg.), Germany (wie Anm. 55), S. 165.

626 Das Konzept eines Bürgertums, bestehend aus Wirtschafts- und Bildungsbürgern, entstand in der Mitte des 19. Jahrhunderts, s. ebd., S. 165.

627 G. H. Zincke, Absichten dieser Sammlung (wie Anm. 147), S. 27.

628 Ebd., S. 26.

Grenzen standen ökonomische Aufklärer in der Mitte des 18. Jahrhunderts noch vor einer Aufgabe, die die beiden als getrennt gedachten Bereiche Wirtschaft und Gelehrsamkeit durchkreuzte. Sie erstrebten die Verbindung des nicht-gelehrten Wissens der landwirtschaftlichen Praktiker mit der Dignität eines gelehrten Wissensfeldes. Eine Zusammenarbeit zwischen Nicht-Gelehrten und Gelehrten, zwischen Wirtschaft und Wissen, ließ sich mit einem Verständnis von Wissenschaft als einem System von Grund- und Ableitungssätzen sogar verhältnismäßig leicht begründen, wie auch bei Zincke deutlich wird:

> Es haben auch diese weitläufftigen Wissenschaften [Ökonomie, Kameral- und Polizeiwissenschaften] dieses besondere an sich, daß uns Leute, die mit solchen Geschäfften selbst in der Ausübung zu thun haben, wenn sie auch gleich keine eigentlichen Gelehrten sind, viele Singularia lernen und also auch mit ihre[m] Beytrag vielen Nutzen in dieser wichtigen Sache bald in diesen, bald in jenen Theile schaffen können. Massen alsdenn die Gelehrten aus vielen solchen Singularibus allerhand allgemeine Sätze machen und dasjenige was eigentlich Wissenschafft und Kunst heißt, auf sichere und zusammenhängende Lehr-Sätze und Regeln setzen können.[629]

Deutlich zum Vorschein kommt hier das Bewusstsein einer zu überwindenden Trennung zwischen einer gelehrten und einer nicht-gelehrten Sphäre. Diese noch in der Mitte des Jahrhunderts allgemein verbreitete Wahrnehmung lockerte sich offenkundig binnen der folgenden 50 Jahre, zeitgleich mit dem Aufkommen der gebildeten Stände. Der Zincke'schen Vorstellung entspricht Stichwehs Interpretation und Merkmalsbeschreibung vormoderner Wissenschaft, in der es darum gegangen sei, rezipiertem Wissen eine Struktur aufzuerlegen.[630] Das für das Projekt einer wissenschaftlichen Ökonomie unverzichtbar werdende lokale und praktisch erworbene Wissen wurde zunehmend von gebildeten Akteuren einer aufkommenden Mittelschicht vertreten. Während dieses Wissen und dessen Träger (schon gar nicht die kleinen und illiteraten AgrarproduzentInnen) seinerzeit nicht den Standards wissenschaftlichen Wissens entsprachen, wurde seine Anerkennung dennoch über Jahrzehnte von Akteuren wie Zincke und Hohenthal forciert, gegen den Widerstand mancher Vertreter einer traditionellen Gelehrsamkeit, bevor besagtes Wissen schließlich – prominent bei Thaer – selbst

629 Ebd., S. 23. Zur Vorstellung des Systems als Behälter für Faktenwissen s. D. R. Kelley, Between History and System, in: G. Pomata/N. G. Siraisi (Hgg.), Historia (wie Anm. 40).

630 R. Stichweh, Wissenschaft (wie Anm. 474), S. 50. Demgegenüber charakterisiert er als moderne Wissenschaft nach 1800: „Damit die Wissenschaft alle ihre Elemente selbst hervorbringen kann, muss sie *empirische* Wissenschaft sein, und sie muß, da man nicht so lange warten kann, bis alle Ereignisse, auf deren Beobachtung man angewiesen ist, sich in der Zeit irgendwann selbstläufig vollziehen, *experimentelle* Wissenschaft sein", ebd., S. 53.

als wissenschaftlich redefiniert wurde. Die Anerkennung eines vormals als ungelehrt geltenden Wissens schlug, zugespitzt formuliert, in dessen Integration in das Konzept einer Landwirtschaftswissenschaft um. Landwirtschaftliche und wissenschaftliche Wissensformen wurden im Verlauf der Ökonomischen Aufklärung gleichermaßen neu bewertet. Vom zähen und dennoch schließlich triumphalen Weg ökonomischen Erfahrungswissens in der deutschen Ökonomischen Aufklärung handelt das folgende Kapitel, in dem die Bedeutungsverschiebung des Begriffs der Empirie analysiert wird.

4.2 Von der Bezeichnung einer bäuerlichen zu einer wissenschaftlichen Wissensform: Empirie

Empirisches Wissen: ein Oxymoron während der Ökonomischen Aufklärung

Die Herausbildung einer neuen, spezifisch gelehrten Erfahrungsform in der Frühen Neuzeit hat, wie oben bereits bemerkt, gerade in der jüngeren Wissenschaftsgeschichte viel Beachtung gefunden.[631] Dabei blieb bemerkenswerterweise der Empiriebegriff in seiner frühneuzeitlichen Bestimmung weitgehend ausgespart.[632] Dieser wird in wissenschaftshistorischen Arbeiten in der Regel als selbstverständliche, ahistorische Kategorie verwendet.[633] Das Gleiche gilt für die Philosophiegeschichte bis zum Jahr 2014, in dem erstmals eine Studie erschienen ist, auf die ich weiter unten eingehe. Das *Historische Wörterbuch der Philosophie* enthält zwei kurze Beiträge aus den frühen 1970er Jahren unter den Lemmata ‚Empeiria' und ‚Empirismus'. Im ersten Beitrag wird auf die antike Wortbedeutung verwiesen, und unter ‚Empirismus' (der Eintrag ist lediglich eine redaktionelle Notiz ohne Autorenkürzel) findet sich zusätzlich der Hinweis auf eine Fixierung des modernen Begriffs durch Kant. Eine Bedeutungsgeschichte zwischen Antike und Kants Sprachregelung fehlt.[634] In anderen, auch neueren Wörterbüchern bleiben

631 S. u.a. O. Breidbach, Bilder des Wissens. Zur Kulturgeschichte der wissenschaftlichen Wahrnehmung (Bild und Text), München 2005 und L. Daston/E. Lunbeck (Hgg.), Histories of scientific observation, Chicago 2011. Allenfalls gestreift wird die Bedeutungsgeschichte des Empiriebegriffs in G. Pomata, Empirics (wie Anm. 328).

632 Vgl. aber erste Ansätze einer ernsthaften Wahrnehmung der Begriffsgeschichte in den Beiträgen in S. Bodenmann/A.-L. Rey (Hgg.), What does it mean to be an empiricist? Empiricisms in eighteenth century sciences (Boston studies in the philosophy and history of science volume 331), Cham 2018.

633 S. z. B. P. H. Smith, Craft (wie Anm. 64), S. 18.

634 F.-P. Hager, Art. Empeiria, in: Historisches Wörterbuch der Philosophie. Bd. 2, Basel 1972,

begriffs- oder bedeutungsgeschichtliche Aspekte zum Teil ganz ausgespart.[635] Mit Blick auf die Ökonomische Aufklärung erscheint dies als eine empfindliche Forschungslücke und eine genaue Kenntnis der Konnotationen erforderlich, die den Begriff der Empirie zwischen Früher Neuzeit und Moderne prägten. Denn, wie zu sehen war (Kapitel 3.3 und 3.5), verwendeten ökonomische Aufklärer ihn in einer heute fremd erscheinenden Weise: Das Empirische wurde einer gänzlich ungelehrten Praxis zugeschrieben, und ‚empirisch' war im Agrarschrifttum häufig gleichbedeutend mit ‚bäuerlich'. Landwirtschaft empirisch zu betreiben umschrieb ein mechanisches, geistloses Wirtschaftshandeln, den Empiriker zeichnete nachgerade sein Nichtwissen aus. Aus Kapitel 3.3 zur Erinnerung noch einmal Webers Wortlaut: „So lernt die Oekonomie der Bauer, der Sohn vom Vater, und so lernt sie jeder, der um wissenschaftliche Kenntniß der Oekonomie sich nicht bemüht, über Oekonomie nicht nachdenkt, forscht, um Grundsätze und Regeln sich nicht bekümmert."[636] Der Ausdruck ‚empirisches Wissen' wäre einem Zeitgenossen der Ökonomischen Aufklärung kaum als sinnvoll, ja eigentlich als eine widersinnige Wortkombination erschienen, und dass mit den antiken medizinischen Empirikern eine dezidiert erkenntnistheoretische Position existiert hatte, stand ökonomischen Aufklärern offenbar nicht vor Augen.[637] Pomata zufolge war diese anspruchsvolle Konnotation einer medizinischen Empirie im europäischen Hochmittelalter verloren gegangen.[638] Zugleich war ‚Empiriker' in der Frühen Neuzeit gerade im Feld der Medizin als Bezeichnung verbreitet. In der *Encyclopaedia Britannica,* die sich unter dem Lemma *Empiric* ausschließlich auf die empirische Medizin bezog, wurde er explizit als eine Fremdbestimmung definiert (unverändert in acht Ausgaben zwischen 1771 und 1891):

> Empiric, an appellation given to those physicians who conduct themselves wholly by their own experience, without studying physic in a regular way. Some even use the term, in a still

---

S. 453–454 und Art. Empirismus, in: Historisches Wörterbuch der Philosophie. Bd. 2, Basel 1972, S. 478.

635 S. z. B. J. Henry, Art. Empirismus, in: Enzyklopädie der Neuzeit. Bd. 3, Stuttgart, Weimar 2006, S. 271.

636 F. B. Weber, Studium der Oekonomie (wie Anm. 334), S. 11. Für einen fast gleichen Wortlaut etwa 50 Jahre früher s. Umgang mit Bauern (wie Anm. 351).

637 Während Dogmatiker, zugespitzt formuliert, medizinisches Wissen naturphilosophisch begründen wollten, erkannten Empiristen deren Suche nach versteckten Ursachen nicht an. Grundlegend s. L. S. King, The philosophy of medicine. The early eighteenth century, Cambridge 1978, mit weiteren Literaturangaben auch G. Pomata, Empirics (wie Anm. 328), S. 7.

638 Ebd., S. 16.

> worse sense, for a quack who prescribes at random, without being at all acquainted with the principles of the art.[639]

Francis Guybon, dessen Verwendung von *empiricism* als die erste auf einem englischen Buchtitel gilt, definierte als *quack* oder *empirick* jeden, der vorgebe, Medizin zu praktizieren, ohne ihre *praerequisita* zu kennen: die gelehrten Sprachen, Naturphilosophie, die tierische Ökonomie *(Animal Oeconomy)*, Pharmakologie und Nosologie (s. Abb. 5).[640]

Oben zu sehen war allerdings, dass Thaer 1809 in seiner Bestimmung eines ‚empirischen Grundstoffs' als Basis seiner Landwirtschaftslehre eine neue Wortbedeutung aufgriff, die auf eine erkenntnistheoretische Definition verweist, wie sie Kant in seiner *Kritik der reinen Vernunft* (1781) vorgenommen hatte. Auf Kants bedeutende Rolle in Rücksicht auf den Empiriebegriff wird in neueren Arbeiten der Philosophiegeschichte verstärkt hingewiesen. Diese Arbeiten sind Teil einer seit den 1980er Jahren geführten Debatte darüber, wann und durch wen die Empirismus-Rationalismus-Unterscheidung als philosophiegeschichtliche Kategorie entstand.[641] Neben anderen AutorInnen betonte jüngst Alberto Vanzo, dass die heute verbreitete epistemologische Standardbedeutung des Empirismus, derzufolge erstens alle Begriffe aus der Erfahrung stammen und zweitens die Wahrheit unseres Wissens nur im Rekurs auf Erfahrung – a posteriori – erwiesen werden kann, auf Kants *Kritik der reinen Vernunft* [fortan: *Kritik*] zurückzuführen ist. In der *Kritik* und der sich daran zunächst im deutschsprachigen Raum entzündenden Debatten kann der Wandel von einer pejorativen Fremdbestimmung des Empirikers in der Frühen Neuzeit hin zu einer positiven Selbstbezeichnung als ‚Empirist' im späten 18. Jahrhundert dingfest gemacht werden.[642] Anhand einer Analyse des Sprachgebrauchs in lateinischen, deutschen und englischsprachigen Texten, darunter von Francis Bacon, Joseph Priestley und Wolff, zeigt Vanzo auf, dass keiner dieser Autoren die Bezeichnungen empirisch, Empiriker oder

639 S. z. B. Art. Empiric, in: The Encyclopaedia Britannica (1842), S. 693.

640 F. Guybon, An Essay Concerning the Growth of Empiricism; or the Encouragement of Quacks. Wherein The Present State of Physick in this Kingdom is fairly represented; with some Reasons for the Necessity of a Regulation in the Practice of it, London 1712, S. 3.

641 S. als Beispiele K. Haakonssen, The History of Eighteenth-Century Philosophy: History or Philosophy?, in: K. Haakonssen (Hg.), The Cambridge History of Eighteenth-Century Philosophy, Cambridge 2006, S. 3–25, D. F. Norton, The Myth of British Empiricism, in: History of European Ideas 1 (1981), S. 331–344, S. 331–333, und H.-J. Engfer, Empirismus versus Rationalismus? Kritik eines philosophiegeschichtlichen Schemas, Paderborn/Wien u.a. 1996, S. 357, 411.

642 A. Vanzo, Empirics Empiricists (wie Anm. 520).

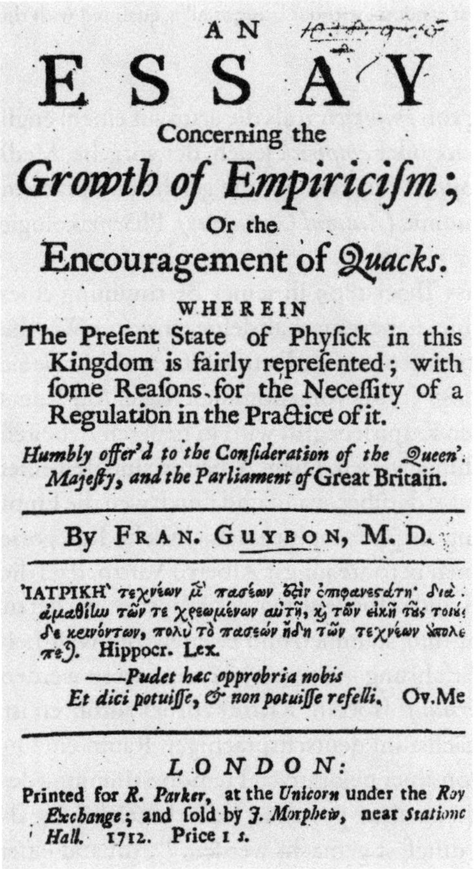

Abb. 5: Die erste Verwendung des Terminus *empiricism* auf einem englischsprachigen Buchtitel bezog sich pejorativ auf medizinische Praktiker.

Empirismus in einer nachkantischen Weise verwendete. Im Gegenteil, wurden diese Begriffe in der Regel pejorativ zur Bezeichnung ungelehrter Praktiker verwendet – beispielsweise für Ärzte und Staatsdiener, bei Bacon und anderen englischen Autoren auch für ‚empirische Philosophen'. Verblüffend ähnlich der in dieser Arbeit für Weber festgestellten Bedeutung einer empirischen Ökonomie diente Bacon die Kontrastfolie einer empirischen Philosophie (welche vergleichbar mit jener der Sophisten oder einer *superstitious philosophy* sei) zur Darstellung und Aufwertung seiner eigenen experimentellen Philosophie.[643] Auch Ärzte der

643 F. Bacon, Novum Organum and Associated Texts (The Oxford Francis Bacon 11), Oxford 2004, I.62, S. 98 f., zit. n. A. Vanzo, Empirics Empiricists (wie Anm. 520), S. 519 f. S. neuerdings auch mit ähnlichem Ergebnis M. Ratcliff, Fictitious Empiricism, Material Experiments.

Frühen Neuzeit, die sich zugleich als experimentelle Philosophen verstanden, grenzten sich von so genannten Empirikern ihrer Zeit vehement ab. Wie schon Bacon stellten sie ihre eigenen Methoden denen der Empiriker entgegen, welche in ihren Augen vorschnell und ohne ausgiebige Versuche Heilmittel verschrieben.[644] Claude Bernard bemühte noch 1865 eine ‚empirische Medizin' als Kontrastfolie für seine experimentelle Medizin.[645] Deutsche Autoren des 17. Jahrhunderts wiederum beschrieben Empiriker im Staatsdienst als jene, die nur aus Erfahrung handelten und keine universitäre Lehre *(doctrina)* kannten.[646] Hermann Conring (1606–1681) argumentierte, dass diese mit neuen, unerwarteten Situationen nicht umzugehen wüssten[647] – das gleiche Argument fand sich in dieser Arbeit auch bei den Akteuren Gasser, Weber und Justi zur Rechfertigung ihrer ökonomischen Theorie. Bezeichnend ist, dass in allen von Vanzo gefundenen Belegen die Bezeichnungen empirisch, Empiriker oder Empirismus dezidiert mit nicht-akademischen Praktikern assoziiert wurden. Das Wortfeld des Empirischen diente folglich in der Frühen Neuzeit in erster Linie der Fremdbestimmung, die aus dem akademischen in einen nicht-akademischen Bereich zielte. Auf das polemische Potential, welches der Empiriebegriff aufgrund dieser sozialen Konnotation hatte, konnte in dieser Arbeit bereits mehrfach hingewiesen werden.

Wenn Wissenschafts- und TechnikhistorikerInnen heute „empirische Praktiken"[648] in der Frühen Neuzeit adressieren oder von einem „kollektiven Empirismus"[649] sprechen, dann beziehen wir uns auf Praktiken, die in ihrer Zeit nicht als empirisch, sondern mit anderen Begriffen bezeichnet wurden, zum Beispiel mit der oben genannten *observatio* oder in der Ökonomischen Aufklärung mit der eigenen und vieljährigen Erfahrung. Zur Bezeichnung einer partikulären Faktenerkenntnis verwendeten Akteure der Ökonomischen Aufklärung gelegentlich den Begriff ‚historisch': Zincke etwa kündigte für die *Leipziger Sammlungen* an,

Conditions for Thinking the Enlightenment „Issue of Empiricism", in: S. BODENMANN/A.-L. REY (Hgg.), What (wie Anm. 632), S. 31–35.

644 A. VANZO, Empirics Empiricists (wie Anm. 520), S. 528.

645 C. BERNARD, Introduction à l'Étude de la Médecine Expérimentale, Paris/Londres/Madrid 1865. Den Hinweis verdanke ich Cornelius Borck.

646 S. z. B. J. A. BOSE, De Prudentia et Eloquentia Civili Comparanda Diatribae Isagogicae. Accedit: Notitia Scriptorum Historiae Universalis, ed. G. SCHUBART, Jena 1699, S. 1 f. und M. PICCART, In Politicos Libros Aristotelis Commentarius, Leipzig 1615, S. 6, zit. n. A. VANZO, Empirics Empiricists (wie Anm. 520), S. 524 f.

647 H. CONRING, De Civili Prudentia Liber Unus. Quo Prudentiae Politicae, cum Universalis Philosophicae, tum Singularis Pragmaticae, Omnis Propaedia Acroamatice Traditur, Helmstedt 1662, S. 111 f., zit. n. A. VANZO, Empirics Empiricists (wie Anm. 520), S. 525.

648 Z.B. P. H. SMITH, Craft (wie Anm. 64), S. 18.

649 L. DASTON/P. GALISON, Objectivity (wie Anm. 40), S. 19.

sein Blatt werde Begebenheiten, „nichts als historische Erzehlungen", berichten.[650] Inwiefern der Empiriebegriff des 19. Jahrhunderts Bedeutungen der frühneuzeitlichen *historia* in sich aufnahm, wäre insofern eine interessante weiterführende Forschungsfrage.[651] Die heute als britische Empiristen bezeichneten Philosophen nutzten den Ausdruck *empirical* gar nicht; ihr allgegenwärtiges Bezugswort war vor dagegen *experience.*[652] Welchen Unterschied machte nun demgegenüber Kants Sprachregelung? Er wurde seinerzeit nicht zuletzt dafür kritisiert, dass er alten Begriffen neue, technische Bedeutungen gegeben hatte. Ein Kommentator formulierte: „Wie doch die kritische Philosophie an neuen Kunstwörtern so reich ist! Typik, Empirismus, Mysticismus, Rationalismus der praktischen Vernunft!"[653] Mit Blick auf die hier verfolgte Frage ist auffällig, dass Kant bei fast jeder Verwendung des Terms ‚empirisch' Erläuterungen seiner Verwendungsweise mit lieferte – ein Zeichen dafür, wie wenig selbstverständlich sein Sprachgebrauch war. Seine Definition im Wortlaut: „Die Wirkung eines Gegenstandes auf die Vorstellungsfähigkeit, sofern wir von demselben affiziert werden, ist Empfindung. Diejenige Anschauung, welche sich auf den Gegenstand durch Empfindung bezieht, heißt empirisch."[654] Im Verlauf einer durch Kants *Kritik* angestoßenen intensiven Diskussion über die Möglichkeit apriorischen Wissens in den 1780er Jahren festigten sich laut Vanzo nicht nur die Ausdrücke Rationalismus (bzw. Purismus) sowie Empirismus; [655] zum ersten Mal bezeich-

650 G. H. Zincke, Absichten dieser Sammlung (wie Anm. 147), S. 43. S. dazu auch A. Diemer, Begründung (wie Anm. 545), S. 34 f.

651 Zu dieser Einschätzung kommt auch A. Meyer, Zwei Sprachen, zwei Kulturen? – Englische und deutsche Begriffe von Wissenschaft, in: O. Breidbach/S. Poggi/D. Ulbrich (Hgg.), Sprachen der Wissenschaften 1600–1850. Teil 2: Sprachliche Differenzierung und wissenschaftliche Nationalisierung (Jahrbuch für Europäische Wissenschaftskultur 7), Stuttgart 2014, S. 107–137, S. 113.

652 *Empirical* erscheint in der webbasierten Volltextsuche weder in John Lockes *An Essay Concerning Human Understanding* (1689) noch in George Berkeleys *A Treatise Concerning the Principles of Human Knowledge* (1710) noch in David Humes *Enquiries concerning Human Understanding* (1748).

653 G. U. Brastberger, Untersuchungen über Kants Kritik der practischen Vernunft, Tübingen 1792, S. 132, zit. n. A. Vanzo, Empirics Empiricists (wie Anm. 520), S. 529.

654 I. Kant, Kritik der reinen Vernunft. Nach der 1. und 2. Originalausgabe, hg. von Jens Timmermann (Philosophische Bibliothek 505), Hamburg 1998, S. 93 f. Als Beispiele für Erläuterungen des Begriffs „empirisch": „[...] diese aber ist das in unserem Erkenntnis, was da macht, daß sie Erkenntnis a posteriori, d. i. empirische Anschauung heißt", ebd., S. 117, oder „der Raum aber betrifft nur die reine Form der Anschauung, schließt also gar keine Empfindung (nichts Empirisches) in sich [...]", ebd., S. 104.

655 Als Schlüsselpersonen und -texte identifiziert Vanzo u.a. C. G. Selle, Versuch eines Beweises, daß es keine reine von der Erfahrung unabhängige Vernunftbegriffe gebe, in: Berlinische

neten sich nun auch einzelne Akteure, allen voran der Arzt und philosophische Autor Christian Gottlieb Selle (1748–1800) sowie der Theologe und Mitarbeiter der *Allgemeinen deutschen Bibliothek* Hermann Andreas Pistorius (1730–1798), in bewusster Abgrenzung zur Kant'schen Position selbst als „Empiristen".[656] Die ersten positiven Einschätzungen eines philosophischen Empirismus in englischer Sprache sind ab 1795 – und auch hier im Rahmen der frühen Kantrezeption – zu finden.[657] Während die Empirismus-Rationalismus-Unterscheidung laut Vanzo zunächst nur auf einzelne Positionen in einer konkreten Debatte bezogen war, entwickelte sie sich in der Folge zu einer allgemeinen historiografischen Kategorie, nach der die Philosophen und Philosophien der Frühen Neuzeit bis heute typischerweise in zwei Lager geschieden werden.[658] Locke, Berkeley und Hume, die sich selbst nie empirische Philosophen genannt hätten, konnten folglich erst nach der kritischen Philosophie Kants und ihrer Rezeption, aus der erst eine klare Rationalismus-Empirismus-Unterscheidung hervorgegangen war, als britische Empiristen bezeichnet werden.

Mit Blick auf die vorliegende Arbeit legt diese philosophiehistorische Rekonstruktion nahe, dass Thaers Wortverwendung zwischen einem frühneuzeitlichen und einem modernen (Kantischen) Empiriebegriff changierte: Mit Empirikern als den besten seiner Schüler waren – angelehnt an den früheren Wortsinn – Personen gemeint, die keine Bücher kannten und in dieser Hinsicht ungelehrt waren, als sie zu ihm kamen. Der ‚empirische Grundstoff' seiner Landwirtschaftslehre hingegen bezog sich auf eine dezidiert erkenntnistheoretische Bestimmung von empirisch als einer Anschauung, die durch sinnliche Wahrnehmung entsteht (s. Kapitel 3.5).

Monatsschrift 2 (1784), S. 565–574, die Lehr- und Wörterbücher zu Kants *Kritik* von Carl Christian Erhard Schmid, darunter C. C. E. Schmid, Wörterbuch zum leichtern Gebrauch der Kantischen Schriften. Nebst einer Abhandlung, Jena 1788, in dem eine Replik auf Selle enthalten ist, und die Rezension H. A. Pistorius, Rezension zu Carl Christian Erhard Schmids ‚Critik der reinen Vernunft im Grundrisse' und ‚Wörterbuch zum leichtern Gebrauch der Kantischen Schriften', 2. Aufl., in: Allgemeine deutsche Bibliothek 88 (1789), S. 104–122.

656 A. Vanzo, Empirics Empiricists (wie Anm. 520), S. 530.

657 S. in G. Micheli, The Early Reception of Kant's Thought in England. 1785–1805 (Kant's Thought in Britain. The Early Impact), London 2002.

658 Vor 1790 waren Philosophen der Neuzeit schlicht chronologisch dargestellt worden, z. B. in C. Meiners, Grundriß der Geschichte der Weltweisheit, Lemgo 1786. Kantianische Philosophiegeschichten teilten fortan die Welt der frühneuzeitlichen Philosophie in Empiristen und Rationalisten ein, s. z. B. W. G. Tennemann, Geschichte der Philosophie, Leipzig 1798–1819.

Kein Empiriker, sondern Praktiker sein: zur soziokulturellen Bedeutung einer terminologischen Unterscheidung

Historische Semantiken können sozialgeschichtlich bedeutsam sein, wie am Beispiel des Empiriebegriffs in der Ökonomischen Aufklärung klar zu sehen ist. Wie bereits oben erwähnt wurde, scheint die selbstverständlich vorgenommene und für die soziale Distinktion nutzbar gemachte Dreiteilung des Wissens ein besonderes Charakteristikum der Agrardiskussionen gewesen zu sein. Auf der Ebene der Terminologie ist in diesem Zusammenhang noch auf die zweite wichtige Kategorie einzugehen, die sich mit der so genannten Empirie den Bereich des technischen Wissens sozusagen zu teilen hatte: Ökonomische Aufklärer bis hin zu Thaer rechneten mit der Praxis und dem Praktiker als einem Zwischenglied. Den antiken Begriffen *empeiria, techne* und *episteme* entsprachen in der Ökonomischen Aufklärung Empirie, Praxis und Theorie bzw. bei Thaer die Bezeichnungen handwerksmäßig, kunstmäßig und wissenschaftlich. Nur die Wissenschaft bzw. Theorie erkennt nach dieser Konzeption Gründe und Ursachen und rangiert deshalb als vollwertigere und höhere Erkenntnisform vor den beiden anderen. Pomata nimmt an, dass eine Stigmatisierung der Empirie durch die hierarchische Dreiteilung des Wissens in der antiken Tradition bereits angelegt war.[659] Mit der „bloßen empirischen gemeinen handwercks-mäßigen Erkenntniß" käme man inzwischen, so ein Autor in den *Oeconomischen Nachrichten,* nicht mehr weiter.[660] Zum Selbstverständnis ökonomischer Aufklärer gehörte es durchgängig sich von jener empirischen oder handwerksmäßigen Wissensform abzugrenzen:

> Wenigstens ist es gewiß, daß es ganz was anders sey, die Wirtschafft gelehrt und practisch, als nur empirisch, physicalisch, als handwercksmäßig, [zu] lernen, jenes aber besser als dieses sey. Auf diese Weise würde mancher seine wirtschafftlichen Geschäffte mit gutem Grunde vornehmen, und wie viel Vorurtheile, altes Herkommen, Mährlein und abgeschmacktes Hörensagen, oder auch Aberglauben sollten nicht alsdenn wegfallen?[661]

Oben bereits zu sehen war, dass in der Ökonomischen Aufklärung zuweilen als ein scharfes Gegenteil (bäuerliche) Empirie auf der einen und (gelehrte) Wissenschaft auf der anderen Seite erschienen. Obwohl diese begriffliche Opposition – vom Ende her betrachtet – einem dramatischen Wandel unterlag, blieb sie doch in der breiten Masse und die längste Zeit erhalten. Es ließen sich in diesem Zusammenhang viele Beispiele dafür anführen, inwiefern ‚Wissenschaft' mit Vorstellungen

659 G. Pomata, Empirics (wie Anm. 328), S. 14.
660 Klugheit hauszuhalten (wie Anm. 580), S. 693 f.
661 Seiden-Würmer (wie Anm. 300), S. 620.

von Rationalität, abstraktem Denken und Verstandestätigkeit verknüpft wurde, ‚Empirie' hingegen mit Vorstellungen einer körperlichen Sinnlichkeit, die wiederum als ein Hauptmerkmal der einfachen Bevölkerung galt:

> Denn der Landmann, im Ganzen genommen, läßt sich so sehr von seiner Sinnlichkeit beherrschen und folgt so wenig dem richtigen Urtheil seiner Vernunft, das er wie Kinder stets einen klugen Mentor, das heißt hier, weise Policeygesetze und Aufseher zur Seite haben muß, um den richtigen Pfad zu wandeln.[662]

Es ist nun bezeichnend, welche Bedeutung dem Praktischen vor diesem Hintergrund im Gegensatz zum Empirischen zeitgenössisch zugewiesen wurde – eine Bedeutung, die zeitgebunden und deren Erklärung in der Kontingenz der Ökonomischen Aufklärung zu suchen ist. Während nämlich das Empirische ein gänzlich ungelehrtes Erfahrungswissen umschrieb, beinhaltete das Praktische eine Erfahrung, die durch den Verstand geläutert war. (Fraas wird noch im 19. Jahrhundert formulieren, dass Thaer in Deutschland die „durch Wissenschaft geläuterte Empirie" eingeleitet habe.)[663] Ein Praktiker in der Ökonomischen Aufklärung war jemand, der Erfahrungen in der Landwirtschaft vorweisen konnte und gleichzeitig – nach damaligen Begriffen – auch wahrheitsfähig war. Der Praktiker stand, mit anderen Worten, mit einem Fuß in der Landwirtschaft und mit dem anderen Fuß in der Sphäre der Gelehrsamkeit; er war eine Art Zwitterwesen, das sowohl an der ländlichen als auch der gelehrten Welt teilhatte, kurzum: ein gelehrter Landwirt. Wie kontraintuitiv damals die Vorstellung eines gelehrten oder wissenschaftlichen Landwirts noch sein konnte, wurde oben mit Thaers Bemerkungen zu den Schwierigkeiten der Erziehung eines solchen deutlich. Entscheidend ist, dass die Möglichkeit terminologisch zwischen einer geistlosen Erfahrung (Empirie) einerseits und einer geistreichen Erfahrung (Praxis) andererseits zu differenzieren, es jenen wohlhabenden adeligen und bürgerlichen Gutsbesitzern des Diskurses sowie allen akademisch Gebildeten ermöglichte, sich auf das Thema der Landwirtschaft einzulassen und sich gleichzeitig deutlich von den ungelehrten Praktikern – das heißt: den damaligen Empirikern der Landwirtschaft – abzugrenzen. Diese Möglichkeit der epistemischen und zugleich sozialen Distinktion kann als eine Voraussetzung für das Projekt der wissenschaftlichen Ökonomie

---

662 C. A. Härter, Ueber die öffentlichen und gemeinschaftlichen Vergnügungen der Landleute. Ein Versuch Polizey-Direktoren, menschenfreundlichen Obrigkeiten und wahren Volksfreunden zur Prüfung vorgelegt, Altenburg/Erfurt 1804, zit. n. H. O. Lichtenberg, Unterhaltsame (wie Anm. 183), S. 37, 96 f.

663 C. Fraas, Geschichte (wie Anm. 3), S. 196

insgesamt gelten. Denn eine ernsthafte Beschäftigung mit Landwirtschaft (statt sie bloß als selbstverständliche wirtschaftliche Basis vorauszusetzen) konnte im ständischen Paradigma der Zeit nicht zuletzt das Selbstverständnis als Standesperson infrage stellen. Insofern ständische Wahrnehmungsmuster im Agrarschrifttum ubiquitär sind, wundert es kaum, dass einem verbreiteten Allgemeinplatz zufolge Landwirtschaft in den Stand einer Wissenschaft erhoben werden sollte. Wie weit landwirtschaftliches Erfahrungswissen noch um 1750 sowohl von Wissenschaft als auch Kunst entfernt lag, zumindest in der öffentlichen Darstellung der Zeitgenossen, war im vorigen Teilkapitel durch Zinckes Kommentar zu den so genannten *specifica* oder *singularia* der Nicht-Gelehrten deutlich geworden. Deren Erfahrungssätze bedurften einer Bearbeitung durch Fachleute, um in den Bereich der Wissenschaft einzugehen. Solange frühneuzeitliche Gelehrte nicht selbst ökonomische Erfahrungssätze produzierten, das wird bei Zincke deutlich, waren sie in Detailfragen auf das Erfahrungswissen der Nicht-Gelehrten bis hin zum tatsächlichen Handarbeiter angewiesen. Denn das handwerkliche Wissen war, wenngleich es nicht als wissenschaftlich galt, für das Projekt einer wissenschaftlichen Ökonomie unverzichtbar. Die Kategorie des Praktischen repräsentierte dann ab der zweiten Jahrhunderthälfte zunehmend eine Synthese der weit auseinanderliegenden Pole eines allgemeinen und eines partikularen Wissens bzw. bezeichnete Personen, die über beide Wissensformen verfügten. Gewissermaßen war in der Kategorie und Identität des Praktikers die Vorstellung einer spezifisch gelehrten Erfahrungsform enthalten. Nicht zuletzt deshalb kommt den Personen auf der Schnittstelle zwischen ländlicher und gelehrter Gesellschaft eine besondere Rolle in einer Geschichte des Agrarwissens zu.

Ein Verständnis von Praxis als angewandter Theorie war in dieser Arbeit insbesondere bei den Universitätsprofessoren, jedoch nicht nur bei ihnen, festzustellen. Diesem akademischen Verständnis nach konnten sich auch Wirtschaftsbeamte problemlos dem Lager der Praktiker zuschreiben, wie es zum Beispiel der in Kapitel 3.4 erwähnte von Eckhart getan hatte. Denn Wirtschaftsbeamte waren akademisch gebildete Personen, die – wie Theologen, Juristen und Mediziner – nach dem Studium in die Praxis wechselten, genauer: in die Verwaltungspraxis, und dort das an der Universität Gelernte anzuwenden und zu spezifizieren hatten. Generell gilt, dass fürstliche Beamte, die als Vertreter des Fürstenstaats zentrale Aufgaben der Förderung, Lenkung und Kontrolle der Wirtschaft übernahmen, in der Ökonomischen Aufklärung weniger als externe Experten betrachtet wurden, sondern vielmehr als integraler Bestandteil der Landwirtschaft.[664]

---

664 S. als Beispiel für dieses Verständnis A. Amthor, Project (wie Anm. 549). Amthor unterschied in der Ökonomie teils erwerbende („natürliche"), teils politisch-administrative Tätigkeiten.

Empirie, Praxis und Landwirtschaftswissenschaft: eine kollektive Integrationsleistung

Die Bezeichnungen ‚empirisches Wissen' oder ‚empirische Praktiken' sind, wie oben begründet, historiografische und retrospektive Kategorien, mit denen HistroikerInnen auf Vorstellungen und Praktiken zielen, die in ihrer Zeit andere Namen trugen. Präzise Unterscheidungen zwischen historischem und heutigem Sprachgebrauch sowie historischer und heutiger Bedeutung werden in der Forschungsliteratur mit Blick auf den Empiriebegriff noch zu selten vorgenommen.[665] Einer jener Namen war der bereits genannte *observatio*-Begriff, der frühneuzeitlichen Naturforschern zur Kennzeichnung einer spezifisch gelehrten Erfahrungsform diente. Eine ähnlich verdichtete Projektion gelehrten Selbstverständnisses auf einen Begriff findet sich in den Texten der Ökonomischen Aufklärung am ehesten noch in der oben beschriebenen Kategorie der Praxis, die aber von einer breiteren sozialen Gruppe beansprucht und diskursiv zum Teil *gegen* gelehrte Wissensansprüche gerichtet wurde. Während gebildete Gutsbesitzer die Praxis für sich reklamierten und die damalige Empirie pejorativ mit dem Bäuerlichen verknüpft war, fiel es vor allem universitären Kameralgelehrten zusehends schwer, einen Bereich des Erfahrungswissens für sich abzustecken (s. Kapitel 3.3). Die Sphäre des Erfahrungswissens erschien nahezu ausschließlich der ländlichen Gesellschaft – bestehend aus großen und kleinen AgrarproduzentInnen sowie den lokalen Wirtschaftsbeamten – zugeteilt. Auch den Volksaufklärern, die zwar einschlägige epistemische Begriffe einer gelehrten Erfahrung wie Aufmerksamkeit, Beobachten oder Proben machen verwendeten, schien es an einem konventionellen Begriff zu mangeln, der diese gelehrte Erfahrung eindeutig von jener der kleinen AgrarproduzentInnen unterschieden hätte (s. Kapitel 3.2). Die Figur des gelehrten genauen Beobachters *(diligent observer)*, die in der wissenschaftshistorischen Forschung herausgestellt wurde, lässt sich in der Ökonomischen Aufklärung in dieser Ausprägung nicht feststellen. Landwirtschaftliche Erfahrung, auf die zu verweisen, wie oben gezeigt,

---

In der Tat befanden sich gerade niedere Polizei-, Amt- oder Rentmänner allein in räumlicher Hinsicht im Umfeld der landwirtschaftlichen Praxis.

665 S. z. B. in A. ZILBERSTEIN, Planting Improvement (wie Anm. 547), S. 141: „The rhetoric of empiricist natural history entered agricultural discourse among improvers […]." S. exemplarisch auch B. DIETZ, Natural History as Compilation. Travel Accounts in the Epistemic Process of an Empirical Discipline, in: A. HOLENSTEIN/H. STEINKE/M. STUBER (Hgg.), Scholars in Action. The Practice of Knowledge and the Figure of the Savant in the 18th Century (Scientific and Learned Cultures and their Institutions 9), 2 Bde., Leiden/Boston/Mass. 2013, S. 703–720 und G. POMATA/N. G. SIRAISI, Introduction, in: G. POMATA/N. G. SIRAISI (Hgg.), Historia (wie Anm. 40).

ein beglaubigendes Verkaufsargument auf dem literarischen Markt war (s. Kapitel 3.4), musste gerade keine gelehrte im strengen Sinn sein, sondern vielmehr die möglichst langjährige eines erfahrenen Praktikers der Landwirtschaft. Dies aber legt nahe, dass die Integration damaliger landwirtschaftlicher Praxis und auch der damaligen Empirie (das handwerksmäßige Wissen) in die Landwirtschaftswissenschaft, wie sie Thaer schließlich legitimierte, nicht nur oder nicht in erster Linie unter Rückgriff auf einen Erfahrungsbegriff geschah, der allein Akteuren einer gelehrten Naturforschung vorbehalten war. Sie stützte sich mit Blick auf die Arena der Ökonomischen Aufklärung auch auf die positiven Konnotationen einer landwirtschaftlichen Praxis sowie auf jene Akzeptanz, die ‚eigene und vieljährige Erfahrung' im allgemeinen Lesepublikum genoss. Dass Thaer eine Ressource der Legitimation in der Akzeptanz einer breiteren gesellschaftlichen Basis gebildeter Akteure fand, erscheint indessen sozialgeschichtlich bedeutsam. Sein Wissensangebot fällt, wie oben gesehen, in die Zeit des Aufkommens der gesellschaftlichen Gruppe der gebildeten Stände. Die Aufwertung der damaligen Empirie durch einen Gelehrten wie Thaer kam indirekt auch den schreibenden Gutsbesitzern, die um eine Geltendmachung ihrer Expertise bemüht waren, entgegen. Umgekehrt sollten alle mit praktischen Wissensansprüchen auf dem literarischen Markt auftretenden Akteure – zumindest indirekt – auch als unterstützende Akteure Thaers, mithin als Akteure der Wissenschaftsgeschichte betrachtet werden. Denn ihre diskursmächtigen Forderungen wie die nach einer Gewinnorientierung, welche Thaer in sein Wissensangebot aufnahm, sind bei den Umwertungs- und Konstruktionsleistungen, die ihm später nicht zu Unrecht den Ruf einbrachten Theorie und Praxis verbunden zu haben, in Rechnung zu stellen. Thaer wurde im Übrigen bereits kurz nach seinem Tod vom oben erwähnten *Wanderverein deutscher Forst- und Landwirthe* in einem Ausmaß verehrt und vereinnahmt, dass man meinen könnte, es stecke ein Stück Selbstbezug darin, zumindest aber die Wahrnehmung Thaers als jemand, der vor allem ihre Interessen vertreten hatte.[666]

666 S. hier nochmals den Inhalt der Urkunde im Sockel der vom Wanderverein gestifteten Thaerstatue, zit. in C. Fraas, Geschichte (wie Anm. 3), S. 235.

4.3 Kritik und Polemik in der Wissenschaftsreflexion der Ökonomischen Aufklärung

Vom historiografischen Wert historischer Kritik und Polemik

In diesem Kapitel wird Polemik schlicht als Kritik verstanden, die „einen einseitigen Gesichtspunkt gegen andere ebenso einseitige geltend machen will [...]".[667] Ein Blick auf die gegenseitige Kritik ökonomischer Aufklärer und auf ihre polemischen Zuspitzungen erweist sich aus mehreren Gründen als erkenntnisfördernd. Einerseits in inhaltlicher Hinsicht, denn durch die unnachgiebige gegenseitige Offenlegung gerade der Schwachstellen der angegriffenen Position wird es heutigen LeserInnen ermöglicht, eine vermittelte Urteilskraft über die damals unter ökonomischen Aufklärern verhandelten Themen zu gewinnen. Wie kämen HistorikerInnen bei strittigen Punkten sonst in die Lage, etwa die möglichen Vor- und Nachteile der roten Rübe gegenüber der weißen zu begreifen, wenn nicht über die gesammelten und aneinander abgeglichenen Erfahrungen und Urteile der historischen Gewährsleute? Ein Vorteil einer Perspektive speziell auf zeitgenössische Polemiken liegt darin, dass sie die Aushandlung der nach wie vor gültigen wie auch der überholten und in Vergessenheit geratenen historischen Perspektiven einholt. Gerade Wissensbestände zweiter Ordnung, die Bewertungen und Deutungen zeitgenössischer Akteure (etwa über die Art des Wissens, die jemand von landwirtschaftlichen Dingen hat) liegen im Agrarschrifttum häufig in kritischer oder polemischer Form vor. Kritik und Polemik ökonomischer Aufklärer können insofern als eine Art Einflugschneise genutzt werden, vermittels derer in das vergangene Wissen vom Wissen in der Landwirtschaft eingetaucht werden kann.

Panagiotes Kondyles erkannte dem Polemischen in seiner bekannten Studie *Die Aufklärung im Rahmen des neuzeitlichen Rationalismus* (1987) eine ursächliche Rolle in geistesgeschichtlichen Entwicklungen zu, insbesondere in der Ausdifferenzierung philosophischer Positionen. Die Einheit der Aufklärung als eines geistesgeschichtlichen Phänomens, so seine These, beruhte nicht auf ihren Antworten, sondern vielmehr auf den Fragen. Die Vielfalt der Antworten wiederum resultierte aus den verschiedenen „Grundhaltungen" bzw. aus den „polemischen Bedürfnissen" der einzelnen Autoren:

> Die beste Art, eine bestimmte Philosophie geistesgeschichtlich zu begreifen, ist demnach die, ihren Gegner klar ins Auge zu fassen und zu erwägen, was sie beweisen muß bzw. *will*, um

667 F. W. J. Schelling/G. W. F. Hegel (Hgg.), Kritisches Journal der Philosophie. Ersten Bandes erstes Stück, Tübingen 1802, S. XXIII.

> diesen Gegner außer Gefecht zu setzen. In der Polemik aller gegen alle bzw. der philosophischen Parteien gegeneinander entsteht – je nach dem Ziel der Polemik bzw. dem vorschwebenden Ideal – die Vielfalt der Variationen über ein und dasselbe Thema, d.h. über die Grundfrage, um die sich die Polemik dreht.[668]

Wie zu sehen war, waren auch ökonomische Aufklärer alle durch einen grundsätzlichen Konsens miteinander vereint, der ökonomische Verbesserungen sowohl aus staatlich wie auch aus individuell utilitaristischer Sicht begrüßte und das Projekt der Verbesserung eng an die Vorstellung einer wissenschaftlichen Ökonomie knüpfte. Ökonomische Aufklärer konnten sich gegenüber einem als ungebildet geltenden Bauernstand als Einheit verstehen und abgrenzen (s. Kapitel 3.2). Dabei waren sie durchaus keine homogene, sondern eine von Binnendifferenzierungen geprägte Gruppe der gesellschaftlichen Mittelschicht. Die Ausgestaltung der eigenen Position in jenem normativen Prozess, der die Aushandlung einer wissenschaftlichen Ökonomie betraf und der ab der Mitte des Jahrhunderts an Intensität zugenommen hatte, war, wie oben gezeigt, nicht unwesentlich durch die kursierenden Repräsentationen der anderen Diskursteilnehmer mitbestimmt. Thaers Selbstbild knüpfte beispielsweise an das Ideal des bedächtigen Praktikers an und war im Gegensatz zum voreiligen Praktiker sowie zum Theoretiker als einem weltfremden ‚Stubenökonomen' konzipiert. Der Universitätsgelehrte Weber wiederum entwarf, wie in Kapitel 3.3 dargestellt, zur Eindämmung seiner Konkurrenten ein negatives Bild des Empirikers, das sich an gängige Bauernfiguren anlehnte. Der Gestaltungsspielraum der eigenen Position war stets durch die Positionen der Gegner, aber auch durch die eigens entworfenen Selbst- und Fremdrepräsentationen mit abgesteckt. Sinnliche Erfahrung bzw. die Handgriffe der Landwirtschaft hatten in Webers Konzeption beispielsweise keinen Platz und keinen Wert. Webers eigenwilliges Verständnis von Erfahrungswissen, das aus dem Beobachten *anderer* Personen bei der landwirtschaftlichen Arbeit resultiere, wirkt mehr oder weniger absurd und ist doch mit Bezug auf seine eigenen Prämissen folgerichtig. Es können insofern, Kondyles folgend, die polemischen Aussagen, mithilfe derer Autoren versuchten, das eigene Wissen auf- und das ihrer Konkurrenten abzuwerten, sowohl in einer destruktiven als auch in einer konstruktiven

668 P. Kondyles, Die Aufklärung im Rahmen des neuzeitlichen Rationalismus, Hamburg 2002, S. 20. Ähnlich zentral formuliert Marcelo Dascal die Rolle der Polemik bei der Entstehung, Entwicklung und Bewertung von wissenschaftlichen Theorien, M. Dascal, Kontroversen und Polemiken in der frühneuzeitlichen Wissenschaft, in: K. Bremer/C. Spoerhase (Hgg.), Gelehrte Polemik. Intellektuelle Konfliktverschärfungen um 1700 (Zeitsprünge. Forschungen zur Frühen Neuzeit 15), Frankfurt am Main 2011, S. 146–157, insb. S. 146.

Funktion interpretiert werden: Sie fungierten ebenso als Instrument der Diffamierung anderer Positionen wie als Instrument der Selbstschöpfung. Marian Füssel betont ebenfalls und bereits im Anschluss an Johan Huizinga einen „agonalen Charakter der Wissenschaft" im 17. und 18. Jahrhundert. Mit dem Bild der „Gelehrtenrepublik im Kriegszustand" verweist er auf das verbreitete Phänomen einer kriegerischen Metaphorik in gelehrten Selbstbeschreibungen, das heißt in Gelehrtenkritik und Gelehrtensatire.[669] PolemikhistorikerInnen verweisen ferner auf die in Polemiken enthaltene Grundspannung zwischen einer epistemischen Dimension einerseits, in der die Legitimierung der eigenen sowie die Delegitimierung fremder Wissensansprüche im Vordergrund steht, und einer sozialen Dimension andererseits, in der dem anderen die soziale Anerkennung verweigert und dem eigenen sozialen Kapital zugeschrieben wird.[670] Dieser Beschreibung entspricht in vielen Hinsichten die in der vorliegenden Arbeit erkenntnisleitende Metapher einer epistemischen und sozialen Arena. Zusammengenommen lag in den Binnendifferenzierungen, deren sich ökonomische Aufklärer wechselseitig, in ihren polemisch überspitzten Selbst- und Fremdwahrnehmungen unterzogen, unverkennbar eine Quelle der Dynamik.[671] Wird die Ökonomische Aufklärung als diskursive Arena betrachtet, dann scheinen polemische Figuren wie die des Stubenökonomen oder des Sudelwirtes diese Dynamik in der Tat mehr als alle anderen diskursiven Entitäten zu verkörpern. Auffallend polemisch strukturiert war, wie bereits mehrfach deutlich wurde, die für den ökonomischen Diskurs

669 M. Füssel, Die Gelehrtenrepublik im Kriegszustand. Zur bellizitären Metaphorik von gelehrten Streitkulturen in der Frühen Neuzeit, in: K. Bremer/C. Spoerhase (Hgg.), Gelehrte Polemik. Intellektuelle Konfliktverschärfungen um 1700 (Zeitsprünge. Forschungen zur Frühen Neuzeit 15), Frankfurt am Main 2011, S. 158–175, ders., Gelehrte Streitkulturen. Zur sozialen Praxis des Gelehrtenstreits im 17. und 18. Jahrhundert, in: M. Meumann (Hg.), Ordnungen des Wissens – Ordnungen des Streitens. Gelehrte Debatten des 17. und 18. Jahrhunderts in diskursgeschichtlicher Perspektive (Hallesche Beiträge zur Geschichte des Mittelalters und der Frühen Neuzeit 7), Berlin 2011 und J. Huizinga, Homo Ludens. A Study of Play-Element in Culture (Sociology of culture 3), London 2000 [1938].

670 C. Spoerhase/K. Bremer, Rhetorische Rücksichtslosigkeit. Problemfelder der Erforschung gelehrter Polemik um 1700, in: K. Bremer/C. Spoerhase (Hgg.), Gelehrte Polemik. Intellektuelle Konfliktverschärfungen um 1700 (Zeitsprünge. Forschungen zur Frühen Neuzeit 15), Frankfurt am Main 2011, S. 111–122, S. 114.

671 Dieser Befund entspricht dem programmatischen Anspruch des 2011 eingerichteten DFG-Netzwerks *Gelehrte Polemik: Wissenshistorische Analysen intellektueller Konfliktverschärfung* Polemiken als „Motor" der wissenschaftlichen und literarischen Kommunikation in der frühneuzeitlichen Gelehrtenrepublik zu verstehen, s. ebd., S. 115. S. auch die Beiträge in K. Bremer/C. Spoerhase (Hgg.), „Theologisch-polemisch-poetische Sachen". Gelehrte Polemik im 18. Jahrhundert (Zeitsprünge. Forschungen zur Frühen Neuzeit 19), Frankfurt am Main 2015.

konstitutive Theorie-Praxis-Dichotomie, die – um die Empirie erweitert – nicht selten die Gestalt einer Trichotomie annahm. Anhand der zentralen und fortwährend erhärteten Unterscheidung von so genannten Theoretikern und Praktikern der Landwirtschaft soll im Folgenden noch einmal speziell die Frage nach dem Wert historischer Kritik, wenn sie als Polemik auftritt, für die Geschichtsforschung vertieft werden: Welche ehemals geltenden Realitäten erhellt historische Polemik, für welche verstellt sie dagegen den Blick?

Stubenökonomen und Sudelwirte: polemische Figuren zwischen Theorie und Praxis

Ein Kommentator beschwerte sich 1749 in den *Leipziger Sammlungen,* dass, obwohl „nicht wenige Gelehrte" zugleich Landwirte seien, die *Leipziger Sammlungen* in den vier ersten Bänden noch keinen Artikel zum Ackerbau oder zur Viehzucht gebracht hätten. Das, was publiziert worden war, stamme wohl eher nicht von gelehrten Landwirten, sondern vielmehr von „gelehrten Stuben Hauswirthe[n]", deren Texte

> entweder in wenig verschlagenen Kleinigkeiten, oder in solchen Angaben bestanden, die theils die Unkundigkeit in dieser Wissenschafft verrathen haben, theils wohl im kleinen aber nicht im grossen anzubringen gewesen, theils haben auch die Angaben so grosse Kosten vorausgesetzet, daß sich ein Land-Wirt, dessen Haupt-Zweck der Gewinn ist, sich für die wohlgemeinten Vorschläge gar sehr bedancken müssen.[672]

Die immer gleichen Vorwürfe wiederholten sich: praktische Unwissenheit, keine Kenntnis des Gewerbes, voreiliger Schluss von kleinen Experimenten in der Stube auf das Feld. Selbst namhafte Naturgelehrte konnte seinerzeit der Spott selbstbewusster Praktiker treffen, in deren Augen Gelehrte wie Georges-Louis Leclerc Buffon (1707–1788) nicht mehr als

> eine Hand voll Erde, in ihrem Trinkglase aufweichen, eine Bohne, oder Zwiebel in ihren Blumentopf stecken, eine Blattlaus mit dem Microscope betrachten, und aufs höchste mit einigen Gartenbeeten spielen.[673]

---

672 Nachricht und Betrachtungen, betreffend die Verbesserung des Ackerbaues und der Vieh-Zucht im Mecklenburgischen, nach dem Hollsteinischen Fuß, in: Leipziger Sammlungen 5 (1749), S. 427–436, Zitat S. 428.

673 Nachricht (wie Anm. 22), hier S. 504 f. Der Autor des Artikels spricht sich allerdings *für* eine

Deutlich und durchaus selbstbewusst wurde mit der Figur des Stubenökonomen der Hochmut zurückgewiesen, welcher in der Geste eines gelehrten oder auch volksaufklärerischen Ratschlags stecken konnte. Ein Mann,

> der auf großen Herrschaftlichen Aemtern der Haushaltung vorstehet, wird große Gedult beweisen müssen, wenn ihn ein Gelehrter aus seiner öconomischen Bibliothek belehret, daß er sein lettigtes Land mit Sand vermischen müsse. Denn wer wird ihm so leicht den Sand in dem Verhältnisse darauf schaffen, als ihn jener zu seinen Blumentöpfen hat finden können.[674]

Die wahrgenommene Grenzüberschreitung von der Bibliothek auf das Feld, die Bewegung von einem Wissen aus Büchern hin zu einem praktischen Ratschlag, war einer der entscheidenden Kritikpunkte, die mit der Figur des Stubenökonomen zum Ausdruck gebracht wurde. Dass es sich um eine Grenz- bzw. Kompetenzverletzung handelte, sahen Kritiker in einem – angeblich vollkommenen – Mangel an landwirtschaftlicher Erfahrung begründet: So genannte Stubenökonomen kannten sich gar nicht in der Praxis aus und standen mit dem Land in keinerlei Verbindung. Kleine landwirtschaftliche Praktiker, das heißt die AdressatInnen der Volksaufklärung, waren freilich nur in seltenen Fällen in der Lage, diese Kritik zu formulieren und in den Diskurs der Ökonomischen Aufklärung einzubringen. Wohlhabende Gutsbesitzer wie der bereits mehrfach erwähnte Engel dagegen, die die notwendigen Fähigkeiten und Mittel auch zum polemischen Schreiben besaßen, sprachen jedoch häufig für die gesamte ländliche Gesellschaft, das heißt indirekt auch für kleine AgrarproduzentInnen mit: Bloß gelehrte Wissensansprüche hatten in der Landwirtschaft nichts zu suchen. Deutlich wird hiermit, inwiefern mit dem ‚Stubenökonomen' ein nur abstraktes bzw. abstrahierendes Denken kritisiert und demgegenüber die konkrete landwirtschaftliche Erfahrung favorisiert wurde.

Mit dem Sudelwirt, jener bereits in Kapitel 3.2 näher betrachteten polemischen Figur, wurde demgegenüber zwar nicht landwirtschaftliche Erfahrung zum direkten Gegenstand der Kritik, wohl jedoch ein Mangel an Abstraktionsvermögen aus derselben. Die mangelnde Abstraktion, das hieß gleichsam die zu enge epistemische Bindung an das eigene Land, wurde nicht nur als Fehler des kleinen, ungebildeten Agrarpraktikers angesehen, auf den die Figur des Sudelwirts vordergründig anspielte. Sie konnte selbst einem Gutsherren Engel, das heißt einem wohlhabenden, gebildeten und adeligen Agrarpraktiker zum Vorwurf geraten. Zu voreingenommen von den eigenen Verfahrensweisen, galten Praktiker als unfähig,

---

Kooperation zwischen Landwirten und Naturgelehrten aus, der „Naturkundige und Botanist" sei das „Correlatum der Haushälter", ebd., S. 508.

674 Ebd., S. 496.

einen objektiven Blick auf das Ganze der Landwirtschaft zu werfen – und damit nicht nur für Matthesius (aus Kapitel 3.4) als untauglich für die Rolle des akademischen Lehrers. Praktiker könnten zwar gute „Particular-Cameralisten", niemals aber „Universal-Cameralisten" werden, hatte Justi postuliert.[675] Die zu enge Bindung an die eigene Scholle war auch ein erkenntnistheoretisches Sinnbild, das für die an das Partikuläre gebundene sinnliche Wahrnehmung stand, welche nicht verstandesmäßig eingefasst war. Die Unfähigkeit, vom Partikulären zu abstrahieren – das heißt eine strikte lokale Gebundenheit des Wissens – bildete in epistemischer Hinsicht den Kern aller polemischen Figuren, die zur Verunglimpfung von Landwirten, egal welcher Betriebsgrößen, eingesetzt wurden. Spätestens beim Versuch, an einem anderen Ort zu wirtschaften, so hieß es, stießen Praktiker, angeblich unfähig zur verstandesmäßigen Abstraktion und Adaption, an ihre Grenzen. Mit dem Sudelwirt als einer extrem negativen Figur, eigentlich nicht die Praxis, sondern die Empirie repräsentierend, wurde schließlich lokales und traditionales Wissen gar nicht mehr als Wissen anerkannt. Denn statt eines, wenn auch begrenzten Wissens wurde dem Sudelwirt ein ausschließlich sinnliches Dasein, ein bloß mechanisches Handeln nach dem sogenannten Schlendrian, der Tradition und dem Aberglauben, ein Maschinenleben ohne Geist, das heißt eher ein Nichtwissen denn ein Wissen zugeschrieben. In Kapitel 3.2 wurde der Sudelwirt deshalb als epistemische Negativfigur und der ‚einfache Bauer' als das Andere der Ökonomischen Aufklärung charakterisiert.

Das Praktische sollte nach zeitgenössischen Vorstellungen, wie oben dargestellt, demgegenüber eine landwirtschaftliche Erfahrung enthalten, deren Sinnlichkeit – anders als die Empirie – als verstandesmäßig durchdrungen gedacht war. Akteure wie der Universitätsökonom Weber machten jedoch regelmäßig von der polemischen Möglichkeit Gebrauch, auch wohlhabende Gutsbesitzer in die Nähe einer bäuerlichen Empirie zu stellen (s. Kapitel 3.3). Dies war insofern ein erfolgversprechendes Mittel, da die negativen Konnotationen des Bäuerlichen, die nicht zuletzt durch die volksaufklärerische Literatur produziert und reproduziert wurden, eine enorme diskursive Kraft hatten. Wie in Kapitel 3.2 gezeigt, sahen sich so gut wie alle Autoren der Ökonomischen Aufklärung bemüßigt, sich mit ihrem als wissenschaftlich gekennzeichneten Ansatz von der bäuerlichen Gesellschaft abzugrenzen und als ihr überlegen zu positionieren. Stellt der gebildete Agrarpraktiker mit Figuren wie dem geschickten Praktiker, gelehrten Landwirt oder theoretisch-praktischen Wirt eine vermittelnde Position dar, so sind Stubenökonom und Sudelwirt als die beiden äußersten Pole einer polemisch überspitzten Darstellung anzusehen. Sie symbolisieren als epistemische Figuren entweder ein

675 J. H. G. von Justi, Staatswirthschaft (wie Anm. 287), S. XXXI.

rein geistiges Engagement oder ein rein sinnlich-körperliches Engagement in der Landwirtschaft. In der Überspitzung hatte der Stubenökonom nicht nur keinen direkten (weder als Landwirt noch als Landwirtschaftsadministrator), sondern auch keinen vermittelten Erfahrungsbezug mehr: Seine ‚Geistesprodukte' waren rein spekulativer Natur. Der Figur des Sudelwirts fehlte es dagegen gänzlich an Abstraktionsvermögen.

Grauzonen und Übergänge: Grenzen der polemischen Erkenntnis

Auffallend aus heutiger Sicht sind die große Selbstverständlichkeit, mit der zeitgenössische Autoren zwischen theoretisch und praktisch unterschieden, sowie die Sicherheit, mit der sie Texte, Autoren, Methoden oder Inhalte – undifferenziert – dem einen oder anderen der beiden Pole zuordneten. Die konzeptuelle Unterscheidung zwischen Theorie und Praxis hilft zweifelsohne auch noch der heutigen Forschung, das Phänomen der Ökonomischen Aufklärung als ein historisches Wissensfeld zu erschließen und zu strukturieren. Wie jede Dichotomie birgt jedoch auch diese Fallstricke, und die Unterscheidung in agrarische Theoretiker einerseits und Praktiker andererseits erweist sich, im Detail betrachtet, als ein solcher Fallstrick der Erkenntnis. Denn eine derart klare Unterscheidung, wie sie auf der diskursiven Ebene getroffen wurde, ist im Licht konkreter Einzelfälle kaum je anzutreffen. Zwischen der historischen Person Friedrich Pohl, dem Gutsverwalter, Publizist und Akademiker, und ihrer möglichen Repräsentation entweder als Theoretiker oder als Praktiker, eröffnet sich daher eine Kluft. Wie soll historiografisch damit umgegangen werden, dass diskursiv herausgestellte und polemisch verschärfte Gegensätze den Blick auf materielle und soziale Realitäten wie jene in Pohls Beispiel offenbar eher verstellen denn erhellen, hatten diese die konzeptuellen Grenzen faktisch doch klar überschritten?

Um Verzerrungen in der Wahrnehmung der oder des Forschenden zu mildern, ist eine bewährte geschichtswissenschaftliche Methode der Quellenkontrast. In Kapitel 3.1 wurde in dieser Hinsicht bereits thematisiert, inwiefern Steuerkataster, Erntestatistiken und andere nicht-narrative Quellen der Agrargeschichte eine andere Sprache sprechen als Texte der ökonomischen Aufklärer, welche eher Aufklärungsforschungen als Quelle dienen. Davon abgesehen, hatte sich allerdings gezeigt, dass historische Deutungen, die Selbstverständigung der Aufklärer, nicht nur mithilfe anderer Quellsorten geprüft und kritisiert werden können, indem nämlich eine Quellsorte erkenntniskritisch gegen die andere gewendet wird. Ebenso möglich erschien es bereits diskursimmanent, das heißt allein mit den Texten der Aufklärer und den in ihnen enthaltenen konträren Perspektiven, die holzschnittartige Gegenüberstellung von Theoretikern und Praktikern zu relativieren. Die vorliegende agrarhistorische Skepsis gegenüber aufklärerischen Perspektiven, thematisiert in Kapitel 3.1, gibt freilich einen zusätzlichen Impuls und lässt es darüber hinaus als notwendig erscheinen, diese konträren Sichtweisen herauszuarbeiten und zu interpretieren.[676] Jedenfalls kam es in den Einzeltextanalysen des ganzen dritten Kapitels stets zur Auflösung der diskursiven Scheidung der Akteure in zwei Lager. Im Folgenden werde ich kurz die im Sudelwirt und im Stubenökonom verdeckten Grauzonen und Übergänge rekapitulieren, die sich in der genauen Betrachtung und auf verschiedenen Ebenen zwischen theoretischem und praktischem Wissen ergeben hatten. In dieser Frage nach den Übergängen erschien es stets als aufschlussreich, einen Blick auf das jeweilige Tun der historischen Akteure im Gegensatz zu ihrem Sprechen zu werfen: Was wurde gesprochen, und was taten die Protagonisten der Ökonomischen Aufklärung? Nach dem *practical turn* erscheint es im Übrigen generell als lohnenswert, die deutliche Trennlinie zwischen Begriffsgeschichte und Sozialgeschichte, Sprachhandlung und Tathandlung, die Koselleck noch zog, neu zu hinterfragen, und zwar in beide Richtungen.[677] Selbst die so genannten Theoretiker im Sinn des Landbezug-Kriteriums verfügten aus praxeologischer Perspektive durchaus, wie in Kapitel 3.3 bereits nachvollzogen wurde, über Formen des Erfahrungswissens. Sie bemühten sich um persönlichen Kontakt mit Landwirten, sie experimentierten mit realienbezogenen Lehrmethoden, und sie suchten das bereits kodifizierte und über Literatur und Publizistik zugänglich gemachte Erfahrungswissen zu ordnen. Vom Anspruch her verfolgten die nicht selbst wirtschaftenden Autoren der Ökonomischen Aufklärung keineswegs das Ziel spekulativ entwickelter Thesen und Theorien, wie ihnen allerdings in Form herber Geringschätzung (‚Grillenfängerei', ‚Stubenökonom') zugeschrieben wurde. Vielmehr bestand ihr maßgeblicher Beitrag – ihre Praxis – im Sammeln und Sortieren der schieren Menge verfügbar werdender ökonomischer Information, wie sie sich im explodierenden Zeitschriften- und Buchmarkt niederschlug. In diesem Sinn fassten Befürworter die Systeme der so genannten Theoretiker auch nicht als einen Gegensatz, sondern vielmehr als den Behälter

676 Zum zugrunde liegenden Konflikt zwischen ontologischer und epistemologischer Perspektive auf Geschichte s. das Programm des Graduiertenkollegs *Das Reale in der Kultur der Moderne der Universität Konstanz*, http://www.uni-konstanz.de/reales/programm.html (zuletzt aufgerufen am 08.04.2019).

677 Koselleck problematisierte in dem Zusammenhang auch die Dominanz schriftlicher Quellen: „Der anthropologische Vorrang der Sprache für die Darstellung der geschehenen Geschichte gewinnt damit einen erkenntnistheoretischen Status. Denn sprachlich muß entschieden werden, was in der vergangenen Geschichte sprachlich bedingt war und was nicht", R. Koselleck, Begriffsgeschichten (wie Anm. 616), S. 18.

für das zirkulierende Erfahrungswissen auf. Insofern ergänzten sich System und Erfahrung eher, als dass sie sich ausschlossen: „,System' represented one radical way of containg, and perhaps organizing, the infinite number of particulars offered by historical study."[678] Prinzipien aufstellen und deduzierendes Ordnen stand im Dienst auch der konkreten Naturerkenntnis.[679] Zwar ist gewiss, dass zur Wissenspraxis etwa der Kameralgelehrten keine eigenen Feldversuche gehörten. Ihnen jedoch als alleinige Methode den scholastischen Vernunftschluss zuzuschreiben war dennoch verfehlt, denn die Bücher der Kameralgelehrten und der landwirtschaftlichen Publizisten waren auch reich befüllt mit positivem Wissen. In der Tat erwies sich die Wissenspraxis der Professoren und Schriftsteller als eine Form eines literarischen Empirismus', welcher sich gegenüber dem experimentellen Empirismus der schreibenden Praktiker als kooperativ und ergänzend darstellte. Theoretiker müssten sich auf die Erfahrungen anderer berufen und diese „wie Geschichtsschreiber" korrekt zitieren, hatte Beckmann diesen Zusammenhang treffend formuliert.[680] Er vertrat damit gerade nicht die begriffliche Spekulation, sondern eine gelehrte Erfahrungsform als Methode, genauer: die unter Gelehrten und Schriftstellern geläufige Praxis der *historia literaria*. Die Erfahrungen, Entdeckungen und Vorschläge lagen „in einer ungeheuren Menge höchst verschiedener periodische[r] Schriften, Sam[m]lungen und Magazine, zerstreuet und versteckt", und eine klassisch gelehrte Aufgabe war, sie zusammenzutragen und unter abstrakteren Begriffen zu ordnen – eine Tätigkeit, die seinerzeit als wissenschaftlich anerkannt war. Methodologisch betrachtet schlossen Systeme deshalb Erfahrung mit ein, denn das System galt schlicht als deren wissenschaftliche Form. Eine präzise begriffs- und praxisgeschichtliche Rekonstruktion entkräftet und relativiert somit die polemische Figur des Stubenökonomen, als dessen maßgebliches Kriterium gerade ein gänzlicher Mangel an Erfahrung galt. Weder Praktiken noch Begriffe der theoretischen Autoren entsprachen dieser Charakterisierung völlig, denn ihr Anspruch lag gerade nicht in der ,Grillenfängerey', sondern in einer systematisierten Erfahrung. Einzelne Studien, deren Weiterverfolgung zu begrüßen wäre, legen nahe, dass die stark ausgeprägte Opposition zwischen *system* und *observation* in westeuropäischen gelehrten Diskursen des 18. Jahrhunderts als ein polemisch zugespitzter und insofern in der Historiografie übertriebener Gegensatz dekonstruiert werden könnte.[681] Als hilfreich für eine solche Dekonst-

---

678 D. R. Kelley, History and System (wie Anm. 629), S. 224.

679 Die These, dass selbst Vertreter einer spekulativen Naturphilosophie um 1800 sich im Dienst einer Naturwissenschaft sahen, expliziert O. Breidbach, Schelling (wie Anm. 569).

680 J. Beckmann, Landwirthschaft (wie Anm. 133), S. XI.

681 Peter Singy zeigt etwa, dass eine gelehrte Erfahrung durchaus als Kombination aus *observation*

ruktion erwies sich in der vorliegenden Studie, wie bereits erwähnt, der Blick auf die konkreten Wissenspraktiken der Akteure, indem Spannungen zwischen dem in polemischer Weise Ausgesagten und dem, was Akteure eigentlich taten, deutlich registriert werden konnten. Im Spannungsfeld zwischen dem, was historisch als Idee oder Begriff formuliert wurde, und dem, was gemacht wurde, finden sich wertvolle Anhaltspunkte für die Interpretation. Dass begriffliche Entwicklungen nicht zwangsläufig mit gesellschaftlichen Entwicklungen konvergieren, betonte Koselleck folgendermaßen:

> Die Differenz zwischen Handeln und Reden, die wir für die sich vollziehende Geschichte aufgewiesen haben, sie verhindert auch im Blick zurück, daß die gesellschaftliche ‚Wirklichkeit' jemals mit der Geschichte ihrer sprachlichen Artikulation konvergiert. Auch wenn im synchronen Schnitt, der selbst eine Abstraktion ist, Sprech- und Tathandlungen verflochten bleiben, der diachrone Wandel, der ein theoretisches Konstrukt bleibt, vollzieht sich ‚realgeschichtlich' und begriffsgeschichtlich nicht in gleichen Zeitrhythmen und Zeitfolgen. Die Wirklichkeit mochte sich längst verändert haben, bevor der Wandel auf seinen Begriff gebracht wurde, und ebenso mochten Begriffe gebildet worden sein, die neue Wirklichkeiten freigesetzt haben.[682]

Auf einer anderen Ebene realisiert sich die historiografische Kritik bei der Imagination bäuerlicher Maschinenwesen, die der Sudelwirt in einer besonders extremen Form suggerierte. In Kapitel 3.2 wurden seine Bedeutung und Funktion als epistemische Negativfigur bereits ausführlich herausgearbeitet. Auch hier schien die Frage erkenntnisfördernd, was historische Akteure eigentlich mit der Figur machten: Vor der Negativfolie des Sudelwirts konnten einerseits die Dignität des neuen Wissensfeldes einer wissenschaftlichen Ökonomie positiv herausgestellt und andererseits konkurrierende Wissensansprüche diskreditiert werden – indem man sie in die Nähe der Negativfigur rückte. Als Symbol für eine minderwertige Wissensform bzw. als Symbol des Nichtwissens bezog der so genannte Sudelwirt, ähnlich wie der Empiriker, seine negative Bestimmung aus dem zeitgenössischen Stigma des Bäuerlichen. Dass die Polemik des Sudelwirts vordergründig leerlief, weil kleine und illiterate AgrarproduzentInnen als buchstäbliche Adressaten nur in Einzelfällen – wie Michael Irlbeck aus Kapitel 3.1 – auf die literarische Provokation reagieren konnten und wollten, schmälert nicht die polemische Funktion und Wirksamkeit der Figur. War sie zwar oberflächlich gegen kleine AgrarpraktikerInnen gerichtet, so wurde sie diskursiv doch gegen andere Akteure

---

und *abstract thinking* betrachtet wurde, s. P. Singy, Huber's Eyes: The Art of Scientific Observation Before the Emergence of Positivism, in: Representations 95 (2006), S. 54–75.

682 R. Koselleck, Begriffsgeschichten (wie Anm. 616), S. 29.

und zur Delegitimierung derer Wissensansprüche eingesetzt, namentlich gegen die Wissensansprüche der schreibenden Agrarpraktiker. Als eigentlicher Adressat der Polemik wird damit ein dritter Akteur bedeutsam: das gelehrte und das ökonomische Publikum. Das Urteil des Publikums, das heißt eine dritte, polemische Instanz zu beeinflussen und für die eigene Seite einzunehmen, kann als das eigentliche Ziel der allgemeinen Bauern-Polemik betrachtet werden.[683] Wenn sich aber mithilfe polemischer Bauernfiguren eine gelehrte Elite gegen aufstrebende Gruppen gebildeter Praktiker verteidigte, dann war diese Polemik kaum auf Stimmigkeit mit der Sache, kaum auf eine tatsächliche Kenntnis der bäuerlichen Ökonomie angewiesen. Sie konnte im Prinzip ganz aus Unterstellungen aufgebaut sein, und eine Inschutznahme der kleinen AgrarproduzentInnen war von niemandem zu erwarten.[684]

Gleichzeitig wurde das in der Polemik gezeichnete Bauernbild zur Realität. Die maßgebliche Grauzone der Erkenntnis, die durch den Sudelwirt und andere Figuren entstand, liegt in der epistemischen Abwertung kleiner AgrarproduzentInnen als nicht nur formal ungebildet, sondern als gänzlich unwissend – ein Urteil, das sich diachron fortgepflanzt hat und mit einer Unsichtbarmachung bäuerlichen Erfahrungswissens einherging. Hatte es in den Ökonomiken des 17. und frühen 18. Jahrhunderts, in der Hausväterliteratur, noch die Figur eines klugen, alten Bauern gegeben, so blieb in der Ökonomischen Aufklärung vor allem der ‚gemeine Bauer' als Symbol des Nichtwissens übrig. Gänzlich übersehen wird damit, dass selbst kleine AgrarproduzentInnen, anders als der Sudelwirt und ein bis heute fortlebendes Bauernbild der Aufklärung es unterstellen, ein erhebliches Maß an Bildung erwerben konnten – dies oftmals autodidaktisch. Michael Irlbeck aus der vorliegenden Arbeit, besonders aber der sächsische Bauernastronom Johann Georg Pahlitzsch, der in der zeitgenössischen Naturkunde, der Astronomie und der Wolff'schen Philosophie gleichermaßen bewandert gewesen sein soll, sind

683 Die „polemische Situation" beschrieb z. B. Jürgen Stenzel: „Da ist zunächst das *polemische Subjekt*, der Polemiker. Der Angegriffene soll *polemisches Objekt* heißen. In einer Wechselpolemik tauschen beide die Rollen. Der indirekte oder direkte Adressat polemischer Rede ist die *polemische Instanz*, worunter wir nach dem Muster der Rechtssprache das als entscheidungsmächtig vorgestellte Publikum begreifen. Der polemische Prozeß handelt von einem *polemischen Thema*", J. Stenzel, Rhetorischer Manichäismus. Vorschläge zu einer Theorie der Polemik, in: A. Schöne/F. J. Worstbrock/H. Koopmann (Hgg.), Kontroversen, alte und neue. Akten des VII. Internat. Germanisten-Kongresses Göttingen 1985. Bd. 2: Formen und Formgeschichte des Streitens. Der Literaturstreit, Tübingen 1986, S. 3–11.

684 Entsprechend bedeutsam ist die Anerkennung, die Thaer schließlich dem Handwerk als der Wissensform der Ungelehrten entgegenbrachte, s. Kapitel 3.5.

sicherlich als Ausnahmen zu betrachten.[685] Grundlagen formaler Bildung wie das Lesen und Schreiben konnten jedoch, darauf haben Siegert und andere hingewiesen, auch in der ländlichen Gesellschaft noch vor Verbreitung der Schulpflicht erlangt werden und wurden erlangt – beispielsweise von Töchtern wohlhabender Bauern als Statussymbol. Das Lesen und Schreiben eigneten sich Einzelne über Wanderlehrer, Winkelschulen oder innerfamiliär an, ursprünglich zum Zweck der Bibelstudien.[686] Davon abgesehen, muss die gegenüber schulischer Bildung größere Bedeutung traditionalen und informellen Wissens für die vorindustrielle Landwirtschaft in Rechnung gestellt werden, in der jahrhundertelang ohne formale Schulbildung gearbeitet worden war, welche auch um die Jahrhundertwende noch keine notwendige Voraussetzung für den wirtschaftlichen Erfolg von AgrarproduzentInnen darstellte. Die Landwirtschaft lag noch weitgehend, wie ökonomische Aufklärer häufig beklagten, in den Händen des Bauernstandes. Sämtliche Ressourcen, auch das Wissen, so die oben zitierte These von Kopsidis, kamen bis ins 19. Jahrhundert hinein aus der ländlichen Gesellschaft selbst. Die polemische Behauptung, dass bäuerliche Akteure in ihrer eigenen Profession keinen Sachverstand besaßen, ist deshalb selbst unter der Annahme, dass sie formal

---

685 G. Siegmund, Art. Palitzsch, Johann Georg, in: Allgemeine Deutsche Biographie (25) 1887, S. 80–81. Zu diesem und weiteren „Bauernastronomen" s. auch K.-D. Herbst, Bäuerliche Astronomen (wie Anm. 211) und die entstehende Habilitation von Monika Mommertz (Wissenschaft – Epistemen – Divination: Institutionelle und außerinstitutionelle Wissenskulturen im Kontext europäischer „Sternenkunde" während des 17., 18. und der ersten Hälfte des 19. Jahrhunderts).

686 R. Siegert, Neugierige Leute (wie Anm. 211). S. auch H. Bosse, Autodidaxe und Selbstbildung im Umkreis von Bildungsinstitutionen, in: H. Böning u.a. (Hgg.), Selbstlesen (wie Anm. 211) und H. Mürner, Der Landhandwerker Andreas Posch (1770–1848) – Selbstbildung zum Naturdichter, „der keinen anderen Unterricht erhalten hat, als den er durch seinen eigenen Eifer und durch selbst entworfene Bilder dem Gedächnisse einprägen konnte.", in: H. Böning u.a. (Hgg.), Selbstlesen (wie Anm. 211). Ferner R. Siegert, Zum Stellenwert der Alphabetisierung in der deutschen Volksaufklärung, in: P. Goetsch (Hg.), Lesen und Schreiben im 17. und 18. Jahrhundert. Studien zu ihrer Bewertung in Deutschland, England, Frankreich (ScriptOralia 65), Tübingen 1994, S. 109–124, S. 113, ders., Isaak Maus, der „Bauersmann in Badenheim". Ein bäuerlicher Intellektueller der Goethezeit und sein soziales Umfeld; mit einer Personalbibliographie, in: Internationales Archiv für Sozialgeschichte der deutschen Literatur 10 (1985), S. 23–93, F. Schellack/R. Siegert, Jacob Hirschmann (1803–1865). Bürgermeister, Bauer und Dichter in Sprendlingen (Rheinhessen), Sprendlingen 2003 und R. Siegert, Volksbildung im 18. Jahrhundert, in: N. Hammerstein/U. Herrmann (Hgg.), Handbuch der deutschen Bildungsgeschichte. Bd. 2: 18. Jahrhundert. Vom späten 17. Jahrhundert bis zur Neuordnung Deutschlands um 1800, München 2005, S. 443–483. Zur Alphabetisierungsforschung z. B. A. Hofmeister/R. Prass/N. Winnige, Elementary (wie Anm. 272).

ungebildet waren, wenig plausibel und eine zu Unrecht tradierte Unterstellung. Welche Wirksamkeit polemische Figuren diachron entfalten können, kann an diesem Beispiel besonders deutlich nachvollzogen werden. Dass mittlere und kleine AgrarproduzentInnen, das heißt bäuerliche und unterbäuerliche Schichten im 18. Jahrhundert die maßgeblichen Experten der Landwirtschaft und unter Umständen die alleinigen Besitzer des lokalen Wissens einer Region waren, ist selbst in der heutigen Agrargeschichte keine selbstverständliche Perspektive, sondern wird als relativ neue Sichtweise hervorgehoben. Insofern die Annahme einer besonderen Expertise und eines rationalen Verhaltens seitens der einfachen Landbevölkerung aber noch überraschen kann und der Begründung bedarf, wird die langfristige Wirksamkeit polemischer Bauernbilder der Aufklärungszeit offenkundig. Während die Bauern-Polemik in erster Linie Mittel zum Zweck in einer anderen Arena, nämlich in der Aushandlung gelehrt-gebildeter Wissensansprüche in aufklärerischen Milieus war, antwortet die Agrarhistorie demgegenüber auf den buchstäblichen Sinn der historischen Polemik, das heißt auf die von einem gebildeten Standpunkt aus formulierte (und später wahr gewordene) Entwertung bäuerlichen Wissens.[687] Mit einem Abstand von über 200 Jahren und im Rahmen heutiger wissenstheoretischer Vorgaben werden ländliche Tradition und Erfahrungswissen dagegen als Formen des Wissens wieder anerkannt und der Begriff des Aberglaubens – nun kritisch distanziert – als eine spezifisch aufklärerische Konzeptualisierung bäuerlichen Verhaltens in Anführungszeichen gesetzt. Die Auffassung des damaligen Gutsbesitzers Matthesius (aus Kapitel 3.4), der von Theorie immer schon dann sprechen wollte, wenn jemand seinen Verstand auf eine Sache richtete, und der deshalb, bevor sich Gelehrte der Landwirtschaft widmeten, den Ort der Theoriebildung in den Bauernhäusern sah, ist in dieser Hinsicht eine bemerkenswerte Ausnahme und ein Vorgriff auf aktuelle Konzepte des Wissens. Insgesamt spricht die Ökonomische Aufklärung eine andere Sprache. Negative Bauernbilder und darin insbesondere geringschätzige Bewertungen bäuerlichen Wissens gewannen nicht zuletzt mit der Literatur der Volksaufklärung an Profil, gingen als äußerst wirkmächtige Ideen in die Geschichte ein und wurden tradiert. Studien einer sozial- und wirtschaftsgeschichtlich vorgehenden Agrargeschichte können diese polemisch forcierten Bewertungen wirkungsvoll aufdecken. Jedoch können auch, wie bereits bemerkt, diskurs-, ideen- oder begriffsgeschichtliche Analysen polemische Gegensätze kritisieren und auflösen. Speziell in der Erweiterung des Blicks auf eine Praxisgeschichte der Ideen, das heißt darauf, wie mit bestimmten

687 Als Beispiel für die kulturgeschichtliche Aufarbeitung des Traditionalismusvorwurfs der Aufklärungszeit gegenüber Akteuren der ländlichen Gesellschaft s. nochmals C. Zimmermann, Traditionalismus (wie Anm. 219).

Vorstellungen, Bildern oder Begriffen gehandelt wurde und welchen Interessen sie dienten, können die während der Ökonomischen Aufklärung geschaffenen polemischen Figuren als wirkmächtige Akteure der Geschichte erkannt und in ihren Effekten nachvollzogen werden. In dieser zweiten Perspektive scheint sich dann auch die Frage nach einer spezifischen Realität der Polemik ernsthaft zu stellen.

Realität der Polemik in einer Geschichte der Agrarwissensformen

Stubenökonom und Sudelwirt bezogen sich zwar mit dem Gelehrten und dem kleinen Agrarproduzenten auf zwei verschiedene Lebenswelten, die real existierten. In ihrer polemischen Zuspitzung konnten sie allerdings kaum tatsächliche historische Akteure repräsentieren. Als historiografisch aufschlussreich erweisen sich die Figuren dennoch, und zwar besonders dann, wenn sie als zeitgenössische Deutungen sowie als Instrumente im Rahmen gesellschaftlicher Aushandlungsprozesse, hier: der Aushandlung einer wissenschaftlichen Landwirtschaft, interpretiert werden. Welche Typen von Wissen sahen historische Akteure vom gebildeten Bauern bis hin zum Kameralprofessoren, welche davon galten ihnen als wissenschaftlich, und wie änderte sich dies in der Zeit? Die historiografische Perspektive, für die die hier betrachteten polemischen Figuren informativ und bedeutungsvoll sein können, ist die einer historischen Epistemologie. Aus einer epistemologischen Perspektive bezogen sich die polemischen Figuren der Ökonomischen Aufklärung weniger auf Personengruppen, sondern vielmehr auf die Wissensformen bzw. Wissenspraktiken der in den Diskurs involvierten Akteure. Sudelwirt und Stubenökonom erscheinen in einer Geschichte des Umgangs und der Bewertung von Wissen dann als vereinfachte und typisierte Wissensformen, die gerade deshalb wertvolle Informationen enthalten, weil sie von den historischen Akteuren selbst erschaffen und eingesetzt wurden. Sie können in diesem Sinn als angewandte Ideen aufgefasst werden, mithilfe derer etwas getan, nämlich Wissensansprüche verteidigt und Deutungsmacht gewonnen wurde. Konzeptuelle Wandlungsprozesse wie der Wandel dessen, was im Lauf der Ökonomischen Aufklärung als wissenschaftliches Wissen gelten konnte, werden mit Bezug auf polemische Figuren nicht nur konstatiert, sondern in ihrem Vollzug erklärbar. Auf der diskursiven Ebene kann nachvollzogen werden, inwiefern und mit welchen Mitteln Zeitgenossen den Wandel jener Vorstellungen eigens vorangetrieben und beeinflusst haben, und dies nicht zuletzt durch polemische Aktion. In der polemischen Zuspitzung liegen somit nicht nur die blinden Flecken einer um Objektivität bemühten historiografischen Erkenntnis begründet. Die gleiche Polemik kann von HistorikerInnen andererseits als Werkzeug der Weltgestaltung, insbesondere der Gestaltung von Ideensystemen im Sinne Kondyles', analysiert und interpretiert werden: Indem solche Ideensysteme „als wirklich thematisiert" werden, konstituieren sie sich.[688] Die wissenschaftliche Ökonomie ist zweifellos als ein solches System von Ideen bzw. Begriffen – nebst den dazugehörigen Praktiken – zu betrachten, um deren Konfiguration ökonomische Aufklärer sich bemühten und stritten. In begriffs-, ideen- oder diskursgeschichtlicher Perspektive gehört die Polemik zu den realitätsproduzierenden Werkzeugen schlechthin, denn sie weist Wert und Bedeutung zu. Diskursiv konstituierte Umwelten sind keineswegs zufällige Sinnformen, mit denen Gesellschaften sich ausstatten, konstatiert Achim Landwehr. Vielfach würden sie derart objektiviert, dass sie „nahezu naturnotwendigen Charakter" annehmen.[689] Insofern Sinn und Bedeutung tradiert werden, wirkt Polemik, wie oben gezeigt, auch in diachroner Sicht strukturierend, denn sie strukturiert die Wahrnehmung der Nachkommenden und ihrer Geschichtsschreibung. Polemische Konstruktionen und die in ihnen forcierten Gegensätze wieder aufzulösen, dürfte immer möglich sein, erfordert aber einen beträchtlichen intellektuellen und damit materiellen Aufwand.[690]

---

688 A. LANDWEHR, Diskurs (wie Anm. 231). Dem fügt allerdings Landwehr die Annahme hinzu, dass sich hinter dem diskursiv Thematisierten nichts „Eigentliches" befände. Dies steht in einem scharfen Gegensatz zum Wirklichkeitsverständnis sozial- und wirtschaftsgeschichtlicher Arbeiten, demzufolge das historische Geschehen weniger von kulturellen als vielmehr durch sozioökonomische Faktoren bestimmt wird, welche zeitgenössisch oftmals nicht reflektiert wurden und nur rückblickend analysiert werden können, s. z. B. H. SCHISSLER, Preussische Agrargesellschaft (wie Anm. 5), S. 15.

689 A. LANDWEHR, Diskurs (wie Anm. 231). S. auch grundlegend nochmals P. SARASIN, Subjekte, Diskurse, Körper. Überlegungen zu einer diskursanalytischen Kulturgeschichte, in: W. HARDTWIG/H.-U. WEHLER (Hgg.), Kulturgeschichte heute (Geschichte und Gesellschaft Sonderheft 16), Göttingen 1996, S. 131–164 und den Klassiker P. L. BERGER/T. LUCKMANN, Konstruktion (wie Anm. 49).

690 Man bedenke als Beispiel einer solchen nachträglichen Auflösung die Opposition zwischen Geistes- und Naturwissenschaften, welche in einem gegenwärtigen Trend der Wissenschaftsgeschichte teilweise zur Disposition gestellt wird, z. B. in G. POMATA/N. G. SIRAISI, Historia (wie Anm. 40).

5. Resümee: Ökonomische Aufklärung als epistemische und soziale Arena

In dieser Arbeit wurde das Ringen verschiedener Wissensträger um Autorität und Anerkennung ihres Wissens mit der Metapher einer epistemischen und sozialen Arena verbildlicht. Das materielle Ziel, Ertrags- und Produktivitätssteigerungen der Landwirtschaft zu befördern, verband sich in der Ökonomischen Aufklärung mit dem Anspruch, eine neue Landwirtschaftswissenschaft zu begründen. Ausgehend von der Wissenschaftsreflexion ökonomischer Autoren wurde der soziokulturelle Kontext dieses normativen Prozesses rekonstruiert: Aus epistemischer Perspektive spielten Konzepte und begriffliche Traditionen, auch polemische Figuren in die Wissenschaftsreflexion hinein; in sozialer Hinsicht waren die sich auflösende Stände- und die sich bildende bürgerliche Gesellschaft sowie die Interessen einzelner Gruppen bedeutsame Faktoren. Während einerseits die Konkurrenz verschiedener Auffassungen von Wissenschaft herausgearbeitet wurde, ging es sozialgeschichtlich darum, eine Konfliktlinie zwischen Vertretern einer traditionellen universitären Gelehrsamkeit einerseits und Vertretern der aufkommenden Gruppe der gebildeten Stände andererseits zu identifizieren. Die Existenz einer durch Buchhandel und Publizistik konstituierten deutschsprachigen Öffentlichkeit bedingte unter anderem eine allmähliche Lockerung dessen, was vormals unter einer gelehrten Person verstanden wurde, und erlaubte es Vertretern einer gebildeten Mittelschicht, auch ihre Wissensansprüche hinsichtlich der wissenschaftlichen Ökonomie zur Geltung zu bringen. Als mächtiger Fürsprecher aller AgrarproduzentInnen betrat schließlich Albrecht Daniel Thaer, Gelehrter und Landwirt zugleich, die Arena der Ökonomischen Aufklärung und legitimierte den während der Ökonomischen Aufklärung vielfach geforderten, allerdings auch stigmatisierten Praxisbezug einer landwirtschaftlichen Wissenschaft. Thaer selbst wie auch seiner Figur des rationellen Landwirts haftete jene neuartige Hybridität an, die bereits für andere technische Bereiche wie den Bergbau oder die Porzellanherstellung festgestellt wurde. Die wissenschaftliche Ökonomie musste Thaers Definition zufolge landwirtschaftliche Praktiken zulassen, ja, der wissenschaftliche Landwirt sollte sogar selbst Hand anlegen.

Diese Forderung war in der Tat neuartig, denn im Agrarschrifttum der zweiten Hälfte des 18. Jahrhunderts hatte noch ein Wissenschaftsverständnis vorgeherrscht, in das der Gegensatz von Kopf und Hand deutlich eingeschrieben war. Nicht die Erfahrungsproduktion (welche Handarbeit erfordert) galt zunächst als wissenschaftliche Tätigkeit, sondern die geistig herzustellende Ordnung, die

Systematisierung. Die Landwirtschaftslehre als eine *Erfahrungswissenschaft* definieren zu können, in der das Handwerk als Teil der Wissenschaft ausgewiesen wurde, dazu brauchte es Voraussetzungen, die in den Entwicklungen der vorhergehenden etwa 70 Jahre zu finden sind. Zum einen war es zu einer immer stärkeren Aneignung von Agrarwissen *für den Staat* durch Kameralwissenschaftler gekommen. Zum anderen wurde das Gewerbe der Landwirtschaft über Jahrzehnte hinweg durch Angehörige einer gebildeten Mittelschicht aufgewertet, die sich in ökonomischen Sozietäten organisierten und ihre Wissensansprüche öffentlich geltend machten. Das hieß allerdings nicht, dass die begriffliche Differenz von Kopf und Hand aus dem Selbst- und Weltverständnis der historischen Akteure verschwand. Sie trat ihnen beständig als Hindernis, zum Beispiel als drohender Ehrverlust, entgegen. Diesem Hindernis wurde mit verschiedenen Strategien begegnet, etwa durch die Schaffung einer stigmatisierten dritten Wissensform, die der einfachen Bevölkerung zugeschrieben wurde. Ähnlich wie WissenschaftshistorikerInnen des 21. Jahrhunderts versuchen, mit Begriffen wie *the mindful hand* althergebrachte Dichotomien zu überwinden, so arbeitete auch schon Thaer auf eine vergleichbare Weise mit seinerzeit ungewöhnlichen Begriffskombinationen wie ‚Erfahrungswissenschaft' oder ‚wissenschaftlicher Landwirth'. Thaers Art und Weise, Begriffe zu kombinieren, erscheint in der Tat als ein früher Versuch, Vorstellungen von Kopf und Hand miteinander zu versöhnen.

Der Weg bis hin zu Thaers Wissensangebot führte durch ein komplexes Gewebe semantischer Vorstöße und Widerstände, deren Verhandlung innerhalb der Wissenschaftsreflexion ökonomischer Aufklärer rekonstruiert werden konnte. Nachfolgend werde ich die wichtigsten Resultate noch einmal aufzählen. Mit ihnen angesprochen wird jeweils ein bedingender Faktor jener wissenschaftlichen Ökonomie Thaer'scher Prägung, wie sie sich im Ausgang der noch feudal und ständisch organisierten Gesellschaft des Alten Reiches formierte.

Erstens müssen die Akteure als maßgeblicher Faktor berücksichtigt werden. Während Gelehrsamkeit einerseits und die Techniken landwirtschaftlicher Produktion in der zeitgenössischen Semantik teils weit auseinanderlagen, trafen sich beide Bereiche längst in Zinckes *Leipziger Sammlungen,* in Gesprächen zwischen Kameralgelehrten und Gutsbesitzern und schließlich in ein und derselben Person, in jenen Akteuren nämlich, die auf der Schnittstelle zwischen gelehrter und ländlicher Welt agierten: den Wirtschaftsbeamten und den gebildeten Gutsbesitzern und Pächtern. In der Tat stellten Männer des praktischen Wirtschaftslebens die Mehrheit der ökonomischen Aufklärer. Die Kameralgelehrten, welche sich im 18. Jahrhundert noch als natürliche Vertreter einer wissenschaftlichen Ökonomie im eigentlichen Sinn betrachten konnten, waren bereits auf die Akzeptanz ihres Wissensanspruchs auch bei diesen diskursmächtigen Männern der Praxis angewiesen. Den Kameralgelehrten standen allerdings die verbreitete Auffassung, dass Wissenschaftlichkeit mit der Form des Systems gegeben war (dessen Praxis sie wiederum beherrschten), sowie ein hohes Maß ständischer Ehre zur Seite; zudem genossen sie häufig das Vertrauen der politischen Mächte. Insofern waren auch sie keine gering zu schätzenden Akteure, die im Rahmen einer wissenschaftlichen Ökonomie von Agrarpraktikern leicht hätten übergangen werden können. Wie gezeigt werden konnte, bestand Thaers Syntheseleistung unter anderem darin, mit den philosophisch-systematischen Mitteln der Universitätsgelehrten den auf technische Expertise abhebenden Wissensanspruch der Agrarpraktiker zu legitimieren. Während er Ansprüche und Wissenspraktiken beider Gruppen in seine Position aufnahm, bemühte sich Thaer andererseits um Abgrenzung und verwischte Linien der Kontinuität. Hinter dem Gründungsvater der modernen Agrarwissenschaften sind nicht nur die Kameralgelehrten als Vorläufer, sondern ohne Zweifel auch die wohlhabenden Gutsbesitzer und großen Pächter als historische Akteure zu berücksichtigen, deren höchster Grundsatz, das Profitprinzip, zum ersten Grundsatz der Thaer'schen Lehre wurde. Thaer war selbst ein Experimentalökonom, wie die gebildeten und schreibenden AgrarproduzentInnen in der Historiografie des 19. Jahrhunderts getauft wurden. Diese hatten in den Jahrzehnten vor Thaers Wirken ihre Wissensansprüche, vermittelt über den anschwellenden literarischen Markt, der die traditionell lateinische Gelehrtenrepublik medial ergänzte, auch im Feld der Gelehrsamkeit geltend machen können und damit die soziale Aufwertung der Landwirtschaft als bürgerlich-adeliges Betätigungsfeld vorangetrieben. Schreibende AgrarproduzentInnen brachten durchweg und selbstverständlich zum Ausdruck, dass sie in einer wissenschaftlichen Ökonomie ein Wörtchen mitzureden hatten. Selbst die in erster Linie kommerziell motivierten schreibenden Praktiker wie die exzentrischen Autoren Peter Kretzschmer und Ambrosius Zeiger beteiligten sich, insofern sie Wissensansprüche in die Diskussion einbrachten, indirekt an der Aushandlung der wissenschaftlichen Ökonomie. Versucht man vor diesem Hintergrund den wissenschaftsgeschichtlichen Umbruch, der in Thaers Wissensangebot steckte, in allgemeingeschichtliche Zusammenhänge einzubetten, so kann kaum als Zufall erscheinen, dass die Herausbildung seiner praxisorientierten Version einer Landwirtschaftslehre mit dem Aufkommen der so genannten gebildeten Stände einherging, einer sozialen Gruppe also, die zwischen dem alteuropäischen Gelehrtenstand und dem Bürgertum des 19. Jahrhunderts anzusiedeln ist. Eine Voraussetzung für ihren Vorstoß in die damalige Wissenschaftslandschaft war – wie bereits mehrfach betont – der ökonomische Buchmarkt, das heißt die semigelehrte ökonomische Öffentlichkeit der zweiten Jahrhunderthälfte, in der neue Gruppen als Schriftsteller-Gelehrte auftreten und zur gesellschaftlichen Kraft werden konnten. Es versammelten sich in diesem Kommunikationsraum nicht nur Vertreter des damaligen Bildungswesens, sondern auch weitere schriftkundige Akteursgruppen, die etwas zum Thema zu sagen hatten. In dieser Öffentlichkeit erhielt die neue Landwirtschaftswissenschaft ihre Prägung. Insofern das Publikum, welches Zincke und Hohenthal mit ihren erfolgreichen Zeitschriftenforen bereits seit den 1740er Jahren anzusprechen suchten, den so genannten gebildeten Ständen gleicht, ergab sich an dieser Stelle der Arbeit ein Anschlusspunkt zur Bürgertumsforschung. Zweifellos könnten vergleichende Forschungen zur Ökonomischen Aufklärung und zu den gebildeten Ständen gewinnbringend weitergeführt werden, zumal die These, dass sich die gebildeten Stände erst ab 1770 herausgebildeten, im Licht der Ökonomischen Aufklärung überprüfungswürdig ist. Gleichermaßen zu überdenken wäre das Verhältnis von Stadt und Land in der Aufklärung bzw. Aufklärungsforschung. Befunde dieser Arbeit zeigen, dass die Aufklärungsbewegung sich nicht nur auf praktische Themen, insbesondere die Landwirtschaft, bezogen hat, sondern dass sie teilweise selbst aus dem Land hervorging, indem nämlich Protagonisten wie der bürgerliche Agrarunternehmer Schubart vom Kleefelde oder die wortmächtigen adeligen Gutsbesitzer von dort aus agierten. Insofern fordern die Resultate dieser Studie auch dazu auf, die in der neueren Aufklärungsforschung vorgenommene Erweiterung der Perspektive auf die Vielfalt der Epoche ernst zu nehmen und räumlich wie sozial noch weiterzudenken. Solange Aufklärung als ein intellektuelles, vornehmlich stadtbürgerliches Phänomen aufgefasst wird, drohen die genannten Akteure von vornherein aus dem Blick zu geraten. Die Ökonomische Aufklärung schlingerte dagegen, wie zu sehen war, zwischen gelehrter und gewerblicher, ländlicher und städtischer, zwischen bürgerlicher und adeliger Sphäre.

Zweitens wurden zeitgenössische epistemologische Begrifflichkeiten als eine wichtige Determinante der Wissenschaftsreflexion ökonomischer Aufklärer erkannt. Ungeachtet der damals außerordentlichen Wertschätzung und Anerkennung eigener und langjähriger Erfahrung auf dem ökonomischen Buchmarkt korrespondierte in der Wissenschaftsreflexion ökonomischer Aufklärer beispielsweise kein eindeutiger gelehrter Erfahrungsbegriff, geschweige denn ein experimentelles Wissenschaftsverständnis, mit dem die Wissenspraxis der Landwirte, ihre Beobachtungen, Versuche und Proben auf dem Feld dezidiert als wissenschaftliche Tätigkeiten hätten ausgezeichnet werden können. Der philosophiegeschichtliche Hintergrund kann, wie dieses Beispiel zeigt, auch in einer so bodenständigen Diskussion wie jener über Verbesserungen der Landwirtschaft entscheidend sein. Eine vergleichende Analyse der von landwirtschaftlichen Autoren verwendeten epistemischen Genres förderte entsprechend auch zutage, dass englische *improvers* verstärkt das Genre der *observation* wählten, während bei deutschen ökonomischen Aufklärern das Genre der Abhandlung vorherrschend war. Dieses entsprach der in der Ökonomischen Aufklärung verbreiteten Vorstellung, dass Wissenschaftlichkeit vor allem Systemförmigkeit bedeutete. ‚Wissenschaft' war vornehmlich eine Sache der logischen Begründung vorhandenen Wissens aus Prinzipien sowie einer systematischen Darstellung und pädagogischen Vermittlung desselben. Selbst schreibende AgrarpraktikerInnen sahen sich bemüßigt, wenn es zur Publikation ihres Wissens kam, systematisch zu schreiben. Das System wurde in der Regel als Form oder Behälter für das zirkulierende Erfahrungswissen aufgefasst, nicht als dessen Gegenteil. Dies entspricht Stichwehs These, dass die Aufgabe des Gelehrten vor 1800 vor allem darin bestanden habe, vorgefundenem Wissen eine Struktur zu verleihen. Von einer Polemik gegen das System, die für englisch- und französischsprachige Diskurse der gleichen Zeit vielfach belegt ist, findet sich in der Ökonomischen Aufklärung keine Spur.

Drittens ist die bäuerliche Ökonomie sowie auf erkenntnistheoretischer Ebene die Empirie in ihrer frühneuzeitlichen Bedeutung zu nennen, welche in der Ökonomischen Aufklärung bis über die Jahrhundertschwelle hinaus eine pejorative Fremdbezeichnung für ungelehrte Praktiker der Landwirtschaft war. Dass der einfache Bauer kein Wissenschaftler war und keiner sein durfte, war der kleinste gemeinsame Nenner aller Agrarautoren. Die Differenz von Kopf und Hand sowie zeitgenössische Vorstellungen ständischer Ehre enthaltend, bildete die stigmatisierte bäuerliche Ökonomie bzw. die ihr zugeschriebene Wissensform der Empirie bis zum Ende des Jahrhunderts einen tabuisierten Bereich, dessen Grenze offiziell kein ökonomischer Aufklärer zu übertreten wagte. Insbesondere Texte der so genannten Volksaufklärung trugen dazu bei, die Expertise kleiner AgrarproduzentInnen als rein mechanisch, das heißt als geistlos zu konzipieren. Der ‚einfache Bauer' geriet in der Ökonomischen Aufklärung zur Symbolfigur des Nichtwissens. Zwar waren auch positivere Bauernbilder im Umlauf, diese verlegten sich allerdings weniger auf die Kategorie des Wissens, sondern vielmehr auf die der Tugend. Während die wissenschaftliche Ökonomie über eine fundamentale Abgrenzung von der bäuerlichen Ökonomie und Epistemologie definiert wurde, entstanden polemische Fiktionen wie der Sudelwirt – Pappkameraden in der Arena der Ökonomischen Aufklärung. Sich sowohl sozial als auch epistemisch deutlich von der einfachen Bevölkerung auf dem Land absetzen zu können, stellte unterdessen eine sozialgeschichtliche Voraussetzung für bürgerliche und adelige Akteure dar, sich ohne Ehrverlust der Landwirtschaft zu verschreiben. Faktisch lebten gerade viele der adeligen Akteure seit Generationen auf dem Land und führten einen Alltag, den Thaer noch nach 1800 als eine eintönige und dem Gebildeten kaum zumutbare Lebensform darstellte. So gesehen ist der ausgegrenzte einfache Bauer als das allen nützende Bauernopfer anzusehen, dessen es ursprünglich bedurfte, um eine wissenschaftliche Ökonomie als Tätigkeitsfeld für höhere Stände zu legitimieren. Dieser Zusammenhang lässt eine Anknüpfung an die allgemeine Geschichte der Frühen Neuzeit zu, wobei insbesondere das Verhältnis zwischen zeitgenössischen Ehrkonzepten und aufklärerischer Wissenschaftskonstruktion weiter untersucht werden könnte. Deutlich herausgearbeitet wurde in der vorliegenden Arbeit, inwiefern die Reflexion über Wissen und Wissenschaft, mithin das Epistemologische, mit dem Sozialen geradezu verschmolzen war. Im Vergleich mit anderen Feldern technischen Handelns, bei denen es auch und schon seit dem 16. Jahrhundert zur Kodifizierung technischer Wissensbestände gekommen war (Bergbau, Festungsbau, Alchemie u.a.), scheint die konzeptuelle Dreiteilung des Wissens, wie sie Agrarautoren immer wieder vorgenommen haben, in der Landwirtschaft eine besonders virulente Rolle gespielt zu haben. Gerade die weitere Differenzierung technischen Wissens in Kunst bzw. Praxis einerseits und Handwerk bzw. Empirie andererseits, wobei der Handwerksbegriff der formal ungebildeten einfachen Landbevölkerung zugeordnet war, wurde so bislang nicht für anderen Praxisfelder festgestellt. Sie diente, wie gezeigt wurde, der besagten Gruppenbildung ökonomischer Aufklärer per Ausschluss eines Dritten und wurde durch Rückgriff auf eine bis in die Antike zurückgehende Dreiteilung der menschlichen Erkenntnis in *episteme, techne* und *empeiria* organisiert. Im ökonomischen Diskurs war die Unterscheidung von Theorie, Praxis und Empirie ebenso verbreitet wie die Triade wissenschaftlich, kunstmäßig und handwerksmäßig. Während ‚Kunst' und ‚Handwerk' in der wissenschafts- und technikhistorischen Forschung in der Regel synonym verwendet werden, kann dies für das Feld der Landwirtschaft nicht übernommen werden. Denn der Begriff des Handwerks bzw. der Empirie im damaligen Sinn wurde von den meisten Autoren mit der bäuerlichen Ökonomie identifiziert, als epistemisch nicht verhandelbar dargestellt, diskursiv abgespalten und als Nichtwissen abgetan. Akteuren wie Weber zufolge konnte eine wissenschaftliche Ökonomie gänzlich auf das handwerkliche Wissen (die Empirie) verzichten. Das Verhältnis von Theorie und Praxis für das Projekt einer Landwirtschaftswissenschaft neu zu verhandeln, bedurfte demnach eines zusätzlichen dritten Gliedes, welches durch Aufspaltung in zwei verschiedene Formen des Erfahrungswissens geschah und der zeitgenössischen Sozialordnung Rechnung trug. Thaers Landwirtschaftslehre unterschied sich von Positionen seiner Vorgänger nicht zuletzt in diesem Punkt: Er erkannte das Handwerk als unverzichtbare Voraussetzung auch für das gelehrte landwirtschaftliche Wissen an, sein epistemologischer Ansatz entsprach einem Modell der epistemischen Steigerung vom einzelnen landwirtschaftlichen Handgriff bis hin zur wissenschaftlichen Theorie. Dabei kann die wissensgeschichtliche Bedeutung, die in der Ökonomischen Aufklärung der Praxis als einem epistemologischen Zwischenglied zwischen Kopf und Hand zukam, nicht hoch genug veranschlagt werden. Aufgrund ihrer zentralen Rolle in der Wissenschaftsreflexion der Ökonomischen Aufklärung ist die Theorie-Praxis-Empirie-Trichotomie keinesfalls als vermeintlich überholter geisteswissenschaftlicher Topos abzutun. Stattdessen wurde in dieser Arbeit ihre historisch kontingente Bedeutung unter anderem darüber erfasst, wie Protagonisten mit ihr handelten und wie sich Vorstellungen von Wissenschaftlichkeit mit Blick auf diese Trichotomie mit der Zeit wandelten. Der Praktiker suggerierte für ökonomische Aufklärer ein epistemisches Dazwischen, nämlich eine akademisch gebildete und gleichzeitig praktisch tätige Person, deren besondere Eigenschaft nicht die einer bloßen, sondern einer von Theorie durchdrungenen, geistreichen Erfahrung war.

Damit ist *viertens* die bemerkenswerte Trajektorie des Empiriebegriffs angesprochen, die in der historischen Epistemologie und erst recht in der Philosophiegeschichte bislang zu wenig beachtet wurde. Es kann nicht stark genug betont werden, dass der frühneuzeitliche Empiriebegriff sich deutlich von früheren und späteren Verständnisweisen unterscheidet: Er war als eine Fremdbezeichnung für ungelehrte Praktiker in Gebrauch und dementsprechend folgerichtig im landwirtschaftlichen Diskurs mit dem Bäuerlichen assoziiert. Thaers Aussage, dass seine besten Schüler vorher Empiriker gewesen seien, rekurrierte noch auf die Vorstellung einer mangelnden Gelehrtheit im Sinne des Studiums und der Bücherkenntnis. Sein Diktum jedoch, dass der ‚Grundstoff' der wissenschaftlichen Landwirtschaft ‚empirisch' sei, bezog sich bereits auf eine neue und in sozialer Hinsicht neutralere erkenntnistheoretische Konnotation, die wenige Jahre zuvor Kant mit seiner *Kritik der reinen Vernunft* (1781) eingeführt hatte. In diesem Zusammenhang erscheint es lohnend, das Verhältnis zwischen kantischer Philosophie und empirischer Einzelwissenschaft im deutschsprachigen Raum um 1800 philosophie- und wissenschaftsgeschichtlich noch eingehender zu erforschen. Thaers Wortgebrauch changierte jedenfalls zwischen einer alten und einer neuen Begriffsbestimmung, worin sich eine nicht zu unterschätzende sozialgeschichtliche Bedeutung verbirgt. Denn solange das Empirische vorrangig mit dem Ungelehrten und speziell in der Landwirtschaft mit den kleinen AgrarproduzentInnen assoziiert war, wurde in der Aussage, dass der Grundstoff der Landwirtschaftswissenschaft empirisch sei, auch diese Assoziation mit transportiert. Thaers semantischer Vorstoß beschränkte sich damit nicht auf die Adoption einer neuen erkenntnistheoretischen Wortverwendung, die neuerdings von sozialen Konnotationen absah, sondern er beinhaltete zugleich die Geste, Standesgrenzen zu ignorieren, die Empirie in ihrer damals geläufigen Bedeutung als handwerksmäßige Wissensform anzuerkennen und das, was vormals als bäuerlich galt, in die Wissenschaft zu integrieren. Während Thaer sich auf Kants Sprachregelungen stützen konnte, ist zugleich kaum davon auszugehen, dass im ökonomischen Publikum Kants noch neue und singuläre

Begriffsverwendung bereits allgemein bekannt war. Die Assoziation der Empirie mit dem Ungelehrten herrschte jedenfalls bis über die Jahrhundertwende hinaus in Texten ökonomischer Aufklärer vor. So wird jene veränderte Semantik nicht zuletzt auch als Leistung historischer Akteure erkennbar, die mithilfe neuer Begriffe und Sprechweisen soziale Wandlungsprozesse mit vorangetrieben haben.

Fünftens wurde die Rolle der Polemik in der Wissenschaftsreflexion der Ökonomischen Aufklärung näher bestimmt. Zum einen konnte gezeigt werden, inwiefern in extrem zugespitzten epistemischen Figuren wie dem Stubenökonom oder dem Sudelwirt fließende Übergänge zwischen damals existierenden Wissens- und Lebensformen verdeckt wurden. Weder Anspruch noch Wissenspraxis der Professoren und Schriftsteller entsprachen etwa der polemischen Figur des Stubenökonomen. Zum anderen konnte der Polemik auf der soziokulturellen Ebene eine wirklichkeitserzeugende Funktion zugeschrieben werden. So wurde in der Ökonomischen Aufklärung das Wissen kleiner AgrarproduzentInnen mit Figuren wie dem Sudelwirt so ausdrücklich entwertet, dass eine nachhaltige Unsichtbarmachung bäuerlichen Wissens in der öffentlichen und akademischen Wahrnehmung wenig verwunderlich erscheint. Polemische Figuren hatten einen Effekt und sind insofern selbst als wirkmächtige Entitäten der Geschichte zu betrachten, zunächst und konkret in dem Maß, in dem sie historischen Akteuren zum Handeln verhalfen sowie darüber hinaus in ihrer diachronen Nachwirkung.

Mit Bezug auf die übergeordnete Fragestellung nach dem Wandel dessen, was im Untersuchungszeitraum als wissenschaftlich gelten konnte, und mit Blick auf die ländliche Gesellschaft im Allgemeinen ist dagegen abschließend festzuhalten, dass Thaers Wissensangebot am Ende der Ökonomischen Aufklärung das technische Wissen der ländlichen, einschließlich der bäuerlichen Gesellschaft vollumfänglich anerkannte und die traditionsreiche Opposition von Kopf- und Handarbeit auf der konzeptuellen Ebene seiner Landwirtschaftslehre aufhob. Ohne Zweifel entstand im Lauf des 18. Jahrhunderts dagegen eine andere starke Opposition, nämlich die zwischen WissenschaftlerInnen und Laien, wobei die bäuerliche Ökonomie eindeutig der nicht-wissenschaftlichen Seite zugeordnet wurde. Zugleich war in Thaers Konzeption die Bedeutung von ‚wissenschaftlich' dergestalt erweitert worden, dass auch landwirtschaftliche Praktiken bis hin zum einzelnen Handgriff – die Empirie im damaligen Sinn – innerhalb der Sphäre der Wissenschaft angesiedelt werden konnten. Lagen experimentelle landwirtschaftliche Praktiken zu Beginn des Untersuchungszeitraumes noch ganz in der Domäne der ländlichen (gutsherrlichen und bäuerlichen) Gesellschaft und bestand die Aufgabe des Gelehrten nach einer verbreiteten Auffassung darin, allgemeine Sätze aus dem in der ländlichen Gesellschaft gegebenen Erfahrungswissen zu bilden, so wurden experimentelle Praktiken gegen Ende der Ökonomischen

Aufklärung selbst als wissenschaftliche Tätigkeit redefiniert und als maßgebliche Erkenntnismethode der wissenschaftlichen Ökonomie aufgefasst.[691] Dass sich vermeintlich höhere Personen zur Landwirtschaft herabließen, um sie in den Stand einer Wissenschaft zu erheben, wie der allgemeine Tenor lautete, hieß nicht, wie ein Teil der Akteure gedacht haben mochte, dass das gelehrte Wissen so bleiben konnte, wie es war. Sollte eine wissenschaftliche Landwirtschaft auch die Techniken der Produktion beherrschen, musste sie dem Land näher rücken, oder zugespitzt formuliert: ländlicher werden. Insbesondere die gebildeten Akteure auf der Schnittstelle, welche neben Agrarprodukten auch experimentelles Wissen produzierten, mussten sich von einem überkommenden Wissenschaftsideal entfremden, demnach eine Wissenschaft nur diejenigen Wahrheiten vorträgt, die das „obere Erkenntnisvermögen" des Geistes beschäftigen.[692] Ein solches Ideal konnte nicht aus einem technischen Wissensfeld wie der Landwirtschaft stammen. Die Legitimierung ihrer Praxis und des darin anfallenden Wissens als wissenschaftlich erforderte für viele Akteure ein neues Ideal, ein anderes Verständnis von Wissenschaft, welches einmal – nach ihrer Zeit – die Bezeichnung der angewandten Wissenschaft hervorbringen sollte. In dieser Geschichte ist deshalb zuletzt und *sechstens* die Landwirtschaft selbst als determinierender Faktor zu nennen, da sie die denkenden Landwirte der Ökonomischen Aufklärung dazu animierte, Wissenschaft anders zu denken.

---

691 Zweifellos wurden die bäuerlichen und gutsherrlichen Fertigkeiten und Wissensbestände bei ihrem Transfer in die Sphäre der Wissenschaft transformiert. Aus den ‚Proben' wurden im Rahmen der privat wie staatlich finanzierten Versuchsstationen des 19. Jahrhunderts nach strenger werdenden Standards durchgeführte Experimente. Eine Übersicht zu den ab 1851 entstehenden Versuchsstationen findet sich in H. Gaede, Agrarkulturerbe (wie Anm. 117), S. 24–26.

692 C. H. Schmid, Abriss (wie Anm. 577), S. 7.

6. The Farming Thinker: Agricultural Knowledge and Enlightenment in Germany 1750–1820 (English Summary)

Introduction

The history told in this book ends where the histories of German agricultural science usually begin, namely with Albrecht Daniel Thaer and his *Principles of Rational Agriculture* (1809–12). From the 19th century on, this text has been regarded as the founding document of modern agricultural science in Germany and as the emblem of the transition from premodern to modern agriculture. Thaer's figure of the rational farmer became a social hierarchy transcending cipher for the future-oriented agricultural producer within the framework of a profit-oriented, large-scale and 'scientific' agriculture. Thaer is said to have regarded making agriculture "a pleasant, useful and worthy occupation of the thinking man" (Nestler 1841, 79) as the task of his life. My book explores the seven decades leading to this point and shows how much Thaer's concept of an – in today's sense – applied science was the result of a fierce struggle between different groups for recognition of their divergent knowledge claims during which a fundamental reevaluation of technical knowledge occurred. Instead of conceiving Thaer as an origin or zero point in the history of science and technology my analysis sets out to rigorously contextualize his position against the background of the preceding debates on agriculture and knowledge, usually referred to as the Agricultural Enlightenment.

As historians of social and conceptual history have worked out for the Germanies around 1800, society as a whole was in a process of transformation from a feudal agrarian society to a bourgeois and industrializing society. The so-called *Sattelzeit,* a term coined by historian Reinhardt Koselleck, also changed the scientific landscape of the time. For instance, it then diversified into modern disciplines the basic features of which are still valid today. What will be worked out and demonstrated in detail within the context of early agricultural science is the way in which changing notions of science were related to social change in general. The study addresses both the fragility of concepts and the fragility of social order of the time between late Enlightenment and the emergence of modern society in the early 19th century. This focus creates a rarely explored interface which ties together different historiographies, namely the history of science and agrarian history as well as Enlightenment research. On this spot the book tries to better understand the watershed that has been associated with Thaer in the history of agrarian knowledge.

At first glance, agriculture fits seamlessly into the history of other areas of technical knowledge. As in mining, fortress construction, or porcelain production practical agricultural knowledge became more and more codified in pamphlets, books and articles since the late Middle Ages. Comparable to other *artes mechanicae,* institutions such as societies and technical schools as well as textbooks dedicated to agriculture emerged at the end of the Early Modern period. Nevertheless, in the case of agrarian knowledge one finds special features that have not yet been established for any other field of technical knowing. These were, above all, connected with the social status of agriculture within the context of the Early Modern social order.

Historians have called the debates that accompanied and fueled the development of agrarian knowledge *agrarische Bewegung* (Abel 1962), "agricultural improvement" (Wilmot 1990), *gemeinnützig-ökonomische Aufklärung* (Siegert/Böning 1990/2001), *ökonomisch-patriotische Bewegung* (Stuber 2005), "Economic Enlightenment" (Popplow 2010a), or "Agricultural Enlightenment" (Jones 2016). All terms were coined to describe a reform movement that spread throughout Europe from about 1750 onward. Wealthy landowners, state officials, or clergy men, i.e. 'enlightened' economists in the 18th century, founded charitable and economic societies to promote the economy and prosperity of their respective territories. Buzzwords of the time such as 'improving' and 'uplifting the economy' referred to the dominant economic fields, usually agriculture. With increases in yield and productivity being the programmatic goals of the economists, so-called new, scientific, or useful knowledge was propagated as a means to this end. The collection and dissemination of ideas for the optimized use of natural resources such as animals, field and garden fruits, or wood emerged as the protagonists' key reform strategy (Popplow 2010b). But what did talking about knowledge, practical knowledge, and terms like 'scientific' actually mean in the 18th century? And how did these meanings change?

As a matter of fact, for the economists the goal of economic development was simultaneously linked to the normative goal of building a 'scientific agriculture' *(wissenschaftliche Ökonomie)* as a field of knowledge that was to differ significantly from conventional agricultural techniques. Literally every author claimed to represent a scientific approach, usually demarcating it from purportedly less educated, purportedly non-enlightened forms of practice. In fact, most records of the time carry a strong and explicit social aspect with it. By means of the metaphor of a social and epistemic arena the book does investigate how different knowledge claims on agriculture were negotiated and how social and epistemic aspects were intermingled in the evolving conceptualizations of agricultural science. It elaborates on how traditional epistemological concepts were destabilized and reevaluated during this process, i.e. how the conceptual foundations of a new understanding of science were formed.

The fact that agriculture today is a well-established academic discipline may tempt us to ignore the efforts that contemporaries of the late Enlightenment period invested into its construction. Prior to the institutionalization of modern agricultural science in the 19th century, economists of the 18th century saw themselves faced with the task of first defining and asserting scientific agriculture as a new field of advanced knowledge. The resulting demarcations in the sense of an ongoing boundary work (Gieryn 1983) are omnipresent in their publications. As the book shows, the analysis of polemical and rhetorical text passages such as revaluations and devaluations, definitions, praise, or justifications offers a particularly revealing access to the social and cultural embedment of agricultural science in its advent.

'Enlightened' economists like state officials or wealthy landowners do by no means belong to the array of heroes of the history of science. Why not? Because on the basis of modern concepts of science they were not recognised as actors of science. However, in their time these economists represented by far the largest group interested in and committed to scientific agriculture. In fact, the majority of actors in the 17th and 18th century, both non-scholars and scholars, held concepts of nature and science which we would hardly consider to be predecessors of today's understanding of science. The fact that historians of science traditionally have not focused on these majorities but on selected ideas of reform, is justified, according to Steven Shapin (1998: 15), because we are particularly interested in those persons we value as pioneers of our time. The layout of the present work forms a clear counterpoint to heroic accounts of history, as it reconstructs the epistemological standpoint of a far larger social group than the group of elite natural philosophers and historians. In contrast to heroic historiography, this approach promises to paint a more general picture of the kind of scientificy of the epoch under study. Certainly, the focus on 'enlightened' economists may in some places be confusing or produce confusing results, especially in view of the expectations that a common understanding of, say, the Scientific Revolution engenders. How could it be possible for actors to express such traditional, even scholastic ideas by the end of the 18th century? In spite of this confusion, it undoubtedly seems important to consider enlightened economists, because their activities were clearly and predominantly related to the subject in question. One aim of the book is therefore to work out and highlight the contributions of 18th century economists to the history of agricultural science in addition to, for example, the contributions of chemical theories and their protagonists to whom the few existing accounts have so far referred.

While intellectual giants of all epochs, including Christian Wolff (1679–1754) in the 18th century, devoted themselves to agricultural questions and undoubtedly gave important stimuli also to the Agricultural Enlightenment as a reform movement, their names indeed appear rather dim and as if from a great distance in the at best semi-learned body of agricultural literature. Of course, there were exceptions: Albrecht von Haller (1708–1777), a natural philosopher recognized throughout Europe, also saw himself as an 'enlightened' economist. By virtue of his office as president of the *Berne Economic Society,* he can be regarded as a major protagonist of the Agricultural Enlightenment. Significantly, Haller published his treatises in Latin in international scholarly journals on the one hand, and in abbreviated versions without scientific comment apparatuses in French or German in the journal of the *Berne Economic Society,* on the other. In other words: Haller published twofold for two different audiences, for a world of scholarship in the narrower sense of the *res publica literaria* and for the educated readers of the Agricultural Enlightenment. To sum up: Regarding the broad spectrum of economic writers in the period under study, the book will show how different groups of protagonists – most of them educated, but hardly as erudite as Haller – helped to create the discursive ground from which Thaer's version of a modern agricultural science would emerge in the first third of the 19th century.

Chapter Two: Improving Agriculture: Economy and Knowledge around 1800

Chapter Two introduces the protagonists of the Agricultural Enlightenment, typical features of their writings, and their audiences. In many respects, the rather heterogeneous group of 18th century economists resembled a social formation that emerged in the 1770s under the term of *gebildete Stände.* Historians have conceived of this educated social group as forerunners of the German bourgeoisie of the 19th century (Bödeker 1989, Wehler 1996). Economists – as they appear as authors and readers even earlier in the 1740s – may thus be seen as forerunners of the forerunners. The chapter shows how one prerequisite for their ascendance was the emergence of a German-speaking public constituted by the burgeoning book trade and journalism of the 18th century. It demonstrates how under the media conditions of the later 18th century, agriculture and related topics were not only a communicative topic in the public sphere but writing about them had as well become a business. Put in modern terms, the book and magazine industry was a market for which copies, translations and compilations were produced all around. In part, supply and demand of agricultural literature came together, as, for example, the success of the two top magazines *Leipziger Sammlungen* (1742–67) and *Oeconomische Nachrichten* (1763–73) shows. In part, authors and publishers tried to win new groups of readers as members of the so-called economic public (*ökonomisches Publikum*). Standing out in the flood of copies were original texts, i.e. concrete experiences and suggestions for agricultural improvement by individual authors. Johann Christian Schubart's (1784) passionate plea for clover cultivation in the fallow land or the new ploughing method propagated by Peter Kretzschmer (1748) as a 'tillage riddle' *(Ackerbaurätsel)* were among the proposals that were controversially discussed over the years. The pros and cons of the still existing serfdom east of the Elbe river were an issue, as was smallpox vaccination for sheep. Hundreds of new books were published every year. From the last third of the century onward, no one could possibly read all the new publications. Against this background, contemporaries already spoke of an 'agricultural enlightenment' (for instance, Mayer 1789) which was largely a media event and is mainly studied as such by historians. The literary market, as will be seen later, was also of the utmost importance for new groups to assert epistemological claims and to infiltrate traditional scholarship. Of course, magazines and monographs were not the only forms of representation; consider, for example, the alternative activities of the charitable and economic societies like essay competitions or seed gifts, the princely administrations concerned with grain supplies, the prize questions of the academies of science, or the private correspondence between 'enlightened' economists, to name but few. However, the sheer volume of publications handed down is stunning. Today, thousands of books and journals are to be found in library magazines throughout Europe and beyond, testifying to the "agromania" (Desplaces 1762) of the 18th century, especially in its second half.

Chapter Three: Perspectives and Figures

Chapter Three with its five subchapters portrays the diversity of contemporary authors from the perspective of a social and cultural history of knowledge. Drawing on a large body of historical records, a socially wide range of protagonists comes to the fore: from the peasant farmer and numerous anonymous magazine authors to aristocratic as well as bourgeois landowners and tenants, economic state officials, clergymen, as well as high rank scholars. The chapter starts by reconstructing a peasant voice and juxtaposes it to a widespread 'enlightened' image of the peasantry extracted from two magazines of *Volksaufklärung* (Popular Enlightenment), which was an important subset of the body of agrarian literature at the time. Actually, it is hard to find sources of an authentic peasant voice. One of these rare and isolated cases is the three-volume handbook on agriculture written by a Bavarian peasant which I examine in detail in the first subchapter. The work appeared slightly after the dawn of the Agricultural Enlightenment, in 1834. Born as a simple farmer's son, Michael Irlbeck was neither a wealthy landlord *(Gutsherr)* nor had he studied at university. Before he took over his parents' farm, he had worked as a servant, and his ability to write was acknowledged as an exceptional individual case by the experts of the Bavarian economic society involved in the publication. Irlbeck's book does not only reveal the agency of an extraordinary person but it formulates a profound critique of what protagonists of the Agricultural Enlightenment, especially in its subfraction of *Volksaufklärung,* used to present as the peasantry or the 'ordinary peasant' in the preceding decades. Irlbeck fought back with the same polemical means and accused 'enlightened' economists of "learned ignorance" (1834/2, 76). He ridiculed the idea that peasant farmers should be taught by men who were usually no more than "helpless spectators" *(unbehülfliche Zuseher)* of the rural populations (ibid., 75). Remarkably, Irlbeck eventually even called for political participation, for agriculture could only be sustainably improved if peasant economists were represented both in local committees like economic societies as well as at the level of government – by several privy councilors *(Geheimräte)* and at least one minister (1834/1, XXXVIII, 114).

The next subchapter examines notions of the 'ordinary peasant' in two different periodicals of *Volksaufklärung.* I demonstrate that, despite the philanthropic objective of *Volksaufklärung* to help and 'enlighten' rural populations, philanthropic authors all too often seem to have missed the tone. Wordings were typically unsympathetic and sometimes overtly inhumane. One author claimed for instance that the 'ordinary peasant' endeavors to "stay stupid" for all his life. He accused the peasantry of "willful ignorance", of "stupid simplemindedness", "carelessness", and "recalcitrance against all instructions" (*Wirth und Wirthin* 1757: 35, 134f.). Admittedly, there have been some (not many) exceptions to negative interpretations like this, one of them being the idealization of the peasant farmer Jacob Gujer, alias Kleinjogg, by the Swiss physician Caspar Hirzel (1774). What the subchapter also works out, however, is how a new figure emerged in the later stage of *Volksauflärung,* namely the figure of the thinking farmer *(denkender Landwirth).* The 'thinking farmer' gradually became a socially inclusive category that semantically transcended village social structures as well as boundaries of estate society (see also Konersmann 2012, Grüne 2012). Overall, it is striking to see how few terms were used within the Agricultural Enlightenment debates to describe representatives of rural society. Generic expressions such as the ordinary peasant or the simple landman and the positively connotated term *Landwirth* (farmer) altogether ignored practically important categories such as legal rights, ownership rights, or farm size. From the point of view of agrarian history, it should be stressed that this terminology failed to do justice to the diversity of agricultural producers in the 18th century. For Schleswig-Holstein alone, Klaus-Joachim Lorenzen-Schmidt (2010, 5f.) compiled a total of eighteen historical terms for differentiating between various large and small agricultural producers between the 15th and 19th centuries. The *Kätner*, for example, was a resettled small producer without rights to the common goods of the village. The term *Hufner*, by contrast, was used by villagers and state officials to describe full farmers who had rights to the common pasture and other common goods, but whose farms could already have shrunk to a 1/64th of their original size due to the practice of partible inheritance *(Realerbteilung)* in Holstein. Deliberately or not, *Volksaufklärung*, as the chapter concludes, helped to create a simplistic image of an ordinary peasant whose agricultural expertise as well as his cognitive capacities were typically dismissed as mechanical and unreasonable. The ordinary peasant in an epistemological sense became a symbolic figure of ignorance within the social and epistemic arena of the Agricultural Enlightenment. In fact, the group formation of 'enlightened' economists heavily relied on the exclusion of the imagined peasantry as a third party, for 'enlightened' economists at least shared the conviction that their approaches were to fundamentally differ from peasant economy and epistemology. Thus, the ordinary peasant can be regarded as a polemical fiction, a cardboard comrade that benefited 'enlightened' economists as a necessary prerequisite for legitimizing agriculture as an honorable field of activity for people of higher social rank. The chapter concludes with some remarks on the relationship between different historiographies. The self-image of *Volksaufklärung* actors and hence also a certain disdain of peasant economy and epistemology has been at least implicitly reinforced by the historical scholarship on *Volksaufklärung*. By contrast, agrarian history indirectly emerges as an advocate for rural society and its small producers, taking a critical stance towards Enlightenment invectives and negative images of the peasantry. In other words, both fields of research stand in a positive, affirmative relationship to their respective subject matter, and consequently in a certain contradiction to each other. Unlike *Volksaufklärung* scholars, agrarian historians refrain from the category of mentality. Instead, they use the *homo economicus* and assume advantage-seeking behaviour in order to explain historical economic activity. This in turn should be extremely susceptible to accusations of anachronism (Roberts 2014, Wakefield 2014), since the *homo oeconomicus* let alone a theory of the market economy was far from in sight. The clou, however, seems to be that agrarian historians do identify practices that can be interpreted as, say, market-orientation or market-integration in a modern sense, irrespective of the historical semantics. It seems to me that the relationship between practices and semantics (historical and contemporary) in historiography is far from being clarified. This relationship deserves to be discussed further and perhaps less polemically.

The following subchapter elaborates on the perspective of landowners and tenants who emphatically called themselves practical farmers. Indeed, a majority of 'enlightened' economists can be considered as men (and some women) who lived in the countryside either as bourgeois or noble landowners or as tenants of grand properties. Some of these actors, officially only men, self-confidently appeared in the swelling literary market which gradually supplemented the Latin-speaking *res publica literaria* from the 1740s onward. As Denise Philipps (2011: 57f.) has pointed out, the literary public of the European *res publica literaria* did not dissolve after 1750 to merge into the anonymous publics of the book market and journalism. Both publics, although interacting with each other, rather existed in parallel. Haller's already mentioned practice of publishing the same contents in Latin in scholarly journals as well as in German and French in the organ of the Bern *Oeconomische Gesellschaft* is a striking example of this assumed coexistence. Concerning the question about who participated in the conversation about improving agriculture and ultimately in the formation of agriculture as a modern science, it seems to be important that the existence of the newer German-speaking public resulted in a gradual loosening of the definition of a learned person. According to the conceptual analysis of Germanist Heinrich Bosse (2008: 16), the general reading public no longer considered Latin studies and university attendance to be an exclusive indication of scholarship. Gradually it became sufficient to simply appear publicly as an author in order to be regarded as a scholarly person. Therefore, publishing monographs and articles enabled educated landowners not only to socially upgrade agriculture as an aristocratic-bourgeois field of practice but also – momentously – to infiltrate the field of scholarship. Indeed, landowners consistently and naturally expressed that they had a say in the new field of scientific agriculture. Their rallying cry was a persistent allusion to their personal 'proper experience' which figured prominently in titles or subtitles of most of their publications. As I show in this part of the book, the knowledge claims of the educated farmers did indeed affect the new composition of agricultural science at least in the sense that it became embodied by the widely accepted position of Thaer. What is more, the chapter on landowners and tenants shows that even authors who were primarily motivated by commerce like Peter Kretzschmer with his 'tillage riddle' helped to collectively define what constituents, namely business-related ones, would pertain to a scientific agriculture.

As a counterpoint to the group of self-declared learned farmers, cameral scholars at universities, the protagonists of the following subchapter, would and – until the end of the century – could still regard themselves as the true and natural scholars of agriculture in the then proper sense of scientificy. According to a widespread general understanding, they particularly considered the 'system' as the genuine form of science, whereby mastery of the systematic genre was the decisive skill by which a person was distinguished as a scholar. Within the social and epistemic arena of the Agricultural Enlightenment, the standpoint of cameral scholars was supported by a strong German intellectual tradition attached to systematic thought and corresponding knowledge practices such as philosophical logic and *historia literaria*. Additionally, cameralists were backed by their high rank within estate society, conjunctively enjoying the trust of the political powers. The word of a cameral professor weighed a hundred times more than that of an experienced practitioner, remarked one of the writing landowners (Matthesius 1792: 46f.) towards the end of the century. Thus, we must acknowledge the discursive power of cameralists that can hardly be ignored in the Agricultural Enlightenment's normative project of a new scientific agriculture, even if, judged by today's standards, their bookish approach was already proving to be outdated. The subchapter includes a comparison between one of the first cameralists at university, Simon Peter Gasser, whose time of activity was in the 1730s, and one of the last cameralists, Friedrich Benedict Weber, who was a contemporary of Thaer. Whereas in Gasser's time cameralism decidedly provided for the qualification of civil servants for the princely state, Weber's agricultural course at university in 1804 was already detached from its former close and, for that matter, exclusive relationship to the princely administration. His handbook no longer targeted only the administrative treatment of agriculture, but agriculture itself. In his own words, it was aimed at creating practical farmers through economic theory. The conviction of the later cameralists that they could offer valuable advice to agricultural practitioners, and even that they possessed the necessary scientific knowledge that every major farmer would have to acquire in order to practice successfully, was reinforced in the professorial texts over the course of the century. In fact, one increasingly finds passages that take on the perspective of an ideal farmer, i.e. the progressive landowner. The first principle that Thaer later established for his 'rational agriculture', according to which the highest profit with the lowest input was to be the purpose of agriculture, can already be found with some of the cameralists, too. However, of course it was a predominantly state economic view that they cast into agriculture, into the forests or into the mines: agriculture, along with other sectors, had to be promoted and directed in order to enhance the economic competitiveness of the state and to secure the food supply of the population, thus setting grain self-sufficiency as a widespread goal. Furthermore, what the comparison allows us to see is that a primacy of what was called 'theory' was preserved throughout the history of cameralism. As Gasser claimed in 1729, candidates must internalize *principia* and *fundamenta* in order to be able to apply them to local conditions once they start working in an office. Weber (1804: 13) as well subordinated agricultural practice entirely to agricultural theory, whereby theory was to present agriculture as a "systematically ordered and coherent science according to principles and rules". The decisive discursive move for Weber, as already for Gasser before him, consisted in making every agricultural practice dependent on a theoretical education, recognizable by its definition: "Practice is the application of principles and rules, and thus presupposes scientific studies" (ibid: 9). The pure practice of agriculture appeared worthless in Weber's conception – only farmers who had studied could be said to be practicing (ibid.). Even more emphatically than what was usual in the Agricultural Enlightenment, Weber linked the term 'empirical' to the peasant economy: The "worst way" to gain agricultural knowledge, he explained, was the "empirical" one in which one "routinizes" agriculture "without thinking", just as the peasant son does when imitating his father (ibid: 10f.). Weber placed those economists who did not study books on agriculture on the same level as the ordinary peasant. We can assume that small agricultural producers would not have taken note of these defaming comments, let alone responded to them. Indirectly, Weber of course polemicized against his true adversaries, the writing landowners and tenants who did react and would indeed overrule Weber's position only shortly after. Thaer's academy in Möglin (Brandenburg), both a college and an experimental farm, would become the model for a series of subsequent foundations and the authoritative institution of advanced agricultural education which replaced the university course for the following fifty years until the middle of the 19th century. Finally, the last chapter of part I of the book sets out to contextualize the position of the founding figure of German agricultural science, Albrecht Daniel Thaer, against the background of the preceding seventy years of debate. The path leading to Thaer's conception of an – in modern words – applied science led through a complex web of constant struggle of conceptual progression and persistence. As this chapter shows, the cameral scholars' philosophical expertise as well as the landowners' proper experience both resonate in Thaer's position: He actually did use the systematic means of the philosophically sophisticated scholar to legitimize the often demanded, yet also stigmatized, deep relation to hands-on agriculture within a new conception of agricultural science. Thus, as Thaer entered the social and epistemic arena of the Agricultural Enlightenment, he became a powerful advocate of the writing landowners and their knowledge claims. The principle of profit, for instance, which had long been associated with businesslike agricultural production but only some years earlier theoretically expressed by Adam Smith, became the first principle in Thaer's agricultural theory. He also invented the rational farmer *(rationeller*

Landwirt) as a positive figure that was able to transcend existing social and conceptual boundaries. In analyzing the rhetoric of the rational farmer, this chapter aims to scrutinize how Thaer exactly coined his lasting status of a scientific origin in his time and with his work, or more precisely: how he adopted knowledge and the knowledge practices of preceding groups and – at the same time – blurred these lines of continuity to announce the beginning of something new in his *Principles of Rational Agriculture* (1812) and other writings.

Nevertheless, the chapter ultimately also endorses Thaer's heroic status in the history of agricultural science, albeit based on different grounds, namely on his reappraisal of manual skill. Thaer's epistemological approach adopted a model of elevation from the individual manual manipulation called the empirical or craftwise way *(handwerksmäßig)* to the rule-following practice called practical or artwise way *(kunstmäßig)* up to the theoretical or scientific way. Such a tripartite model of knowledge, with its roots dating back to antiquity, was widely shared by most authors of the Agricultural Enlightenment. It lost currency only shortly thereafter, yet Thaer still stuck to it. What he changed momentously was to include the so-called empirical way, hands-on agriculture, into the notion of a scientific agriculture. In stark contrast to Weber and other authors, Thaer's rational farmer required manual skill himself. Thus, his concept of agricultural science actually acknowledged the expertise of the rural society, including peasant society. The chapter concludes that, by expanding the meaning of 'science' in such a way that manual skill could be located within its sphere, Thaer successfully challenged a conceptual tradition in which intellectual and manual labor were socially opposed and exclusive. Science and technology historians today are still working on the dichotomy of mind and hand and are trying to overcome it, not least conceptually. The well-known anthology edited by Lissa Roberts (2007), for instance, bears the telling title *The mindful Hand.* With regard to Thaer, it should be noted that he too had already worked with then unusual combinations of concepts such as the 'rational farmer' or 'experiential science', which sought to reconcile notions of mind and hand. Thaer thereby contributed to a fundamental change in the history of agricultural science conceptually, institutionally, and in terms of practice.

Chapter Four: Epistemology of the Agricultural Enlightenment

Chapter Four contains three subchapters and makes up the second part of the book which discusses the findings of the material-saturated third chapter on a more abstract, conceptual level. First, 'science' and 'scientific' are analyzed as historical concepts that had a time-specific meaning in the 18th century and in particular in

German agricultural discussions. For a proper understanding of the epistemology of 'enlightened' economists, this fundamental analysis proves indispensable since, as this chapter shows, their reasoning was altogether shaped by rather traditional ideas – even outdated ideas, if assessed in the light of modern concepts of science. The German 'enlightened' economists' notion of science was directly connected to the already mentioned notion of the system. To treat an object scientifically for many contemporary authors simply meant to render existing knowledge in a 'scientific form', representing a 'true system' of basic sentences and inferences. There were widespread complaints as to the right principles of agriculture not yet having been established. In the sense of a syllogistic logic, economists assumed that the truth of individual propositions could be proven by deriving them from general principles. 'Science' was much more associated with such a philosophical practice rather than with ideas of observation or experimental research. Moreover, scientificy appears to have been essentially understood in a pedagogical sense, as a question of demonstration and mediation, not so much as a question of producing knowledge. Within a 'system', the presentation of particular truths was well-regulated and also justified by relating them to general principles. To treat agriculture as a science therefore required collecting and organizing existing agricultural knowledge (no matter of which origin) and postulating general principles from which these truths *(Wahrheiten)* could be logically derived. This corresponds to how the sociologist of science Rudolf Stichweh (2013: 50) has characterized early modern science from the 16th to the late 18th century: the relevant act of scientific insight was of an encyclopedic-classificatory kind – it was a matter of imposing a structure on inherited heterogeneous elements of knowledge. These elements of knowledge were received and not self-produced, and the achievement of knowledge by the scholar consisted in adding a structure. Indeed, a high appreciation of the system can be found among all fractions of 'enlightened' economists well into the end of the 18th century – many authors even regarded a 'real' system of agriculture as the ultimate goal of their efforts. Accordingly, we do not find the common rejections or even a massive polemic against a so-called spirit of system or an *esprit de système* that is abundantly documented for French and English discourses. On the contrary, systematic thinking was viewed as something entirely positive by 'enlightened' economists, and it was not opposed either to experiential knowledge or to usefulness. If in modern understandings of science since Bacon two competing ideals have been at work which can be described by the two poles of truth and utility, as has been proposed by Peter Dear (2005), we have to notice that these German authors often claimed both at the same time. Truth was almost a literary commonplace and was never suspended in favour of utility, but rather linked to it and put into service. In this respect, the positively connoted concept of the system appears as a mediating instance between various ideals and practices of knowledge. The system figured as a container for experiential knowledge. Because a true system would eventually help to make agriculture perfect, it was definitely considered useful. As a matter of course, system building was associated with a certain social division of labor. A quote from the preface of Zinckes *Leipziger Sammlungen* unequivocally shows how science was viewed as the natural domain of philosophically trained scholars:

> These extensive sciences [economics, cameral sciences and police sciences] also have the special feature in that people who have to do with such businesses in practice, even if they may not be real scholars, can teach us many *singularia* and thus, with their contribution, they also create many benefits in this important matter. Scholars can arrive at all sorts of general propositions [*allgemeine Sätze*] based on many such *singularia,* and what is actually science and art can then rely on sure and coherent doctrinal propositions [*Lehr-Sätze*] and rules. (Zincke 1742, translation V.L.)

Remarkably, educated landowners, tenants, state officials, or clergymen also felt obliged to demonstrate their findings in a systematic way as they entered the public debates on agriculture and started publishing themselves. A comparative analysis of epistemic genres inspired by Gianna Pomata reveals that especially German 'enlightened' economists persistently chose the genre of systematic treatise to write about agricultural topics, whereas English agricultural improvers increasingly chose less extensive genres, like the genre of observation. As we know, the *observationes* had been a popular academic genre within the *respublica literaria* already from the 17th century onward. They epistemically valued what was observed by one's own senses and demarcated it from the scholarly commentary (*scholion*). This new experience aimed at the particular, the individual case, which was in sharp contrast to an older concept of experience attributed to Aristotle that aimed at universal processes observable by everyone. Authors of the German *Leipziger Sammlungen* in the 18th century, by contrast, tended to treat topics comprehensively instead of reporting only one or a few particular cases of their own observation without any further embedding. This resulted in significantly longer articles, averaging twenty pages and sometimes even more than a hundred. Remarkably, the genre of *observatio* is completely absent from the magazine, although authors could well have reported from their own experience. It seems to be plausible that the preferred use of the systematic treatise by German authors is related to the extraordinary reverence to the system viewed as the core of scientificy in the Agricultural Enlightenment debates and in German philosophy. In contrast, the intellectual context of their English colleagues was likely related to the prominent representatives of

British experimental philosophy. Within this context, the concept of experience was rhetorically implemented as a „practical ideological element of the scientific enterprise“ as early as at the end of the 17th century (Dear 2008: 131). Thus, the general dissemination of the observation genre within the framework of English agricultural improvement in the 18th century might have been an effect of this success. The next subchapter addresses the remarkable trajectory of the concept of empiricism within the Agricultural Enlightenment debates up to Thaer. As Alberto Vanzo (2014) has shown, the early modern concept clearly differed from antique as well as from modern versions of empiricism. 'Empirical' was a polemical and scholarly term used to dismiss unlearned actors in diverse fields of knowledge such as administration, philosophy, or medicine. By analyzing the word use in Latin, German and English texts (including those of Francis Bacon, Joseph Priestley and Christian Wolff) Vanzo observed that none of these authors used the terms empirically, empiric or empiricism in a post-Kantian manner. In agricultural debates, the 'empirical' way of farming was likewise regarded as an unlearned and manual skill, and often depicted as the peasant way of knowing the land. Accordingly, empirical practices could hardly count as scientific, and a category like 'empirical sciences' would have made no sense at all to contemporaries before the 1800s. The stigmatized peasant economy and its accompanying form of knowledge called the 'empirical' or 'craftwise way' of farming constituted a tabooed area until the end of the century. The way in which a serious change in the meaning of empiricism was announced during the *Sattelzeit,* however, can be illustrated by the innovative language use by Thaer who can be regarded as the most important actor of a revaluation of the concept of empiricism in his field. His combination of an experimental farm and an agricultural college rendered hands-on agriculture more prestigious than ever before. Thaer's statement that his best students had previously been *Empiriker* still aimed at the early modern notion of an unlearned person by stressing that these students had not known a single book before (1805: 238). However, Thaer's dictum that the basic material (*Grundstoff*) of agricultural science had to be *empirisch* already referred to a new connotation which had been introduced by Kant in his *Critique of Pure Reason* (1781). Importantly, Kant's notion was purged from the early modern stigma. As a *terminus technicus* in his theoretical philosophy, 'empirical' simply referred to perceptions which relate to an object via sensation (Kant 1998: 93f.), a signification that is still valid today. Locke, Berkeley and Hume, who would never have called themselves 'empirical philosophers', could therefore only be denoted as British empiricists after Kant's critical philosophy and its reception, from which a clear distinction between rationalism and empiricism had emerged. Looking back at Thaer, his use of words obviously varied between an old and a new interpretation of the term empirical, the first being polemical and pejorative and the second being analytical and epistemological. From a social-historical point of view, the amalgamation of the two must be considered as extraordinarily important. For, as long as the empirical way was primarily associated with notions of the illiterate, Thaer's conceptual inclusion of the term into his concept of agricultural science also meant to ignore common perceptual structures regarding the boundaries of an estate society's social order. He eventually recognized and revaluated empiricism in the then common understanding as manual skill – the way peasants knew the land – and included it into his definition of agricultural science. While Thaer thereby could rely on Kant's innovative terminology, it can hardly be assumed that Kant's use of the term was already known to the general agricultural public. Rather, the historical records suggest that for most authors, until the turn of the century, the stigma of the peasant economy continued crystallizing terminologically in the concept of empiricism. To announce manual skill as indispensable for 'higher' agricultural knowledge was therefore a far more serious historical break than it may appear in hindsight. Notably, *empirisch* in the English translation of 1844 was still not translated with the term 'empirical', but exclusively with "experience" (Thaer 1844: 3).

The extent to which both semantical persistence and change have been actively shaped by actors and their differing specific interests is discussed further and from a different angle in the last section of the chapter – on the role of polemics. My analysis shows to which extent extremely pointed epistemic figures like the *Stubenökonom* (parlor economist) or the *Sudelwirt* (slipshod peasant) represented competing forms of knowledge and concealed the actually fluid transitions between them. For instance, neither the knowledge claims nor the practices of cameral scholars and journalists fully matched the polemical figure of the *Stubenökonom*. The knowledge practices of professors and journalists certainly did not include field trials. However, scholastic reasoning was not their sole method as suggested in the usual accusations of the *Stubenökonom's* mere 'cricket catching' (*Grillenfängerey*). Books and systems were instead richly filled with regional and local knowledge. Thus, *historia literaria* can count as the predominant knowledge practice amongst scholars and journalists. Arguably, the *Sudelwirt* entirely failed to represent actual small agricultural producers whom the expression supposedly addressed. As was specifically shown in the chapter on the cameralist Weber, negative representations of the peasantry came into being not only as a negative foil against which 'enlightened' agriculture could positively stand out. Rather, the function of rhetorical figures was all too often polemical and was also used to downgrade opponents within the educated group of 'enlightened' economists. In fact, polemical figures lead right into the epistemological and social struggles of the Agricultural Enlightenment. This chapter further expounds on the questions as to how historiography can deal with polemics, and to what extent it provides or blocks access to historical reality. I argue that polemical reasoning can generate socio-cultural realities that persist over time. For instance, the devaluation of small agricultural practitioners by means of polemical figures of ignorance during the Enlightenment era resulted in a sustainable invisibility of peasant expertise which has partly continued up until today. Polemical figures are therefore to be regarded as powerful entities of history. In their time, they do help actors to enforce their interests, to immunize their positions, and to downgrade opponents. In the long run, they are able to produce socio-cultural meaning and eventually – realities. With regards to historiography, I conclude that the extent to which epistemology and social facts interpenetrated each other within the arena of the Agricultural Enlightenment becomes particularly evident in an analysis of its polemics.

Conclusion: A Social and Epistemic Arena

The book has introduced the metaphor of a social and epistemic arena in order to analyze the struggle of various groups for authority and recognition of their knowledge claims within the debates of the Agricultural Enlightenment. These negotiated claims ultimately culminated in a new and widely accepted definition of modern agricultural science. Judged by the standards of a social and cultural history of knowledge, both the challenge and the achievement of 'enlightened' economists was to combine technical knowledge with the dignity of a science – in its meaning at that time. This process was tantamount to upgrading technical knowledge and to create a path for new understandings of science. Justifying the bridge between craftsmanship and scholarship involved breaking with powerful cultural traditions. While agriculture, a traditional craft, was scientificised in the sense of the time, science, a traditional brainwork, had to become more hands-on which means in the case of agriculture – more rural. The key protagonists in this reevaluation were those who acted at the interface between the learned and the rural worlds of the Old Reich and who penetrated the ancestral terrain of the *res publica literaria* and university scholarship via the literary market with its semi-learned economic public. While the Agricultural Enlightenment was above all a medial phenomenon and in this sense groundless, its representatives were very well situated, and often resided in the countryside. The traditionally widespread belief that the protagonists of the Enlightenment essentially lived in cities does therefore not apply to the strand of Agricultural Enlightenment. On the contrary, the extraordinary presence of the rural society in the prehistory of modern agricultural science must be emphasized: firstly, as the power of the aristocratic and bourgeois landowners who had a strong interest in the social upgrading of their agricultural activities. Secondly, as the forms of knowledge of the rural society which became indispensable elements of the new definitions of scientific agriculture. While small agricultural producers were not officially recognized as experts, the practical agricultural knowledge which they shared with the powerful rural actors finally came to the fore in Thaer's agricultural theory, in his hands-on knowledge practices and, finally, in his academy for advanced agricultural knowledge located on the countryside in Möglin/Prussia. If we embed Thaer's position into more general historical contexts, it hardly seems a coincidence that the development of his production-oriented version of agricultural science correlated with the emergence of the *gebildete Stände* (educated classes), i.e. a new social group preceding the German bourgeoisie of the 19th century. Social and conceptual change went hand in hand. To the extent that new groups asserted their claims to knowledge, new forms of knowledge came to be acknowledged as scientific. The fact that people of so-called higher ranks descended to agricultural practice in order to elevate it 'to the estate' of science, as the tenor of the Agricultural Enlightenment was, did not mean that learned knowledge could remain as it was. Thaer and his production-oriented contemporaries could no longer adhere to an inherited contemplative ideal of science as such an ideal could not originate from a technical field of knowledge such as agriculture. Therefore, agriculture itself must be acknowledged as a factor that animated economists to help to create a new understanding of science on the advent of bourgeois modernity.

7. Literaturverzeichnis

Quellen

Abhandlung des Abts Boissier de Sauvages von der Seidenwürmerzucht, in: Neue oekonomische Nachrichten 5 (1773), S. 1–267.

Abhandlung vom Nutzen der Buchhalterey in der Landwirthschaft, in: Oeconomische Nachrichten 7 (1755), S. 512–529.

Amthor, A., Project der Oeconomie in Form einer Wissenschafft, Franckfurt/Leipzig 1717.

Anmerckungen über die Verbesserung des Gutes N.N. im Holsteinischen, welche zugleich vieles von der dasigen Wirthschaft überhaupt berühren, in: Leipziger Sammlungen 14 (1760), S. 670–1019.

Art. Ars, in: Zedler Universallexikon 2 (1732), S. 1645.

Art. Die Ökonomie, in: Grammatisch-kritisches Wörterbuch der hochdeutschen Mundart (1793–1801), Wien 1811, S. 603 f.

Art. Empiric, in: The Encyclopaedia Britannica (1842), S. 693.

Art. Empirismus, in: Historisches Wörterbuch der Philosophie. Bd. 2, Basel 1972, S. 478.

Art. Küchen-Wissenschaft, in: Oeconomische Encyklopädie 54 (1791), S. 500–517.

Art. Kunst, in: Oeconomische Encyklopädie 55 (1791), S. 92–125.

Art. Oeconomische Takken, in: Oeconomische Encyklopädie 105 (1807), S. 78.

Art. Ökonomie, in: Oeconomische Encyklopädie 105 (1807), S. 13 f.

Art. Ökonomische Polizey, in: Oeconomische Encyklopädie 105 (1807), S. 77.

Art. Ökonomisches Institut, in: Oeconomische Encyklopädie 105 (1807), S. 64–77.

Art. Privat-Oeconomie, die gemeine Haushaltungs-Kunst, die Privat-Wirthschaffts-Kunst, in: Zedler Universallexikon 29 (1741), S. 580–583.

Art. Staats-Oeconomie, in: Zedler Universallexikon 39 (1744), S. 672.

Art. Stadtwirthschaft, in: Oeconomische Encyklopädie 168 (1838), S. 116–453.

Auf leichte Art, Abdrücke von allerhand Münzen oder Medallien zu machen, und also ohne sonderlichen Kosten, und geringer Mühe, ein Münz-Cabinet anzurichten, in: Selecta Physico-Oeconomica oder Sammlungen von allerhand zur Natur-Forschung und Haushaltungs-Kunst gehörigen Begebenheiten, Erfindungen, Versuchen, Vorschlägen, und darüber gemachten Anmerckungen. Samt einer Nachricht von alten und neuen, hierzu dienlichen Büchern und Schriften, Stuttgart 1753, S. 72–78.

Ausserordentliche Hühnereyer durch besondere Nahrung, in: Der fleißige und fröhliche Wirthschaftsmann 3 (1812), S. 94.

Bacon, F., Novum Organum and Associated Texts (The Oxford Francis Bacon 11), Oxford 2004.

Beckmann, J., Gedanken von der Einrichtung Oekonomischer Vorlesungen. Stat einer Einladung zu seinen Vorlesungen in bevorstehendem Winter 1767, Göttingen 1767.

Beckmann, J., Physikalisch ökonomische Bibliothek, worinn von den neuesten Büchern, welche die Naturgeschichte, Naturlehre und die Land- und Stadtwirtschaft betreffen, zuverlässige und volständige Nachrichten ertheilet werden, Göttingen 1770–1802.

BECKMANN, J., Unwürksame Mittel gegen den Luxus. Geschichte der geschnäbelten Schuhe, der populaines, becs de cane. Allgemeines Schicksal der Moden, in: J. BECKMANN (Hg.), Vorrath kleiner Anmerkungen über mancherley gelehrte Gegenstände, Göttingen 1795, S. 35–52.

BECKMANN, J., Grundsätze der teutschen Landwirthschaft, Göttingen 1802 [1769].

Bemerckungen bey dem ohnlängst von einem Anonymo herausgegebenen Tractat betitelt: Erfahrungsmässiger Beweis von dem itzigen ungemein schlechten Kornbau, von dessen möglichen Verbesserung, und was dazu erfordert werde, Berlin 1748, in: Leipziger Sammlungen 6 (1750), S. 72–102.

Bemerkung über die diesjährigen Wintersaaten, in: Der fleißige und fröhliche Wirthschaftsmann 2 (1811), S. 1445–1452.

Berlinisches Oekonomisch-Technologisch-Naturhistorisches Frauenzimmerlexikon, Rezension, in: Neue allgemeine deutsche Bibliothek 67 (1801), S. 261–263.

BERNARD, C., Introduction à l'Étude de la Médecine Expérimentale, Paris/Londres/Madrid 1865.

Bewährtes Mittel zur Heilung der Schaafpocken, in: Der fleißige und fröhliche Wirthschaftsmann 3 (1812), S. 292–294.

Bitte an die sämmtlichen Leser dieser Zeitschrift, in: Der fleißige und fröhliche Wirthschaftsmann 2 (1811), S. 1429–1435.

BOSE, J. A., De Prudentia et Eloquentia Civili Comparanda Diatribae Isagogicae. Accedit: Notitia Scriptorum Historiae Universalis, ed. G. SCHUBART, Jena 1699.

BRASEN, J. C., Einige Gedanken, über die jetzt gesuchte Vereinigung der Naturlehre mit der Landwirthschaft, Braunschweig/Hildesheim 1770.

BRASTBERGER, G. U., Untersuchungen über Kants Kritik der practischen Vernunft, Tübingen 1792.

Braunschweigische Sammlungen von Oekonomischen Sachen als des einzeln herausgekommenen Wochenblatts der Wirth und die Wirthin, Braunschweig/Hildesheim 1757.

Briefe an einen angehenden Landwirt, den Ackerbau betreffend, Celle 1786.

CONRING, H., De Civili Prudentia Liber Unus. Quo Prudentiae Politicae, cum Universalis Philosophicae, tum Singularis Pragmaticae, Omnis Propaedia Acroamatice Traditur, Helmstedt 1662.

D., C. H., Fortsetzung des abgebrochenen Entwurfs über den Küchengartenbau, in: Leipziger Sammlungen 15 (1760), S. 175–185.

DENGG, P., Handbuch für Liebhaber der Natur und Oekonomie, 2 Bde., Grätz 1788/89.

Des Hrn. Lic. Gottfried August Hofmanns Abhandlung von der Schwein-Zucht und dem Anschlage der Schwein- und Rind-Vieh Nutzung, in: Oeconomische Nachrichten 6 (1754), S. 343–379.

DESPLACES, L. B., Préservatif contre l'Agromanie; ou l'Agriculture réduite à ses vrais Principes, Paris 1762.

Deutschlands ökonomische Flora für Landwirthe und Freunde der Gärtnerey von H. C. Moser (Anzeige), in: Der fleißige und fröhliche Wirthschaftsmann 2 (1811), S. 960–961.

Die Einrichtung und der Endzweck der zu errichtenden Critisch-Oeconomischen Gesellschaft, nebst der erforderlichen Invitation dazu, von Herr Bürgermeister Neumann, aus Zossen, in: Oeconomische Nachrichten 1 (1750), S. 362–373.

Die Kunst sich geschwinde durch den Ackerbau zu bereichern. Alles durch Erfahrungen bewiesen, Augsburg 1763.

Die kurze Nachricht und der Plan eines neuen Buches von der Landwirtschafft, in: Leipziger Sammlungen 7 (1751), S. 135–149.

Die landwirthschaftlichen Verrichtungen, wie sie im Jahre auf einander folgen, in: Der fleißige und fröhliche Wirthschaftsmann 1 (1811), S. 111–117.

Die Nothwendigkeit besonderer gelehrter Abhandlungen für die Cameral-Wissenschafft, in: Leipziger Sammlungen 8 (1752), S. 503–538.

Dithmar, J. C., Einleitung in die oeconomischen, Policey- und Cameral-Wissenschaften, Glashütten im Taunus 1971 [1745].

Döbel, H. W., Anmerkungen zu des Herrn Johann Gottlieb Beckmanns gegründeten Versuchen und Erfahrungen von der Holzsaat, in: Oeconomische Nachrichten 9 (1957), S. 610–678.

Eckenstein, J., Der erfahrene Wetterverkündiger oder populäre Witterungskunde für das Volk und besonders für das Landwirthschaft treibende Publicum. Auf vieljährige Erfahrungen alter Waidmänner, Landwirthe, Gärtner und Winzer begründet und herausgegeben, Ilmenau 1833.

Eckhart, J. G. v., Johann Gottlieb von Eckharts Geheimbden Hof- und Cammerraths Vollständige Experimental Oeconomie über das vegetabilische, animalische und mineralische Reich. Das ist: Völlige Haushaltungs- und LandWirthschaftsKunst, darinne bey allen und jeden öconomischen Vorfallenheiten, Ackerbau, Wiesewachs, Rindviehzucht, Schäferey, Schweinezucht, Pferden und Stuttereyen, Gärten und Hopfenbau, Fischereyen, Bienenzucht, Poularderie, Wald und Holzungen, Brauerey, Brandeweinbrennerey, Stärkenmacherey, Ziegel-Kalk und Gipsbrennerey, Bau- und Mühlwesen, Negociiren, Bergwerksbau, Schmelz- und Hüttenwesen, und ganzen Metallurgie, die Handgriffe practisch, deutlich und zuverlässig angewiesen, mit richtigen Aus- und Nachrechnungen, besondern Anschlägen, auch mit einer Anlage eines fürstlichen Hofamts nebst vielen hundert adelichen und bürgerlichen Haushaltungs Grundregeln und Cautelen versehen, welche bei Aemtern und Rittergütern unentbehrlich sind. Insonderheit darinne alles so eingerichtet, daß ganz Teutschlands Oeconomien darnach tractirt werden, auch die Herren Cur- und Tieflānder, und wo sonst viel unbebaute Plänen liegen, nach dieser Vorschrift fünfzehn bis zwanzig pro Cent von ihren Gütern haben können, Jena 1754.

Ein alter hohler Apfelbaum wird tragbar, in: Der fleißige und fröhliche Wirthschaftsmann 1 (1811), S. 336–338.

Ein Wort zu seiner Zeit, oder über die Hindernisse der Landwirthschaft besonders in Böhmen, in: Der fleißige und fröhliche Wirthschaftsmann 2 (1811), S. 1217–1220.

Eines Thüringischen Landwirths Bemerkungen beym Brauen in kleinen Wirthschaften. Wie im Kleinen sowohl als im Ganzen, oder im Kessel so wohl als in der Pfanne, ein gutes Bier zu brauen, in: Oeconomische Nachrichten 15 (1763), S. 571–576.

Eines Unbekannten eingesendetes Antwort-Schreiben an einen guten Freund, worinn die

Frage beantwortet wird: warum, ungeachtet aller Bemühung rechtschaffener und gelehrter Hauswirthe, man noch wenig Verbesserung der Oeconomie verspühre?, in: Oeconomische Nachrichten 5 (1752), S. 190–206.

Einige Abhandlungen von den Seiden-Würmern, und dem in Niedersächsischen Gegenden möglichen und nützlichen Seidenbau, in: Leipziger Sammlungen 6 (1750), S. 607–644.

Einige Nachricht von dem Cobalt, woraus die blaue Stärcke oder Smalte gemacht wird, und von einer besonderen aus deisem Mineral bereiteten, so genannten sympathetischen Dinte, in: Selecta Physico-Oeconomica oder Sammlungen von allerhand zur Natur-Forschung und Haushaltungs-Kunst gehörigen Begebenheiten, Erfindungen, Versuchen, Vorschlägen, und darüber gemachten Anmerckungen. Samt einer Nachricht von alten und neuen, hierzu dienlichen Büchern und Schriften, Stuttgart 1753, S. 20–29.

Enquiries Concerning Agriculture, in: Philosophical Transactions 1 (1665), S. 91–94.

Entwurf der vornehmsten Gegenstände der Untersuchungen, zur Aufnahme des Feldbaues, des Nahrungsstandes und der Handlung, in: Abhandlungen und Beobachtungen durch die Oekonomische Gesellschaft zu Bern gesammelt 1. Stück (1762), S. 1–54.

Es ist nützlich die Felder tief zu ackern, in: Der fleißige und fröhliche Wirthschaftsmann 1 (1811), S. 338–348.

Etwas über das Säen und den ersten Wuchs des Winterroggens, in: Der fleißige und fröhliche Wirthschaftsmann 2 (1811), S. 982–996.

Etwas zur Kenntniß der Pflanzen oder kurze Erklärung einiger Theile der Gewächse, in: Der fleißige und fröhliche Wirthschaftsmann 2 (1811), S. 1513–1527.

[Der] Fleißige und fröhliche Wirthschaftsmann oder der allgemeine Hausfreund für gebildete Landleute und Hauswirthe. In wöchentlichen Heften mit Kupferstichen. Unter Beförderung aller Herren Prediger und Schullehrer, Gutsbesitzer und Gerichtshalter, welche für das Wohl ihrer anvertrauten Gemeinde oder Unterthanen Sorge tragen, 4 Bde., Leipzig 1811–1812.

Fichte, J. G., Grundlage der gesammten Wissenschaftslehre, Leipzig 1794.

Fortgesetzte Nachrichten von dem Fortgang und Aufnehmen der Berlinischen Kunst- und Werck- oder Real-Schule, mit Anmerkungen, in: Leipziger Sammlungen 7 (1751), S. 675–725.

Fraas, C., Geschichte der Landwirthschaft. Oder: geschichtliche Übersicht der Fortschritte landwirthschaftlicher Erkenntnisse in den letzten 100 Jahren, Prag 1852.

Fraas, C., Geschichte der Landbau- und Forstwissenschaft. Seit dem sechzehnten Jahrhundert bis zur Gegenwart (Geschichte der Wissenschaften in Deutschland. Neuere Zeit 3), München 1865.

Fragmente, Nachrichten und Abhandlungen zur Beförderung der Finanz-Polizey-Oekonomie und Natur-Kunde, Berlin 1788–1791.

Freiherr von Liebig, J., Die moderne Landwirtschaft als Beispiel der Gemeinnützigkeit der Wissenschaften. Rede in der öffentlichen Sitzung der K. Academie der Wissenschaften zu München am 28. November 1861, Braunschweig 1862.

Fürstenau, J. H., Gründliche Anleitung zu der Haushaltungskunst, und denen dahin gehörigen fürnehmsten Schriften, Lemgo 1736.

Gasser, S. P., Einleitung Zu den Oeconomischen, Politischen und Cameral-Wissenschaften, Worinnen für dieses mal die Oeconomica-Cameralia Von den Domainen- oder Cammerauch andern Gütern erläutert werden [...], Halle 1729.

Gedancken über die verschiedenen Meynungen alter und gemeiner, obgleich sonst in ihrer Art guter Wirtschaffter, in: Leipziger Sammlungen 8 (1752), S. 594–612.

Gesner, J. A., Selecta Physico-Oeconomica oder angenehme und nützliche Sammlungen von allerhand zur Natur-Forschung und Haushaltungs-Kunst gehörigen Begebenheiten, Erfindungen, Versuchen, Vorschlägen, und darüber gemachten Anmerckungen. Samt einer Nachricht von alten und neuen, hierzu dienlichen Büchern und Schriften. Bd. 1, Stuttgart 1752.

Güntz, M., Handbuch der landwirtschaftlichen Litteratur. Unveränderter Neudruck der Ausgabe Leipzig 1897–1902, Vaduz, Liechtenstein 1977.

Guybon, F., An Essay Concerning the Growth of Empiricism; or the Encouragement of Quacks. Wherein The Present State of Physick in this Kingdom is fairly represented; with some Reasons for the Necessity of a Regulation in the Practice of it, London 1712.

Hager, F.-P., Art. Empeiria, in: Historisches Wörterbuch der Philosophie. Bd. 2, Basel 1972, S. 453–454.

Handbuch für Liebhaber der Natur und Oekonomie, Rezension, in: Allgemeine deutsche Bibliothek 93 (1790), S. 298–299.

Härter, C. A., Ueber die öffentlichen und gemeinschaftlichen Vergnügungen der Landleute. Ein Versuch Polizey-Direktoren, menschenfreundlichen Obrigkeiten und wahren Volksfreunden zur Prüfung vorgelegt, Altenburg/Erfurt 1804.

Henry, J., Art. Empirismus, in: Enzyklopädie der Neuzeit. Bd. 3, Stuttgart, Weimar 2006, S. 271.

Hirzel, H. C., Die Wirthschaft eines philosophischen Bauers. Entworfen von H. C. Hirzel, M. D. und Stadtarzt in Zürich, Zürich 1774.

Hirzel, H. C., Kleinjogg oder Tun und Denken eines naturnahen glückseligen Bauern. Aufgezeichnet durch Hans Caspar Hirzel, Zürich 1980.

Hohenthal, P. G. v., Oeconomische Nachrichten, 15 Bde., Leipzig 1750–1763.

Hohenthal, P. G. v., Neue Oeconomische Nachrichten, 5 Bde., Leipzig 1763–1773.

Holberg, L. von, Vermischte Briefe. [Übers.], Flensburg/Leipzig/Altona 1760.

Inama-Sternegg, K. T. v., Art. Gasser, Simon Peter, in: Allgemeine Deutsche Biographie (8) 1878, S. 401–402.

Irlbeck, M., Das Wichtigste der dermaligen Landwirthschaft um sie zur höchsten Vollkommenheit zu bringen; besonders in der jetzigen unglücklichen Zeit. Ein unentbehrliches Hülfsbuch für Staatsmänner, Landwirthe, Gärtner und Gewerbsleute. Bisher das einzige in seiner Art. In drei Bändchen. Nach achtundzwanzigjährigen Beobachtungen und Erfahrungen bearbeitet von Michael Irlbeck, wirklichem, und wegen glücklichen Kulturen auf das Ausgezeichnetste gerichtlich attestirtem Bauer und Mitglied der praktischen Gartenbau-Gesellschaft in Bayern, 3. Bde., Augsburg 1834.

Irlbeck, M., Vollständiger Unterricht über Flachsbau und Leinwandfabrikation nach den neuesten Verbesserungen und vieljährigen praktischen Erfahrungen mit besonderer Rücksicht auf Bayern, Augsburg 1836.

Irlbeck, M., Der Zeitgeist der Landwirthschaft. Nach den Bedürfnissen unserer Zeit, Augsburg 1838.

Justi, J. H. G. von, Staatswirthschaft oder Systematische Abhandlung aller Oekonomischen und Cameral-Wissenschaften, die zur Regierung eines Landes erfodert werden. In zween Theilen ausgefertiget. Erster Theil. Welcher die Lehre von Erhaltung und Vermehrung des

Vermögens des Staats, und mithin der Staatskunst, die Policey- und Commercien-Wissenschaft nebst der Haushaltungskunst in sich begreift, Leipzig 1758 [1755].
JUSTI, J. H. G. von, Johann Heinrich Gottlobs von Justi Grundsätze der Policeywissenschaft. In einem vernünftigen, auf den Endzweck der Policey gegründeten, Zusammenhange und zum Gebrauch Academischer Vorlesungen abgefasset, Göttingen 1782 [1756].
KANT, I., Immanuel Kant's Werke, ed. G. HARTENSTEIN, Leipzig 1838–1839.
KANT, I., Kritik der reinen Vernunft. Nach der 1. und 2. Originalausgabe, hg. von Jens Timmermann (Philosophische Bibliothek 505), Hamburg 1998.
Könnte und sollte man die märkischen Rüben nicht auch in andern Gegenden anbauen?, in: Der fleißige und fröhliche Wirthschaftsmann 1 (1811), S. 729–735.
KRETZSCHMER, P., Neu erfundenes Ackerbau-Rätzel: das ist, einfältiger, deutlicher, und recht handgreiflicher Grund- und Abriß eines bisher der Welt noch unbekannt gebliebenen, nun aber in Leipzig entdeckten Geheimnisses und grossen Vortheils, wie der Ackerbau überhaupt so gleich, ohne Veränderung des bisherigen Acker-Geschirres und Vermehrung des Zug-Viehes, wenigstens um ein Drittel vermehret werden kann, Leipzig 1748.
KRETZSCHMER, P./ZINCKE, G. H., Peter Krezschmers, nunmehrigen Hauß-Vaters im Leipziger Waysen- und Zucht-Hause, Oeconomische Vorschläge, Wie das Holtz zu vermehren, Obst-Bäume zu pflantzen, die Strassen in gerade Linien zu bringen, mehr Aecker dadurch fruchtbar zu machen, die Maulbeer-Baum-Plantagen, damit zu verknüpffen und die Sperlinge nebst den Maulwürffen zu vertilgen. Nebst einem Anhange, von Verbesserung grosser Herren Küchen und Tafeln, Auch einer Vorrede Hrn. D. Georg Heinrich Zinckens, worinnen von Projecten und Projecten-Machern gehandelt wird, Leipzig 1746 [1744].
[KRÜNITZ'] Oeconomische Encyclopädie, oder allgemeines System der Land-, Haus- und Staats-Wirthschaft in alphabetischer Ordnung, Berlin 1773–1858.
KÜHN, J., Mitteilungen des landwirtschaftlichen Instituts der Universität Halle/S., Berlin 1865.
LAMBERT, J. H., Theorie des Systems, in: J. H. LAMBERT, Logische und philosophische Abhandlungen. Bd. 1, 2 Bde., Berlin/Dessau 1782, S. 510–517.
LAMBERT, J. H., Fragment einer Systematologie, in: J. H. LAMBERT, Logische und philosophische Abhandlungen. Bd. 2, 2 Bde., Berlin/Dessau 1787, S. 385.
LANGETHAL, C. E., Geschichte der teutschen Landwirthschaft. Viertes Buch: Vom 30jährigen Kriege bis auf Thaer, Jena 1856.
LEONHARDI, F. G., Erdbeschreibung der churfürstlich- und herzoglich- sächsischen Lande, Leipzig 1802.
LESKE, N. G./HINDENBURG, C. F./FUNK, C. B., Leipziger Magazin zur Naturkunde, Mathematik und Oekonomie. Herausgegeben von einer Gesellschaft von Gelehrten, Leipzig 1781–1785.
LÜDERS, P. E., Abhandlungen und Bedenken über das Acker-Wesen und den Anbau verschiedener Feldfrüchte. Aus eigener Erfahrung entworfen, Flensburg 1765.
MATTHESIUS, C. H., Lehrbuch für angehende Landprediger, wie ihre Wirthschaft ihnen und den Pfarrgüthern am nützlichsten einzurichten sey von einem selbstwirthschaftenden Landprediger. Nebst Erinnerungen über Brache, Huth und Stallfütterung. Mit einer Vorrede vom Herrn Konsistorialrath und Superintendent Oemler, Jena 1791.

MATTHESIUS, C. H., Ueber die Theorie der Landwirthschaft, und einige neuere Grundsätze derselben. Ein Beytrag zur gesicherten Verbesserung der Landwirthschaft, Jena 1792.

MAYER, J. F., Das Ganze der Landwirthschaft. Zweyter Theil, Prag 1789.

MEINERS, C., Grundriß der Geschichte der Weltweisheit, Lemgo 1786.

MOLL, K. M. E., Oberdeutsche Beyträge zur Naturlehre und Oekonomie, Subskriptionseinladung, in: Journal von und für Deutschland, Bd. 3 (1786), S. 275–278.

MOLL, K. M. E., Oberdeutsche Beyträge zur Naturlehre und Oekonomie, Salzburg 1787.

MÜNCHHAUSEN, O. v., Der Hausvater. Erster Theil, Hannover 1765.

Museum rusticum et commerciale, or select papers on agriculture, commerce, arts, and manufactures. Drawn from experience, and communicated by gentlemen engaged in these pursuits, 6 Bde., London 1763–66.

Nachricht und Betrachtungen, betreffend die Verbesserung des Ackerbaues und der Vieh-Zucht im Mecklenburgischen, nach dem Hollsteinischen Fuß, in: Leipziger Sammlungen 5 (1749), S. 427–436.

Nachricht von dem vierten Buche der Klugheit Hauszuhalten des Herrn Lic. Hoffmanns, wie auch andern Schrifften und öconomischen Sachen, in: Leipziger Sammlungen 6 (1750), S. 687–715.

Nachricht von der Zeigerschen Art den Samen zu imprägniren, und was D. Kühnhold dagegen geschrieben, sonst aber noch für andere Arten der Imprägnation angegeben, in: Leipziger Sammlungen 7 (1751), S. 165–190.

Nachricht von M. Tillets Abhandlung den Brand im Weizen betreffend, in: Leipziger Sammlungen 14 (1760), S. 495–508.

Nachrichten von einer neuen Erfindung im Schmeltz- und Hütten-Wesen, in: Leipziger Sammlungen 9 (1753), S. 215–220.

NESTLER, J. K., Amts-Bericht des Vorstandes über die vierte (...) Versammlung der deutschen Land- und Forstwirthe, Olmütz 1841.

Nützliche und praktische Vorschläge die Landeskultur in Baiern zu befördern. Nebst Beantwortung der im baierischen Landboten aufgeworfenen ökonomischen Fragen, München 1791.

Ob etwas dadurch gewonnen werde, wenn man das Samenkorn tie[f] in die Erde bringt, in: Der fleißige und fröhliche Wirthschaftsmann 2 (1811), S. 1355–1360.

Oeconomische Encyclopädie, oder allgemeines System der Land-, Haus- und Staats-Wirthschaft in alphabetischer Ordnung, von Johann Georg Krünitz, Berlin 1773–1858.

Oeffentliches Anerbieten, ganz besondere Wege und Mittel zu entdecken, ein Land-Gut noch einmal so hoch, als ordentlich und nach bisher eingeführter besten Weise geschiehet, zu nutzen. Aus der Praxi neuerfundener öconomischer Vorschlag, in: Leipziger Sammlungen 5 (1748), S. 286–288.

Oekonomische Hefte oder Sammlung von Nachrichten, Erfahrungen und Beobachtungen fuer den Land- und Stadtwirth, Leipzig 1794–1806.

Physikalisch-oekonomische Wochenschrift. Welche als eine Realzeitung das nüzlichste, zuverlässigste, angenehmste und neueste aus der Natur und Haushaltungs-Wissenchaft enthält, zur Beförderung des Feldbaues, Stuttgart 1756–1758.

PICCART, M., In Politicos Libros Aristotelis Commentarius, Leipzig 1615.

PIEPENBRING, G. H., Oeconomische Nützlichkeiten, Vortheile und Wahrheiten für die Naturkunde, Landwirthschaft und Haushaltungen, Göttingen 1790–1792.

PISTORIUS, H. A., Rezension zu Carl Christian Erhard Schmids ‚Critik der reinen Vernunft im Grundrisse' und ‚Wörterbuch zum leichtern Gebrauch der Kantischen Schriften', 2. Aufl., in: Allgemeine deutsche Bibliothek 88 (1789), S. 104–122.

Plan des regierenden Herrn Herzogs von Sachsen-Meiningen zu einer Verbesserung der Oekonomie in seinem Lande und über die Art, sie zu bewerkstelligen, in: Journal von und für Franken 6 (1793), S. 677–684.

POHL, F., Der Fleißige und fröhliche Wirthschaftsmann oder der allgemeine Hausfreund für gebildete Landleute und Hauswirthe. In wöchentlichen Heften mit Kupferstichen. Unter Beförderung aller Herren Prediger und Schullehrer, Gutsbesitzer und Gerichtshalter, welche für das Wohl ihrer anvertrauten Gemeinde oder Unterthanen Sorge tragen, 4 Bde., Leipzig 1811–1812.

REINHOLD, C. L., Über das Fundament des philosophischen Wissens, Jena 1791.

RIEM, J., Des Oberbienen-Inspektors und Amtsrathes Johann Riem's Mitgliedes verschiedener naturforschenden und ökonomischen Gesellschaften [et]c. [et]c. monatliche praktischökonomische Encyklopädie für Deutsche oder zusammenhängender Lehrbegrif der gemeinnüzzigsten praktischen Wirthschaftsökonomie für Landwirthe und Wirthinnen im Grosen und Kleinen, und für alle Gegenden, die Nuzzen daraus schöpfen wollen als der Verfolg meines Prodromus, d. i. meines Vorläufers, Leipzig 1785.

Sammlung neuer und nützlicher Abhandlungen und Versuche aus der Ökonomie, Mechanik und Naturlehre, Nürnberg 1775.

Sammlung neuer und nützlicher Abhandlungen und Versuche aus der Oekonomie, Mechanik und Naturlehre, Rezension, in: Allgemeine deutsche Bibliothek 27 (1775), S. 189–191.

SANDER, H./FABRICIUS, J. C., Oeconomische Naturgeschichte für den deutschen Landmann und die Jugend in den mittleren Schulen, 4 Bde., Leipzig 1784.

SCHELLING, F. W. J./HEGEL, G. W. F., Kritisches Journal der Philosophie. Ersten Bandes erstes Stück, Tübingen 1802.

SCHMID, C. C. E., Wörterbuch zum leichtern Gebrauch der Kantischen Schriften. Nebst einer Abhandlung, Jena 1788.

SCHMID, C. C. E., Erste Linien einer reinen Theorie der Wissenschaft, in: Philosophisches Journal für Moralität, Religion und Menschenwohl 3 (1794), S. 348–362.

SCHMID, C. H., Abriss der Gelehrsamkeit für encyklopädische Vorlesungen, Berlin 1783.

SCHÖNFELD, J. G. von, Die Landwirthschaft und deren Verbesserung nach eigenen Erfahrungen beschrieben, Leipzig 1791.

Schreiben einer neuen Oeconomischen Gesellschaft an den Verfasser dieser Sammlungen von des Herrn Geheimden Hof- und Cammer-Rath Eckarts Experimental-Oeconomie, in: Leipziger Sammlungen 10 (1754), S. 669–690.

SCHUBART, J. C., Hutung, Trift und Brache; die grösten Gebrechen und die Pest der Landwirthschaft. Ein wichtiges Wort, durch besondre Tatsachen veranlasset und abgenötiget: in einem Schreiben an Professor Leske, in: J. C. SCHUBART (Hg.), Hofrats J. C. Schubart ökonomisch-kameralistische Schriften. Nebst einem Unterricht zur Abschaffung der Brache und Einfürung der Stallfütterung von Professor Leske, Erster Teil, Leipzig 1784, S. 1–48.

SCHULZE, F. G., Ueber Wesen und Studium der Wirthschafts- oder Cameral-Wissenschaften. Vorzüglich über wissenschaftliche Begründung der Landwirthschaftslehre, auch der Forstwirthschafts-, Bergbau-, Handelslehre und Technologie durch die Volkswirthschaftslehre, Jena 1826.

SECKENDORFF, V. L. v., Teutscher Fürsten-Stat, Frankfurt am Main 1665 (1656).

SEIDENBURG, J. G., Berlinisches Oekonomisch-Technologisch-Naturhistorisches Frauenzimmer-Lexicon. Worin alles gelehrt wird was ein Frauenzimmer in der Oeconomie, Hauswirthschaft, theoretischen Kochkunst, Zuckerbäckerey und Kellerey, wie auch in allen andern weiblichen Arbeiten und sonst im gemeinen Leben gründlich zu wissen nöthig hat, Berlin 1801.

SELLE, C. G., Versuch eines Beweises, daß es keine reine von der Erfahrung unabhängige Vernunftbegriffe gebe, in: Berlinische Monatsschrift 2 (1784), S. 565–574.

Sendschreiben an den Verfasser der L. S. worinnen von Hrn. J. A. H. Verbesserung der Kretzschmarischen Erfindung, der neuen Art den Acker zu bauen, gegeben wird, in: Leipziger Sammlungen 7 (1751), S. 149–165.

Sendschreiben aus dem Holsteinischen von einem Mittel wider den schädlichen Mehltau im Hafer, in: Leipziger Sammlungen 9 (1753), S. 540–543.

SINCLAIR, J., The Code of agriculture. Including observations on gardens, orchards, woods, and plantations, London 1817.

SMITH, A., The Wealth of Nations, New York 2000 [1776].

SONNENFELS, J. v., Grundsätze der Polizey, Handlung und Finanz. Zu dem Leitfaden des politischen Studiums, zweyter Theil: die Handlung, Wien 1787.

STURM, K. C. G., Über die Bildung zum Landwirth. Ein Programm von D. K. Ch. G. Sturm. Nebst einer Nachricht über das ökonomische Institut zu Tieffurth, Jena 1817.

TENNEMANN, W. G., Geschichte der Philosophie, Leipzig 1798–1819.

THAER, A. D., Landwirthschaftliches Lehr-Institut zu Celle, in: Annalen der Niedersächsischen Landwirthschaft 1 (1803), S. 222–226.

THAER, A. D., Beschreibung der nutzbarsten neuen Ackergeräthe. Heft 2, Hannover 1804.

THAER, A. D., Einleitung zur Kenntniß der englischen Landwirthschaft und ihrer neueren practischen und theoretischen Fortschritte in Rücksicht auf Vervollkommnung deutscher Landwirthschaft. Für denkende Landwirthe und Cameralisten, Hannover 1804.

THAER, A. D., Annalen des Ackerbaues, Berlin/Wien 1805–1810.

THAER, A. D., Friedrich Benedict Weber: Einleitung zum Studium der Oekonomie besonders für wissenschaftlich Gebildete, Rezension, in: Annalen des Ackerbaus 1 (1805), S. 222–258.

THAER, A. D., Nachricht von dem Institut zu Möglin, in: Annalen des Ackerbaus 5 (1807), S. 697–714.

THAER, A. D., Grundsätze der rationellen Landwirthschaft. Bd. 1, Berlin 1809.

THAER, A. D., Über den Zustand von Mögelin im Jahre 1811, in: Annalen der Fortschritte der Landwirthschaft in Theorie und Praxis 2 (1811), S. 6–101.

THAER, A. D., Nachricht wegen des Instituts zu Moeglin, in: Annalen der Fortschritte der Landwirthschaft in Theorie und Praxis 3 (1812), S. 243–246.

THAER, A. D., Geschichte meiner Wirthschaft zu Möglin. Nebst einer Nachricht von dem

Zweck und der jetzigen Einrichtung des landwirthschaftlichen Unterrichts-Instituts, Berlin 1815.
THAER, A. D., Leitfaden zur allgemeinen landwirthschaftlichen Gewerbs-Lehre, Berlin 1815.
THAER, A. D., The Principles of Agriculture, 2 Bde., London 1844.
TOUCHY, F. C., Auf dreyßigjährige Erfahrung sich gründender praktischer Unterricht der ganzen Landwirthschaft zur Belehrung nicht nur für Anfänger in der Oekonomie, sondern auch für unerfahrne Landwirthe, 3 Bde., Leipzig 1800–1803.
Über die Geburt der Thiere, in: Der fleißige und fröhliche Wirthschaftsmann 3 (1812), S. 193–196.
Ueber die Theorie der Landwirthschaft und einige neuere Grundsätze derselben, Rezension, in: Allgemeine Literatur-Zeitung 4 (1791), Sp. 593–600.
Vater Baumbachs gute Lehren, oder: Was muß der Landmann wissen, und was hat er zu thun, wenn sein Feldbau ihm einen gehörigen Ertrag verschaffen soll?, in: Der fleißige und fröhliche Wirthschaftsmann 2 (1811), S. 1323–1331.
Versuch eines chymischen Lehrbegriffs zum Gebrauche des Oeconomen, in: Oeconomische Nachrichten 12 (1759), S. 107–194.
Von dem Nutzen des Umganges mit Bauern, um die Landwirtschafft zu lernen, in: Leipziger Sammlungen 10 (1755), S. 611–617.
Von dem Nutzen, welchen die Naturwissenschaft der Oeconomie verschaffet, in: Hamburgisches Magazin, oder gesammlete Schriften, zum Unterricht und Vergnügen (1756), S. 531–550.
VON ENGEL, L. H. H., Versuch zur Beantwortung der Frage: welche Vortheile hat die Landwirthschaft von der Aufklärung im achtzehnten Jahrhundert und welcher Nutzen ist und kann noch davon erwartet werden, Leipzig 1798.
VOSS, G., Die Bestimmung der Wochenschrift Der fleißige und fröhliche Wirthschaftsmann, Anzeige, in: Zeitung für die elegante Welt 11 (1811), S. 1966.
VOSS, G., Wochen-Journal für Landleute, Anzeige, in: Regensburger Intelligenzblatt 1 (1811), S. 199.
WALTHER, F. L., Kurzgefasste oekonomische Naturgeschichte Deutschlandes für Freunde der Natur, Aerzte, Cammeralisten, Land- und Forstwirthe, Künstler, Kaufleute, Fabrikanten, Handwerker und diejenigen, die es werden wollen, Anspach 1787.
Was uns ein junges Rind aufzuziehen kostet, in: Der fleißige und fröhliche Wirthschaftsmann 3 (1812), S. 97–102.
WEBER, F. B., Handbuch der ökonomischen Literatur. Oder systematische Anleitung zur Kenntniß der deutschen ökonomischen Schriften, die sowohl die gesammte Land- und Hauswirthschaft, als die mit derselben verbundenen Hülfs- und Nebenwissenschaften angehen; nebst Angabe ihres Ladenpreises, und Bemerkungen ihres Werths, Berlin 1803–1842.
WEBER, F. B., Systematisches Handbuch der Deutschen Landwirthschaft zum Unterricht für wissenschaftlich gebildete Leser. Bd. 1, Abt. 1: Einleitung in das Studium der Oekonomie. Besonders für wissenschaftlich Gebildete, Züllichau/Freystadt/Leipzig 1804.
WEBER, F. B., Systematisches Handbuch der Deutschen Landwirthschaft zum Unterricht für wissenschaftlich gebildete Leser. Bd. 1, Abt. 2: Einleitung in die Lehren vom Pflanzenbaue im Allgemeinen nebst Einleitung in die gesammte ökonomische Produktionslehre, Züllichau/Freystadt/Leipzig 1805.
WEBER, F. B., Verzeichniss der zu der landwirthschaftlichen Sammlung der Königl. Universität

zu Breslau gehörigen landwirthschaftlichen Modelle, Geräthe, Instrumente, Naturalien und Gegenstände andrer Art, Breslau 1832.

Weitere Fortsetzung einer Nutzungsberechnung einigen wohlgewarteten Kuhviehes, in: Oeconomische Nachrichten 9 (1757), S. 157–177.

Welchen Grad von Wohlhabenheit darf vernünftigerweise der Landmann sich wünschen?, in: Der fleißige und fröhliche Wirthschaftsmann 1 (1811), S. 622–630.

Wie man sich selbst eine Kalenderwitterung machen kann. Eine belehrende Erzählung, in: Der fleißige und fröhliche Wirthschaftsmann 1 (1811), S. 110–111.

Wie viel Stalldünger mit einem Stücke Vieh jährlich gemacht werden kann, in: Annalen der Niedersächsischen Landwirthschaft 5 (1803), S. 129–137.

[C. A.] Wild's Praktischer Rathgeber. Ein Magazin wohlgeprüfter haus- und landwirthschaftlicher wie technisch-chemischer Erfahrungen für Fabrikanten, Apotheker, Künstler, Oekonomen, Gewerbtreibende und strebsame Hausfrauen, Frankfurt am Main 1858.

[Wirth und Wirthin] Braunschweigische Sammlungen von Oekonomischen Sachen als des einzeln herausgekommenen Wochenblatts der Wirth und die Wirthin, Braunschweig/Hildesheim 1757.

Wolff, C. v., Entdeckung der wahren Ursache von der wunderbahren Vermehrung des Getreydes, dadurch zugleich der Wachsthum der Bäume und Pflanzen überhaupt erläutert wird, als die erste Probe der Untersuchungen von dem Wachthume der Pflanzen, Halle 1750.

Zeiger, A., Vernünfftige Anleitung zur Öconomie und Kunstmäßige Verbesserung des Feld-Baues, Oder: Die durch vieljährige eigene Erfahrung bewährt befundene Kunst und Geheimniß, alle Arten von Lande, in Feldern, Wiesen und Gärten, nach ihrer eigentlichen Beschaffenheit aufs genaueste zu erkennen, auch ohne Mist zu düngen und fruchtbar zu machen. In V. Theile abgetheilet. Der I. enthält die gantze Theorie der Oeconomie. Der II. lehret das Nitrum in ein Oleum vegetabile zu verwandeln. Der III. entwirft die Zusätze dazu. Der IV. entdecket die Methode den Samen, wie auch Grund und Boden fruchtbar zu machen. Der V. zeiget die richtige Proportion. Der VI. als ein Anhang, handelt von einem Recept wider die Korn-Würmer, und der Practica Oeconomica. Herausgegeben von Ambrosius Zeigern, ehedem Amtsverwalter und Pachter der hochadel. Alvenslebischen Ritter-Güther zu Kloster-Roda, Leipzig 1749.

Zeitschrift für die Naturkunde, Oekonomie, Handlung u. Gewerbe oder Analekten zum Besten der Stadt- und Landwirthschaft, der Wissenschaften und Industrie, Rezension, in: Neue allgemeine deutsche Bibliothek 13 (1794), S. 399–402.

Zeitschriften der Aufklärung (Datenbank), https://gelehrte-journale.de/startseite/ oder http://ds.ub.uni-bielefeld.de/viewer/collections/zeitschriftenderaufklaerung/ (zuletzt aufgerufen am 10-02.2020).

Zincke, G. H., Leipziger Sammlungen von allerhand zum land- und stadt-wirthschafftlichen Policey-, Finanz- und Cammer-Wesen dienlichen Nachrichten, Anmerckungen, Begebenheiten, Versuchen, Vorschlägen, neuen und alten Anstalten, Erfindungen, Vortheilen, Fehlern, Künsten, Wissenschaften und Schriften. Wie auch von denen in diesen so nützlichen Wissenschaften und Uebungen wohlverdienten Leuten, 16 Bde., Leipzig 1742–1767.

Zincke, G. H., Vollständige Nachricht von dem Vorhaben, Absichten und Einrichtungen dieser Sammlung (1742), in: Leipziger Sammlungen 1 (1746), S. 3–51.

Sekundärliteratur

ABEL, W., Geschichte der deutschen Landwirtschaft vom frühen Mittelalter bis zum 19. Jahrhundert (Deutsche Agrargeschichte 2), Stuttgart 1978.

ALZHEIMER, H., Handbuch zur narrativen Volksaufklärung. Moralische Geschichten 1780–1848, Berlin 2004.

AMBROSOLI, M., The Wild and the Sown. Botany and Agriculture in Western Europe, 1350–1850 (Past and present publications), Cambridge/New York 1997.

ANANIEVA, A., Der Leipziger Voss Verlag: Eine Buch- und Kunsthandlung um 1800, in: A. ANANIEVA/D. BÖCK/H. POMPE (Hgg.), Auf der Schwelle zur Moderne. Szenarien von Unterhaltung in Deutschland zwischen 1780 und 1840. Vier Fallstudien. Bd. 2, Bielefeld 2015, S. 437–635.

Art. Agrarschriftsteller, in: Der Neue Pauly, Brill Online Reference Works 2006.

Art. Empirismus, in: Historisches Wörterbuch der Philosophie. Bd. 2, Basel 1972, S. 478.

Art. Friedrich Benedict Weber, in: Landwirthschaftliches Conversations-Lexicon für Praktiker und Laien, Prag 1838, S. 789–792.

Art. M. Johann Friedrich Pohl, in: Neuer Nekrolog der Deutschen (28), Weimar 1852, S. 126–130.

ASH, E. A., What is an Early Modern Expert? And why does it matter?, in: M. FÜSSEL/F. REXROTH/I. SCHÜRMANN (Hgg.), Praktiken und Räume des Wissens. Expertenkulturen in Geschichte und Gegenwart, Göttingen 2018, S. 69–88.

ASH, E. H., Expertise. Practical knowledge and the early modern state, Chicago 2010.

BACKMANN, S./ECKER-OFFENHÄUSSER, U., Ehrkonzepte in der frühen Neuzeit. Identitäten und Abgrenzungen (Colloquia Augustana 8), Berlin 1998.

BAYERL, G., Prolegomenon der „Großen Industrie". Der technisch-ökonomische Blick auf die Natur im 18. Jahrhundert, in: W. ABELSHAUSER (Hg.), Umweltgeschichte. Umweltverträgliches Wirtschaften in historischer Perspektive (Geschichte und Gesellschaft Sonderheft 15), Göttingen 1994, S. 29–56.

BAYERL, G., Johann Beckmann (1739–1811). Beiträge zu Leben, Werk und Wirkung des Begründers der allgemeinen Technologie (Cottbuser Studien zur Geschichte von Technik, Arbeit und Umwelt 9), Münster u.a. 1999.

BAYERL, G., Die Natur als Warenhaus. Der technisch-ökonomische Blick auf die Natur in der Frühen Neuzeit, in: S. HAHN/R. REITH (Hgg.), Umwelt-Geschichte. Arbeitsfelder – Forschungsansätze – Perspektiven (Querschnitte 8), Wien/München 2001, S. 33–52.

BECK, R., Unterfinning. Ländliche Welt vor Anbruch der Moderne, München 1993.

BECKER, P./CLARK, W., Little Tools of Knowledge. Historical Essays on Academic and Bureaucratic Practices (Social history, popular culture, and politics in Germany), Ann Arbor, Mich. 2001.

BEEZ, J., Christoph Gottlieb Steinbeck. Dimensionen volksaufklärerischer Publizistik um 1800 (Zeitschrift für thüringische Geschichte Beiheft 42), Bremen 2016.

BELHOSTE, B., A Parisian craftsman among the savants. The joiner André-Jacob Roubo (1739–1791) and his works, in: Annals of science: the history of science and technology 69 (2012), S. 395–411.

BELLINGRADT, D./SALMAN, J., Books and Book History in Motion: Materiality, Sociality and Spatiality, in: D. Bellingradt/J. Salman/P. Nelles (Hgg.), Books in Motion in Early Modern Europe. Beyond Production, Circulation and Consumption, Cham 2017.

Beretta, M., The rise and fall of the glassmaker Paul Bosc d'Antic (1753–1784), in: Annals of science: the history of science and technology 69 (2012), S. 375–393.

Berger, P. L./Luckmann, T., Die gesellschaftliche Konstruktion der Wirklichkeit. Eine Theorie der Wissenssoziologie (Fischer 6623), Frankfurt am Main 2009.

Berthold, R., Fortschritt und fortschrittstragende Kräfte in der spätfeudalen Landwirtschaft, in: Jahrbuch für Wirtschaftsgeschichte 10 (1969), S. 399–417.

Blair, A., The Practices of Erudition according to Morhof, in: F. Waquet (Hg.), Mapping the World of Learning: The Polyhistor of Daniel Georg Morhof (Wolfenbütteler Forschungen 91), Wiesbaden 2000, S. 59–74.

Blickle, P./Bierbrauer Peter/Blickle, R.; Ulbrich, Claudia, Aufruhr und Empörung? Studien zum bäuerlichen Widerstand im Alten Reich, München 1980.

Bloor, D., Knowledge and Social Imagery, Chicago/Ill. 1998.

Bödeker, H. E., Die „gebildeten Stände" im späten 18. und frühen 19. Jahrhundert: Zugehörigkeit und Abgrenzungen. Mentalitäten und Handlungspotentiale, in: J. Kocka (Hg.), Bildungsbürgertum im 19. Jahrhundert. Teil IV. Politischer Einfluß und gesellschaftliche Formation (Industrielle Welt 48), Stuttgart 1989, S. 21–52.

Bödeker, H. E., Die Bürgerliche Literatur- und Mediengesellschaft, in: N. Hammerstein/U. Herrmann (Hgg.), Handbuch der deutschen Bildungsgeschichte. Bd. II: 18. Jahrhundert. Vom späten 17. Jahrhundert bis zur Neuordnung Deutschlands um 1800, München 2005, S. 499–529.

Bödeker, H. E. u.a., Alphabetisierung und Literalisierung in Deutschland in der Frühen Neuzeit, Tübingen 1999.

Bodenmann, S./Rey, A.-L., What does it mean to be an empiricist? Empiricisms in eighteenth century sciences (Boston studies in the philosophy and history of science volume 331), Cham 2018.

Boehler, J.-M., Routine oder Innovation in der Landwirtschaft: ‚Kleinbäuerlich' geprägte Regionen westlich des Rheins im 18. Jahrhundert, in: R. Prass (Hg.), Ländliche Gesellschaften in Deutschland und Frankreich im 18. und 19. Jahrhundert (Veröffentlichungen des Max-Planck-Instituts für Geschichte 187), Göttingen 2003, S. 101–123.

Boer, J.-H. d./Füssel, M./Schuh, M., Universitäre Gelehrtenkultur vom 13.–16. Jahrhundert. Ein interdisziplinäres Quellen- und Methodenhandbuch (Geschichte), Stuttgart 2018.

Böhm, W., Die Anfänge des Feldversuchswesens in Deutschland, in: Zeitschrift für Agrargeschichte und Agrarsoziologie 38 (1990), S. 155–175.

Böhme, G./van den Daele, W./Krohn, W., Experimentelle Philosophie. Ursprünge autonomer Wissenschaftsentwicklung (Suhrkamp Taschenbücher Wissenschaft 205), Frankfurt am Main 1977.

Böning, H., Gemeinnützig-ökonomische Aufklärung und Volksaufklärung. Bemerkungen zum Selbstverständnis und zur Wirkung der praktisch-populären Aufklärung im deutschsprachigen Raum, in: S. Jüttner/J. Schlobach (Hgg.), Europäische Aufklärung(en). Einheit und nationale Vielfalt (Studien zum achtzehnten Jahrhundert 14), Hamburg 1992, S. 218–248.

Böning, H., Das „Volk ist ein Kind mit beschränkten Begriffen“ – Gedanken zum Menschenbild der Aufklärer, in: A. Lubinski/T. Rudert/M. Schattkowsky (Hgg.), Historie und Eigen-Sinn, Weimar 1997, S. 23–30.

Böning, H., Pressewesen und Aufklärung – Intelligenzblätter und Volksaufklärer, Goethezeitportal 26.07.2004, http://www.goethezeitportal.de/db/wiss/epoche/boening_pressewesen.pdf (zuletzt aufgerufen am 07.02.2020).

Böning, H., The Scholar and the Commonweal: Christian Wolff, Albrecht von Haller and the Economic Enlightenment, in: A. Holenstein/H. Steinke/M. Stuber (Hgg.), Scholars in Action. The Practice of Knowledge and the Figure of the Savant in the 18th Century (Scientific and Learned Cultures and their Institutions 9), 2 Bde., Leiden/Boston/Mass. 2013, S. 773–798.

Böning, H., Die Entdeckung des gemeinen Mannes in der Aufklärung: philosophische, gelehrte und literarische Bauern in der deutschen Öffentlichkeit, in: H. Böning/I.-M. D'Aprile/H. Schmitt/R. Siegert (Hgg.), Selbstlesen – Selbstdenken – Selbstschreiben. Prozesse der Selbstbildung von „Autodidakten“ unter dem Einfluss von Aufklärung und Volksaufklärung vom 17. bis zum 19. Jahrhundert (Philanthropismus und populäre Aufklärung Bd. 10), Bremen 2015, S. 117–164.

Böning, H., Justus Möser. Anwalt der praktischen Vernunft: der Aufklärer, Publizist und Intelligenzblattherausgeber. Zugleich ein Lesebuch zum Intelligenzwesen, zu Aufklärung, Volksaufklärung und Volkstäuschung (Presse und Geschichte Bd. 110), Bremen 2017.

Böning, H., Das Forschungsprojekt Biobibliographisches Handbuch Volksaufklärung. Seine Geschichte samt einigen Bemerkungen zur Bedeutung von Periodika im Aufklärungsprozess, in: H. Böning (Hg.), Volksaufklärung ohne Ende? Vom Fortwirken der Aufklärung im 19. Jahrhundert (Philanthropismus und populäre Aufklärung 14), Bremen 2018, S. 13–42.

Böning, H./D'Aprile, I.-M./Schmitt, H./Siegert, R. (Hgg.), Selbstlesen – Selbstdenken – Selbstschreiben. Prozesse der Selbstbildung von „Autodidakten“ unter dem Einfluss von Aufklärung und Volksaufklärung vom 17. bis zum 19. Jahrhundert (Philanthropismus und populäre Aufklärung Bd. 10), Bremen 2015.

Böning, H./Siegert, R., Volksaufklärung. Biobibliographisches Handbuch zur Popularisierung aufklärerischen Denkens im deutschen Sprachraum von den Anfängen bis 1850, 3 Bände, Stuttgart-Bad Cannstatt 1990/2001/2016.

Böning, H. u.a., Deutsche Presseforschung. Geschichte, Projekte und Perspektiven eines Forschungsinstituts der Universität Bremen nebst einigen Beiträgen zur Bedeutung der historischen Presseforschung (Presse und Geschichte 13), Bremen 2004.

Böning, H. u.a., Deutsche Presseforschung. Geschichte und Forschungsprojekte des ältesten historischen Instituts der Universität Bremen, mit einleitenden Beiträgen zur Bedeutung der historischen Presseforschung (Presse und Geschichte 76), Bremen 2013.

Bono, J. J., Locating Narratives: Science, Metaphor, Communities, and Epistemic Styles, in: P. Weingart (Hg.), Grenzüberschreitungen in der Wissenschaft (Interdisziplinäre Studien/ZIF 1), Baden-Baden 1995, S. 119–151.

Bonss, W./Schindler, N., Praktische Aufklärung – Ökonomische Sozietäten in Süddeutschland und Österreich im 18. Jahrhundert, in: R. Vierhaus (Hg.), Deutsche patriotische und gemeinnützige Gesellschaften (Wolfenbütteler Forschungen 8), München 1980, S. 255–353.

Borchers, G., Grundbesitz in Bauernhand. Die Erbpacht in Westpreußen im Rahmen der preußischen Domänengeschichte des 18. Jahrhunderts, dargestellt am Domänenamt Schöneck (Quellen und Darstellungen zur Geschichte Westpreußens 37), Münster/Westfalen 2014.

Borck, C., Hans Blumenberg beobachtet. Wissenschaft, Technik und Philosophie (Alber Philosophie), Freiburg u.a. 2013.

Bosse, H., Gelehrte und Gebildete. Die Kinder des 1. Standes, in: Das achtzehnte Jahrhundert: Zeitschrift der Deutschen Gesellschaft für die Erforschung des Achtzehnten Jahrhunderts 32 (2008), S. 13–37.

Bosse, H., Autodidaxe und Selbstbildung im Umkreis von Bildungsinstitutionen, in: H. Böning/I.-M. D'Aprile/H. Schmitt/R. Siegert (Hgg.), Selbstlesen – Selbstdenken – Selbstschreiben. Prozesse der Selbstbildung von „Autodidakten" unter dem Einfluss von Aufklärung und Volksaufklärung vom 17. bis zum 19. Jahrhundert (Philanthropismus und populäre Aufklärung Bd. 10), Bremen 2015, S. 69–82.

Bracht, J./Brakensiek, S., Themenschwerpunkt. Agrarproduktion und Marktentscheidungen, in: Zeitschrift für Agrargeschichte und Agrarsoziologie 67 (2019).

Brakensiek, S., Agrarreform und ländliche Gesellschaft. Die Privatisierung der Marken in Nordwestdeutschland, 1750–1850 (Forschungen zur Regionalgeschichte 1), Paderborn 1991.

Brakensiek, S., Gemeinheitsteilungen in Europa. Neue Forschungsergebnisse und Deutungsangebote der europäischen Geschichtsschreibung, in: S. Brakensiek (Hg.), Gemeinheitsteilungen in Europa. Die Privatisierung der kollektiven Nutzung des Bodens im 18. und 19. Jahrhunderts (Jahrbuch für Wirtschaftsgeschichte) 2000, S. 9–15.

Brakensiek, S., Art. Landwirtschaftskunde, in: Enzyklopädie der Neuzeit. Bd. 7, Stuttgart/Weimar 2005, S. 605–612.

Brakensiek, S., Legitimation durch Verfahren? Visitationen, Supplikationen und Enquêten im frühmodernen Fürstenstaat, in: B. Stollberg-Rilinger/A. Krischer (Hgg.), Herstellung und Darstellung von Entscheidungen. Verfahren, Verwalten und Verhandeln in der Vormoderne (Zeitschrift für Historische Forschung, Beiheft 44), Berlin 2010, S. 363–377.

Brakensiek, S./Mahlerwein, G., Art. Agrarreformen, in: Enzyklopädie der Neuzeit. Bd. 1, Stuttgart, Weimar 2005, S. 122–131.

Brakensiek, S./Prass, R., Grundzüge der Agrargeschichte. Bd. 2: Vom Dreißigjährigen Krieg bis zum Beginn der Moderne (1650–1880) (Grundzüge der Agrargeschichte 2), Köln 2014.

Braun-Bucher, B., Cathérine-Eilsabeth Vicat-Curtat, Ökonomin, in: M. Stuber/P. Moser/G. Gerber-Visser/C. Pfister (Hgg.), Kartoffeln, Klee und kluge Köpfe. Die Oekonomische und Gemeinnützige Gesellschaft des Kantons Bern OGG (1759–2009), Bern 2009, S. 83–86.

Breidbach, O., Schelling und die Erfahrungswissenschaft, in: Sudhoffs Archiv 88 (2004), S. 153–174.

Breidbach, O., Bilder des Wissens. Zur Kulturgeschichte der wissenschaftlichen Wahrnehmung (Bild und Text), München 2005.

BREIDBACH, O., Neue Wissensordnungen. Wie aus Informationen und Nachrichten kulturelles Wissen entsteht (Edition Unseld 10), Frankfurt am Main 2008.

BREIDBACH, O./BURWICK, R., The Transformation of Science in Germany at the Beginning of the Nineteenth Century. Physics, Mathematics, Poetry and Philosophy, Lewiston, NY 2013.

BREIDBACH, O./HEERING, P./MÜLLER, M./H. WEBER, Experimentelle Wissenschaftsgeschichte (Laboratorium Aufklärung 3), München 2010.

BREIDBACH, O./ZICHE, P., Naturwissenschaften um 1800. Wissenschaftskultur in Jena-Weimar, Weimar 2001.

BREMER, K./SPOERHASE, C., „Theologisch-polemisch-poetische Sachen“. Gelehrte Polemik im 18. Jahrhundert (Zeitsprünge. Forschungen zur Frühen Neuzeit 19), Frankfurt am Main 2015.

BROCKLISS, L., Chapter 14: Curricula, in: H. D. RIDDER-SYMOENS (Hg.), A History of the University in Europe. Vol. II. Universities in Early Modern Europe (1500–1800), 4 Bde., Cambridge 1996, S. 563–620.

BRUGGER, E., Die Produktivität des Scheiterns. Das Projektemachen als ökonomische Praktik der Frühen Neuzeit, in: M. FÜSSEL/P. KNÄBLE/N. ELSEMANN (Hgg.), Wissen und Wirtschaft. Expertenkulturen und Märkte vom 13. bis 18. Jahrhundert, Göttingen 2017, S. 79–96.

BÜHRMANN, A. D./SCHNEIDER, W., Vom Diskurs zum Dispositiv. Eine Einführung in die Dispositivanalyse (Sozialtheorie Intro), Bielefeld 2008.

BÜRGI, A., Der wohlpräparierte Autodidakt. Ulrich Bräkers Bildungsnetzwerke, in: H. BÖNING/I.-M. D'APRILE/H. SCHMITT/R. SIEGERT (Hgg.), Selbstlesen – Selbstdenken – Selbstschreiben. Prozesse der Selbstbildung von „Autodidakten“ unter dem Einfluss von Aufklärung und Volksaufklärung vom 17. bis zum 19. Jahrhundert (Philanthropismus und populäre Aufklärung Bd. 10), Bremen 2015, S. 233–244.

BURKE, P., A Social History of Knowledge. From Gutenberg to Diderot, Cambridge/UK u.a. 2000.

BURKHARDT, J., Der Begriff des Ökonomischen in wissenschaftsgeschichtlicher Perspektive, in: N. WASZEK (Hg.), Die Institutionalisierung der Nationalökonomie an deutschen Universitäten, St. Katharinen 1988, S. 55–76.

BURKHARDT, J., Art. Wirtschaft, in: Geschichtliche Grundbegriffe. Historisches Lexikon zur politisch-sozialen Sprache in Deutschland, Stuttgart 1992, S. 511–594.

BÜSCH, O., Moderne preussische Geschichte 1648–1947. Eine Anthologie (Veröffentlichungen der Historischen Kommission zu Berlin), Berlin u.a. 1981.

CHAKRABARTY, D., Provincializing Europe. Postcolonial thought and historical difference (Princeton studies in culture/power/history), Princeton, N.J 2000.

COHEN, B. R., Notes from the Ground. Science, Soil, and Society in the American Countryside (Yale agrarian studies series), New Haven/Conn 2009.

COLLI, G., Sämtliche Werke. Kritische Studienausgabe in 15 Einzelbänden. Bd. 5: Jenseits von Gut und Böse. Zur Genalogie der Moral, München 1993.

CUNNINGHAM, A./WILLIAMS, P., De-centring the 'big picture': The Origins of Modern Science and the modern origins of science, in: The British Journal for the History of Science 26 (1993), S. 407–432.

DANCKERT, W., Unehrliche Leute. Die verfemten Berufe, Bern 1963.

DANNEBERG, L./SPOERHASE, C./WERLE, D., Begriffe, Metaphern und Imaginationen in

Philosophie und Wissenschaftsgeschichte (Wolfenbütteler Forschungen 120), Wiesbaden 2009.

Dascal, M., Kontroversen und Polemiken in der frühneuzeitlichen Wissenschaft, in: K. Bremer/C. Spoerhase (Hgg.), Gelehrte Polemik. Intellektuelle Konfliktverschärfungen um 1700 (Zeitsprünge. Forschungen zur Frühen Neuzeit 15), Frankfurt am Main 2011, S. 146–157.

Daston, L., Historical Epistemology, in: J. Chandler/A. I. Davidson/H. D. Harootunian (Hgg.), Questions of Evidence. Proof, Practice, and Persuasion Across the Disciplines, Chicago 1994, S. 282–289.

Daston, L., Die Akademien und die Neuerfindung der Erfahrung im 17. Jahrhundert, in: B. Parthier (Hg.), Academia 350. Die Leopoldina-Feiern in Schweinfurt und Halle 2002 (Nova acta Leopoldina Neue Folge, 325 = 87), Stuttgart 2003, S. 15–33.

Daston, L., The Empire of Observation, 1600–1800, in: L. Daston/E. Lunbeck (Hgg.), Histories of scientific observation, Chicago 2011, S. 81–113.

Daston, L., Wunder, Beweise und Tatsachen. Zur Geschichte der Rationalität (Fischer Forum Wissenschaft Figuren des Wissens 14763), Frankfurt am Main 2014.

Daston, L./Galison, P., Objectivity, New York/Cambridge/Mass. 2007.

Daston, L./Galison, P., Objektivität, Frankfurt am Main 2007.

Daston, L./Lunbeck, E., Histories of scientific observation, Chicago 2011.

Daston, L./Sibum, H. O., Scientific Personae and Their Histories. Introduction, in: Science in Context 16 (2003), S. 1–8.

Daum, A. W., Wissenschaftspopularisierung im 19. Jahrhundert. Bürgerliche Kultur, naturwissenschaftliche Bildung und die deutsche Öffentlichkeit, 1848–1914, München 1998.

Davids, K., Introduction. Focus: Bridging Concepts: Connecting and Globalizing History of Science, History of Technology, and Economic History, in: Isis 106 (2015), S. 835–839.

Dear, P., What is the History of Science the History of? Early Modern Roots of the Ideology of Modern Science, in: Isis 96 (2005), S. 390–406.

Dear, P., The Meanings of Experience, in: K. Park/L. Daston (Hgg.), The Cambridge History of Science. Vol. 3. Early Modern Science. (The Cambridge History of Science), Cambridge 2008, S. 106–131.

Dejung, C./Dommann, M./Chassé, D. S., Auf der Suche nach der Ökonomie. Historische Annäherungen (EBL-Schweitzer), Tübingen 2014.

Detel, W./Zittel, C., Wissensideale und Wissenskulturen in der Frühen Neuzeit (Wissenskultur und gesellschaftlicher Wandel 2), Berlin 2002.

Diemer, A., Die Begründung des Wissenschaftscharakters der Wissenschaft im 19. Jahrhundert. Die Wissenschaftstheorie zwischen klassischer und moderner Wissenschaftskonzeption, in: A. Diemer (Hg.), Beiträge zur Entwicklung der Wissenschaftstheorie im 19. Jahrhundert (Studien zur Wissenschaftstheorie 1), Meisenheim am Glan 1968, S. 1–62.

Diemer, A., Der Wissenschaftsbegriff. Historische und systematische Untersuchungen (Studien zur Wissenschaftstheorie 4), Meisenheim am Glan 1970.

Dietz, B., Natural History as Compilation. Travel Accounts in the Epistemic Process of an Empirical Discipline, in: A. Holenstein/H. Steinke/M. Stuber (Hgg.), Scholars in Action. The Practice of Knowledge and the Figure of the Savant in the 18th Century

(Scientific and Learned Cultures and their Institutions 9), 2 Bde., Leiden/Boston/Mass. 2013, S. 703–720.

DINGES, M., Die Ehre als Thema der Stadtgeschichte. Eine Semantik im Übergang vom Ancien Régime zur Moderne, in: Zeitschrift für historische Forschung 16 (1989), S. 409–440.

DITTRICH, E., Art. Justi, Johann Heinrich Gottlob, in: Neue Deutsche Biographie (10) 1974, S. 707–709.

DUBOURG GLATIGNY, P./VERIN, H., Réduire en art. La technologie de la Renaissance aux Lumières, Paris 2014.

DÜLMEN, R. v., Die Gesellschaft der Aufklärer. Zur bürgerlichen Emanzipation und aufklärerischen Kultur in Deutschland, Frankfurt am Main 1986.

DÜLMEN, R. v./RAUSCHENBACH, S./ENGELBERG, M. v., Macht des Wissens. Die Entstehung der modernen Wissensgesellschaft, Köln/Weimar/Wien 2004.

EGGERS, M./ROTHE, M., Wissenschaftsgeschichte als Begriffsgeschichte. Terminologische Umbrüche im Entstehungsprozess der modernen Wissenschaften, Bielefeld 2009.

ENGFER, H.-J., Empirismus versus Rationalismus? Kritik eines philosophiegeschichtlichen Schemas, Paderborn/Wien u.a. 1996.

ERNST, C., Den Wald entwickeln. Ein Politik- und Konfliktfeld in Hunsrück und Eifel im 18. Jahrhundert (Ancien régime, Aufklärung und Revolution 32), München 2000.

EULEN, F., Art. Hohenthal, Peter Graf von, in: Neue Deutsche Biographie (9) 1972, S. 494 f.

FAULSTICH, W., Die bürgerliche Mediengesellschaft 1700–1830 (Die Geschichte der Medien 4), Göttingen 2002.

FEEST, U./STEINLE, F., Scientific Concepts and Investigative Practice (Berlin studies in knowledge research 3), Berlin 2012.

FISSELL, M./COOTER, R., Exploring Natural Knowledge: Science and the Popular, in: R. PORTER (Hg.), The Cambridge History of Science. Vol. 4: Eighteenth-Century Science, Cambridge, New York 2008, S. 129–158.

FLÜGEL, A., Bürgerliche Rittergüter. Sozialer Wandel und politische Reform in Kursachsen (1680–1844) (Bürgertum 16), Göttingen 2000.

FOUCAULT, M., Archäologie des Wissens (Suhrkamp-Taschenbuch Wissenschaft 356), Frankfurt am Main 1997.

FRAAS, C., Geschichte der Landwirthschaft. Oder: geschichtliche Übersicht der Fortschritte landwirthschaftlicher Erkenntnisse in den letzten 100 Jahren, Prag 1852.

FRAAS, C., Geschichte der Landbau- und Forstwissenschaft. Seit dem sechzehnten Jahrhundert bis zur Gegenwart (Geschichte der Wissenschaften in Deutschland. Neuere Zeit 3), München 1865.

FRAUENDORFER, S. v., Ideengeschichte der Agrarwirtschaft und Agrarpolitik im deutschen Sprachgebiet. Von den Anfängen bis zum ersten Weltkrieg, München/Basel/Wien 1963.

FRIEDEBURG, R. von, Lebenswelt und Kultur der unterständischen Schichten in der Frühen Neuzeit (Enzyklopädie deutscher Geschichte Bd. 62), München 2010.

FRIEDEBURG, R. von/MAGER, W., Learned Men and Merchants: The Growth of the Bürgertum, in: S. OGILVIE (Hg.), Germany. A new social and economic history. Vol. 2: 1630–1800, 3 Bde., London, New York/Sydney/Auckland 1996, S. 164–195.

FRIELINGHAUS, M./DALCHOW, C., Albrecht Daniel Thaer. Ein Leben für die Landwirtschaft, Frankfurt am Main 2006.

FRÖHNER, A. B., Präsentation und Qualität technischer Beschreibungen in der Oeconomisch-technologischen Encyklopädie von Johann Georg Krünitz, in: U. TROITZSCH (Hg.), „Nützliche Künste". Kultur- und Sozialgeschichte der Technik im 18. Jahrhundert (Cottbuser Studien zur Geschichte von Technik, Arbeit und Umwelt 13), Münster 1999, S. 149–162.

FÜSSEL, M., Akademische Aufklärung. Die Universitäten des 18. Jahrhunderts im Spannungsfeld von funktionaler Differenzierung, Ökonomie und Habitus, in: W. HARDTWIG (Hg.), Die Aufklärung und ihre Weltwirkung, Göttingen 2010, S. 47–73.

FÜSSEL, M., Die Gelehrtenrepublik im Kriegszustand. Zur bellizitären Metaphorik von gelehrten Streitkulturen in der Frühen Neuzeit, in: K. BREMER/C. SPOERHASE (Hgg.), Gelehrte Polemik. Intellektuelle Konfliktverschärfungen um 1700 (Zeitsprünge. Forschungen zur Frühen Neuzeit 15), Frankfurt am Main 2011, S. 158–175.

FÜSSEL, M., Gelehrte Streitkulturen. Zur sozialen Praxis des Gelehrtenstreits im 17. und 18. Jahrhundert, in: M. MEUMANN (Hg.), Ordnungen des Wissens – Ordnungen des Streitens. Gelehrte Debatten des 17. und 18. Jahrhunderts in diskursgeschichtlicher Perspektive (Hallesche Beiträge zur Geschichte des Mittelalters und der Frühen Neuzeit 7), Berlin 2011.

FÜSSEL, M., Wissensgeschichte (Basistexte Frühe Neuzeit Bd. 5), Stuttgart 2019.

FYFE, A./LIGHTMAN, B. V., Science in the Marketplace. Nineteenth-Century Sites and Experiences, Chicago 2007.

GAEDE, H., Auf dem Felde der Aehre. Landwirtschaftliches Kulturerbe in Deutschland, Magdeburg 2004.

GALL, L., Von der ständischen zur bürgerlichen Gesellschaft (Enzyklopädie deutscher Geschichte 25), München 2012.

GEERTZ, C., Local knowledge. Further essays in interpretive anthropology, New York 1983.

GERBER-VISSER, G., Die Ressourcen des Landes. Der ökonomisch-patriotische Blick in den topographischen Beschreibungen der Oekonomischen Gesellschaft Bern (1759–1855) (Archiv des Historischen Vereins des Kantons Bern 89), Baden 2012.

GERBER-VISSER, G./STUBER, M., Brachliegende Ressourcen in Arkadien. Das Berner Oberland aus der Sicht Albrecht von Hallers und der Oekonomischen Gesellschaft Bern, in: Hallers Landschaften und Gletscher. Sonderdruck aus den Mitteilungen der Naturforschenden Gesellschaft in Bern (2009), S. 61–83.

GIERYN, T. F., Boundary-Work and the Demarcation of Science from Non-Science: Strains and Interests in Professional Ideologies of Scientists, in: American Sociological Review 48 (1983), S. 781–795.

GOLTZ, THEODOR FREIHERR VON DER, Geschichte der deutschen Landwirtschaft. Bd. 2: das 19. Jahrhundert, 2 Bde., Stuttgart/Berlin 1903.

GOODAY, G., Placing or Replacing the Laboratory in the History of Science?, in: Isis 99 (2008), S. 783–795.

GRABER, R., Reformdiskurs und soziale Realität. Die Naturforschende Gesellschaft in Zürich als Medium der Volksaufklärung, in: Schweizerische Zeitschrift für Geschichte 47 (1997), S. 129–150.

GRABER, R., Die Zürcher Bauerngespräche: Innovation der Volksaufklärung oder Instrument der Herrschaftssicherung?, in: H. BÖNING/W. GREILING/R. SIEGERT (Hgg.), Die Entdeckung von Volk, Erziehung und Ökonomie im europäischen Netzwerk der Aufklärung (Philanthropismus und populäre Aufklärung 1), Bremen 2011, S. 43–58.

GRAY, M. W., From the Household Economy to ‚Rational Agriculture': The Establishment of Liberal Ideals in German Agricultural Thought, in: K. H. JARAUSCH/L. E. JONES/T. S. HAMEROW (Hgg.), In search of a liberal Germany. Studies in the history of German liberalism from 1789 to the present, New York 1990, S. 25–54.

GREILING, W., Presse und Öffentlichkeit in Thüringen. Mediale Verdichtung und kommunikative Vernetzung im 18. und 19. Jahrhundert (Veröffentlichungen der Historischen Kommission für Thüringen. Kleine Reihe 6), Köln 2003.

GREILING, W., Gemeinnützigkeit als Argument. Zur Publikationsstrategie der Volksaufklärung, in: H. BÖNING/W. GREILING/R. SIEGERT (Hgg.), Die Entdeckung von Volk, Erziehung und Ökonomie im europäischen Netzwerk der Aufklärung (Philanthropismus und populäre Aufklärung 1), Bremen 2011, S. 239–258.

GROH, D., Anthropologische Dimensionen der Geschichte (Suhrkamp-Taschenbuch Wissenschaft 992), Frankfurt am Main 1999.

GRÜNE, N., Dorfgesellschaft – Konflikterfahrung – Partizipationskultur. Sozialer Wandel und politische Kommunikation in Landgemeinden der badischen Rheinpfalz (1720–1850) (Quellen und Forschungen zur Agrargeschichte 53), Stuttgart 2011.

GRÜNE, N., Vom ‚Taglöhner' zum ‚Landwirth'. Semantische Karrieren im sozialen Wandel südwestdeutscher Dorfgesellschaften des 18. und 19. Jahrhunderts, in: D. MÜNKEL/F. UEKÖTTER (Hgg.), Das Bild des Bauern. Selbst- und Fremdwahrnehmungen vom Mittelalter bis ins 21. Jahrhundert, Göttingen 2012, S. 85–107.

GRÜNE, N., Individualisation, Privatisation, Mobilisation: the Impact of Common Property Reforms on Land Markets and Agricultural Growth in Germany. A Comparative View of Westphalia and Baden (1750–1900), in: G. BÉAUR/J.-M. CHEVET/M.-T. PEREZ-PICAZO; Schofield, Phillipp R. (Hgg.), Property Rights, Land Markets and Economic Growth in the European Countryside (13th–20th Centuries) (Rural history in Europe 1), Turnhout 2013, S. 157–178.

GRUNERT, F./VOLLHARDT, F., Historia literaria. Neuordnungen des Wissens im 17. und 18. Jahrhundert, Berlin 2007.

GÜNTZ, M., Handbuch der landwirtschaftlichen Litteratur. Unveränderter Neudruck der Ausgabe Leipzig 1897–1902, Vaduz, Liechtenstein 1977.

HAAKONSSEN, K., The History of Eighteenth-Century Philosophy: History or Philosophy?, in: K. HAAKONSSEN (Hg.), The Cambridge History of Eighteenth-Century Philosophy, Cambridge 2006, S. 3–25.

HAGER, F.-P., Art. Empeiria, in: Historisches Wörterbuch der Philosophie. Bd. 2, Basel 1972, S. 453–454.

HAGNER, M., Ansichten der Wissenschaftsgeschichte, in: M. HAGNER (Hg.), Ansichten der Wissenschaftsgeschichte, Frankfurt am Main 2001, S. 7–39.

HAHN, M./BAYERTZ, K./SANDKÜHLER, H. J., Die Teilung der Vernunft. Philosophie und empirisches Wissen im 18. und 19. Jahrhundert (Studien zur Dialektik 4), Köln 1982.

HAHN, R., The anatomy of a scientific institution. The Paris Academy of Sciences, 1666–1803, Berkeley u.a. 1971.
HARAWAY, D., Simians, cyborgs, and women. The reinvention of nature, London 1998.
HARDING, S. G., Whose science? Whose knowledge? Thinking from women's lives, Milton Keynes 1991.
HARNISCH, H., Kapitalistische Agrarreform und industrielle Revolution. Agrarhistorische Untersuchungen über das ostelbische Preußen zwischen Spätfeudalismus und bürgerlich-demokratischer Revolution von 1848/49 unter besonderer Berücksichtigung der Provinz Brandenburg (Veröffentlichungen des Staatsarchivs Potsdam 19), Weimar 1984.
HARRECKER, S., Der Landwirtschaftliche Verein in Bayern 1810–1870/71 (Schriftenreihe zur bayerischen Landesgeschichte 148), München/München 2006.
HARTSOCK, N. C. M., Money, sex, and power. Toward a feminist historical materialism (Longman series in feminist theory), New York 1983.
HARWOOD, J., Technology's dilemma. Agricultural colleges between science and practice in Germany, 1860–1934, Oxford 2005.
HAUCK, C. u.a., Tracing the heroic through gender (Helden – Heroisierungen – Heroismen 8), Baden-Baden 2018.
HEESEN, A. T./SPARY, E. C., Sammeln als Wissen. Das Sammeln und seine wissenschaftsgeschichtliche Bedeutung (Wissenschaftsgeschichte), Göttingen 2001.
HENNINGS, K. H., Aspekte der Institutionalisierung der Ökonomie an deutschen Universitäten, in: N. WASZEK (Hg.), Die Institutionalisierung der Nationalökonomie an deutschen Universitäten, St. Katharinen 1988, S. 43–54.
HENRY, J., Art. Empirismus, in: Enzyklopädie der Neuzeit. Bd. 3, Stuttgart, Weimar 2006, S. 271.
HERBST, K.-D., Bäuerliche Autodidakten als Astronomen und Kalendermacher, in: H. BÖNING/I.-M. D'APRILE/H. SCHMITT/R. SIEGERT (Hgg.), Selbstlesen – Selbstdenken – Selbstschreiben. Prozesse der Selbstbildung von „Autodidakten" unter dem Einfluss von Aufklärung und Volksaufklärung vom 17. bis zum 19. Jahrhundert (Philanthropismus und populäre Aufklärung Bd. 10), Bremen 2015, S. 175–190.
HERGES, C., Aufklärung durch Preisausschreiben? Die ökonomischen Preisfragen der Königlichen Societät der Wissenschaften zu Göttingen 1752–1852 (Göttinger Forschungen zur Landesgeschichte 11), Bielefeld 2007.
HESS, U., Forschungen zur Verfassungs- und Verwaltungsgeschichte des Herzogtums Sachsen-Coburg-Meiningen 1680–1829, Bd. II: die einzelnen Verwaltungsaufgaben, überarb. Online-Ausgabe, Meiningen Staatsarchiv 2010 [1954], https://www.db-thueringen.de/receive/dbt_mods_00016452 (zuletzt aufgerufen am 10.02.2020).
HESS, V./MENDELSOHN, J. A., Editorial: Paper Technology und Wissensgeschichte, in: NTM: Zeitschrift für Geschichte der Wissenschaften, Technik und Medizin 21 (2013), S. 1–10.
HESS, V./MENDELSOHN, J. A., Fallgeschichte, Historia, Klassifikation. Francois Boissier de Sauvages bei der Schreibarbeit, in: NTM: Zeitschrift für Geschichte der Wissenschaften, Technik und Medizin 21 (2013), S. 61–92.
HESSLER, R., Die Geschichte der Albrecht-Thaer-Gesellschaft – Eine Übersicht, in: K. PANNE (Hg.), Albrecht Daniel Thaer – Der Mann gehört der Welt, Celle 2002, S. 229–238.

HILAIRE-PÉREZ, L., Technology as a public culture in the eighteenth century: The artisans' legacy, in: History of Science 45 (2007), S. 135–153.

HINRICHS, E., Alphabetisierung. Lesen und Schreiben, in: R. v. DÜLMEN/S. RAUSCHENBACH/M. v. ENGELBERG (Hgg.), Macht des Wissens. Die Entstehung der modernen Wissensgesellschaft, Köln/Weimar/Wien 2004, S. 539–561.

HINSKE, N., Wandlungen in Kants Verständnis von Erfahrung, in: M. VENEZIANI (Hg.), Experientia (Lessico intellettuale europeo 91), Firenze 2002, S. 425–434.

HIRSCHI, C., Piraten der Gelehrtenrepublik. Die Norm des sachlichen Streits und ihre polemische Funktion, in: K. BREMER/C. SPOERHASE (Hgg.), Gelehrte Polemik. Intellektuelle Konfliktverschärfungen um 1700 (Zeitsprünge. Forschungen zur Frühen Neuzeit 15), Frankfurt am Main 2011, S. 177–213.

HOCHADEL, O., Öffentliche Wissenschaft. Elektrizität in der deutschen Aufklärung, Göttingen 2003.

HÖFFE, O., Aristoteles (Beck'sche Reihe 535), München 2006.

HOFMEISTER, A./PRASS, R./WINNIGE, N., Elementary education, schools and the demands of everyday life: Northwest Germany ca 1800, in: Central European History 31 (1998), S. 329–384.

HOHKAMP, M./JANCKE, G., Nonne, Königin und Kurtisane. Wissen, Bildung und Gelehrsamkeit von Frauen in der Frühen Neuzeit, Königstein/Taunus 2004.

HOLENSTEIN, A., Berns goldene Zeit. Das 18. Jahrhundert neu entdeckt (Berner Zeiten 4), Bern 2008.

HOLENSTEIN, A./STUBER, M./GERBER-VISSER, G., Einleitung, in: A. HOLENSTEIN/M. STUBER/G. GERBER-VISSER (Hgg.), Nützliche Wissenschaft und Ökonomie im Ancien Régime. Akteure, Themen, Kommunikationsformen (Cardanus: Jahrbuch für Wissenschaftsgeschichte 7), Heidelberg 2007, S. 7–15.

HOLENSTEIN, A./STUBER, M./GERBER-VISSER, G., Nützliche Wissenschaft und Ökonomie im Ancien Régime. Akteure, Themen, Kommunikationsformen (Cardanus: Jahrbuch für Wissenschaftsgeschichte 7), Heidelberg 2007.

HOLENSTEIN, A., Die Huldigung der Untertanen, Stuttgart 1991.

HÜBNER, J., Gemein und ungleich. Ländliches Gemeingut und ständische Gesellschaft in einem frühneuzeitlichen Markenverband: Die Essener Mark bei Osnabrück, Göttingen 2020 (im Druck).

HUIZINGA, J., Homo Ludens. A Study of Play-Element in Culture (Sociology of culture 3), London 2000 [1938].

IM HOF, U., Das gesellige Jahrhundert. Gesellschaft und Gesellschaften im Zeitalter der Aufklärung, München 1982.

INAMA-STERNEGG, K. T. v., Art. Gasser, Simon Peter, in: Allgemeine Deutsche Biographie (8) 1878, S. 401–402.

INHETVEEN, H./KAAK, H., Ich ergreife mit vielen Vergnügen die Feder. Die landwirtschaftlichen Briefe der Henriette Charlotte von Itzenplitz an Albrecht Daniel Thaer um 1800, Kunersdorf 2013.

INHETVEEN, H./SCHMITT, M., Pionierinnen des Landbaus (Angelas Schriftenreihe 1), Uetersen 2000.

INKSTER, I., Potentially Global: A Story of Useful and Reliable Knowledge and Material Progress in Europe, ca. 1474–1912, in: International History Review 18 (2006), S. 237–286.

INKSTER, I., Thoughtful doing and early modern oeconomy, in: L. ROBERTS/S. SCHAFFER/P. DEAR (Hgg.), The Mindful Hand. Inquiry and Invention from Late Renaissance to Early Industrialisation (History of science and scholarship in the Netherlands 9), Amsterdam 2007, S. 443–452.

ISRAEL, J. I./MULSOW, M., Radikalaufklärung (Suhrkamp-Taschenbuch Wissenschaft 2053), Berlin 2014.

ISSING, O./DOBIAS, P., Geschichte der Nationalökonomie (WiSt-Taschenbücher), München 2002.

JACOB, M. C., The secular enlightenment, Princeton, NJ 2019.

JÄGER, S., Diskurs und Wissen. Theoretische und methodische Aspekte einer Kritischen Diskurs- und Dispositivanalyse, in: R. KELLER/A. HIRSELAND/W. SCHNEIDER/W. VIEHÖVER (Hgg.), Handbuch Sozialwissenschaftliche Diskursanalyse (Elektronische Ressource) Bd. 1: Theorien und Methoden, Wiesbaden 2011, S. 91–124.

JOHACH, E., Krebszelle und Zellenstaat. Zur medizinischen und politischen Metaphorik in Rudolf Virchows Zellularpathologie (Berliner Kulturwissenschaft 5), Freiburg i. Br. 2008.

JOHNSON, K., The Natural Historian, in: B. V. LIGHTMAN (Hg.), A companion to the history of science (Blackwell companions to world history), Chichester/Malden, MA/Oxford 2016, S. 84–97.

JONES, P. M., Agricultural enlightenment. Knowledge, technology, and nature, 1750–1840, Oxford 2016.

JONES, P. M., Making chemistry the 'science' of agriculture, c. 1760–1840, in: History of Science 54 (2016), S. 169–194.

JÜRGENS, H./ZELLE, C./LÜSEBRINK, H.-J., Ökonomisches Wissen in enzyklopädischen Sammelwerken des 18. Jahrhunderts – Strukturen und Übersetzungen (Das achtzehnte Jahrhundert – Zeitschrift der Deutschen Gesellschaft für die Erforschung des achtzehnten Jahrhunderts 41), Göttingen 2017.

KAAK, H., Art. Agrarpioniere, in: Enzyklopädie der Neuzeit. Bd. 1, Stuttgart, Weimar 2005, Sp. 117–119.

KAAK, H., Fortschrittliche Landwirte? Adlige Innovationsbestrebungen in Brandenburg zwischen Landesherrschaft und Untertanen 1763 bis 1807, in: Zeitschrift für Agrargeschichte und Agrarsoziologie 60 (2011), S. 12–34.

KARSTENS, S., Lehrer – Schriftsteller – Staatsreformer. Die Karriere des Joseph von Sonnenfels (1733–1817) (Veröffentlichungen der Kommission für Neuere Geschichte Österreichs 106), Wien 2011.

KASCHUBA, W., Wissensgeschichte als Gesellschaftsgeschichte (Geschichte und Gesellschaft 34), Göttingen 2009.

KEARNEY, M., Reconceptualizing the peasantry. Anthropology in global perspective (Critical essays in anthropology), Boulder/Colo 1996.

KEIL, G., Der Hausvater als Arzt, in: T. EHLERT/R. NELLES (Hgg.), Haushalt und Familie in Mittelalter und früher Neuzeit, Sigmaringen 1991, S. 219–243.

KELLEY, D. R., Between History and System, in: G. POMATA/N. G. SIRAISI (Hgg.), Historia.

Empiricism and Erudition in Early Modern Europe (Transformations: Studies in the History of Science and Technology), Cambridge, Mass. 2005, S. 211–235.
KESPER-BIERMANN, S./LUDWIG, U./ORTMANN, A., Ehre und Recht. Ehrkonzepte, Ehrverletzungen und Ehrverteidigungen vom späten Mittelalter bis zur Moderne (Editionen + Dokumentationen 5), Magdeburg 2011.
KING, L. S., The philosophy of medicine. The early eighteenth century, Cambridge 1978.
KLEIN, U., Technoscience avant la lettre, in: Perspectives on Science 13 (2005), S. 227–266.
KLEIN, U., Artisanal-Scientific Experts in Eighteenth-Century France and Germany. Introduction, in: Annals of science: the history of science and technology 69 (2012), S. 303–306.
KLEIN, U., Savant officials in the Prussian mining administration, in: Annals of science: the history of science and technology 69 (2012), S. 349–374.
KLEIN, U., Hybrid Experts, in: M. VALLERIANI (Hg.), The Structures of Practical Knowledge, Cham 2017, S. 287–306.
KLEMM, V., Was sagt uns Thaer heute?, Möglin 1991.
KLEMM, V., Agrarwissenschaften in Deutschland. Geschichte – Tradition; von den Anfängen bis 1945, St. Katharinen 1992.
KLEMM, V., Albrecht Daniel Thaers Bedeutung heute, in: K. PANNE (Hg.), Albrecht Daniel Thaer – Der Mann gehört der Welt, Celle 2002, S. 217–228.
KLEMM, V./HACK, A., Albrecht Daniel Thaer: Zwischen Theorie und Praxis – Lehrinstitut, Akademie, Universität, in: K. PANNE (Hg.), Albrecht Daniel Thaer – Der Mann gehört der Welt, Celle 2002, S. 161–182.
KLEMM, V./MEYER, G., Albrecht Daniel Thaer. Pionier der Landwirtschaftswissenschaften in Deutschland, Halle (Saale) 1968.
KNORR-CETINA, K., Die Fabrikation von Erkenntnis. Zur Anthropologie der Naturwissenschaft (Suhrkamp Taschenbuch Wissenschaft 959), Frankfurt am Main 2002.
KOHFELDT, C., Die gemeinnützig-ökonomische Aufklärung als Wegbereiterin der Volksaufklärung, in: H. BÖNING/H. SCHMITT/R. SIEGERT (Hgg.), Volksaufklärung. Eine praktische Reformbewegung des 18. und 19. Jahrhunderts (Presse und Geschichte – neue Beiträge 27), Bremen 2007, S. 127–141.
KOLLMEIER, K., Begriffsgeschichte und Historische Semantik, Version: 2.0, 29.10.2012. Docupedia-Zeitgeschichte, http://docupedia.de/zg/Begriffsgeschichte_und_Historische_Semantik_Version_2.0_Kathrin_Kollmeier?oldid=85045 (zuletzt aufgerufen am 07.02.2020).
KONDYLES, P., Die Aufklärung im Rahmen des neuzeitlichen Rationalismus, Hamburg 2002.
KONEČNÝ, P., The hybrid expert in the ‚Bergstaat'. Anton von Ruprecht as a professor of chemistry and mining and as a mining official, 1779–1814, in: Annals of science: the history of science and technology 69 (2012), S. 335–347.
KONERSMANN, F., Auf der Suche nach „Bauern", „Bauernschaft" und „Bauernstand". Hypothesen zur historischen Semantik bäuerlicher Agrarproduzenten 15.–19. Jahrhundert, in: D. MÜNKEL/F. UEKÖTTER (Hgg.), Das Bild des Bauern. Selbst- und Fremdwahrnehmungen vom Mittelalter bis ins 21. Jahrhundert, Göttingen 2012, S. 61–84.
KONERSMANN, R., Zur Sache der historischen Semantik, in: R. KONERSMANN (Hg.), Der

Schleier des Timanthes. Perspektiven der historischen Semantik, Frankfurt am Main 2004, S. 9–55.

Kopsidis, M., Marktintegration und Entwicklung der westfälischen Landwirtschaft 1780–1880. Marktorientierte ökonomische Entwicklung eines bäuerlich strukturierten Agrarsektors (Münsteraner Beiträge zur Cliometrie und quantitativen Wirtschaftsgeschichte 3), Münster 1996.

Kopsidis, M., Agrarentwicklung. Historische Agrarrevolutionen und Entwicklungsökonomie (Wirtschaftsgeschichte 6), Stuttgart 2006.

Koselleck, R., Einleitung, in: Geschichtliche Grundbegriffe. Historisches Lexikon zur politisch-sozialen Sprache in Deutschland, Stuttgart 1994, S. XV–XVIII.

Koselleck, R., Begriffsgeschichten. Studien zur Semantik und Pragmatik der politischen und sozialen Sprache, Frankfurt am Main 2006.

Kosenina, A., Der gelehrte Narr. Gelehrtensatire seit der Aufklärung, Göttingen 2004.

Krämer, F., Ein papiernes Archiv für alles jemals Geschriebene. Ulisse Aldrovandis „Pandechion epistemonicon" und die Naturgeschichte der Renaissance, in: NTM: Zeitschrift für Geschichte der Wissenschaften, Technik und Medizin 21 (2013), S. 11–36.

Kremb, K., Wissensdialog und Wissenstransfer. Von der Aufklärungsgesellschaft des 18. zur Kompetenzgesellschaft das 21. Jahrhunderts (Veröffentlichungen der Pfälzischen Gesellschaft zur Förderung der Wissenschaften 113), Speyer 2015.

Kruse, U., Der Natur-Diskurs in Hausväterliteratur und volksaufklärerischen Schriften vom späten 16. bis zum frühen 19. Jahrhundert (Presse und Geschichte 70), Bremen 2013.

Labouvie, E., Beistand in Kindsnöten. Hebammen und weibliche Kultur auf dem Land (1550–1910) (Geschichte und Geschlechter 29), Frankfurt, New York 1999.

Landsteiner, E., Landwirtschaft und wirtschaftliche Entwicklung 1500–1800. Eine Agrarrevolution in der Frühen Neuzeit?, in: M. Cerman/I. Steffelbauer/S. Tost (Hgg.), Agrarrevolutionen. Verhältnisse in der Landwirtschaft vom Neolithikum zur Globalisierung (Querschnitte 24), Innsbruck/Wien/Bozen 2008, S. 173–205.

Landwehr, A., Diskurs und Diskursgeschichte, Version: 1.0. Docupedia-Zeitgeschichte, 11.02.2010, http://docupedia.de/zg/Diskurs_und_Diskursgeschichte?oldid=84596 (zuletzt aufgerufen am 07.02.2020).

Landwehr, A., Historische Diskursanalyse (Historische Einführungen 4), Frankfurt am Main, New York 2008.

Langethal, C. E., Geschichte der teutschen Landwirthschaft. Viertes Buch: Vom 30jährigen Kriege bis auf Thaer, Jena 1856.

Latour, B., Science in Action. How to Follow Scientists and Engineers through Society, Cambridge/Mass 1987.

Lehman, C., Pierre-Joseph Macquer an eighteenth-century artisanal-scientific expert, in: Annals of science: the history of science and technology 69 (2012), S. 307–333.

Lehmann, P., Von der Reformsozietät zum Landwirtschaftsverein. Die Oekonomische Gesellschaft Bern in Zeiten des Übergangs 1798–1831 (Berner Forschungen zur Regionalgeschichte 13), Nordhausen 2011.

Leisewitz, C., Art. Engel, Lüder Hermann Hans von, in: Allgemeine Deutsche Biographie (6) 1877, S. 118–119.

LEONI, S. B./STUBER, M., Wer das Gras wachsen hört. Wissensgeschichte(n) der pflanzlichen Ressourcen vom Mittelalter bis ins 20. Jahrhundert (Jahrbuch für Geschichte des ländlichen Raumes), Innsbruck 2017.

LEVINE, J. M., Streit in der Gelehrtenrepublik, in: K. BREMER/C. SPOERHASE (Hgg.), Gelehrte Polemik. Intellektuelle Konfliktverschärfungen um 1700 (Zeitsprünge. Forschungen zur Frühen Neuzeit 15), Frankfurt am Main 2011, S. 125–145.

LICHTENBERG, H. O., Unterhaltsame Bauernaufklärung. Ein Kapitel Volksbildungsgeschichte (Volksleben 26), Magstadt 1970.

LIPPHARDT, V./PATEL, K. K., Neuverzauberung im Gestus der Wissenschaftlichkeit. Wissenspraktiken im 20. Jahrhundert am Beispiel menschlicher Diversität, in: Geschichte und Gesellschaft: Zeitschrift für historische Sozialwissenschaft 34 (2008), S. 425–454.

LÖBE, W., Die landwirthschaftlichen Lehranstalten Europas, ihre Geschichte, Organisation und Frequenz, Stuttgart/Tübingen 1849.

LÖBE, W., Art. Pohl, Friedrich, in: Allgemeine Deutsche Biographie (26) 1888, S. 367–368.

LOENHOFF, J., Implizites Wissen. Epistemologische und handlungstheoretische Perspektiven, Weilerswist 2012.

LONG, P. O., Artisan, Practitioners and the Rise of the New Sciences, 1400–1600, Corvallis OR 2011.

LONG, P. O., Trading Zones in Early Modern Europe, in: Isis 106 (2015), S. 840–847.

LORENZEN-SCHMIDT, K.-J., Verbreitung und Überlieferung bäuerlicher Schreibebücher, in: H. BÖNING/H. SCHMITT/R. SIEGERT (Hgg.), Volksaufklärung. Eine praktische Reformbewegung des 18. und 19. Jahrhunderts (Presse und Geschichte – neue Beiträge 27), Bremen 2007, S. 361–366.

LORENZEN-SCHMIDT, K.-J., Bauern-Terminologie – ein Aufruf, in: AKA newsletter // Arbeitskreis für Agrargeschichte 27 (2010), S. 3–6.

LORENZEN-SCHMIDT, K.-J., Der schreibende Bauer des 18. und 19. Jahrhunderts in Schleswig-Holstein als Autodidakt, in: H. BÖNING/I.-M. D'APRILE/H. SCHMITT/R. SIEGERT (Hgg.), Selbstlesen – Selbstdenken – Selbstschreiben. Prozesse der Selbstbildung von „Autodidakten" unter dem Einfluss von Aufklärung und Volksaufklärung vom 17. bis zum 19. Jahrhundert (Philanthropismus und populäre Aufklärung Bd. 10), Bremen 2015, S. 165–174.

LORENZEN-SCHMIDT, K.-J./POULSEN, B., Writing peasants. Studies on peasant literacy in early modern Northern Europe, Kerteminde 2002.

LOWOOD, H. E., Patriotism, profit, and the promotion of science in the German Enlightenment. The economic and scientific societies, 1760–1815 (Modern European history Germany and Austria), New York/London 1991.

MAHLERWEIN, G., Die Herren im Dorf. Bäuerliche Oberschicht und ländliche Elitenbildung in Rheinhessen 1700–1850 (Historische Beiträge zur Elitenforschung 2), Mainz 2001.

MÄRTIN, B., Art. Schubart von dem Kleefelde, Johann Christian, in: Neue Deutsche Biographie (23) 2007, S. 603–604.

MEIER-OESER, S., Art. Wissenschaft. I. Der klassische Wissenschaftsbegriff. Antike bis 19. Jh., in: Historisches Wörterbuch der Philosophie (12), Basel 2004, Sp. 902–915.

MEINEL, C., Reine und angewandte Chemie. Die Entstehung einer neuen

Wissenschaftskonzeption in der Chemie der Aufklärung, in: Berichte zur Wissenschaftsgeschichte 8 (1985), S. 25–45.

Meyer, A., Zwei Sprachen, zwei Kulturen? – Englische und deutsche Begriffe von Wissenschaft, in: O. Breidbach/S. Poggi/D. Ulbrich (Hgg.), Sprachen der Wissenschaften 1600–1850. Teil 2: Sprachliche Differenzierung und wissenschaftliche Nationalisierung (Jahrbuch für Europäische Wissenschaftskultur 7), Stuttgart 2014, S. 107–137.

Meyer, A., Die Epoche der Aufklärung (Akademie Studienbücher – Geschichte), München 2017.

Micheli, G., The Early Reception of Kant's Thought in England. 1785–1805 (Kant's Thought in Britain. The Early Impact), London 2002.

Mokyr, J., The Great Synergy: The European Enlightenment as a Factor in Modern Economic Growth, in: W. Dolfsma/L. Soete (Hgg.), Understanding the Dynamics of a Knowledge Economy (Studies in Evolutionary Political Economy), Cheltenham/UK u.a. 2006, S. 7–41.

Mokyr, J., The Enlightened Economy. An Economic History of Britain, 1700–1850 (The new economic history of Britain), New Haven/Conn 2009.

Mokyr, J., A culture of growth. The origins of the modern economy (The Graz Schumpeter lectures), Princeton, New Jersey 2017.

Möller, H., Vernunft und Kritik. Deutsche Aufklärung im 17. und 18. Jahrhundert (Edition Suhrkamp Neue historische Bibliothek 1269 = N.F., Bd. 269), Frankfurt am Main 1997.

Mommertz, M., Das Wissen „auslocken". Eine Skizze zur Geschichte der epistemischen Produktivität von Grenzüberschreitung, Transfer und Grenzziehung zwischen Universität und Gesellschaft, in: Y. Nakamura (Hg.), Theorie versus Praxis? Perspektiven auf ein Missverständnis, Zürich 2006, S. 19–51.

Mommertz, M., „Lernen" jenseits von Schule, Stift und Universität? Informelle Wissensvermittlung und Wissenstransfer im Schnittfeld frühneuzeitlicher Wissenschafts- und Bildungsgeschichte, in: H. Schilling/S. Ehrenpreis/S. Moesch (Hgg.), Frühneuzeitliche Bildungsgeschichte der Reformierten in konfessionsvergleichender Perspektive. Schulwesen, Lesekultur und Wissenschaft (Zeitschrift für historische Forschung. Beiheft 38), Berlin 2007, S. 269–309.

Mommertz, M., Geschlecht als „Markierung", „Ressource" und „Tracer". Neue Nützlichkeiten einer Kategorie am Beispiel der Wissenschaftsgeschichte der Frühen Neuzeit, in: C. Roll/F. Pohle/M. Myrczek (Hgg.), Grenzen und Grenzüberschreitungen. Bilanz und Perspektiven der Frühneuzeitforschung, Köln u.a. 2010, S. 573–592.

Müller, E./Schmieder, F., Begriffsgeschichte der Naturwissenschaften. Zur historischen und kulturellen Dimension naturwissenschaftlicher Konzepte, Berlin 2008.

Müller, E./Schmieder, F., Begriffsgeschichte und historische Semantik. Ein kritisches Kompendium (Suhrkamp Taschenbuch Wissenschaft 2117), Berlin 2016.

Müller, H.-H., Domänen und Domänenpächter in Brandenburg-Preußen im 18. Jahrhundert, in: Jahrbuch für Wirtschaftsgeschichte 6 (1965), S. 152–192.

Müller, H.-H., Akademie und Wirtschaft im 18. Jahrhundert. Agrarökonomische Preisaufgaben und Preisschriften der Preußischen Akademie der Wissenschaften. Versuch, Tendenzen und Überblick (Studien zur Geschichte der Akademie der Wissenschaften der DDR 3), Berlin 1975.

MULSOW, M., Radikale Frühaufklärung in Deutschland 1680–1720, Göttingen 2018.

MULSOW, M./KREIMENDAHL, L./VOLLHARDT, F.; Naschert, Guido, Radikale Spätaufklärung in Deutschland (Aufklärung 24), Hamburg 2012.

MÜNKEL, D., Bilder von Bauern – eine Einleitung, in: D. MÜNKEL/F. UEKÖTTER (Hgg.), Das Bild des Bauern. Selbst- und Fremdwahrnehmungen vom Mittelalter bis ins 21. Jahrhundert, Göttingen 2012, S. 9–20.

MÜNKEL, D./UEKÖTTER, F., Das Bild des Bauern. Selbst- und Fremdwahrnehmungen vom Mittelalter bis ins 21. Jahrhundert, Göttingen 2012.

MÜRNER, H., Der Landhandwerker Andreas Posch (1770–1848) – Selbstbildung zum Naturdichter, „der keinen anderen Unterricht erhalten hat, als den er durch seinen eigenen Eifer und durch selbst entworfene Bilder dem Gedächnisse einprägen konnte.", in: H. BÖNING/I.-M. D'APRILE/H. SCHMITT/R. SIEGERT (Hgg.), Selbstlesen – Selbstdenken – Selbstschreiben. Prozesse der Selbstbildung von „Autodidakten" unter dem Einfluss von Aufklärung und Volksaufklärung vom 17. bis zum 19. Jahrhundert (Philanthropismus und populäre Aufklärung Bd. 10), Bremen 2015, S. 292–320.

NASIM, O. W., Was ist historische Epistemologie?, in: Nach Feierabend (2013), S. 123–144.

NIEMECK, B., Die Anfänge agrartechnischer Diskussionen in der gemeinnützig-ökonomischen Literatur und Publizistik des 18. Jahrhunderts, in: U. TROITZSCH (Hg.), „Nützliche Künste". Kultur- und Sozialgeschichte der Technik im 18. Jahrhundert (Cottbuser Studien zur Geschichte von Technik, Arbeit und Umwelt 13), Münster 1999, S. 81–95.

NORTON, D. F., The Myth of British Empiricism, in: History of European Ideas 1 (1981), S. 331–344.

NÜBEL, B., Krähende Hühner und gelehrte Weiber. Aspekte des Frauenbildes bei Johann Gottfried Herder, in: W. MALSCH/W. KOEPKE (Hgg.), Herder Jahrbuch 1994, Stuttgart/Weimar 1994, S. 29–51.

NYHART, L. K., Historiography of the History of Science, in: B. V. LIGHTMAN (Hg.), A companion to the history of science (Blackwell companions to world history), Chichester/Malden, MA/Oxford 2016, S. 7–22.

OEXLE, O. G., Die Wirklichkeit und das Wissen. Mittelalterforschung – historische Kulturwissenschaft – Geschichte und Theorie der historischen Erkenntnis, Göttingen 2011.

OGILVIE, S., Germany. A new social and economic history. Vol. 2: 1630–1800, 3 Bde., London, New York/Sydney/Auckland 1996.

PAULSEN, F., Geschichte des gelehrten Unterrichts auf den deutschen Schulen und Universitäten vom Ausgang des Mittelalters bis zur Gegenwart, 2 Bde., Leipzig 1896.

PETERS, J., Mit Pflug und Gänsekiel. Selbstzeugnisse schreibender Bauern; eine Anthologie (Selbstzeugnisse der Neuzeit 12), Köln 2003.

PFISTER, C., Das Klima der Schweiz 1525–1860 und seine Bedeutung in der Geschichte von Bevölkerung und Landwirtschaft (Academica Helvetica 6), Bern 1985.

PFISTER, C., Die Landwirtschaft und ihre Modernisierung, in: A. HOLENSTEIN (Hg.), Berns goldene Zeit. Das 18. Jahrhundert neu entdeckt (Berner Zeiten 4), Bern 2008, S. 89–93.

PHILLIPS, D., Acolytes of Nature. Defining Natural Science in Germany, 1770–1850, Chicago 2012.

PHILLIPS, D., Francis Bacon and the Germans. Stories from when 'science' meant 'Wissenschaft', in: History of Science 53 (2015), S. 378–394.

PHILLIPS, D., Plants and Places: Agricultural Knowledge and Plant Geography in Germany, 1750–1810, in: D. PHILLIPS/S. KINGSLAND (Hgg.), New Perspectives on the History of Life Sciences and Agriculture (Archimedes 40), Cham 2015, S. 9–26.

PICKSTONE, J. V., Working knowledges before and after circa 1800. Practices and disciplines in the history of science, technology, and medicine, in: Isis 98 (2007), S. 489–516.

PIERENKEMPER, T., Geschichte des modernen ökonomischen Denkens. Große Ökonomen und ihre Ideen (UTB 3747), Stuttgart 2012.

PLUMPE, W., Ökonomisches Denken und wirtschaftliche Entwicklung. Zum Zusammenhang von Wirtschaftsgeschichte und historischer Semantik der Ökonomie, in: Jahrbuch für Wirtschaftsgeschichte (2009), S. 27–52.

POGGI, S., Romanticism in science. Science in Europe, 1790–1840 (Boston studies in the philosophy of science 152), Dordrecht 1994.

POMATA, G., A word of the empirics. The ancient concept of observation and its recovery in early modern medicine, in: Annals of science: the history of science and technology 68 (2011), S. 1–25.

POMATA, G., Observation Rising: Birth of an Epistemic Genre, 1500–1650, in: L. DASTON/E. LUNBECK (Hgg.), Histories of scientific observation, Chicago 2011, S. 45–80.

POMATA, G., The Recipe and the Case. Epistemic Genres and the Dynamics of Cognitive Practices, in: K. v. GREYERZ/S. FLUBACHER/P. SENN (Hgg.), Wissenschaftsgeschichte und Geschichte des Wissens im Dialog. Schauplätze der Forschung = Connecting Science and Knowledge, Göttingen 2013, S. 131–154.

POMATA, G./SIRAISI, N. G., Historia. Empiricism and Erudition in Early Modern Europe (Transformations: Studies in the History of Science and Technology), Cambridge, Mass. 2005.

POMATA, G./SIRAISI, N. G., Introduction, in: G. POMATA/N. G. SIRAISI (Hgg.), Historia. Empiricism and Erudition in Early Modern Europe (Transformations: Studies in the History of Science and Technology), Cambridge, Mass. 2005, S. 17–30.

POPPLOW, M., Neu, nützlich und erfindungsreich. Die Idealisierung von Technik in der frühen Neuzeit (Cottbuser Studien zur Geschichte von Technik, Arbeit und Umwelt Bd. 5), Münster 1998.

POPPLOW, M., Die Ökonomische Aufklärung als Innovationskultur des 18. Jahrhunderts zur optimierten Nutzung natürlicher Ressourcen, in: M. POPPLOW (Hg.), Landschaften agrarisch-ökonomischen Wissens. Strategien innovativer Ressourcennutzung in Zeitschriften und Sozietäten des 18. Jahrhunderts (Cottbuser Studien zur Geschichte von Technik, Arbeit und Umwelt; 30), Münster u.a. 2010, S. 2–48.

POPPLOW, M., Economizing Agricultural Resources in the German Economic Enlightenment, in: U. KLEIN/E. C. SPARY (Hgg.), Materials and Expertise in Early Modern Europe. Between Market and Laboratory, Chicago 2010, S. 261–287.

POPPLOW, M., Landschaften agrarisch-ökonomischen Wissens. Strategien innovativer Ressourcennutzung in Zeitschriften und Sozietäten des 18. Jahrhunderts (Cottbuser Studien zur Geschichte von Technik, Arbeit und Umwelt; 30), Münster u.a. 2010.

Popplow, M., Von Bienen, Ochsenklauen und Beamten. Die Ökonomische Aufklärung in der Kurpfalz, in: M. Popplow (Hg.), Landschaften agrarisch-ökonomischen Wissens. Strategien innovativer Ressourcennutzung in Zeitschriften und Sozietäten des 18. Jahrhunderts (Cottbuser Studien zur Geschichte von Technik, Arbeit und Umwelt; 30), Münster u.a. 2010, S. 175–235.

Popplow, M., Technische Literatur, in: Enzyklopädie der Neuzeit. Bd. 13, Stuttgart 2011, S. 292–297.

Popplow, M., Knowledge management to exploit agrarian resources as part of late-eighteenth-century cultures of innovation. Friedrich Casimir Medicus and Franz von Paula Schrank, in: Annals of science: the history of science and technology 69 (2012), S. 413–433.

Popplow, M., Formalization and interaction. Toward a comprehensive history of technology-related knowledge in early modern Europe, in: Isis 106 (2015), S. 848–856.

Popplow, M., Diskurse über Technik in der Frühen Neuzeit, in: H. Jaumann/G. Stiening (Hgg.), Neue Diskurse der Gelehrtenkultur in der Frühen Neuzeit. Ein Handbuch, Berlin/Boston 2016, S. 740–764.

Popplow, M./Meyer, T., „To employ each of Nature's products the most favorable way possible". Nature as an Economic Good in 18th Century German Economic Discourse, in: Historical Social Research 29 (2004), S. 4–40.

Porter, R./Teich, M., The Enlightenment in National Context, Cambridge, New York 1981.

Porter, R./Teich, M., The Scientific Revolution in National Context, Cambridge, New York 1992.

Prass, R., Reformprogramm und bäuerliche Interessen (Veröffentlichungen des Max-Planck-Instituts für Geschichte 132), Göttingen 1997.

Prass, R., Alphabetisierung in Frankreich und Deutschland. Überlegungen zu differierenden Grundlagen scheinbar gleicher Entwicklungen, in: R. Vierhaus/H. E. Bödeker/M. Gierl (Hgg.), Jenseits der Diskurse. Aufklärungspraxis und Institutionenwelt in europäisch komparativer Perspektive (Veröffentlichungen des Max-Planck-Instituts für Geschichte 224), Göttingen 2007, S. 25–48.

Ratcliff, M., Fictitious Empiricism, Material Experiments. Conditions for Thinking the Enlightenment „Issue of Empiricism", in: S. Bodenmann/A.-L. Rey (Hgg.), What does it mean to be an empiricist? Empiricisms in eighteenth century sciences (Boston studies in the philosophy and history of science volume 331), Cham 2018, S. 31–46.

Raum, H., Art. Fraas, Carl Nikolaus, in: Neue Deutsche Biographie (5) 1961, 608f.

Reichrath, S., Entstehung, Entwicklung und Stand der Agrarwissenschaften in Deutschland und Frankreich (Europäische Hochschulschriften 494), Frankfurt am Main, New York 1991.

Reinert, S. A./Kaplan, S. L., The economic turn. Recasting political economy in Enlightenment Europe (Anthem Other Canon economics), London 2019.

Reith, R./Meyer, T., „Luxus und Konsum". Eine historische Annäherung (Cottbuser Studien zur Geschichte von Technik, Arbeit und Umwelt 21), Münster 2003.

Rex, H., Die lateinische Agrarliteratur von den Anfängen bis zur frühen Neuzeit, http://elpub.bib.uni-wuppertal.de/servlets/DerivateServlet/Derivate-281/d040104.pdf (zuletzt aufgerufen am 07.02.2020).

RHEINBERGER, H.-J., Historische Epistemologie zur Einführung (Zur Einführung 336), Hamburg 2013.

RICHTER, M., Conceptualizing the Contestable: „Begriffsgeschichte" and Political Concepts, in: G. SCHOLZ (Hg.), Die Interdisziplinarität der Begriffsgeschichte (Archiv für Begriffsgeschichte. Sonderheft), Hamburg 2000, S. 135–143.

RISKIN, J., Science in the age of sensibility. The sentimental empiricists of the French enlightenment, Chicago 2002.

RITSCHL, O., System und systematische Methode in der Geschichte des wissenschaftlichen Sprachgebrauchs und der philosophischen Methodologie, Bonn 1906.

ROBERTS, L., Practicing oeconomy during the second half of the long eighteenth century. An introduction, in: History and Technology 30 (2014), S. 133–148.

ROBERTS, L./SCHAFFER, S./DEAR, P., The Mindful Hand. Inquiry and Invention from Late Renaissance to Early Industrialisation (History of science and scholarship in the Netherlands 9), Amsterdam 2007.

RUSSELL, E. J., A history of agricultural science in Great Britain, 1620–1954, London 1966.

SALZMANN, D., Dynamik und Krise des ökonomischen Patriotismus. Das Tätigkeitsprofil der Oekonomischen Gesellschaft Bern 1759–1797 (Berner Forschungen zur Regionalgeschichte 9), Nordhausen 2009.

SALZMANN, D., Jakob Flückiger und Peter Scheurer – Emmentaler Musterbauern, in: M. STUBER/P. MOSER/G. GERBER-VISSER/C. PFISTER (Hgg.), Kartoffeln, Klee und kluge Köpfe. Die Oekonomische und Gemeinnützige Gesellschaft des Kantons Bern OGG (1759–2009), Bern 2009, S. 103–106.

SANDL, M., Ökonomie des Raumes. Der kameralwissenschaftliche Entwurf der Staatswirtschaft im 18. Jahrhundert (Norm und Struktur 11), Köln 1999.

SANDL, M., Die Viadrina und der Aufstieg der ökonomischen Wissenschaften im Zeitalter der Aufklärung, in: R. BLÄNKNER (Hg.), Europäische Bildungsströme. Die Viadrina im Kontext der europäischen Gelehrtenrepublik der Frühen Neuzeit 1506–1811, Schöneiche bei Berlin 2008, S. 195–222.

SARASIN, P., Subjekte, Diskurse, Körper. Überlegungen zu einer diskursanalytischen Kulturgeschichte, in: W. HARDTWIG/H.-U. WEHLER (Hgg.), Kulturgeschichte heute (Geschichte und Gesellschaft Sonderheft 16), Göttingen 1996, S. 131–164.

SARASIN, P., Was ist Wissensgeschichte?, in: Internationales Archiv für Sozialgeschichte der deutschen Literatur 36 (2011), S. 159–172.

SCHAFFNER, M., The Figure of the Questions Versus the Prose of the Answers: Lord Devon's Inquiry in Skibbereen, 10 September 1844, in: P. BECKER/W. CLARK (Hgg.), Little Tools of Knowledge. Historical Essays on Academic and Bureaucratic Practices (Social history, popular culture, and politics in Germany), Ann Arbor, Mich. 2001, S. 237–258.

SCHATZBERG, E., From Art to Applied Science, in: Isis 103 (2012), S. 555–563.

SCHATZBERG, E., Technology. Critical history of a concept, Chicago/London 2018.

SCHAUZ, D., Wissenschaftspolitische Sprache als Gegenstand von Forschung und disziplinärer Selbstreflexion. Das Programm des Forschungsnetzwerkes CASTI, in: Forum Interdisziplinäre Begriffsgeschichte 3 (2014), S. 49–61.

SCHAUZ, D., Wissenschaftsgeschichte und das Revival der Begriffsgeschichte, in: NTM: Zeitschrift für Geschichte der Wissenschaften, Technik und Medizin 23 (2015), S. 53–63.

SCHELLACK, F./SIEGERT, R., Jacob Hirschmann (1803–1865). Bürgermeister, Bauer und Dichter in Sprendlingen (Rheinhessen), Sprendlingen 2003.

SCHINDLING, A., Bildung und Wissenschaft in der frühen Neuzeit, 1650–1800 (Enzyklopädie deutscher Geschichte 30), München 1994.

SCHISSLER, H., Preussische Agrargesellschaft im Wandel. Wirtschaftliche, gesellschaftliche und politische Transformationsprozesse von 1763 bis 1847 (Kritische Studien zur Geschichtswissenschaft 33), Göttingen 1978.

SCHLICHT, Laurens, tabula rasa. Die Erforschung des menschlichen Geistes und sprachlicher Zeichen am Menschen innerhalb der Société des observateurs de l'homme (1799–1804), Unveröffentlichtes Dissertationsmanuskript, Frankfurt am Main 2015.

SCHLING-BRODERSEN, U., Entwicklung und Institutionalisierung der Agrikulturchemie im 19. Jahrhundert. Liebig und die landwirtschaftlichen Versuchsstationen (Braunschweiger Veröffentlichungen zur Geschichte der Pharmazie und der Naturwissenschaften 31), Braunschweig 1989.

SCHLÖGL, R., Die patriotisch-gemeinnützigen Gesellschaften. Organisation, Sozialstruktur, Tätigkeitsfelder, in: H. REINALTER (Hg.), Aufklärungsgesellschaften (Schriftenreihe der Internationalen Forschungsstelle Demokratische Bewegungen in Mitteleuropa 1770–1850 10), Frankfurt am Main u.a. 1993, S. 61–81.

SCHLUDE, U., Naturwissen und Schriftlichkeit. Warum eine Fürstin des 16. Jahrhunderts nicht auf den Mont Ventoux steigt und die Natur exakter begreift als die ‚philologischen' Landwirte, in: S. RUPPEL/A. STEINBRECHER/P. MÜNCH (Hgg.), „Die Natur ist überall bey uns". Mensch und Natur in der Frühen Neuzeit, Zürich 2009, S. 95–108.

SCHMIDT, G., Wandel durch Vernunft. Deutsche Geschichte im 18. Jahrhundert, München 2009.

SCHREINER, K./SCHWERHOFF, G., Verletzte Ehre. Ehrkonflikte in Gesellschaften des Mittelalters und der frühen Neuzeit (Norm und Struktur 5), Köln/Weimar/Wien 1995.

SCHULZE, E., 250 Jahre Leipziger Ökonomische Societät – der Beitrag der Leipziger ökonomischen Societät und ihrer Mitglieder und Ehrenmitglieder zur Entwicklung von Pflanzenernährung und Düngung 1764 bis 1866 (Berichte aus der Agrarwissenschaft), Aachen 2013.

SCHULZE, W., Aufstände, Revolten, Prozesse. Beiträge zu bäuerlichen Widerstandsbewegungen im frühneuzeitlichen Europa (Geschichte und Gesellschaft 27), Stuttgart 1983.

SCHULZE, W., Vom Gemeinnutz zum Eigennutz. Über den Normenwandel in der ständischen Gesellschaft der frühen Neuzeit (Schriften des Historischen Kollegs Vorträge 13), München 1987.

SCHWÄMMLEIN, T., Wirtschaftspolitische Handlungsfelder im aufgeklärten Absolutismus – der Kleinstaat Sachsen-Meiningen unter Herzog Georg I., in: Herzog Georg I. von Sachsen-Meiningen. Ein Präzedenzfall für den aufgeklärten Absolutismus? (Südthüringer Forschungen 33), Meiningen 2004, S. 68–95.

SECORD, J. A., Knowledge in Transit, in: Isis 95 (2004), S. 654–672.

SEIFERT, A., Cognitio historica. Die Geschichte als Namengeberin der frühneuzeitlichen Empirie (Historische Forschungen 11), Berlin 1976.

SEPPEL, M./TRIBE, K., Cameralism in practice. State administration and economy in early modern Europe (People, markets, goods 10), Woodbridge 2017.

SHAPIN, S., Die wissenschaftliche Revolution (Fischer Taschenbuch Forum Wissenschaft, Figuren des Wissens 14073), Frankfurt am Main 1998.

SHAPIN, S./SCHAFFER, S., Leviathan and the Air-Pump. Hobbes, Boyle, and the Experimental Life, Princeton 1985.

SHOVLIN, J., The Political Economy of Virtue. Luxury, Patriotism, and the Origins of the French Revolution, Ithaca NY 2007.

SIBUM, H. O., Reworking the Mechanical Value of Heat: Instruments of Precision and Gestures of Accuracy in Early Victorian England, in: Studies in History and Philosophy of Science 26 (1995), S. 73–106.

SIEGERT, R., Isaak Maus, der „Bauersmann in Badenheim". Ein bäuerlicher Intellektueller der Goethezeit und sein soziales Umfeld; mit einer Personalbibliographie, in: Internationales Archiv für Sozialgeschichte der deutschen Literatur 10 (1985), S. 23–93.

SIEGERT, R., Zum Stellenwert der Alphabetisierung in der deutschen Volksaufklärung, in: P. GOETSCH (Hg.), Lesen und Schreiben im 17. und 18. Jahrhundert. Studien zu ihrer Bewertung in Deutschland, England, Frankreich (ScriptOralia 65), Tübingen 1994, S. 109–124.

SIEGERT, R., Volksbildung im 18. Jahrhundert, in: N. HAMMERSTEIN/U. HERRMANN (Hgg.), Handbuch der deutschen Bildungsgeschichte. Bd. 2: 18. Jahrhundert. Vom späten 17. Jahrhundert bis zur Neuordnung Deutschlands um 1800, München 2005, S. 443–483.

SIEGERT, R., „... neugierige und nachdenkende Leute giebt es unter den Bauern und Handwerkern genug." Handwerker und Bauern der Goethezeit als Leser, Büchersammler und Autoren, in: H. BÖNING/I.-M. D'APRILE/H. SCHMITT/R. SIEGERT (Hgg.), Selbstlesen – Selbstdenken – Selbstschreiben. Prozesse der Selbstbildung von „Autodidakten" unter dem Einfluss von Aufklärung und Volksaufklärung vom 17. bis zum 19. Jahrhundert (Philanthropismus und populäre Aufklärung Bd. 10), Bremen 2015, S. 11–40.

SIEGMUND, G., Art. Palitzsch, Johann Georg, in: Allgemeine Deutsche Biographie (25) 1887, S. 80–81.

SIMONS, W., Albrecht Thaer, nach amtlichen und privaten Dokumenten aus einer grossen Zeit, Berlin 1929.

SINGY, P., Huber's Eyes: The Art of Scientific Observation Before the Emergence of Positivism, in: Representations 95 (2006), S. 54–75.

SMITH, P. H., The business of alchemy. Science and culture in the Holy Roman Empire, Princeton 1997.

SMITH, P. H., The Body of the Artisan. Art and Experience in the Scientific Revolution, Chicago ILL 2004.

SMITH, P. H., Craft as Knowing: Craft as Natural Philosophy, in: P. H. SMITH/A. R. W. MEYERS/H. J. COOK (Hgg.), Ways of making and knowing. The material culture of empirical knowledge (Bard Graduate Center cultural histories of the material world), Ann Arbor 2014, S. 17–47.

SMITH, P. H., Historians in the Laboratory: Reconstruction of Renaissance Art and Technology in the Making and Knowing Project, in: Art History 39 (2016), S. 210–233.

SONNTAG, O., The correspondence between Albrecht von Haller and Charles Bonnet (Studia Halleriana 1), Bern 1983.

SPEICH CHASSÉ, D./GUGERLI, D., Wissensgeschichte. Eine Standortbestimmung, in: Traverse (2012), S. 85–100.

SPIVAK, G. C., Can the subaltern speak? Postkolonialität und subalterne Artikulation (Es kommt darauf an 6), Wien 2008.

SPOERHASE, C./BREMER, K., Rhetorische Rücksichtslosigkeit. Problemfelder der Erforschung gelehrter Polemik um 1700, in: K. BREMER/C. SPOERHASE (Hgg.), Gelehrte Polemik. Intellektuelle Konfliktverschärfungen um 1700 (Zeitsprünge. Forschungen zur Frühen Neuzeit 15), Frankfurt am Main 2011, S. 111–122.

STAGL, J., Eine Geschichte der Neugier. Die Kunst des Reisens 1550–1800, Wien u.a. 2002.

STAPELBROEK, K./MARJANEN, J., The Rise of Economic Societies in the Eighteenth Century. Patriotic Reform in Europe and North America, Basingstoke/Hampshire 2012.

STEIN, A. von der, Der Systembegriff in seiner geschichtlichen Entwicklung, in: A. DIEMER (Hg.), System und Klassifikation in Wissenschaft und Dokumentation (Studien zur Wissenschaftstheorie 2), Meisenheim am Glan 1968, S. 1–114.

STEIN, A. von der, System als Wissenschaftskriterium, in: A. DIEMER (Hg.), Der Wissenschaftsbegriff. Historische und systematische Untersuchungen (Studien zur Wissenschaftstheorie 4), Meisenheim am Glan 1970, S. 99–107.

STENZEL, J., Rhetorischer Manichäismus. Vorschläge zu einer Theorie der Polemik, in: A. SCHÖNE/F. J. WORSTBROCK/H. KOOPMANN (Hgg.), Kontroversen, alte und neue. Akten des VII. Internat. Germanisten-Kongresses Göttingen 1985. Bd. 2: Formen und Formgeschichte des Streitens. Der Literaturstreit, Tübingen 1986, S. 3–11.

STEWART, L., The Rise of Public Science. Rhetoric, Technology, and Natural Philosophy in Newtonian Britain, 1660–1750, Cambridge 1992.

STICHWEH, R., Zur Entstehung des modernen Systems wissenschaftlicher Disziplinen. Physik in Deutschland 1740–1890, Frankfurt am Main 1984.

STICHWEH, R., Der frühmoderne Staat und die europäische Universität. Zur Interaktion von Politik und Erziehungssystem im Prozeß ihrer Ausdifferenzierung (16.–18. Jahrhundert), Frankfurt am Main 1991.

STICHWEH, R., Wissenschaft, Universität, Professionen. Soziologische Analysen, Bielefeld 2013.

STIEDA, W., Die Nationalökonomie als Universitätswissenschaft, Vaduz/Liechtenstein 1978.

STOLLBERG-RILINGER, B., Die Aufklärung. Europa im 18. Jahrhundert (Reclams Universal-Bibliothek Reclam-Sachbuch 18882), Stuttgart 2011.

STRUB, C., Art. System, in: Historisches Wörterbuch der Philosophie (10), Basel 1998, S. 824.

STUBER, M., „Vous ignorez que je suis cultivateur". Albrecht von Hallers Korrespondenz zu Themen der Ökonomischen Gesellschaft Berns, in: M. STUBER/S. HÄCHLER/L. LIENHARD (Hgg.), Hallers Netz. Ein europäischer Gelehrtenbriefwechsel zur Zeit der Aufklärung (Studia Halleriana 9), Basel 2005, S. 505–541.

STUBER, M., Die Oekonomische Gesellschaft Bern, in: A. HOLENSTEIN (Hg.), Berns goldene Zeit. Das 18. Jahrhundert neu entdeckt (Berner Zeiten 4), Bern 2008, S. 36–40.

STUBER, M., Kulturpflanzentransfer im Netz der Oekonomischen Gesellschaft Bern, in: R. DAUSER/S. HÄCHLER/M. KEMPE; Mauelshagen, Franz; Stuber, Martin (Hgg.), Wissen im Netz. Botanik und Pflanzentransfer in europäischen Korrespondenznetzen des 18. Jahrhunderts (Colloquia Augustana 24), Berlin 2008, S. 229–269.

STUBER, M., Gescheibelt, getrocknet, gemahlen – Samuel Engels Kartoffelbrot als Rezept gegen den Hunger, in: M. STUBER/P. MOSER/G. GERBER-VISSER/C. PFISTER (Hgg.), Kartoffeln, Klee und kluge Köpfe. Die Oekonomische und Gemeinnützige Gesellschaft des Kantons Bern OGG (1759–2009), Bern 2009, S. 123–126.

STUBER, M., Wissenschaftler und Verwaltungsmann zugleich – Albrecht von Haller und die Viehseuchenpolizei, in: M. STUBER/P. MOSER/G. GERBER-VISSER/C. PFISTER (Hgg.), Kartoffeln, Klee und kluge Köpfe. Die Oekonomische und Gemeinnützige Gesellschaft des Kantons Bern OGG (1759–2009), Bern 2009, S. 115–118.

STUBER, M., Zum Bäume ausreissen – Peter Sommer und sein ‚Hebezeug', in: M. STUBER/P. MOSER/G. GERBER-VISSER/C. PFISTER (Hgg.), Kartoffeln, Klee und kluge Köpfe. Die Oekonomische und Gemeinnützige Gesellschaft des Kantons Bern OGG (1759–2009), Bern 2009, S. 63–66.

STUBER, M., „dass gemeinnüzige wahrheiten gemein gemacht werden". Zur Publikationstätigkeit der Oekonomischen Gesellschaft Bern 1759–1798, in: M. POPPLOW (Hg.), Landschaften agrarisch-ökonomischen Wissens. Strategien innovativer Ressourcennutzung in Zeitschriften und Sozietäten des 18. Jahrhunderts (Cottbuser Studien zur Geschichte von Technik, Arbeit und Umwelt; 30), Münster u.a. 2010, S. 121–153.

STUBER, M./LIENHARD, L., Nützliche Pflanzen. Systematische Verzeichnisse von Wild- und Kulturpflanzen im Umfeld der Oekonomischen Gesellschaft Bern 1762–1782, in: A. HOLENSTEIN/M. STUBER/G. GERBER-VISSER (Hgg.), Nützliche Wissenschaft und Ökonomie im Ancien Régime. Akteure, Themen, Kommunikationsformen (Cardanus: Jahrbuch für Wissenschaftsgeschichte 7), Heidelberg 2007, S. 65–106.

STUBER, M./MOSER, P./GERBER-VISSER, G. /PFISTER C. (Hgg.), Kartoffeln, Klee und kluge Köpfe. Die Oekonomische und Gemeinnützige Gesellschaft des Kantons Bern OGG (1759–2009), Bern 2009.

TRIBE, K., Governing economy. The reformation of German economic discourse, 1750–1840, Cambridge 1988.

TRIBE, K., „Staatswirtschaft", „Staatswissenschaft" and „Nationalökonomie". German Economic Discourse in the Time of Goethe, in: V. HIERHOLZER/S. RICHTER (Hgg.), Goethe und das Geld: der Dichter und die moderne Wirtschaft, Frankfurt am Main 2012, S. 95–103.

TROITZSCH, U., „Nützliche Künste". Kultur- und Sozialgeschichte der Technik im 18. Jahrhundert (Cottbuser Studien zur Geschichte von Technik, Arbeit und Umwelt 13), Münster 1999.

TROSSBACH, W., Bäuerlicher Widerstand in deutschen Kleinterritorien zwischen Bauernkrieg und Französischer Revolution. Einige Bemerkungen zu Formen und Gegenständen, in: Zeitschrift für Agrargeschichte und Agrarsoziologie 35 (1987), S. 1–17.

TROSSBACH, W., Bauern. 1648–1806 (Enzyklopädie deutscher Geschichte 19), München 1993.

TROSSBACH, W., Beharrung und Wandel ‚als Argument'. Bauern in der Agrargesellschaft des 18. Jahrhunderts, in: W. TROSSBACH/C. ZIMMERMANN/P. BLICKLE (Hgg.), Agrargeschichte. Positionen und Perspektiven (Quellen und Forschungen zur Agrargeschichte 44), Stuttgart 1998, S. 107–136.

ULBRICH, D., Das Begriffsfeld ‚Wissenschaft(en)' in den großen europäischen Sprachen.

Ein enzyklopädisches Stichwort, in: O. BREIDBACH/S. POGGI/D. ULBRICH (Hgg.), Sprachen der Wissenschaften 1600–1850. Teil 2: Sprachliche Differenzierung und wissenschaftliche Nationalisierung (Jahrbuch für Europäische Wissenschaftskultur 7), Stuttgart 2014, S. 275–320.

ULBRICHT, O., Englische Landwirtschaft in Kurhannover in der zweiten Hälfte des 18. Jahrhunderts. Ansätze zur historischen Diffusionsforschung (Schriften zur Wirtschafts- und Sozialgeschichte 2), Berlin 1980.

VALLERIANI, M., The Epistemology of Practical Knowledge, in: M. VALLERIANI (Hg.), The Structures of Practical Knowledge, Cham 2017, S. 1–19.

VALLERIANI, M., The Structures of Practical Knowledge, Cham 2017.

VANZO, A., From Empirics to Empiricists, in: Intellectual history review 24 (2014), S. 517–538.

VANZO, A., Christian Wolff and Experimental Philosophy, in: Oxford Studies in Early Modern Philosophy 7 (2015), S. 225–255.

VIERHAUS, R., Deutsche patriotische und gemeinnützige Gesellschaften (Wolfenbütteler Forschungen 8), München 1980.

VIERHAUS, R., „Patriotismus" – Begriff und Realität einer moralisch-politischen Haltung, in: R. VIERHAUS (Hg.), Deutsche patriotische und gemeinnützige Gesellschaften (Wolfenbütteler Forschungen 8), München 1980, S. 9–29.

VOGEL, J., Von der Wissenschafts- zur Wissensgeschichte. Für eine Historisierung der „Wissensgesellschaft", in: Geschichte und Gesellschaft – Politik im Katholizismus 30 (2004), S. 639–660.

WAKEFIELD, A., The disordered police state. German cameralism as science and practice, Chicago/Ill 2009.

WAKEFIELD, A., Butterfield's nightmare: the history of science as Disney history, in: History and Technology 30 (2014), S. 232–251.

WALTER, R., Einführung in die Wirtschafts- und Sozialgeschichte (UTB Geschichte 3085), Köln/Weimar/Wien 2008.

WEHLER, H.-U., Deutsche Gesellschaftsgeschichte. Erster Band. Vom Feudalismus des Alten Reiches bis zur defensiven Modernisierung der Reformära 1700–1815, München 1996 [1987].

WHALEY, J., The Protestant Enlightenment in Germany, in: R. PORTER/M. TEICH (Hgg.), The Enlightenment in National Context, Cambridge, New York 1981, S. 106–117.

WHARTON, J., Material enlightenment. Women writers and the science of mind, 1770–1830 (Studies in the eighteenth century 1), Woodbridge/Rochester, NY 2018.

WILMOT, S., ‚The Business of Improvement': Agriculture and Scientific Culture in Britain, ca. 1700–1870 (Historical Geography Research Series 24) 1990.

WOHLTMANN, F., Das Landwirtschaftliche Institut der Universität zu Halle a.S. Seine Entwickelung und Neugestaltung, Berlin 1911.

WÜRGLER, A., Unruhen und Öffentlichkeit. Städtische und ländliche Protestbewegungen im 18. Jahrhundert (Frühneuzeit-Forschungen 1), Tübingen 1995.

WYSS, R., Pfarrer als Vermittler ökonomischen Wissens? Die Rolle der Pfarrer in der Oekonomischen Gesellschaft Bern im 18. Jahrhundert (Berner Forschungen zur Regionalgeschichte 8), Nordhausen 2007.

WYSS, R., Reformprogramm und Politik. Möglichkeiten und Grenzen der Umsetzung von

Reformideen der Oekonomischen Gesellschaft Bern in der zweiten Hälfte des 18. Jahrhunderts (Frühneuzeit-Forschungen 21), Epfendorf/Neckar 2015.
WYSS, R./STUBER, M., Paternalism and Agricultural Reform: The Economic Society of Bern in the Eighteenth Century, in: K. STAPELBROEK/J. MARJANEN (Hgg.), The Rise of Economic Societies in the Eighteenth Century. Patriotic Reform in Europe and North America, Basingstoke/Hampshire 2012, S. 157–181.
WYSS, R./STUBER, M., Useful Natural History? Pest Control in the focus of the Economic Society of Bern, in: A. HOLENSTEIN/H. STEINKE/M. STUBER (Hgg.), Scholars in Action. The Practice of Knowledge and the Figure of the Savant in the 18th Century (Scientific and Learned Cultures and their Institutions 9), 2 Bde., Leiden/Boston/Mass. 2013, S. 891–920.
ZAUNSTÖCK, H./MEUMANN, M., Sozietäten, Netzwerke, Kommunikation. Neue Forschungen zur Vergesellschaftung im Jahrhundert der Aufklärung (Hallesche Beiträge zur europäischen Aufklärung 21), Tübingen 2003.
ZEDELMAIER, H., ‚Historia literaria'. Über den epistemologischen Ort des gelehrten Wissens in der ersten Hälfte des 18. Jahrhunderts, in: Das achtzehnte Jahrhundert: Zeitschrift der Deutschen Gesellschaft für die Erforschung des Achtzehnten Jahrhunderts 22 (1998), S. 11–21.
ZEDELMAIER, H./MULSOW, M., Die Praktiken der Gelehrsamkeit in der Frühen Neuzeit (Frühe Neuzeit 64), Tübingen 2001.
ZICHE, P./DRIEL, J. v., Art. Wissenschaft, in: Europäische Geschichte Online (EGO), hg. vom Institut für Europäische Geschichte (IEG), http://www.ieg-ego.eu/zichep-drielj-2011-de (zuletzt aufgerufen am 07.02.2020).
ZIESSOW, K.-H., Ländliche Lesekultur im 18. und 19. Jahrhundert. Das Kirchspiel Menslage und seine Lesegesellschaften 1790–1840 (Materialien zur Volkskultur nordwestliches Niedersachsen 12; 13), 2 Bde., Cloppenburg 1988.
ZILBERSTEIN, A., Planting Improvement. The Rhetoric and Practice of Scientific Agriculture in Northern British America, Dissertation 2008, https://dspace.mit.edu/handle/1721.1/45803 (zuletzt aufgerufen am 10.02.2020).
ZILSEL, E., Die sozialen Ursprünge der neuzeitlichen Wissenschaft (Suhrkamp-Taschenbuch Wissenschaft 152), Frankfurt am Main 1976.
ZIMMERMANN, C., Bäuerlicher Traditionalismus und agrarischer Fortschritt in der frühen Neuzeit, in: J. PETERS (Hg.), Gutsherrschaft als soziales Modell. Vergleichende Betrachtungen zur Funktionsweise frühneuzeitlicher Agrargesellschaften (Beihefte der Historischen Zeitschrift 18), München 1995, S. 219–238.
ZITTEL, C., Art. Perspektivismus, in: H. OTTMANN (Hg.), Nietzsche-Handbuch. Leben, Werk, Wirkung, Stuttgart 2000, S. 299–301.

8. Abbildungsnachweise

Abb. 1: O. V. Münchhausen, Der Hausvater. Erster Theil, Hannover 1765 (Frontispiz).
Abb. 2: P. Kretzschmer, Neu erfundenes Ackerbau-Rätzel [...], Leipzig 1748 (Titelblatt).
Abb. 3: A. Zeiger, Vernünfftige Anleitung zur Öconomie und Kunstmäßige Verbesserung des Feld-Baues [...], Leipzig 1949 (Titelblatt).
Abb. 4: Fördergesellschaft Albrecht Daniel Thaer, Möglin.
Abb. 5: F. Guybon, An Essay Concerning the Growth of Empiricism [...], London 1712 (Titelblatt).

9. Namensregister

Ananieva, Anna: 95
Bacon, Francis: 198f., 219f., 221, 264, 266
Bayerl, Günter: 37, 45, 72
Beck, Rainer: 9
Beckmann, Johann: 29, 56, 69, 111, 113, 116f., 124f., 136–140, 165, 176, 178, 237
Bödeker, Hans Erich: 213, 256
Böning, Holger: 41f., 62, 66, 81, 92f., 95, 254
Bonß, Wolfgang: 41
Bosse, Heinrich: 164, 213f., 260
Brockliss, Laurence: 138f.
Buffon, Georges-Louis Leclerc: 232
Burkhardt, Johannes: 50
Cohen, Benjamin R.: 193f.
Conring, Hermann: 221
Daston, Lorraine: 30, 109
Davids, Karel: 35f.
Dear, Peter: 36, 199, 207, 264, 266
Diemer, Alwin: 196
Dithmar, Justus Christoph: 119, 123
Döbel, Heinrich Wilhelm: 165
Fichte, Johann Gottlieb: 192f.
Fraas, Carl: 59, 124, 131, 135, 155, 162f., 172, 176, 225
Friedrich Wilhelm I., König von Preußen: 118
Fürstenau, Johann Hermann: 123
Gasser, Simon Peter: 51f., 118–126, 128, 131, 133–135, 200, 221, 261f.
Georg I., Herzog von Sachsen-Meiningen: 32, 49
Gerber-Visser, Gerendina: 39, 68, 90, 96, 100, 106
Gieryn, Thomas F.: 16, 255
Grüne, Niels: 85, 89, 99, 258
Güntz, Max: 111, 113, 144
Gujer, Jakob alias Kleinjogg: 81, 91, 258
Guybon, Francis: 219
Hagner, Michael: 26
Harrecker, Stefanie: 74
Harwood, Jonathan: 111
Heß, Rudolf: 33
Hirzel, Hans Caspar: 91, 258
Hofmann, Gottfried August: 201f.
Home, Francis: 162
Israel, Jonathan: 60
Joseph II. von Habsburg-Lothringen, Kaiser des Heiligen Römischen Reiches: 54
Kant, Immanuel: 183f., 193, 197–199, 217, 219, 222f., 250, 266f.
Klein, Ursula: 22, 36, 174
Kollmeier, Kathrin: 26
Kondyles, Panagiotes: 229f., 243
Konersmann, Frank: 99, 258
Kopsidis, Michael: 84f., 240
Koselleck, Reinhart: 212, 236, 238, 253
Kosenina, Alexander: 155
Kretzschmer, Peter: 56, 156f., 159f., 175, 246, 257, 260
Krünitz, Johann Georg: 194f.
Lambert, Johann Heinrich: 197, 200
Landwehr, Achim: 57, 243
Langethal, Christian Eduard: 197
Leopoldt, Johann Georg: 128
Lichtenberg, Heinz Otto: 73
Liebig, Justus: 111, 134
Long, Pamela O.: 21, 36
Lorenzen-Schmidt, Klaus-Joachim: 66, 259
Lowood, Henry E.: 168, 211
Lüders, Philipp Ernst: 153
Mager, Wolfgang: 214
Matthesius, Christoph Heinrich: 30, 143–150, 153f., 163, 165, 175, 188, 215, 234, 241, 261
Meier-Oeser, Stephan: 195
Mommertz, Monika: 11, 21, 37
Neumann (Bürgermeister aus Zossen): 166f.
Nietzsche, Friedrich: 71
Pahlitzsch, Johann Georg: 81, 239
Pfister, Christian: 85
Phillips, Denise: 11, 19, 102, 193, 199, 212, 260
Pistorius, Hermann Andreas: 223
Plumpe, Werner: 87, 212
Pohl, Friedrich: 61, 72, 95, 235
Pomata, Gianna: 109, 183, 185, 203, 206–208, 212, 218, 224, 265
Popplow, Marcus: 10, 13, 39, 44f., 59, 66, 96, 104, 112, 168, 254
Priestley, Joseph: 219, 266
Reinhold, Carl Leonhard: 199
Riem, Johann: 9, 155

Ritschl, Otto: 197, 201
Roberts, Lissa: 36, 259, 263
Rousseau, Jean-Jacques: 91
Salzmann, Daniel: 168
Sander, Heinrich: 63
Schindler, Norbert: 41
Schmid, Carl Christian Erhard: 192, 223
Schubart, Johann Christian (Edler vom Kleefelde): 54f., 59, 75, 77, 96, 144, 148, 200, 212, 215, 247, 257
Schulze, Friedrich Gottlob: 152, 179, 197
Selle, Christian Gottlieb: 223
Shapin, Steven: 17, 207, 255
Siegert, Reinhart: 41f., 73f., 81, 92f., 95, 240, 254
Simons, Walter: 170, 179, 180f.
Smith, Adam: 141, 179, 262
Smith, Pamela H.: 35
Stichweh, Rudolf: 24, 169, 201, 216, 248, 264
Strub, Christian: 198
Stuber, Martin: 30, 38f., 209, 254
Thaer, Albrecht Daniel: 13f., 20, 25, 29f., 43, 52f., 58, 65, 72, 105, 113, 128f., 132, 134, 151f., 170–190, 193, 211, 216, 219, 223–225, 228, 230, 244–246, 248–251, 253, 256, 260–263, 266f., 269
Touchy, Christian Ferdinand: 153
Tull, Jethro: 92
van Driel, Joppe: 191, 196
van Dülmen, Richard: 41
van Helmont, Jan Baptist: 162
Vanzo, Alberto: 219, 221–223, 266
Vierhaus, Rudolf: 41
von Eckhart, Johann Gottlieb: 69, 150, 154, 160f., 226
von Engel, Lüder Hermann Hans: 57, 61, 70, 77, 88, 141–143, 150, 165, 175, 215, 233
von Friedeburg, Robert: 214
von Haller, Albrecht: 19f., 114, 167, 213, 256, 260
von Hohenthal, Peter Graf: 53, 61, 216, 247
von Inama-Sternegg, Karl Theodor: 121
von Itzenplitz, Charlotte: 57, 65, 175
von Justi, Johann Heinrich Gottlob: 30, 111f., 114f., 117, 119, 121, 137f., 145, 198, 200, 221, 234
von Rohr, Julius Bernhard: 123
von Schönfeld, Johann Gottlob: 23, 50, 69, 152
Voß, Georg: 94
Wakefield, Andre: 117, 259
Walther, Friedrich Ludwig: 63
Weber, Friedrich Benedict: 124–135, 137, 139, 169, 177–179, 182, 184f., 189, 200, 218, 220f., 230, 234, 249, 261–263, 267
Wehler, Hans Ulrich: 214f., 256
Whaley, Joachim: 164
Wild, Carl Andreas: 62, 210
Wolff, Christian: 19, 219, 239, 256, 266
Wyss, Regula: 39, 106
Zeiger, Ambrosius: 154, 158–160, 162, 175, 246
Ziche, Paul: 191, 196
Zincke, Georg Heinrich: 60, 159, 215f., 221, 226, 245, 247, 265